"十四五"时期国家重点出版物出版专项规划项目

黑碳气溶胶研究丛书

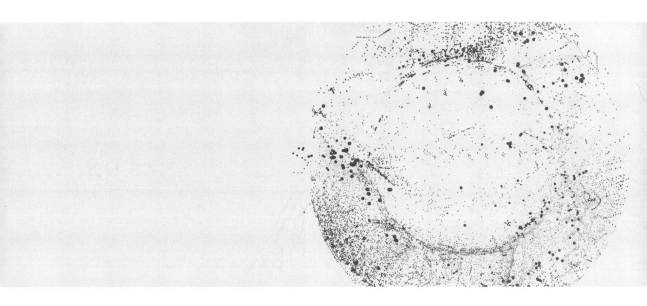

黑碳气溶胶
排放观测、中国清单及减排

孔少飞 著

内 容 简 介

本书重点对比分析了黑碳气溶胶的定义,总结了黑碳气溶胶的气候、环境与健康效应,黑碳气溶胶的监测方法和来源解析技术的研究进展;梳理了现有主要固定源和移动源排放大气污染物的标准限值以及法规监测技术。针对固定源的烟气连续排放监测和烟囱口排放污染物的稀释采样方法,以及移动源、开放源、特色生活源等的台架测试、走航测试、车载排放测试、遥感测试、隧道测试、烟羽原位观测、室内模拟燃烧观测等多种监测方法进行了详细的文献总结。此外还介绍了国内外黑碳气溶胶排放清单研究现状,对比了各类黑碳气溶胶源排放清单的构建方法和结果差异;梳理了典型源排放黑碳气溶胶减排情景设计和减排效果。

图书在版编目(CIP)数据

黑碳气溶胶排放观测、中国清单及减排 / 孔少飞著
. -- 北京:气象出版社,2023.6
ISBN 978-7-5029-7979-9

Ⅰ. ①黑… Ⅱ. ①孔… Ⅲ. ①气溶胶－污染防治 Ⅳ. ①X513

中国国家版本馆CIP数据核字(2023)第096887号

黑碳气溶胶排放观测、中国清单及减排
Heitan Qirongjiao Paifang Guance、Zhongguo Qingdan ji Jianpai

出版发行:	气象出版社			
地 址:	北京市海淀区中关村南大街46号		邮政编码:	100081
电 话:	010-68407112(总编室) 010-68408042(发行部)			
网 址:	http://www.qxcbs.com		E-mail:	qxcbs@cma.gov.cn
责任编辑:	张 斌		终 审:	王存忠
责任校对:	张硕杰		责任技编:	赵相宁
封面设计:	博雅锦			
印 刷:	北京建宏印刷有限公司			
开 本:	787 mm×1092 mm 1/16		印 张:	16.5
字 数:	422千字			
版 次:	2023年6月第1版		印 次:	2023年6月第1次印刷
定 价:	128.00元			

本书如存在文字不清、漏印以及缺页、倒页、脱页等,请与本社发行部联系调换。

序　言

黑碳(Black carbon,BC)是由生物质或化石燃料等燃烧排放出的一系列含碳物质,可分为烟炱、木炭和焦炭等3种类型,其形态结构和理化性质各异。不同类型黑碳对碳循环的影响有明显差异。燃烧后,大部分黑碳储存在原地土壤中,细小的黑碳经大气输送到远离燃烧地的土壤或海洋中沉积下来。黑碳具有抗氧化和耐分解的特性,可长期广泛分布于土壤、沉积物、大气、水体和积雪等介质中,在不同圈层内实现迁移转化,并在各圈层内具有不同的环境地球化学行为和环境效应。

土壤中的黑碳可为微生物菌群提供营养,加速对腐殖物质的分解,影响碳循环;也因对有机污染物和重金属的强烈吸附而影响其赋存形态、生物有效性,并改变污染物归宿。沉积物中的黑碳可用于指示古火灾事件,重构历史气候干湿变化、植被覆盖、氧气含量和人类活动影响等。大气中的黑碳在大气物理、大气化学、大气辐射过程中具有重要作用,如通过对太阳辐射的强吸收,改变大气温度、地表温度和大气稳定性,影响气候变化、降水分布和空气质量。流行病学研究显示,大气中的黑碳也对人体健康产生潜在危害。积雪中的黑碳可以影响地表反照率,加速雪冰融化,改变区域能量收支和水循环。鉴于黑碳在地球气候与环境系统中的重要作用,黑碳的全球生物地球化学循环研究一直是学术界研究的热点,而对其排放源的精准定量识别则是研究的基础。

黑碳来源包括自然源(如火山喷发、森林和草原火灾等)和人为源(火力发电、工业过程、道路机动车尾气、船舶和飞机排放、垃圾焚烧、秸秆焚烧、餐饮油烟等)。黑碳的自然源具有区域性和偶然性,人为源具有长期性和持续性。自工业革命以来,生产发展和人口增加促使化石燃料等含碳物质的大量使用,造成黑碳气溶胶的排放量持续增加。黑碳的排放量估算存在较大的不确定性。有科学家估算全球黑碳的54%～57%来自于化石燃料燃烧,也有科学家估算10%或38%来自于化石燃料燃烧,还有科学家估算黑碳的80%来自于植被燃烧。上述不确定性主要来自于排放量计算时的统计、调研或外推的各类源活动水平数据的误差,实测或文献搜集或由其他污染物推算的排放因子数据的不确定性,以及对排放量进行时间和空间分配时采用的代用指标的合理性和可靠性等。这些是大气污染源排放表征领域重点关注和要解决的科学问题。

大气化学是研究大气组成和大气化学过程的大气科学分支学科，涉及大气成分的组成、性质和变化，源、汇和循环，以及发生在大气中、陆-气或海-气之间的化学过程等。大气污染源排放监测和表征是大气化学的一个重要研究方向。本书以黑碳气溶胶这一重要大气成分为切入点，系统总结了基于不同方法测量的黑碳气溶胶定义，黑碳的气候、环境与健康效应，黑碳气溶胶来源解析技术，主要自然和人为源排放大气污染物的监测方法、技术和排放标准，中国典型源黑碳气溶胶排放清单构建方法和排放时空演变以及典型源排放黑碳气溶胶的减排情景设计和减排效果评估等，并在各个内容中融入了该书作者的最新研究成果。

　　目前中外关于黑碳气溶胶的专著主要体现在其气候、环境效应的数值模拟研究以及大气污染物排放清单编制方法方面，尚未见到从排放监测技术和设备研发、源排放测试、源活动水平数据获取和插补、高时空分辨率排放清单构建、污染物排放的时空演变和减排情景分析的基础性全链条研究。该书是大气污染源排放监测和表征领域的一个系统性的研究总结。该书作者在该领域坚持研究工作15年，相关成果得到中外同行的认可，开发了新的源排放监测技术和设备，实现仪器设备的国产化和商品化，打破了国外在该领域的设备垄断，为大气污染源排放监测和排放标准完善提供了支撑；率先提出了特色生活源类大气污染源清单构建技术框架和方法，获得了源活动水平和排放因子数据集，填补了该类源清单的空白。

　　该书为作者多年辛勤工作的结晶，可为从事该领域研究的学者提供一个包括监测设备、数据集和研究方法上的参考。书中的最新研究成果对于开展大气污染防控、应对气候变化和保护人群健康等研究都具有重要的学术和实用价值。我相信，该书的出版将会推动大气化学、环境健康等学科方向发展，并为大气科学和环境领域专业人才的培养发挥一定的作用。

中国科学院院士、中国地质大学(武汉)校长

（王焰新）

2022年11月15日　于武汉

前　言

　　黑碳气溶胶是矿物燃料和生物质等不完全燃烧排放的一类复杂物质，其对气候、环境、人体健康等有严重影响。大气污染源排放监测和表征是大气化学的重要研究方向之一，是揭示地球大气成分组成、变化和效应的基础，可为大气复合污染应对提供重要基础数据和关键技术方法，并可为碳排放统计核算、气候变化国际谈判等提供科学支撑。如何准确测量各类燃烧源排放黑碳气溶胶浓度，获得排放因子，估算并优化排放量计量，评估其减排潜力，成为认识和规避黑碳气溶胶不利影响的重要基础科学问题。

　　大气污染减缓和气候变化应对是当今人类社会面临的重大挑战。在复杂的人类活动影响和极端高温干旱频发的背景下，黑碳气溶胶除了山林火、草原火等自然源的大量排放贡献外，其人为来源复杂多样，如固定源、机动车尾气、民用燃料、航空器等。各类燃烧源排放具有明显的时空分布差异。随着清洁能源推广使用以及燃烧技术和排放控制技术的进步，各类人为源黑碳气溶胶的排放特征也会发生变化。准确监测和定量识别各类源排放黑碳气溶胶的浓度、理化和光学特性以及排放量，是揭示其气候、环境和健康效应的基础。因此，本书作者在大气污染物源解析、大气污染源排放清单构建等技术和方法多年积累的基础之上，针对各类自然源和人为源排放黑碳气溶胶的监测方法、技术、排放源清单构建以及减排情景分析的中外研究进展和作者的最新研究成果做了详细介绍。

　　本书在章节设计时，重点对比分析了黑碳气溶胶的定义，总结了黑碳气溶胶的气候、环境与健康效应、黑碳气溶胶的监测方法和来源解析技术的研究进展；梳理了现有主要固定源和移动源排放大气污染物的标准限值以及法定监测技术。针对固定源的烟气连续排放监测和烟囱口排放污染物的稀释采样方法，以及移动源、开放源、特色生活源等的台架测试、走航测试、车载排放测试、遥感测试、隧道测试、烟羽原位观测、室内模拟燃烧观测等多种监测方法进行了详细的文献总结。本书也深入概述了中外黑碳气溶胶排放清单研究现状，对比了各类黑碳气溶胶源排放清单的构建方法和结果差异；梳理了典型源排放黑碳气溶胶减排情景设计和减排效果评估。在上述总结过程中，融入了本书作者在相关领域的多年积累和最新研究成果。

　　在本书编写过程中，得到中国地质大学（武汉）环境学院研究生的协助，博士生郑煌参与了第1章的编写，博士生郑淑睿和牛真真参与了第2章的编写，硕士生樊泽薇和蒋书凝参与了第

3章的编写,硕士生刘玺和苏维峰参与了第4章的编写,博士生吴剑、严沁和硕士生张玲参与了第5章的编写,博士生吴剑和胡尧参与了第6章的编写,博士生程溢和硕士生张颖参与了第7章的编写,博士生吴剑、严沁和程溢参与了第8章的编写。在此表示感谢。

在本书编写过程中,特别是黑碳气溶胶源解析技术研究进展,固定源、移动源、民用源、特色生活源等排放黑碳气溶胶浓度和排放因子的实测,典型道路环境条件下的黑碳气溶胶浓度跨区域走航观测,以及中国生物质燃烧、民用燃煤、特色生活源的黑碳气溶胶排放清单等方面引用了中外许多学者已发表的文献及作者团队的研究成果。相关工作得到了国家重点研发计划项目课题(2016YFA0602002)、国家自然科学基金面上项目(42077202)和湖北省科技厅技术创新专项重大项目(2017ACA089)等资助。在此一并表示真诚的感谢。

本书力求完整呈现黑碳气溶胶监测方法、来源解析、排放因子测试和清单构建、减排情景分析的发展脉络和最新研究动态。但由于编者认知的局限以及黑碳气溶胶观测方法、技术和大气污染源排放表征以及清单开发和应用领域的快速发展和不断拓展,本书内容难免存在缺漏和不足,衷心希望能得到广大师生、专家学者和读者朋友的批评指正,以便在本书的后续修订及再版中得到提高与完善。

孔少飞
2022年9月8日于武汉

目 录

序言
前言

第1章 黑碳气溶胶定义、来源和监测方法 /001
  1.1 黑碳气溶胶定义 /001
  1.2 黑碳气溶胶的气候、环境与健康效应 /002
  1.3 黑碳气溶胶监测方法 /010
  1.4 黑碳气溶胶来源 /012
  1.5 黑碳气溶胶观测/清单研究待突破的关键问题 /018
  参考文献 /020

第2章 源排放黑碳气溶胶监测技术 /030
  2.1 典型源大气污染物排放标准和法规监测方法 /030
  2.2 烟气稀释采样 /040
  2.3 地面和高空烟羽监测 /052
  2.4 清洁屋子模拟燃烧排放烟气监测 /070
  2.5 室内源排放烟气原位监测 /074
  参考文献 /075

第3章 固定源黑碳气溶胶排放特征 /087
  3.1 电厂排放 /087
  3.2 钢铁行业排放 /093
  3.3 水泥行业排放 /095
  3.4 生物质锅炉排放 /096
  3.5 炼焦行业排放 /098
  3.6 砖窑、医药制造、玻璃制造等行业排放 /099
  3.7 典型行业$PM_{2.5}$和黑碳排放因子 /101
  参考文献 /105

第 4 章　移动源黑碳气溶胶排放特征 /110

4.1　道路机动车排放 /110

4.2　工程机械和农业机械排放 /150

4.3　船舶排放 /151

4.4　飞机排放 /157

参考文献 /161

第 5 章　民用源黑碳气溶胶排放特征 /175

5.1　民用燃煤排放 /175

5.2　民用生物质燃烧排放 /189

5.3　民用液化石油气/天然气燃烧排放 /194

参考文献 /196

第 6 章　生物质开放燃烧黑碳气溶胶排放特征 /199

6.1　农作物残留燃烧 /199

6.2　林业火灾排放 /203

6.3　受控林地燃烧排放 /205

参考文献 /206

第 7 章　特色生活源黑碳气溶胶排放特征 /210

7.1　排放因子的测试 /213

7.2　烟花爆竹燃放排放 /215

7.3　餐饮油烟排放 /216

7.4　祭祀活动排放 /217

7.5　特色源棕碳吸收性排放因子 /220

7.6　牛羊粪燃烧排放 /221

参考文献 /222

第 8 章　中国黑碳气溶胶排放清单和减排路径 /228

8.1　黑碳气溶胶排放清单构建方法 /229

8.2　中国典型源黑碳气溶胶排放清单 /232

8.3　中国典型源黑碳气溶胶减排政策建议 /246

参考文献 /253

第 9 章　结论与展望 /255

9.1　小结 /255

9.2　展望 /255

第1章　黑碳气溶胶定义、来源和监测方法

1.1　黑碳气溶胶定义

在介绍黑碳气溶胶的定义之前,需要对碳质气溶胶的定义进行梳理。关于碳质气溶胶定义的研究已有40多年(Novakov,1984;Shah et al.,1990),目前关于碳质气溶胶的分类主要包括以下几种(Petzold et al.,2013)。

总碳(Total carbon,TC):颗粒物中所有的碳组分,通常指代有机碳、元素碳和无机碳的总和。

有机碳(Organic carbon,OC):碳氢化合物与其他诸如氧、硫、氮、磷和氯等元素的结合物。

元素碳(Elemental carbon,EC):颗粒物在惰性气体环境中被加热到4000 K仍能保持稳定,以及在加热到340 ℃后才开始气化的碳组分。EC在大气环境中保持惰性,不溶于各种溶剂。

碳酸盐或无机碳(Carbonate carbon或Inorganic carbon):无机碳酸盐。

烟尘碳(Soot carbon):化石燃料燃烧排放的具有典型烟尘颗粒形态和化学性质的碳颗粒。形态上表现为石墨状的微晶体组成的球状物的长链聚合物;化学组成上几乎全部是由碳组成的,只含有少量的氢和氧;物理性质上具有较大的比表面积,最大可以超过100 $m^2 \cdot g^{-1}$。

石墨碳(Graphitic carbon):颗粒物中有着类似于石墨sp^2杂化轨道微结构的碳组分。

Ns-碳黑(Ns-soot):该名称是从颗粒物的形态引入的,指的是由燃烧排放的颗粒物聚合组成的微碳球。

黑碳(Black carbon,BC):燃烧排放的具有石墨样微结构的黑色碳颗粒或矿物燃料和生物质不完全燃烧排放的元素碳与氢、氧、氮、硫等其他元素的混合物,其EC的质量比超过60%。黑碳对可见光具有强烈吸收,在550 nm处的质量截面吸收系数大于5 $m^2 \cdot g^{-1}$;黑碳颗粒极其难熔,气化温度极高(接近4000 K),黑碳被加热到350~400 ℃时,其物理化学性质仍保持稳定;黑碳颗粒不溶于水、甲醇和丙酮等极性溶剂;新鲜排放的黑碳颗粒物在微观下呈现出"小碳球"组成的长链状。

难熔碳(Refractory black carbon,rBC):颗粒物中难熔组分在近4000 K左右才气化的碳组分。

棕碳(Brown carbon,BrC):气溶胶化学组分中一类可以吸收近紫外到可见光波段光的物质。这类物质具有很强的光谱吸收依赖性,类似于黑碳,其外观或者其溶液通常显现出棕色或者黄色。通常把这类物质统称为棕碳(BrC),以表示其复杂的化学成分(Andreae et al.,2006)。

从以上碳质气溶胶的定义可以看出,元素碳、黑碳和烟尘碳的定义之间无明确的差别。一般而言,元素碳指代热光法测得的组分,通常用EC表示;黑碳指代利用光学方法测得的组分,

通常用等效黑碳(equivalent BC,eBC)表示;烟尘碳(难熔碳)指代由激光诱导白炽技术测得的组分,用 rBC 表示(Petzold et al.,2013)。

1.2 黑碳气溶胶的气候、环境与健康效应

1.2.1 黑碳气溶胶的气候效应

黑碳主要通过辐射强迫影响气候。辐射强迫是对某个因子改变地球-大气系统射入和逸出能量平衡影响程度的一种度量,其中正辐射强迫使地球表面变暖,负辐射强迫则使地球表面变冷,而黑碳的辐射强迫又可分为直接辐射强迫和间接辐射强迫。

科学家对吸光性碳质气溶胶气候效应的关注始于 20 世纪 60 年代。1969 年,科学家意识到吸光性气溶胶会导致全球变暖(Charlson et al.,1969)。此后,Haywood 和 Shine(1995)初步估算了吸光性碳质气溶胶的辐射强迫,发现化石燃料燃烧排放吸光性碳质气溶胶的辐射强迫为 $0.03\sim0.24$ $W\cdot m^{-2}$。几年后,随着碳质气溶胶三维大气传输模型的建立,科学家重新评估了化石燃料燃烧排放吸光性碳质气溶胶的辐射强迫,为 0.2 $W\cdot m^{-2}$ 左右(Haywood et al.,1997,1998;Cooke et al.,1999)。吸光性碳质气溶胶和其他非吸光物质的混合状态是导致辐射强迫结果不确定的重要因素之一(Chylek et al.,1992;Fuller et al.,1999)。Jacobson(2001)在辐射强迫中考虑了气溶胶的混合状态,计算发现黑碳的辐射强迫提高到 0.54 $W\cdot m^{-2}$。尽管黑碳的辐射强迫具有很大的不确定性,但总体上表现为正辐射强迫。考虑到包括云和冰冻圈的强迫机制,工业革命以来,全球黑碳的直接辐射强迫为 1.1 $W\cdot m^{-2}$(Bond et al.,2013),是仅次于 CO_2 的温室效应贡献者(Hansen et al.,2000;Jacobson,2000;Bond et al.,2013)。由于模型对黑碳浓度模拟效果不同,不同研究得到的黑碳辐射强迫存在较大差异。Wang 等(2014)利用飞机观测约束后提出,全球黑碳直接辐射强迫较弱,为 $0.17\sim0.31$ $W\cdot m^{-2}$。Li 等(2016a)计算发现,黑碳的直接辐射强迫为 0.6 $W\cdot m^{-2}$。如果考虑到模型模拟与观测结果的差异,那么黑碳对温室效应贡献排名第二就值得商榷了(Liu et al.,2015)。

黑碳总辐射强迫较高的不确定性与其直接辐射强迫、间接辐射强迫都有直接关系,因此接下来将对黑碳的直接辐射强迫和间接辐射强迫做进一步介绍。

1.2.1.1 黑碳的直接辐射强迫

黑碳气溶胶能够吸收和散射太阳短波辐射与地面长波辐射,改变地-气辐射平衡,从而影响气候,称之为直接辐射强迫。近年来,通过一些外场试验如对流层气溶胶辐射强迫观测试验(Russell et al.,1999)、气溶胶特征试验(Raes et al.,2000)和印度洋试验(Ramanathan et al.,2001)等,许多科学家对吸收性黑碳气溶胶的辐射强迫进行了系统的研究。吴涧等(2005)利用区域气候模式研究指出,黑碳气溶胶对太阳辐射存在较强吸收,有明显的直接辐射效应。张靖和银燕(2008)利用区域气候模式 RegCM3 模拟研究了黑碳气溶胶对我国气候的影响,结果显示:黑碳气溶胶在大气层顶产生正的辐射强迫,在地表产生负的辐射强迫。Ramanathan 和 Carmichael(2008)对温室气体辐射强迫、黑碳气溶胶直接辐射强迫与非黑碳气溶胶直接和间接辐射强迫进行了比较,发现气溶胶在大气层顶总的辐射强迫为 -1.4 $W\cdot m^{-2}$,它可以抵消 50% 温室气体造成的正辐射强迫,但其中黑碳气溶胶在大气层顶的直接辐射强迫为 0.9 $W\cdot m^{-2}$,比除了 CO_2 以外的其他温室气体的辐射强迫都要大。黑碳气溶胶对整个大气层的辐射加热效应为 2.6 $W\cdot m^{-2}$,几乎为所有温室气体对大气加热的两倍。对此,有学者提出减少黑碳气溶

胶的排放量可能是减缓全球变暖最有效的手段(Jacobson,2002)。

然而最近的研究表明,黑碳对全球平均气温的影响比预期要低,尤其是考虑到与黑碳一起排放的散射性气溶胶影响(Stjern et al.,2017;Samset et al.,2018)。SO_2 和有机气溶胶通过散射太阳光以及改变云属性冷却大气,进而抵消黑碳减排的影响。特定情况下,通过减少民用黑碳排放和高排放情境可以减缓气候变化。即使如此,减少黑碳排放短期内最多导致全球平均气温降低 0.02 ℃。在以健康为重点的减排情景下,黑碳减排甚至会导致全球平均气温最高上升 0.05 ℃(Harmsen et al.,2020)。

1.2.1.2 黑碳的间接辐射强迫

黑碳的间接辐射强迫表现为:云反射效应、云凝结核、地表下垫面改变效应。

(1)云反射效应

IPCC 报告指出,无论是气溶胶改变了云的反射率,或是改变了被云覆盖的地球表面的反射率,都被统一称为云反射效应。云的存在对黑碳的辐射强迫产生了很大影响。Wu 等(2004)利用区域气候模式得出,云层与黑碳层的相对位置会影响辐射强迫。当云层位于黑碳层上方时,能够反射部分直接到达黑碳层的太阳辐射,极大地减少黑碳气溶胶对太阳辐射的吸收;当云层位于黑碳层下方时,由于云对太阳辐射的反射,造成黑碳气溶胶对太阳辐射的二次吸收,从而极大增加黑碳气溶胶对太阳辐射的吸收。王志立等(2009)通过计算有云大气和晴空大气下黑碳气溶胶的辐射强迫,讨论了云对黑碳气溶胶直接辐射强迫的影响。研究表明,云的存在明显增大了大气顶的正辐射强迫,减小了地表的负辐射强迫,其中大气顶年平均直接辐射强迫增加了 0.11 $W·m^{-2}$,地表年平均辐射强迫增加了 0.15 $W·m^{-2}$。反过来,黑碳的间接辐射强迫也对云产生影响。研究表明,黑碳的间接辐射强迫导致印度东北地区云反射降低 1.5%~2%(Panicker et al.,2016)。类似地,黑碳对太阳辐射的吸收导致中国云量降低 1.33%(Zhuang et al.,2013)。

由于黑碳对太阳光的吸收导致黑碳-云-辐射的关系更加复杂,黑碳的间接辐射效应的不确定度也更大,不同研究甚至得出相反的结论。研究表明,全球黑碳的间接辐射强迫平均为负值(Koch et al.,2011;Zhuang et al.,2013;Cherian et al.,2017)。例如,Zhuang 等(2013)研究发现,我国黑碳的直接辐射强迫为 0.81 $W·m^{-2}$,间接辐射强迫为 -0.95 $W·m^{-2}$,净辐射强迫为 -0.14 $W·m^{-2}$。反过来,在气溶胶吸湿性降低的偏远海洋地区和沿海地区,黑碳气溶胶的间接辐射强迫表现为正(Bond et al.,2013)。

(2)云凝结核

新排放的黑碳为憎水性颗粒物。排放后,由于黑碳颗粒的老化,其吸湿性发生改变。老化后的黑碳颗粒进入大气云层后,可以形成云凝结核(CCN)或者冰核(ice nuclei,IN),从而促进云水蒸气凝结成小水滴的物理转化,进而改变云滴密度和云滴半径,导致云量和云光学厚度的改变,从而影响成云致雨,并引起气候变化。作为 CCN,它可以通过改变云的微物理和辐射特性来间接影响气候(支国瑞 等,2009)。其一为托密效应(Twomey 效应)或者称之为第一间接效应,气溶胶粒子浓度的上升导致云滴数浓度上升,云滴半径减小,从而增大云的光学厚度,最终导致云的反射率的增大;其二为 Albrecht 效应或者称之为第二间接效应,云凝结核使得云滴半径减小,而较小的云滴长大成雨滴需要更长的时间,这样就延长了云的维持时间,改变云的生命周期,也延长了降雨时间,进而影响全球气候(石立新 等,2007)。黑碳的存在同样可以导致云液滴数浓度升高 10%~15%,尤其是在黑碳排放较高的热带和中纬度地区(Cherian et al.,2017)。类似地,当模式中考虑了黑碳的老化,60°N地区垂直方向云滴数浓度显著升高93%(Friebel et al.,2019)。工业革命前排放水平下,黑碳颗粒老化导致低云变厚,从而导致短波有效辐射降低$0.2\sim0.3$ W·m^{-2};在模拟未来更暖气候以及排放量是工业革命前两倍条件下,黑碳颗粒老化导致低云量降低,高空卷云变厚,进而影响长波辐射平衡,最终导致全球地表气温上升$0.4\sim0.5$ ℃(Lohmann et al.,2020)。研究表明,黑碳同样可以作为冰核,促使卷云向层状卷云转变,导致大气层顶部出现-0.13 ± 0.07 W·m^{-2}的净辐射强迫(McGraw et al.,2020)。

(3)地表下垫面改变效应

沉降在冰雪表面的黑碳气溶胶颗粒通过降低冰雪表面反照率影响地表系统的辐射平衡,引起正的间接辐射强迫。当黑碳气溶胶离开排放源后,部分黑碳气溶胶可以通过远距离输送到达地球的南、北极或中纬度的雪山,在这些冰雪表面沉降下来,使这些冰雪表面对太阳光的吸收能力增强,导致升温和冰雪融化,这种效应一般称为黑碳气溶胶的地表下垫面改变效应(Chylek et al.,1983;Menon et al.,2002)。地表下垫面改变效应表现在常年积雪和结冰的地方,如喜马拉雅山和北极,主要是由于冰和雪很明亮,暗色的黑碳使明亮的地表反射率降低。因此在冰山上产生净变暖效应,而且此效应十分显著(Bice et al.,2009)。

不同地区积雪中黑碳导致的辐射强迫存在差异。例如北极、北美和中国地区由新积雪黑碳导致的辐射强迫分别为0.06、0.3和3 W·m^{-2}。此外,对于相同浓度的黑碳颗粒,旧有积雪融化后导致的辐射强迫是新积雪辐射强迫的$3\sim8$倍(Dang et al.,2017)。由于极地效应影响,北极地区和青藏高原地区对于冰雪反照率的变化更加敏感。根据有关科学家对北极的探测估算,黑碳地表下垫面改变效应产生的辐射强迫可以达到0.2 W·m^{-2}(Flanner et al.,2007)。最近研究估算表明,2000—2009年北极地区冰雪中黑碳导致的辐射强迫为0.14 W·m^{-2},高于全球+0.04 W·m^{-2}的平均值(Namazi et al.,2015)。针对青藏地区冰雪反照率效应的研究表明,青藏高原地区黑碳导致的冰雪反照率降低的时空分布特征基本上与黑碳浓度的时空变化情况一致:不同季节和地区,冰雪反照率改变导致的辐射强迫变化范围相差一个数量级,为$1.4\sim58.4$ W·m^{-2}(He et al.,2018)。

冰雪中黑碳的存在同样会对地表径流产生影响。悬浮于印度-恒河平原上空的大量黑碳颗粒物随着盛行的西风急流南支沿喜马拉雅山麓自西向东移动,在喜马拉雅山脉大面积的冰川上沉降,降低了冰雪表面的反照率,导致喜马拉雅山冰川的加速融化和退缩,不但造成冰川融化季节和融水补给河流春汛的提前、延长其持续时间,而且会使冰川储备量降低(吕爱锋等,2010)。对青藏高原冰川雪坑及表面雪样品的研究表明,黑碳气溶胶在冬季大量附着在冰雪上,加快其吸热,使冰雪在3、4月就开始消融,而这并不是农牧业需水时期,造成原本紧张的冰雪水资源的浪费(张华 等,2009)。美国落基山脉地区也呈现出类似的变化:黑碳等吸光性颗粒物沉积在地表雪上而导致的冰雪表面变暗效应在春末和初夏期间使融雪增加$3\sim12$ mm,导致6月前地表径流增加而6月后地表径流减少(Rahimi et al.,2020)。

由此可见,无论是北极或是我国青藏高原地区有关黑碳气溶胶的研究,都得出了相似的结论:黑碳颗粒的存在通过直接大气加热、冰雪表面变暗以及冰雪反照率反馈共同作用,加速冰雪融化(Xu et al.,2016)。

1.2.1.3 黑碳气溶胶对季风的影响

黑碳气溶胶作为吸光性气溶胶,是导致气候变暖的重要角色。黑碳气溶胶通过影响太阳辐射季节变化、海陆热力差异和大气中湿过程等推动季风改变。关于黑碳气溶胶对南亚季风的影响，Lau等（2006）提出了吸收性气溶胶的"高层加热泵效应"。首先，黑碳等吸收性气溶胶吸收太阳辐射，加热青藏高原南坡和高原上的空气，加热的空气通过干对流上升到高原上方，在对流层产生一个正温度异常，从而抽取更多的印度洋暖湿水汽补充印度北部和孟加拉湾；同时，由于地面的冷却抑制了对流发展，从而可以使暖湿空气向喜马拉雅山脚深入，并引起该处降水增加；由于降水增多引起该处更多的加热，从而又抽取更多的暖湿空气汇入，形成一个正反馈，导致南亚季风提早爆发。一些观测资料分析（Satheesh et al.，2008）和模式研究（Collier et al.，2009）也证实了南亚季风区的"高层加热泵效应"。夏季，黑碳气溶胶对辐射的吸收作用在高空形成稳定的加热层，形成由北向南的温度梯度，有利于南亚夏季风增强（王志立 等，2009）。但是Collier等（2009）的研究指出，气溶胶辐射强迫将导致季风爆发前南亚地区地表短波辐射减小而降水增多，从而导致低层大气冷却，形成异常反气旋，最终对6—7月活跃期的南亚夏季风产生负反馈作用。Nigam和Bollasina（2010）也认为"高层加热泵效应"并不符合观测事实。例如，5月气溶胶标准差中心并不在喜马拉雅南坡，而是在北印度-刚果平原以南。此外，更重要的是气溶胶与地表温度以及降水的关系也与高层加热泵效应理论相反。

黑碳气溶胶对东亚季风的影响也没有定论，尤其是东亚季风的季节变化特征。有研究认为黑碳气溶胶的直接效应加热大气，使大气变得不稳定，对流增强，从而降水增多。例如，Menon等（2002）就将20世纪后半叶的中国南涝北旱归因于黑碳的直接辐射强迫。Liu等（2010）的研究结果也指出黑碳使华南降水增多、华北降水减少。Zhuang等（2018，2019）同样认为黑碳气溶胶的加热效应增强了东亚夏季风，华南地区降水增多3.73%，华北地区降水减少。多模式集合预报的结果也表明，黑碳气溶胶导致东亚和南亚地区降水与蒸发的差值增大（Xie et al.，2020）。基于自主开发的水汽追踪技术，Pan等（2021）认为黑碳气溶胶通过影响东亚地区水汽传输而非改变局地蒸发使得南方更湿润、北方更干旱。但是，也有不少研究认为黑碳的直接辐射强迫使陆地表面变冷，海陆热力对比减小，从而使东亚冬季风减弱（Liu et al.，2009；Zhuang et al.，2018）。

此外，Wang（2004）的研究表明黑碳对降水的影响具有很大的不确定性，但总体是使云量增多。Ackerman等（2000）则认为黑碳使热带云减少。两者的矛盾可能与黑碳的半直接效应有关。Zhang等（2009a）在考虑碳质气溶胶的直接和半直接效应后认为，中国南方大气变暖，云量和降水减少，而北方正好相反。这与Menon等（2002）仅考虑黑碳的直接辐射强迫的结果正好相反。

1.2.2 黑碳气溶胶对大气环境的影响

1.2.2.1 黑碳气溶胶对边界层的影响

黑碳气溶胶对边界层发展的影响可以形象地描述为"穹顶效应"（Ding et al.，2016）和"火炉效应"（Ma et al.，2020）。黑碳气溶胶对边界层的影响取决于黑碳气溶胶的垂直扩线（Chen et al.，2022）。当黑碳气溶胶位于边界层以上时，黑碳对可见光的强吸收不断加热1~2 km高度的大气并冷却地表，大气边界层的发展受到抑制，城市地区排放的大气污染物被限制在更低高度，从而显著加剧城市大气污染，此为黑碳的"穹顶效应"（Ding et al.，2016）。灰霾天，当黑碳与散射性气溶胶混合后，"穹顶效应"会加剧并导致边界层高度降低15%。同等黑碳浓度下，农村地区黑碳的"穹顶效应"高于城市地区（Wang et al.，2018）。当黑碳气溶胶位于边界层内时,黑碳气溶胶吸收可见光,不断加热边界层,促进夹卷层发展。与此同时,剩余能量到达地表形成较弱显热通量。较弱显热通量和近地面气溶胶加热共同作用,促使近地面层间稳定边界层与上层发展边界层混合,形成混合均匀的边界层,最终导致边界层升高。边界层内黑碳气溶胶对边界层发展的促进作用称为"火炉效应"(Ma et al.,2020)。定量计算发现,边界层内黑碳气溶胶导致边界层高度增加 0.4%;同等浓度的黑碳存在于边界层以上,则导致边界层高度降低 6.5%左右;当黑碳气溶胶存在于整层大气时,黑碳气溶胶对边界层发展的抑制达到最强,最高边界层高度降低 17%左右(Slater et al.,2022)。

1.2.2.2 黑碳颗粒的催化作用

尽管黑碳本身化学性质十分稳定,但由于其具有较大的表面积和较强的吸附性,因此黑碳在大气化学转化尤其是非均相转化过程和气-粒转化过程中均具有重要作用。黑碳颗粒在老化过程中能够捕获各种一次和二次污染物,为部分污染物均相及非均相化学反应提供场所,同时还能对部分化学反应起催化作用。黑碳颗粒可以参与到反应性气体(SO_2、NO_2、O_3、HNO_3)的化学反应,生成二次无机物(硫酸盐、硝酸盐)和二次有机气溶胶。Novakov 等(1974)首次发现,在 O_2 和 H_2O 存在条件下,丙烷燃烧产生的煤烟能催化 SO_2 向硫酸盐转变。Smith 等(1989)在类似反应条件下也发现有硫酸盐的生成。近年来,大气环境观测中也发现了黑碳催化作用下 SO_2 生成硫酸盐的证据(Zhang et al.,2021a)。类似的,黑碳颗粒也能促进硝酸盐的生成。例如 Zhang 等(2022)通过烟雾箱模拟发现,N_2O_5 在黑碳表面快速水解生成 HNO_3,然后被 NH_3 中和生成 NH_4NO_3。黑碳颗粒也能参与二次有机气溶胶的生成。例如,Lee 等(2017)在美国加利福尼亚州城市大气中的观测发现,受到光化学作用影响,黑碳颗粒物表面会在中午时分生成二次有机气溶胶。通过对比浓雾和轻雾两个时段黑碳颗粒物的化学组成,Collie 等(2018)发现液相反应可能会促进黑碳表面硝酸盐和氧化性有机气溶胶的生成。类似的,Cao 等(2022)发现,黑碳颗粒物表面存在的大量过渡金属会催化新鲜有机气溶胶向氧化性气溶胶转变,从而促进二次有机气溶胶生成。黑碳颗粒除了可以催化反应性气体生成二次气溶胶外,也可促进生成自由基。He 等(2022)发现气态 OH 自由基生成的新途径:光照下,H_2O 和 O_2 在黑碳颗粒表面反应生成 OH 自由基。由于黑碳对二次污染物形成的催化作用,Zhang 等(2020)在华北地区的研究发现,黑碳颗粒催化化学反应主导了区域雾/霾的形成趋势和辐射强迫。

1.2.2.3 其他大气环境影响

黑碳气溶胶能通过降低光解速率减少 O_3 生成。最近研究表明,相比黑碳气溶胶吸收太阳辐射降低光解速率导致 O_3 浓度降低,黑碳和边界层之间的物理过程对地面 O_3 浓度降低的贡献更大(Gao et al.,2018)。例如,Mukherjee 等(2020)通过模式模拟发现,南亚地区生物质燃烧产生的黑碳气溶胶通过抑制边界层发展导致地面黑碳积累,地面黑碳浓度升高 20%～30%,而地面 O_3 浓度降低 30%。全球模式模拟同样发现,吸收性气溶胶(黑碳等)能导致对流层光化学反应减弱(Tian et al.,2019)。

黑碳气溶胶作为吸收性气溶胶,会对大气能见度产生影响。Li 等(2022)发现,北京地区灰霾期间,气溶胶吸收系数与散射系数的比值高于非灰霾期,证明黑碳气溶胶会造成能见度降低,但是在严重污染期间,黑碳气溶胶对能见度的降低影响有限。尽管黑碳气溶胶对能见度有影响,但是其贡献率低于硫酸盐、硝酸盐、有机物等(Yu et al.,2016;Zou et al.,2018;Liu et al.,2019)。

1.2.3 黑碳气溶胶对人体健康的影响

关于碳质气溶胶健康效应的研究较晚。20世纪70—80年代,大量报告和研究表明,极端大气污染下,人群发病率和死亡率大幅度上升(Pope et al.,2006)。空气污染危害人体健康已经成为共识,但是争议在于颗粒物浓度处于什么水平以及颗粒物中的哪些组分会导致人群患病率和死亡率上升。甚至有学者认为颗粒物浓度较低情况下也会产生不利的健康效应(Pope et al.,2006)。2001年以后,分析方法的发展使得科学家开始关注颗粒物组分的健康危害,对黑碳健康效应的关注是在2006年以后(Grahame et al.,2014)。

黑碳可以充当多种燃烧衍生化学组分(如半挥发性有机物和过渡金属)的载体,对人体健康产生不利影响(Cassee et al.,2013)。人体暴露于黑碳主要来自呼吸途径,而非直接摄入黑碳。因此,黑碳气溶胶对人体健康的影响主要以室外环境空气中的黑碳作为对象进行描述。2012年,国际癌症研究机构也将柴油燃烧排放物的致癌级别由之前的可能致癌修改为致癌。近期研究发现,长期暴露于污染空气的孕妇人群,在其胎盘靠胎儿一侧检出有黑碳的存在,直接给出了黑碳颗粒对人体健康影响的证据(Bové et al.,2019)。

黑碳的健康影响根据暴露时间可以分为短期健康影响和长期健康影响。黑碳的短期健康影响研究常以横断面方式进行,也有使用时间序列或病例交叉等方法的。文献梳理发现,短期暴露于黑碳污染环境,不论是免疫能力完全的成年人或是相对脆弱的儿童和老人,其肺功能、呼吸功能、心血管功能等均受到影响,尤其是患有哮喘、冠心病等的易感人群(表1.1)。长期健康影响常以前瞻性/回顾性/双向性队列的形式进行长时间的随访和调研。不同地区黑碳浓度和所吸附的成分不同。因此经常使用土地利用回归模型预测环境黑碳浓度,推测个体黑碳暴露浓度,以此分析空气污染对人体健康的长期影响。通过文献梳理发现,长期暴露于黑碳气溶胶中,除容易发生呼吸道疾病、肺部疾病、心血管疾病外,神经功能也会受到影响,如老年人认知功能降低等;产前暴露于黑碳污染环境的孕妇生下的胎儿认知功能也受到影响等(表1.2)。需要注意的是,尽管文献中均是对黑碳进行单独研究或对颗粒物与黑碳分别进行研究,但实际上颗粒物、黑碳、有机碳之间存在高度相关,统计模型中的多重共线性会对结果产生潜在干扰。因此,黑碳的流行病学研究中的健康影响可能来自有机碳或颗粒物(朱晓晶 等,2021)。

对颗粒物毒理学和流行病学文献的总结中,Graham等(2014)得出黑碳与肺癌、心血管疾病和全因死亡率之间存在因果关系。类似的,Janssen等(2011)给出了黑碳与心肺医院入院率以及全因、心肺和心血管疾病死亡率相关的流行病学证据。此外,Janssen等(2011)发现降低单位质量浓度黑碳获得的人群寿命增加是降低同等质量浓度下细颗粒物的4~9倍。丹麦长期队列研究表明,长期暴露于黑碳污染中人群的全因和心血管死亡率更高,每 $1\ \mu g \cdot m^{-3}$ 黑碳的风险比为1.16(Hvidtfeldt et al.,2019)。法国28年随访队列研究也表明,长期暴露于黑碳污染与死亡风险增加存在正相关关系:全因死亡率的风险比为1.14;心血管病死亡率的风险比为1.15(Yang et al.,2021)。需要指出的是,由于混杂因素、方法和时间窗口、种群结构、空气污染物水平等因素,不同研究得出的长期暴露于黑碳污染中与全因死亡率的关系存在差异。Crouse等(2016)发现,在加拿大240万25岁或以上的成年人中,长期暴露于黑碳污染中与全因死亡率存在显着关联。Ostro等(2015)发现黑碳污染与缺血性心脏病死亡率存在显著关联,但与全因死亡率不相关。

目前,从流行病学的角度还未有较多研究可用来判断$PM_{2.5}$与黑碳和长期健康影响存在相关。由于$PM_{2.5}$与黑碳在统计上偶尔会出现较高相关,因此也难以将其造成的长期影响效应分开。有研究系统地对黑碳和颗粒物与心血管疾病发病率和死亡率的相关进行过流行病学研究,结果证实黑碳与心血管疾病的发病率和死亡率均呈显著相关,但无法确认黑碳和颗粒物的独立作用;还有研究表明黑碳对颗粒物的健康影响可能有促进效应(朱晓晶 等,2021)。

表1.1 人体暴露于黑碳的短期健康影响(摘自朱晓晶 等(2021))

研究地区	研究对象	环境暴露条件	研究结果	文献
美国纽约	7~8岁儿童,分为哮喘组($n=88$)和正常组($n=42$)	7 d内儿童个体黑碳暴露浓度为1.3 $\mu g \cdot m^{-3}$	黑碳浓度与呼吸冷凝气中的8-异前列腺素的增加显著相关,黑碳可能与呼吸道氧化应激增加相关	Rosa et al.,2014
欧洲(法国巴黎,西班牙萨巴德尔和瓦伦西亚)	10岁左右小学生	有持续呼吸症状的儿童24 h内黑碳吸入浓度为1.98 $\mu g \cdot m^{-3}$,无症状儿童24 h内黑碳吸入浓度为2.12 $\mu g \cdot m^{-3}$	患有持续呼吸道症状且当前有用药情况的儿童的疾病症状与黑碳浓度呈正相关;黑碳浓度升高可能导致肺功能下降,增加患哮喘风险	Paunescu et al.,2019
西欧城市	6~12岁儿童($n=130$)	室外环境2 h、日、周平均黑碳暴露浓度分别为3.1、4.5、1.73 $\mu g \cdot m^{-3}$	黑碳与呼出气一氧化氮、呼出气冷凝气、白介素相关;采样早晨的黑碳暴露与气道氧化应激有关,日/周平均与气道炎症有关	De Prins et al.,2014
美国纽约曼哈顿	9~14岁儿童,分为哮喘组($n=70$),正常组($n=59$)	6 d内儿童室外活动期间的黑碳个体暴露浓度为1.21 $\mu g \cdot m^{-3}$,不运动儿童暴露浓度为1.06 $\mu g \cdot m^{-3}$	城市中每天运动的儿童个体黑碳暴露水平较高,抵消了体育运动对气道炎症的保护性关系	Lovinsky-Desir et al.,2016
美国路易斯安那州	10~71岁个人($n=76$)	室内120 h内个体黑碳暴露,平均浓度为0.48~0.78 $\mu g \cdot m^{-3}$	黑碳浓度升高与收缩压升高相关,高血压参与者中相关更强;高血压患者可能是更敏感人群	Rabito et al.,2020
比利时	健康成年人($n=54$),女性92%,平均40.7岁	一个工作周内个体黑碳暴露浓度中位数范围为599.8~728.9 $ng \cdot m^{-3}$	黑碳浓度升高与心肌弹性模量、脉搏波速度均呈正相关,与血管膨胀性和顺应性系数均呈负相关;短期个体暴露黑碳浓度升高与动脉僵硬度增大有关,反映了空气污染引发心血管疾病的致病途径	Provost et al.,2016
印度	烹饪妇女($n=45$),25~66岁	冬季和夏季烹饪过程中实时测量黑碳浓度分别为40和56 $\mu g \cdot m^{-3}$	黑碳浓度升高与收缩压升高、舒张压小幅降低有关,可能对心血管疾病有影响	Norris et al.,2016
中国香港	跑步成年人($n=33$),14~26岁	每次跑步至少30 min,每周3次,两条跑步路线,黑碳浓度分别为5.4和1.3 $\mu g \cdot m^{-3}$	黑碳浓度与收缩压成正比;短期暴露后,黑碳对人体的血压有影响	Pun et al.,2019

研究地区	研究对象	环境暴露条件	研究结果	文献
中国北京	北京大学第三医院急诊呼吸($n=2323$)、心血管($n=541$)、眼病($n=1007$)病例	北京大学第三医院附近测定的黑碳日均浓度为 $5.2\ \mu g \cdot m^{-3}$	黑碳与呼吸、心血管、眼部的急诊室就诊病例数量呈正相关	Liang et al., 2017
英国伦敦	15～64岁成年人，0～14岁儿童	交通源颗粒物暴露	黑碳暴露与成年人心血管和儿科呼吸道住院增加有关	Samoli et al., 2016
美国洛杉矶	老年冠状动脉疾病患者，10 d随访	退休社区室外黑碳暴露	室外黑碳浓度与收缩压、舒张压相关，血压与平均8 h空气污染的相关更强；住宅附近化石燃料燃烧的主要成分与具有潜在心脏病发作人群中的动态血压升高密切相关	Delfino et al., 2010

表1.2 人体暴露于黑碳环境的长期健康影响（摘自朱晓晶等，2021）

研究地区（时间）	研究对象	环境暴露条件	研究结果	文献
美国波士顿（2000年1月—2011年12月）	年龄较大的男性($n=419$)，平均年龄73岁，共911次随访	社区老人室外环境黑碳暴露，黑碳年均浓度为 $0.51\ \mu g \cdot m^{-3}$	环境黑碳暴露可能是易受其他生物氧化应激因素影响的个体眼内压升高的危险因素	Nwanaji-Enwerem et al., 2019
美国波士顿（2000—2011年）	男性老年人($n=540$)，共1161次随访	住宅附近黑碳年暴露浓度为 $0.45\ \mu g \cdot m^{-3}$	黑碳暴露与心率变异性HRV降低有关，长期暴露可能影响心脏自主神经功能	Mordukhovich et al., 2015
丹麦（1997—2015年）	50～64岁的当地居民($n=49564$)	环境黑碳暴露浓度为 $0.92\ \mu g \cdot m^{-3}$	仅在男性中心血管疾病死亡率和全因死亡率升高的风险与黑碳浓度显著相关	Hvidtfeldt et al., 2019
中国北京（2012年2—7月）	35～75岁不吸烟成年代谢综合征患者($n=65$)	24 h个体黑碳暴露浓度为 $4.66\ \mu g \cdot m^{-3}$，$PM_{2.5}$浓度为 $64.2\ \mu g \cdot m^{-3}$	黑碳暴露的增加与患者动态血压和心率变化率的升高相关	Zhao et al., 2014
美国马萨诸塞州（1999—2007年）	老年男性($n=428$)	就诊前一年个人居住地年均黑碳暴露浓度为 $1.57\ \mu g \cdot m^{-3}$	黑碳暴露的增加与认知能力低下有关，端粒长度和C反应蛋白水平可能有助于预测黑碳对老年男性认知功能的影响	Colicino et al., 2017
美国波士顿（2002年8月—2009年12月）	怀孕女性($n=258$)	产前孕妇交通路段黑碳暴露浓度为 $0.4\ \mu g \cdot m^{-3}$	孕妇在产前压力和黑碳高暴露条件下生产的男性儿童，其记忆力与黑碳暴露的关联性更强	Cowell et al., 2015
美国波士顿（1995—2011年）	老年人($n=858$)，每3～5年随访一次	交通黑碳个体暴露浓度年均值为 $0.7\ \mu g \cdot m^{-3}$	黑碳浓度与强制肺活量（FVC）、1 s内呼气流量水平相关均较低；老年人肺功能下降，与长期暴露于黑碳有关	Lepeule et al., 2014
荷兰	儿童($n=4146$)，3次随访	交通颗粒物/黑碳个人暴露检测年均吸光度为 $1.72 \times 10^{-5}\ m^{-1}$	环境暴露与呼吸道疾病患病率有关，无法区分颗粒物、黑碳、有机碳的致病贡献率	Brauer et al., 2002

1.3 黑碳气溶胶监测方法

20世纪初,黑碳的黑度作为大气污染的指标用于环境空气质量的研究(Uekoetter,2005)。Biscoe和Warren(1942)利用X射线比较"碳黑"和石墨的结构发现,碳黑结构中,石墨层大致等距平行排列。Cartwright等(1956)利用电子显微镜观察气溶胶的微观结构,发现大气颗粒物大多呈球形且聚合在一起,结构上类似于碳黑,其大小从$0.01~\mu m$到$1~\mu m$不等。20世纪70年代,科学家通过拉曼光谱分析得到城市大气环境气溶胶和燃烧源排放的气溶胶中,对光有强吸收的物质是"石墨碳黑"(Rosen et al.,1978;Groblicki et al.,1981)。20世纪70年代开始,美因茨大学和华盛顿大学的研究人员开始系统地测量气溶胶的吸光性。1978年,在美国加利福尼亚州伯克利召开的第一届气溶胶碳质颗粒物会议上,科学家首次介绍了碳质气溶胶的测量方法。此后,基于不同原理的黑碳测量仪器陆续出现。目前市面上黑碳测量的商用仪器包括美国Magee公司的黑碳仪(AE)、Radiance Research Inc生产的煤烟颗粒吸收光度计(PSAP)、美国热电公司的多角度吸收光度计(MAAP)、美国Dorplet公司的光-声光谱仪(PASS)和单颗粒烟尘光度计(SP2)、美国沙漠研究所的有机碳/元素碳分析仪等。

由于环境气溶胶颗粒物中不仅包含黑碳颗粒,还含有其他组分,且气溶胶中黑碳的质量百分占比通常小于10%,因此很难直接通过重量法测量黑碳的质量浓度。黑碳的测量可以利用光学方法、热光法和激光诱导发光方法间接实现。

1.3.1 光学方法

光学分析法主要包括光反射法、光吸收法、红外吸收光谱法、拉曼散射法、光声分光光度计法以及紫外-可见-近红外分光光度计(UV-VIS-NIR)法等。

采用膜沉积采样技术测量气溶胶吸光性时,颗粒物以一定的流量沉积到光学纤维滤膜上,然后利用特定波长的光源照射采集有颗粒物的滤膜,通过分析光的衰减量来测量颗粒的吸光性。该方法的理论依据为Lambert-Beer定律:光在通过采集了颗粒物的滤膜时,其强度会发生衰减,而衰减的强度与介质的光学厚度有关。

该方法的不确定度主要来源于滤膜自身对光的多重散射效应、颗粒物的散射效应以及颗粒物的遮蔽效应(Weingartner et al.,2003)。该方法具有测量简单、仪器便宜和时间分辨率高等特点,适用于气溶胶吸收系数的长时间测量。目前市场上的商用仪器主要包括黑碳仪、多角度吸收光度计和黑碳颗粒吸收光度计等。

1.3.2 热学方法

热学分析法通常可以分为直接热分析法和间接热分析法。直接热分析法中最简单的方法就是将滤膜升温,使OC和EC逸出-这是第一代直接热分析法。之后又产生了3代变革,增加了He-Ne激光器、流量和温度控制,并将反射光法改为透射光法进行测定,逐步转变为热光结合分析法。间接热分析法,是将采集气溶胶颗粒物的石英滤膜经过前处理后,再在一定的氧化条件下,按特定升温程序加热,将含碳物质转化为CO_2或CH_4进行测定。间接法又可以分为溶剂萃取总碳分析法和HNO_3硝解分析法:溶剂萃取总碳分析法根据无机碳化合物不能被有机溶剂萃取的原理,用不同的有机溶剂对滤膜上的有机化合物进行萃取。萃取前后的滤膜分别用直接热分析法测定出总碳质量,得出的差即为无机含碳物质的含量上限。HNO_3硝解分析法则是用HNO_3对滤膜上的有机碳进行硝解,以硝解前、后的含碳物质的质量之差作为无机碳含量。

1.3.3 热光结合分析法

热光结合分析法是在第二代直接热分析法的基础上应用发展起来的,也是目前主要测量黑碳气溶胶的方法之一。它可以分为热光反射法(Thermal Optical Reflection,简称 TOR)及热光透射法(Thermal Optical Transmission,简称 TOT)。TOR 法和 TOT 法被认为是当前气溶胶样品 OC/EC 测量相对准确的推荐方法。

TOR 法是一种极具代表性的热光结合分析法,最早由受保护环境的能见度监测机构(Interagency monitoring of protected visual environments,简称 IMPROVE)提出。以美国沙漠研究所(Desert Research Institute,简称 DRI)研制的 Model 2001 热光碳分析仪(Thermal/Optical Carbon Analyzer)的应用最为典型。分离 OC 和 EC 的原理与热学分析的原理基本一致,即在无氧的纯 He 气环境中,分别在 120 ℃(OC1)、250 ℃(OC2)、450 ℃(OC3)和 550 ℃(OC4)下对样品滤膜加热,将滤膜上的颗粒态碳转化为 CO_2;然后再将样品在含 2%氧气的 He 气环境下,分别于 550 ℃(EC1)、700 ℃(EC2)和 800 ℃(EC3)逐步加热,此时样品中的 EC 释放出来。样品加热过程中一些高分子量的有机化合物可在高温惰性气氛中裂解而转化为积碳并被当成 EC,导致 OC 和 EC 不易区分。因此,在测量过程中,采用 633 nm 的氦-氖激光监测滤纸的反射光,利用光强变化明确指示 EC 氧化的起始点,确保科学区分 OC 和 EC。OC 碳化过程中形成的碳化物称之为裂解碳(OPC)。当一个样品完成测试时,OC 和 EC 的 8 个组分(OC1~OC4,EC1~EC3 和 OPC)的浓度同时给出,OC 定义为 OC1+OC2+OC3+OC4+OPC,EC 定义为 EC1+EC2+EC3-OPC。

TOT 法是美国的国家职业安全与健康学会(National Institute of Occupational Safety and Health,简称 NIOSH)的 Method 5040 方法。以美国 Sunset 实验室研制的 OC/EC 碳分析仪最为典型。它的原理与 DRI 热光碳分析仪基本相同,主要过程为:首先通入氦气升温,使 OC 和碳酸盐碳相继逸出,然后再通入氧气降温测 EC。该方法的精密度为 4%~6%,检出限为 2 $\mu g \cdot m^{-3}$,可以测定 EC 的最大量为 0.5 $mg \cdot m^{-3}$。通过激光监测滤膜透射率的变化进行裂解有机碳修正,最后利用已知量的甲烷进行仪器内部校正。但在升温程序和 OPC 的光学校正方面两者有所不同。NIOSH 的 Method 5040 温度轮廓,实际上是分五步界定 OC:250 ℃为 OC1,500 ℃为 OC2,630℃为 OC3,870 ℃为 OC4,OC5 是聚合碳,由透射原理来界定和测量。也有研究人员采用第一阶段(无氧条件)和第二阶段(2%氧气条件)分 4 步达到 900 ℃(无氧由室温开始,2%氧气由 600 ℃开始)的温度方案分离 OC 和 EC。

1.3.4 激光诱导白炽光技术

激光诱导白炽光技术在 20 世纪 70 年代中期被引入到燃烧过程排放碳黑颗粒物的研究中。该技术利用高强度的激光将颗粒物加热到 4300 K 左右,不含黑碳的颗粒物会由于其弱吸光性不会被气化;含有黑碳的颗粒物会因为其强吸光性而被迅速气化产生白炽光,产生的白炽信号可以在可见光或近红外波段内被检测到。检测到的白炽光信号与颗粒物中黑碳的比例、密度和粒径大小成比例。该技术除了可以测量黑碳的浓度外,还可以测量颗粒的大小。美国 DMT 公司研发的单颗粒黑碳光度计除了配置白炽光信号检测器外,还配置了散射信号检测器。因此,该仪器可以通过测量白炽信号和散射信号特征,结合米散射理论给出黑碳颗粒的包裹层与黑碳核之间的粒径比信息。该测量方法目前被公认为是黑碳测量误差最小的方法。

黑碳的其他测量方法还包括化学氧化法、显微法和分子标志法。各种方法的优、缺点如表1.3所示。

表1.3 黑碳各种测量方法的原理及优、缺点(摘自黄观等(2015))

方法	原理	优点	缺点
光学法	由于黑碳具有很强的光吸收性,可假设黑碳是颗粒物中唯一的光吸收体,光吸收量同其质量存在一定的比例关系,可通过测量单位质量黑碳的光吸收量计算出黑碳质量和相应的浓度	实验操作迅速,不破坏样品;主要用于城市大气气溶胶中黑碳的测量	黑碳粒子的吸收特性是多种因素的函数;膜采样时易受具有光吸收性质的其他颗粒物组分的影响;气溶胶表面的其他物质及颗粒散射作用也会对测量结果造成一定影响
热学法	基于热分离技术,不同碳质会在不同条件下发生反应。有机碳质可在温度为350~850℃时挥发,它可以被催化氧化成CO_2或分解成CH_4,而元素碳只能在温度400~850℃范围内和有氧条件下氧化成CO_2,可通过检测CO_2的量,进而换算得到黑碳的环境浓度	可以同时测量样品中元素碳和有机碳成分以及它们在大气气溶胶中所占比例;设备简单,容易操作	不能保证有机碳和元素碳能够彻底分离;在分离过程中会发生部分有机碳化合物碳化,造成测量结果的不准确;加热过程中如果气体的输送量不能恰当控制,部分有机质会焦化成黑碳,而使黑碳浓度偏高
热光分析法	结合光吸收和热分离方法,根据黑碳的热稳定性高于有机碳的特点,分步氧化有机碳(无氧条件)和黑碳(有氧条件)	可对热分离过程中碳化现象造成的误差进行适当调整	光热分析法是一种实验室测量方法,其原理复杂,且实验过程繁琐
化学氧化法	用酸和氧化剂处理而获得黑碳,前提是土壤或者沉积物中黑碳组分比非黑碳组分有更强的化学稳定性	反应条件温和且容易控制,操作方便;具有很高的选择性	在溶液中获取黑碳时,其疏水性会使黑碳颗粒吸附在容器内壁及气-液界面而带来误差;反应过程中有机碳的氧化程度很难控制
显微法	以黑碳的光学特性为基础,在观测样品前,要用盐酸、氢氟酸对样品进行预处理。根据样品的颗粒粒径尺寸,测量黑碳的方法包括光学显微镜法、扫描/透视电子显微镜法等	在显微镜下可直接观测黑碳的形态、大小,进而描述黑碳特征,判断黑碳的来源	相当耗时;测定范围非常有限,只能挑出粒径较大的木炭颗粒;预处理过程可能造成细颗粒黑碳的丢失
分子标志法	通过测量同黑碳有关的某一种或某一类特殊化合物,如苯多环羧酸的浓度,根据这些物质信息来推算黑碳的含量		处理过程中反复的清洗造成细颗粒物的流失;所得结果和其他方法相比,可信度不高

1.4 黑碳气溶胶来源

1.4.1 黑碳气溶胶来源解析技术

黑碳气溶胶的来源解析技术大致上可以分为5类,分别为碳同位素示踪法、受体模型法、标识物比值法、大气化学模式法和黑碳仪光度计模型,各种方法的优、缺点如表1.4所示。需要说明的是,已有研究中有的采用元素碳、有的采用黑碳表示这类重要的吸光性碳质气溶胶。遵从已有用法,以下介绍中元素碳和黑碳会同时存在,但实际上这两个术语指的都是同一类物质。

表 1.4　各种黑碳源解析技术的优缺点(摘自郑煌(2021))

解析方法	优点	缺点
碳同位素示踪法	解析结果可靠	时间分辨率低,分析要求高,只能解析出化石燃料和非化石燃料两个源
受体模型法	解析结果多源性	需要其他气溶胶组分数据支撑,共线性的影响
标识物比值法	解析结果多源性	需要 EC 与标识物的比值,为定性判断
大气化学模式法	解析结果多源性,三维特征	需要大量的计算和存储资源,需要排放清单数据
光度计模型	时间分辨率高,长时间观测解析	结果非常依赖光吸收的波长依赖性指数(AAE)选择,该值时空变异性大;只能解析出两个源

1.4.1.1　碳同位素示踪法

自然界中碳元素的存在形式有稳定同位素 ^{12}C 和 δ^{13}C 以及放射性同位素 Δ^{14}C,它们在大气中的丰度分别为 98.892%、1.108% 和 1.2×10^{-10}%。自然界中的 Δ^{14}C 主要来自于高层大气层中发生的高能核反应:宇宙射线产生的中子与稳定氮同位素碰撞产生放射性 Δ^{14}C 同位素。生成的 Δ^{14}C 被迅速氧化为 $^{14}CO_2$,进而在对流层中快速混合,随大气运动快速扩散至整个大气圈层。大气圈层中的 $^{14}CO_2$ 通过植物的光合作用、动植物之间的食物网和生物地球化学循环,最终扩散至其他圈层。生物圈内的生命体由于其自身生命活动,体内的 Δ^{14}C 含量和外界大气中的 Δ^{14}C 处于平衡状态,这种平衡状态随生命体的结束而被打破。死亡生命体内的 Δ^{14}C 由于得不到补充,其含量会按照一级动力学方程衰变。伴随着地质过程,被埋葬的生命体在千万年甚至更长时间内形成煤和石油等化石燃料。由于化石燃料的形成时间远大于 Δ^{14}C 的半衰期(5730 年),化石燃料所包含的 Δ^{14}C 已经完全衰变。因此,化石燃料燃烧排放的碳质气溶胶不含 Δ^{14}C。因此,可以通过测量气溶胶中 OC 和 EC 燃烧产生的 Δ^{14}C 的相对含量来区分碳质气溶胶的当代碳源(生物质燃烧)和人为源(化石燃料燃烧)(张世春 等,2013;曹芳 等,2015)。

单一的 Δ^{14}C 放射性同位素技术只能解析出生物质和化石燃料燃烧两个源,将 Δ^{14}C 放射性同位素与稳定同位素 δ^{13}C 以及其他标识物联用,则可以将化石燃料细分为固体化石燃料(煤炭)和液体化石燃料(石油)燃烧排放。受限于 ^{14}C 的检测方法,早期 ^{14}C 的研究需要采集大量的气溶胶样品满足碳组分的分析要求。Clayton 等(1955)利用大流量采样器连续采集了近一个星期的样品,共采集了近 250000 m³ 的空气,最终获得了 41.7 g 气溶胶样品以及 8 g 碳组分。Lodge 等(1960)的工作也采集了近 3.8 g 碳组分才满足衰减计数器的检测要求。经过 20 年的发展,^{14}C 检测技术对于样品量的需求大幅度降低(仅需要 5~10 mg C)。20 世纪 70 年代末期,加速质谱仪作为一门新兴的现代分析技术开始广泛应用于大气环境领域。与传统的衰变计数法和质谱法相比,加速质谱仪在提高 ^{14}C 检测灵敏度的同时,所需的样品量和检测时间也大幅度降低,现今只需微克级别的样品量便可实现 ^{14}C 的检测。随着加速质谱仪分析技术的进步,^{14}C 技术在 EC 源解析工作方面得到了广泛的应用(图 1.1)。

放射性 Δ^{14}C 同位素示踪法解析得到的结果是目前最为精确的。但是该方法采样时间长(>23 h),时间分辨率低,且碳同位素的分析测试只能在少数实验室开展,不适用于 EC 的连续在线分析,尤其是对解析结果时间分辨率要求高的重污染过程的碳质气溶胶溯源工作。此外,^{14}C 的分析还受到烹调油烟、生物质和废弃物燃烧排放的影响,存在当代碳比例高估的问

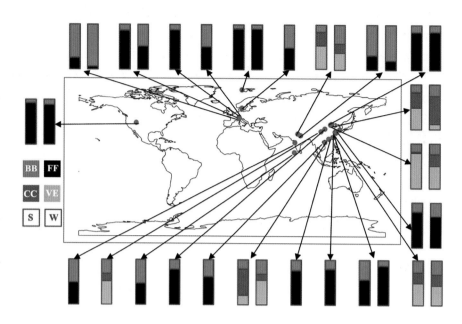

图1.1 文献中报道的利用碳同位素定量解析元素碳来源结果的时空分布。图中BB、FF、CC和VE分别为生物质燃烧、化石燃料燃烧、燃煤和机动车尾气来源的元素碳,其中FF=CC+VE。红色和蓝色方框分别代表夏季和冬季的解析结果(改自郑煌,2021)

题。样品制备过程中,OC和EC的分离也是^{14}C同位素分析中不确定度的来源之一(Heal,2014)。因此,利用^{14}C解析EC来源的研究相对较少。

1.4.1.2 受体模型法

化学质量平衡(Chemical Mass Balance,CMB)模型是一种常用的受体模型。该模型基于最小二乘法,利用源成分谱信息和环境样品颗粒物中的化学组分信息将颗粒物解析为不同的来源(例如柴油车、汽油车、生物质燃烧、车用机油和烹调油烟等)。利用CMB模型解析EC还需要一些标识物约束解析结果,通常利用左旋葡聚糖指示生物质燃烧,烷和甾烷指示车用机油,苯并[ghi]芘和二甲苯指示汽油燃烧源(Briggs et al.,2016)。与CMB模型类似,正定因子矩阵(Positive Matrix Factorization,PMF)模型也是一种利用最小二乘法进行源解析的受体模型。与CMB模型不同,PMF模型不需要源成分谱信息,只需要环境样品观测数据和对应化学物种的不确定度数据。受益于输入数据简单、易获取等特点,PMF越来越多地应用到源解析工作中。但另一方面,由于不需要源成分谱信息约束,PMF解析出的因子命名比较模糊。相较于其他受体模型(主成分分析),PMF的非负特性使得解析出来的结果更加符合实际。利用PMF解析EC同样依赖除了EC之外的其他气溶胶化学组分信息。

受体模型是应用较为广泛的一种方法,该方法除了可以解析出生物质燃烧和化石燃料燃烧外,还可以解析出其他类源(柴油、汽油和烹饪油烟等)的贡献,且具有时间分辨率较高(小时级)的优点。但是该方法对输入数据要求较高,除了常规的碳质组分信息外,还需其他化学组分信息。此外,利用受体模型还存在难以区分具有相似化学组分源(共线性)的问题。

1.4.1.3 标识物比值法

常用的生物质燃烧标识物有左旋葡聚糖(Levoglucosan,LG)、脱水糖、OC、EC和多环芳烃等(Herich et al.,2014)。依据所用到的生物质燃烧标识物的数量,EC源解析标识物法可以分为单一标识物和多标识物法(Herich et al.,2014)。利用标识物解析EC来源非常依赖标识物的排放因子以及它们与EC的比值。以左旋葡聚糖(LG)为例,其形成于纤维素热解过程,是生物质燃烧最常用的示踪物(Bhattarai et al.,2019)。源排放实测工作中,EC和LG的比值很大程度上取决于生物质种类和燃烧条件。相同燃烧条件下,5种不同生物质燃烧排放的EC与LG的比值为0.7~4.7(Schmidl et al.,2008)。此外,LG在传输过程中会发生光化学反应和液相老化(Hennigan et al.,2010; Hoffmann et al.,2010; May et al.,2012; Sang et al.,2016)。因此,排放源实测的EC与LG的比值应用于大气环境中EC的源解析研究存在较大的不确定性。

1.4.1.4 大气化学模式法

借助扩散模式和大气化学传输模型也可以解析黑碳的来源。最常用的大气化学模式包括Weather Research and Forecasting Model with Community Multiscale Air Quality Modeling(WRF-CMAQ)、Weather Research and Forecasting model coupled with Chemistry(WRF-Chem)和Goddard Earth Observing System-Chemistry(GEOS-Chem)。相较于其他方法,大气化学模式法得到黑碳源的个数大于2。Díaz-Robles等(2008)利用WRF-CMAQ模式得出柴油内燃机排放是美国城市地区大气中EC的最主要来源,其平均贡献率为77.9%,而且柴油内燃机的贡献率呈现出城市高于郊区的空间分布特征。Joe等(2014)利用WRF-Chem同样得出,柴油内燃机是奥克兰港口地区EC的最主要源,其贡献为52%;EC的其他源还包括船舶排放(12%)和火车排放(19%)。与美国类似,Deng等(2020)利用WRF-CMAQ模式对我国厦门地区不同季节黑碳来源的解析发现,交通对黑碳的贡献最大(45.3%),其他源的贡献依次为民用源(30.1%)、生物质露天焚烧(7.6%)、工业排放(4.0%)和电力行业(2.2%)。

利用大气化学模式还可以模拟不同空间尺度上黑碳的来源,这一优势是上述其他方法所不具备的。Qi和Wang(2019)利用GEOS-Chem模式模拟全球不同地区生物质和化石燃料燃烧对黑碳的贡献发现,生物质燃烧对黑碳贡献最大的地区位于非洲,其贡献率达到64%±20%。生物质燃烧对黑碳的贡献呈现出南半球(50%±11%)高于北半球的空间分布特征(35%±14%)。利用化学传输模型还可以计算黑碳的区域传输贡献。Jeong等(2011)利用GEOS-Chem研究韩国地区黑碳的来源发现,韩国本土的民用化石燃料和生物燃料燃烧对黑碳的贡献分别为42%和36%,外来输送对黑碳全年平均浓度的贡献为20%。Kumar等(2015)利用WRF-Chem模拟孟加拉湾和阿拉伯海地区黑碳排放源时发现,民用源对南亚地区人为排放黑碳浓度的贡献为61%,区域传输对印度东部和西部的贡献均为25%。Zhao等(2015)和Li等(2016b)利用WRF-Chem发现:关中平原大气中60%的黑碳来自于本地,其中民用源的贡献为33%,工业源为14%,交通源为13%;其余40%来自于区域输送,关中平原东部的区域输送贡献为65%。Zhang等(2015)利用Community Atmosphere Model version5(CAM5)模式研究喜马拉雅山和青藏高原地区大气中黑碳的浓度发现,该地区大气中的黑碳主要来源于南亚地区生物质燃烧,其次为南亚地区和东亚地区化石燃料燃烧。

利用化学传输模式研究黑碳的来源和传输问题,其结果往往具有很大的不确定性。其中最大的不确定性来自于排放清单的不确定性(Bond et al.,2013),仅仅是黑碳的排放清单,其不确定度低的为-41%~+80%(Lu et al.,2011),高的为+208%(Zhang et al.,2009b)。模式中关于黑碳粒径分布的设置(Ma et al.,2017,2018)以及老化过程(Koch et al.,2009; Liu et al.,2020a)也是模式模拟不确定度的重要来源。此外,利用化学传输模式研究黑碳来源时,往往需要较大的计算量和存储资源,存在时间和计算成本高的缺点。

1.4.1.5 黑碳仪光度计模型

黑碳仪光度计模型利用生物质燃烧排放气溶胶的埃斯曲朗(Ångström)吸收指数(AAE_{bb})与化石燃料燃烧排放气溶胶的埃斯曲朗吸收指数(AAE_{ff})的差异将黑碳解析为生物质燃烧排放的黑碳(eBC_{bb})和化石燃料燃烧排放的黑碳(eBC_{ff})。该模型最早由瑞士保罗谢勒研究所大气化学实验室 Sandradewi 等(2008)提出。该模型中有两个重要假设:①对于气溶胶吸收系数的贡献只有生物质和化石燃料燃烧两个来源;②事先已知生物质燃烧和化石燃料燃烧排放气溶胶的埃斯曲朗吸收系数。该模型提出后被不断应用到黑碳的源解析研究工作中(图1.2)。需要指出的是,由于采样季节(冬季)和采样位置(高速公路旁)的特殊性,Sandradewi 等(2008)的研究将黑碳解析为生物质燃烧和机动车排放贡献。后续全球的研究大多将黑碳的来源解析为生物质和化石燃料燃烧两部分。

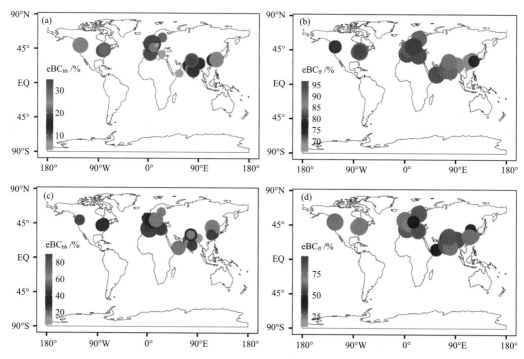

图1.2 文献中报道的利用光度计模型解析生物质燃烧(a、c)和化石燃料燃烧(b、d)
排放黑碳的时空分布特征(a、b,夏季解析结果;c、d,冬季解析结果;改自郑煌,2021)

黑碳仪光度计模型是近年来发展起来的一种在线高分辨率黑碳来源解析方法。该模型所需的设备简单,可用于长时间连续观测。该模型最大的不足在于假设 AAE_{bb} 和 AAE_{ff} 不变,为固定值。仪器出厂设置和已有研究通常默认 $AAE_{bb}=2$ 和 $AAE_{ff}=1$,导致采用该模型开展黑碳气溶胶来源解析存在较大的不确定性。然而埃斯曲朗吸收指数受到燃料类型、燃烧状态、组分混合状态、气溶胶粒径等诸多因素影响。已有的燃烧实验排放测试、理论计算和大气环境观测结果均表明埃斯曲朗吸收指数不仅不是定值,而且存在明显的实时变化。因此,可以考虑从约束埃斯曲朗吸收指数值的角度提高黑碳仪光度计模型解析结果的合理性和准确性。

用于约束黑碳仪光度计模型的标识物包括左旋葡聚糖、生物质燃烧排放钾离子、碳同位素,约束方法主要包括最小二乘法和敏感性分析。Zotter 等(2017)利用放射性碳同位素的解析结果约束得到瑞士地区黑碳仪光度计模型最优埃斯曲朗吸收指数。利用生物质燃烧标识物,通过敏感性分析约束黑碳仪光度计模型的方法有一个重要假设:如果生物质燃烧标识物与黑碳经历了相同的大气化学过程,两者线性回归方程的截距为 0(Fuller et al.,2014)。基于以上假设,Zheng 等(2021)利用钾离子约束得到光度计模型最优埃斯曲朗吸收指数组合的日夜变化特征。相比利用固定埃斯曲朗吸收指数组合,利用最优埃斯曲朗吸收指数组合的日夜变化值解析结果更加合理。

1.4.2 中国黑碳排放清单

黑碳气溶胶的来源可分为自然源和人为源,其中森林大火、火山爆发等自然现象会排放部分黑碳气溶胶,但其对大气中黑碳气溶胶浓度的长期背景值变化贡献不大。相反,人为源排放具有广泛性和持续性,与人类相关的燃料燃烧活动已成为当今大气环境中黑碳的主要来源。根据过去的相关研究,大气环境中黑碳气溶胶的排放源主要包括:有机燃料的燃烧、工业炼焦、工业制砖、垃圾焚烧、天然火灾和野外农业废弃物燃烧等。目前大部分研究表明,民用取暖和做饭过程中的燃料燃烧和城市柴油车排放是黑碳气溶胶最主要的来源。

黑碳气溶胶排放量的估算始于 20 世纪 80 年代,全球尺度、区域尺度、国家尺度的黑碳排放清单开始逐步建立。黑碳排放清单的时间尺度覆盖了工业革命至今乃至未来排放情景。黑碳排放清单构建过程中,排放模型方法上不断改进和优化,目前对黑碳气溶胶的构建主要以自下而上为主。Penner 等(1993)发表了第一个基于不同源排放因子并覆盖大部分大气排放源的全球尺度黑碳排放清单。随后,Cooke 等(1999)对前述排放清单做了改进,考虑了机动车的排放因子在不同发展程度国家之间的差异。该清单被应用于各种大气传输模型。受到数据限制,这些清单并未涵盖生物质燃烧排放的黑碳。Liousse 等(1996)则根据联合国粮农组织公布的生物质资料,初步估算了全球民用秸秆和薪柴的黑碳排放量。在以上结果的基础上,Bond 等(2004)综合考虑了可燃物、燃烧类型、排放控制技术以及区域特点,建立了一个包括 52 个燃烧源的全球排放清单。后续的全球和地区清单使用的排放模型主要方法和排放因子数据库都是基于 Penner 等(1993)和 Bond 等(2004)的清单。

中国黑碳排放清单的构建始于全球清单的构建,全球清单中关于中国黑碳的排放量由于排放因子、空间分配指标、时间分配指标的影响,清单的不确定性较大。后续清单构建中,则依据中国排放源特点开展相关工作。Streets 等(2001)构建了中国 1996 年的黑碳排放清单以及预测了 2020 年的排放情况。基于我国实际情况,曹国良等(2006)采用部分实测数据,构建了中国大陆 2000 年和 2007 年黑碳排放清单。估算结果表明,中国大陆地区 2000 年和 2007 年黑碳的排放量分别为 149.94 万和 139.9 万 t。Zhang 等(2009b)在 Streets 等(2001)基础上,考虑技术进步对排放因子的影响,并结合部分国内排放因子,更新了我国 2006 年人为源黑碳排放清单,其总量达到 181.1 万 t。张楠等(2013)基于国家统计数据、国内最新实测排放因子数据以及更符合中国实际情况的机动车排放因子模型计算了中国大陆 2008 年黑碳气溶胶排放清单,总量为 160.494 万 t。此后一系列黑碳排放清单开始出现。

黑碳排放清单构建至今,朝着行业划分更加精细、空间分辨率更高、时间尺度覆盖更长的方向发展。截至目前,有关黑碳分行业排放的清单包括但不限于道路机械设备、非道路机械设备、餐饮油烟、民用燃煤、工业燃煤、生物质燃烧、农作物燃烧、农村居民排放等。区域清单包括长三角、珠三角、华北地区,省、市级清单包括北京市、上海市、广州市、辽宁省等。清单空间分辨率也更加精细,从此前的 1°×1°到 0.5°×0.5°到 0.25°×0.25°再到 0.1°×0.1°。时间覆盖上由之前的单一基础年份扩展到近几十年至近百年。例如,清华大学团队构建了中国大陆 2008—2017 年黑碳排放清单(Li et al.,2017)。Wang 等(2012)构建了中国大陆 1949—2007 年黑碳排放清单,并投影 2008—2050 年排放清单。全球排放清单(CEDS)中关于黑碳排放清单的时间范围更广,覆盖工业革命至今两百多年(1750—2014 年)(Hoesly et al.,2018)。最近 CEDS 团队更新了全球黑碳排放清单,最新排放年份为 2017 年(图 1.3)。结果表明,中国黑碳排量在 2010 年之前呈升高趋势。2010 年后,随着大气环境治理工作的开展,黑碳的排放量开始降低。

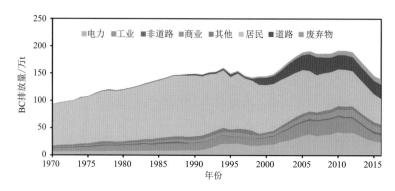

图 1.3　1970—2017 年中国大陆黑碳人为排放量的历史变化特征(数据来源于 McDuffie et al.,2020)

1.5　黑碳气溶胶观测/清单研究待突破的关键问题

1.5.1　黑碳气溶胶的定义及测量方法

在目前关于黑碳气溶胶的研究中,对黑碳的定义不统一,也不精确。一些研究中只针对某一类或某几类组分,将其定义为黑碳;而另一些研究中则倾向于将更为广泛的物质种类纳入到黑碳的定义中。一般认为黑碳是有机物不完全燃烧产生的具有较高热稳定性的烧焦物、木炭、煤烟和高度聚集的多环芳烃类物质,此外也包括生物体自然降解的残余物质以及微小的有机碎屑,自然界的森林大火或者化石燃料的燃烧都产生了大量的黑碳(Schmidt et al.,2000;Mannino et al.,2004;Koelmans et al.,2006)。由此看来,黑碳是一个复杂的混合体,由于对其定义不同,在测量方法上就有所侧重,在对黑碳进行分析时都或多或少地"强调"或者"忽视"其中的某些组分,从而得出的结果差异显著,不同测量方法之间的可比性也相对较差(Reisinger et al.,2008)。此外,由于对黑碳的定义模糊,目前关于黑碳的定量标准较难统一(凌荣祥 等,2006),做定量分析时采用的标准物质不同,进而给黑碳的测量带来误差,使得测量结果受到质疑。

1.5.2　黑碳排放清单构建的不确定性

黑碳排放清单是进行黑碳相关效应模式模拟的基础。清单在构建过程中,源活动水平、排放因子和时空分配方法是造成清单不确定性的主要因素。

首先,能源数据(源活动水平)的可信度不高是建立高水平排放清单的限制因素之一。目前全球尺度的污染物排放清单大多使用的是国际能源署公布的全球能源统计数据以及英国石油公司发布的世界能源统计报告,其主要来自于全球各个国家的能源分支机构,波动性较大。对于中国污染物排放清单,源活动水平数据来源于国家能源统计年鉴、污染普查数据等信息,来源相对可靠,不确定性较小,可比性和时效性也较好(统计数据一般落后2～3年),在中国大陆排放清单研究中可信度较高。

其次,排放因子的不确定性是排放清单整体不确定性的主要来源。与CO_2等常规大气组成不同,黑碳是燃烧过程中不完全燃烧的碳在高温条件下形成的产物。因此,其排放量受到燃料组成、环境温度、燃烧空气混合比等各种因素的影响。例如,若燃烧过程中供给足够的氧或空气,且有足够燃烧的时间与空间,黑碳的排放量就很低,反之则排放量较高。黑碳排放因子的差异主要受以下几个方面影响:监测采样方法(稀释通道或烟雾箱等)、燃料组成、炉型差异、燃烧条件和操作状态。现有研究主要考虑炉型(Zhi et al.,2008;Chen et al.,2015)、车型(Ban-Weiss et al.,2008;Liu et al.,2020b)和燃料组成差异(Ge et al.,2004;Zhi et al.,2008;Shen et al.,2010;Zhang et al.,2021b)的影响。

第三,空间分配方法是以往清单研究中经常忽略的一个因素,然而模式验证结果早已证明其重要性。空间插值(空间分配方法)是将排放清单应用于大气模型及最终效应评估的一个重要步骤。在这个过程中,有两个因素是目前清单中比较薄弱的环节,一个是排放清单建立时基于的空间单元,即排放清单输入能源数据和排放因子的空间尺度,目前清单一部分是国家级别,一部分则以省级或市级为主要空间尺度;第二是用于替代排放分布的高分辨率空间数据,如人口、GDP、土地利用类型等。已有的清单研究中主要使用高分辨率人口数据来进行空间分配,这一分配方法基于某一空间尺度上人均排放均匀分布的假设。这一假设显然不成立,我国国土面积较大,在人口分布与能源使用上存在明显的区域差异,即不同地区和不同经济水平下人均排放存在差异,这极大地影响了清单空间分配的准确度。因此,当使用人口数据进行空间分配时需合理设计以减小分配方法造成的影响。

1.5.3 黑碳气溶胶源排放监测和清单构建的研究展望

(1)想要更好地开展黑碳研究,更精确地对其进行测量、比较,需要对黑碳进行准确的定义,并发展广受接纳的统一分析方法,以获取确切的黑碳浓度数据;与此同时,还应统一规范定量分析时采用的标准物质,以便进行数据的对比,从而建立一整套的黑碳分析方法体系(占长林 等,2011);此外,为了提高数据的解释性和针对性,还需要以具体的环境意义为导向选择合适的分析测定方法(汪青,2012)。

(2)降低黑碳排放清单不确定度。对于中国黑碳排放清单的估算与建立,在后继的黑碳排放研究中,应做到以下几点:①系统调查现状,针对中国各地区各行业燃烧源的燃烧条件,建立分地区、分技术类型的本地化排放因子数据库;②相关部门增强统计体系的公开性、系统性,要有完善的源排放数据,并且公布具体算法和取值过程,提高活动水平数据的可信度,针对未知源类,开展多源数据融合,建立和更新源活动水平数据库;③结合中国发展现状,全面了解中国城市、农村地区各类燃烧源的实际情况,精确源活动水平数据、污染控制措施、技术水平等的基础数据;④要考虑到季节、各类排放标准等变化带来的源排放因子影响;⑤采用卫星反演、受体模型源解析、大气化学模式等方法优化和校验黑碳排放源清单;⑥优化和建立新的时间、空间排放源清单分配代用指标体系。

(3)建立分粒径黑碳排放清单。黑碳气溶胶粒径对于黑碳气候效应的影响较大,忽略黑碳气溶胶的尺度分布会引起预测云凝结核浓度的极大不确定性。研究发现黑碳气溶胶的大气顶平均间接辐射强迫变化范围是$-0.34\sim1.08\ W\cdot m^{-2}$，其变化强烈依赖于模型中气溶胶的粒径分布假设(Spracklen et al.，2011)。马星星(2017)指出，黑碳分粒径模拟方案能更好模拟中国的黑碳。相比于分粒径方案，广泛使用的常数粒径方案可能高估了黑碳的浓度、直接辐射强迫和增温效应。此外，不同粒径黑碳在人体呼吸系统的沉积部位不同(Liu et al.，2020b)，由此导致的健康危害也存在差异。因此，为了更好模拟黑碳的气候效应和健康效应，黑碳分粒径排放清单的建立尤为重要。

参考文献

曹芳,章炎麟,2015.碳质气溶胶的放射性碳同位素(^{14}C)源解析:原理、方法和研究进展[J].地球科学进展,30(4):425-432.

曹国良,张小曳,王亚强,等,2006.中国大陆黑碳气溶胶排放清单[J].气候变化研究进展,2(6):259-264.

黄观,刘伟,刘志红,等,2015.黑碳气溶胶研究概况[J].灾害学,30(2):205-214.

凌荣祥,罗泰义,周明忠,2006.黑色岩系岩石样品中黑碳含量测定和误差分析[J].地球与环境,34(2):82-88.

吕爱锋,贾绍凤,王素慧,等,2010.PDO 和 ENSO 指数与三江源地区径流变化的相关关系研究[J].南水北调与水利科技,8(2):49-52.

马星星,2017.中国地区黑碳气溶胶的气候效应及其对粒径和光学参数的敏感性研究[D].南京:南京大学.

石立新,段英,2007.华北地区云凝结核的观测研究[J].气象学报,65(4):644-652.

汪青,2012.土壤和沉积物中黑碳的环境行为及效应研究进展[J].生态学报,32(1):293-310.

王志立,郭品文,张华,2009.黑碳气溶胶直接辐射强迫及其对中国夏季降水影响的模拟研究[J].气候与环境研究,14(2):161-171.

吴涧,符淙斌,2005.近5年来东亚春季黑碳气溶胶分布输送和辐射效应的模拟研究[J].大气科学,29(1):11-19.

占长林,曹军骥,韩勇明,等,2011.古火灾历史重建的研究进展[J].地球科学进展,26(12):1248-1259.

张华,王志立,2009.黑碳气溶胶气候效应的研究进展[J].气候变化研究进展,5(6):311-317.

张靖,银燕,2008.黑碳气溶胶对我国区域气候影响的数值模拟[J].南京气象学院学报,31(6):852-859.

张楠,覃栎,谢绍东,2013.中国黑碳气溶胶排放量及其空间分布[J].科学通报,58(19):1855-1864.

张世春,王毅勇,童全松,2013.碳同位素技术在碳质气溶胶源解析中应用的研究进展[J].地球科学进展,28(1):62-70.

郑煌,2021.基于实测 Ångström 吸收指数优化吸光性碳质气溶胶源解析研究[D].武汉:中国地质大学.

支国瑞,张小曳,胡秀莲,等,2009.可持续发展背景下的黑碳减排[J].气候变化研究进展,5(6):318-327.

朱晓晶,钱岩,李晓倩,等,2021.黑碳气溶胶的研究现状:定义及对健康、气候等的影响[J].环境科学研究,34(10):2536-2546.

ACKERMAN A S, TOON O B, STEVENS D E, et al, 2000. Reduction of Tropical Cloudiness by Soot[J]. Science, 288(5468):1042-1047.

ANDREAE M O, GELENCSER A, 2006. Black carbon or brown carbon? The nature of light-absorbing carbonaceous aerosols[J]. Atmos Chem Phys, 6(10):3131-3148.

BAN-WEISS G A, MCLAUGHLIN J P, HARLEY R A, et al, 2008. Long-term changes in emissions of nitrogen oxides and particulate matter from on-road gasoline and diesel vehicles[J]. Atmos Environ, 42(2):220-232.

BHATTARAI H, SAIKAWA E, WAN X, et al, 2019. Levoglucosan as a tracer of biomass burning: Recent progress and perspectives[J]. Atmos Res,220:20-33.

BICE K,EIL A,HABIB B,et al,2009. Black Carbon:A Review and Policy Recommendations[R]. New Jersey:Princeton University,Woodrow Wilson School of Public and International Affairs:1-72.

BISCOE J,WARREN B E. 1942. An X-ray study of carbon black[J]. J Appl Phys,13(6):364-371.

BOND T C, STREETS D G, YARBER K F, et al, 2004. A technology-based global inventory of black and organic carbon emissions from combustion[J]. J Geophys Res:Atmos, 109(D14):D14203.

BOND T C,DOHERTY S J,FAHEY D W,et al,2013. Bounding the role of black carbon in the climate system:A scientific assessment[J]. J Geophys Res:Atmos,118(11):5380-5552.

BOVÉ H,BONGAERTS E,SLENDERS E,et al,2019. Ambient black carbon particles reach the fetal side of human placenta[J]. Nat Commun,10(3866):1-7.

BRAUER M,HOEK G,VAN VLIET P,et al,2002. Air pollution from traffic and the development of respiratory infections and asthmatic and allergic symptoms in children[J]. Amer J Respiratory Critical Care Medicine,166(8):1092-1098.

BRIGGS N L,LONG C M,2016. Critical review of black carbon and elemental carbon source apportionment in Europe and the United States[J]. Atmosp Environ,144:409-427.

CAO L M,WEI J,HE L Y,et al,2022. Aqueous aging of secondary organic aerosol coating onto black carbon:Insights from simultaneous L-ToF-AMS and SP-AMS measurements at an urban site in southern China[J]. J Clean Prod,330:129888.

CARTWRIGHT J,NAGELSCHMIDT G,SKIDMORE J W,1956. The study of air pollution with the electron microscope[J]. Quart J Roy Meteoro Soc,82(351):82-86.

CASSEE F R,HÉROUX M E,GERLOFS-NIJLAND M E,et al,2013. Particulate matter beyond mass:recent health evidence on the role of fractions,chemical constituents and sources of emission[J]. Inhalation Toxicology,25(14):802-812.

CHARLSON R J,PILAT M J,1969. Climate:the influence of aerosols[J]. J Appl Meteoro Clima,8(6):1001-1002.

CHEN Y,TIAN C,FENG Y,et al,2015. Measurements of emission factors of $PM_{2.5}$,OC,EC,and BC for household stoves of coal combustion in China[J]. Atmos Environ,109:190-196.

CHEN D,LIAO H,YANG Y,et al,2022. Simulated impacts of vertical distributions of black carbon aerosol on meteorology and $PM_{2.5}$ concentrations in Beijing during severe haze events[J]. Atmos Chem Phys,22(3):1825-1844.

CHERIAN R,QUAAS J,SALZMANN M,et al,2017. Black carbon indirect radiative effects in a climate model[J]. Tellus B:Chem Physi Meteoro,69(1):1369342.

CHYLEK P,HALLETT J,1992. Enhanced absorption of solar radiation by cloud droplets containing soot particles in their surface[J]. Quart J Roy Meteoro Soc,118(503):167-172.

CHYLEK P,RAMASWAMY V,SRIVASTAVA V,1983. Albedo of soot-contaminated snow[J]. J Geophys Res,88(C15):10837.

CLAYTON G D,ARNOLD J R,PATTY F A,1955. Determination of sources of particulate atmospheric carbon[J]. Science,122(3173):751-753.

COLICINO E,WILSON A,FRISARDI M C,et al,2017. Telomere length,long-term black carbon exposure,and cognitive function in a cohort of older men:The VA normative aging study[J]. Environmental Health Perspectives,125(1):76-81.

COLLIER J C,ZHANG G J,2009. Aerosol direct forcing of the summer Indian monsoon as simulated by the NCAR CAM3[J]. Clim Dyn,32(2-3):313-332.

COLLIER S, WILLIAMS L R, ONASCH T B, et al, 2018. Influence of emissions and aqueous processing on particles containing black carbon in a polluted urban environment: Insights from a soot particle-aerosol mass spectrometer[J]. J Geophys Res: Atmos, 123(12): 6648-6666.

COOKE W F, LIOUSSE C, CACHIER H, et al, 1999. Construction of a 1°×1° fossil fuel emission data set for carbonaceous aerosol and implementation and radiative impact in the ECHAM4 model[J]. J Geophys Res: Atmos, 104(D18): 22137-22162.

COWELL W J, BELLINGER D C, COULL B A, et al, 2015. Associations between prenatal exposure to black carbon and memory domains in urban children: Modification by sex and prenatal stress[J]. PLOS ONE, 10(11): e0142492.

CROUSE D L, PHILIP S, VAN DONKELAAR A, et al, 2016. A new method to jointly estimate the mortality risk of long-term exposure to fine particulate matter and its components[J]. Sci Rep, 6(1): 18916.

DANG C, WARREN S G, FU Q, et al, 2017. Measurements of light-absorbing particles in snow across the Arctic, North America, and China: Effects on surface albedo[J]. J Geophys Res: Atmos, 122(19): 10149-10168.

DE PRINS S, DONS E, VAN POPPEL M, et al, 2014. Airway oxidative stress and inflammation markers in exhaled breath from children are linked with exposure to black carbon[J]. Environ Int, 73: 440-446.

DELFINO R J, TJOA T, GILLEN D L, et al, 2010. Traffic-related air pollution and blood pressure in elderly subjects with coronary artery disease[J]. Epidemiology, 21(3): 396-404.

DENG J, GUO H, ZHANG H, et al, 2020. Source apportionment of black carbon aerosols from light absorption observation and source-oriented modeling: an implication in a coastal city in China[J]. Atmos Chem Phys, 20(22): 14419-14435.

DÍAZ-ROBLES L A, FU J S, REED G D, 2008. Modeling and source apportionment of diesel particulate matter[J]. Environ Int, 34(1): 1-11.

DING A J, HUANG X, NIE W, et al, 2016. Enhanced haze pollution by black carbon in megacities in China[J]. Geophys Res Lett, 43(6): 2873-2879.

FLANNER M G, ZENDER C S, RANDERSON J T, et al, 2007. Present-day climate forcing and response from black carbon in snow[J]. J Geophys Res, 112(D11): D11202.

FRIEBEL F, LOBO P, NEUBAUER D, et al, 2019. Impact of isolated atmospheric aging processes on the cloud condensation nuclei activation of soot particles[J]. Atmos Chem Phys, 19(24): 15545-15567.

FULLER K A, MALM W C, KREIDENWEIS S M, 1999. Effects of mixing on extinction by carbonaceous particles[J]. J Geophys Res: Atmos, 104(D13): 15941-15954.

FULLER G W, TREMPER A H, BAKER T D, et al, 2014. Contribution of wood burning to PM_{10} in London[J]. Atmos Environ, 87: 87-94.

GAO J, ZHU B, XIAO H, et al, 2018. Effects of black carbon and boundary layer interaction on surface ozone in Nanjing, China[J]. Atmos Chem Phys, 18(10): 7081-7094.

GE S, XU CHOW J C, et al, 2004. Emissions of air pollutants from household stoves: Honeycomb coal versus coal cake[J]. Environ Sci Technol, 38(17): 4612-4618.

GRAHAME T J, KLEMM R, SCHLESINGER R B, 2014. Public health and components of particulate matter: The changing assessment of black carbon[J]. J Air Waste Manage, 64(6): 620-660.

GROBLICKI P J, WOLFF G T, COUNTESS R J, 1981. Visibility-reducing species in the denver "brown cloud"—I. Relationships between extinction and chemical composition[J]. Atmos Environ, 15(12): 2473-2484.

HANSEN J, SATO M, RUEDY R, et al, 2000. Global warming in the twenty-first century: An alternative scenario[J]. Proc Natl Acad Sci, 97(18): 9875-9880.

HARMSEN M J H M, VAN DORST P, VAN VUUREN D P, et al, 2020. Co-benefits of black carbon mitigation for climate and air quality[J]. Clim Change, 163(3):1519-1538.

HAYWOOD J M, SHINE K P, 1995. The effect of anthropogenic sulfate and soot aerosol on the clear sky planetary radiation budget[J]. Geophys Res Lett, 22(5):603-606.

HAYWOOD J M, ROBERTS D L, SLINGO A, et al, 1997. General circulation model calculations of the direct radiative forcing by anthropogenic sulfate and fossil-fuel soot aerosol[J]. J Clim, 10(7):1562-1577.

HAYWOOD J M, RAMASWAMY V, 1998. Global sensitivity studies of the direct radiative forcing due to anthropogenic sulfate and black carbon aerosols[J]. J Geophys Res: Atmos, 103(D6):6043-6058.

HE C, FLANNER M G, CHEN F, et al, 2018. Black carbon-induced snow albedo reduction over the Tibetan Plateau: uncertainties from snow grain shape and aerosol-snow mixing state based on an updated SNICAR model[J]. Atmos Chem Phys, 18(15):11507-11527.

HE G, MA J, CHU B, et al, 2022. Generation and release of OH radicals from the reaction of H_2O with O_2 over soot[J]. Angewandte Chemie International Edition, 61(21).

HEAL M R, 2014. The application of carbon-14 analyses to the source apportionment of atmospheric carbonaceous particulate matter: a review[J]. Analytical and Bioanalytical Chem, 406(1):81-98.

HENNIGAN C J, SULLIVAN A P, COLLETT J L, et al, 2010. Levoglucosan stability in biomass burning particles exposed to hydroxyl radicals[J]. Geophy Res Lett, 37(L09806):1-4.

HERICH H, GIANINI M F D, PIOT C, et al, 2014. Overview of the impact of wood burning emissions on carbonaceous aerosols and PM in large parts of the Alpine region[J]. Atmos Environ, 89:64-75.

HOESLY R M, SMITH S J, FENG L, et al, 2018. Historical (1750-2014) anthropogenic emissions of reactive gases and aerosols from the Community Emissions Data System (CEDS)[J]. Geosci Model Dev, 11(1):369-408.

HOFFMANN D, TILGNER A, IINUMA Y, et al, 2010. Atmospheric stability of levoglucosan: A detailed laboratory and modeling study[J]. Environ Sci Technol, 44(2):694-699.

HVIDTFELDT U A, SØRENSEN M, GEELS C, et al, 2019. Long-term residential exposure to $PM_{2.5}$, PM_{10}, black carbon, NO_2, and ozone and mortality in a Danish cohort[J]. Environ International, 123:265-272.

JACOBSON M Z, 2000. A physically-based treatment of elemental carbon optics: Implications for global direct forcing of aerosols[J]. Geophys Res Lett, 27(2):217-220.

JACOBSON M Z, 2001. Strong radiative heating due to the mixing state of black carbon in atmospheric aerosols[J]. Nature, 409(6821):695-697.

JACOBSON M Z, 2002. Control of fossil-fuel particulate black carbon and organic matter, possibly the most effective method of slowing global warming[J]. J Geophy Res: Atmos, 107(D19):1-22.

JANSSEN N A H, HOEK G, SIMIC-LAWSON M, et al, 2011. Black carbon as an additional indicator of the adverse health effects of airborne particles compared with PM_{10} and $PM_{2.5}$[J]. Environ Health Perspect, 119(12):1691-1699.

JEONG J I, PARK R J, WOO J H, et al, 2011. Source contributions to carbonaceous aerosol concentrations in Korea[J]. Atmos Environ, 45(5):1116-1125.

JOE D K, ZHANG H, DENERO S P, et al, 2014. Implementation of a high-resolution Source-Oriented WRF/Chem model at the Port of Oakland[J]. Atmos Environ, 82:351-363.

KOCH D, SCHULZ M, KINNE S, et al, 2009. Evaluation of black carbon estimations in global aerosol models[J]. Atmos Chem Phys, 9(22):9001-9026.

KOCH D, BALKANSKI Y, BAUER S E, et al, 2011. Soot microphysical effects on liquid clouds, a multi-model investigation[J]. Atmos Chem Phys, 11(3):1051-1064.

KOELMANS A A,JONKER M T O,CORNELISSEN G,et al,2006. Black carbon:The reverse of its dark side[J]. Chemosphere,63(3):365-377.

KUMAR R,BARTH M C,NAIR V S,et al,2015. Sources of black carbon aerosols in South Asia and surrounding regions during the Integrated Campaign for Aerosols,Gases and Radiation Budget(ICARB)[J]. Atmos Chem Phys,15(10):5415-5428.

LAU K M,KIM M K,KIM K M,2006. Asian summer monsoon anomalies induced by aerosol direct forcing:the role of the Tibetan Plateau[J]. Clim Dyn,26(7-8):855-864.

LEE A K Y,CHEN C L,LIU J,et al,2017. Formation of secondary organic aerosol coating on black carbon particles near vehicular emissions[J]. Atmos Chem Phys,17(24):15055-15067.

LEPEULE J,LITONJUA A A,COULL B,et al,2014. Long-Term Effects of traffic particles on lung function decline in the elderly[J]. Ame J Respiratory Critical Care Medicine,190(5):542-548.

LI N,HE Q,TIE X,et al,2016a. Quantifying sources of elemental carbon over the Guanzhong Basin of China:A consistent network of measurements and WRF-Chem modeling[J]. Environ Pollut,214:86-93.

LI B,GASSER T,CIAIS P,et al,2016b. The contribution of China's emissions to global climate forcing[J]. Nature,531(7594):357-361.

LI M,LIU H,GENG G,et al,2017. Anthropogenic emission inventories in China:a review[J]. Natl Sci Rev,4(6):834-866.

LI W,LIU X,DUAN F,et al,2022. A one-year study on black carbon in urban Beijing:Concentrations,sources and implications on visibility[J]. Atmos Pollut Res,13(2):101307.

LIANG F,TIAN L,GUO Q,et al,2017. Associations of $PM_{2.5}$ and black carbon with hospital emergency room visits during heavy haze events:A case Study in Beijing,China[J]. International J Environ Res Public Health,14(7):725.

LIOUSSE C,PENNER J E,CHUANG C,et al,1996. A global three-dimensional model study of carbonaceous aerosols[J]. J Geophys Res:Atmos,101(D14):19411-19432.

LIU Y,SUN J,YANG B,2009. The effects of black carbon and sulphate aerosols in China regions on East Asia monsoons[J]. Tellus B:Chem Phys Meteor,61(4):642-656.

LIU H,ZHANG L,WU J,2010. A modeling study of the climate effects of sulfate and carbonaceous aerosols over China[J]. Adv Atmos Sci,27(6):1276-1288.

LIU S,AIKEN A C,GORKOWSKI K,et al,2015. Enhanced light absorption by mixed source black and brown carbon particles in UK winter[J]. Nat Commun,6(1):8435.

LIU F,TAN Q,JIANG X,et al,2019. Effects of relative humidity and $PM_{2.5}$ chemical compositions on visibility impairment in Chengdu,China[J]. J Environ Sci,86:15-23.

LIU D,HE C,SCHWARZ J P,et al,2020a. Lifecycle of light-absorbing carbonaceous aerosols in the atmosphere[J]. npj Clim Atmos Sci,3(1):40.

LIU X,KONG S,YAN Q,et al,2020b. Size-segregated carbonaceous aerosols emission from typical vehicles and potential depositions in the human respiratory system[J]. Environ Pollu,264:114705.

LODGE J P,BIEN G S,SUESS H E,1960. The carbon-14 content of urban airborne particulate matter[J]. International J Air Poll,2(4):309-312.

LOHMANN U,FRIEBEL F,KANJI Z A,et al,2020. Future warming exacerbated by aged-soot effect on cloud formation[J]. Nat Geosci,13(10):674-680.

LOVINSKY-DESIR S,JUNG K H,RUNDLE A G,et al,2016. Physical activity,black carbon exposure and airway inflammation in an urban adolescent cohort[J]. Environ Res,151:756-762.

LU Z,ZHANG Q,STREETS D G,2011. Sulfur dioxide and primary carbonaceous aerosol emissions in China and India,1996-2010[J]. Atmos Chem Phys,11(18):9839-9864.

MA X,LIU H,LIU J J,et al,2017. Sensitivity of climate effects of black carbon in China to its size distributions[J]. Atmos Res,185:118-130.

MA X,LIU H,WANG X,et al,2018. Studies on the climate effects of black carbon aerosols in China and their sensitivity to particle size and optical parameters[J]. Adv Meteor,2018:1-16.

MA Y,YE J,XIN J,et al,2020. The stove,dome,and umbrella effects of atmospheric aerosol on the development of the planetary boundary layer in hazy regions[J]. Geophys Res Lett,DOI:10.1029/2020GL087373.

MANNINO A,RODGER HARVEY H,2004. Black carbon in estuarine and coastal ocean dissolved organic matter[J]. Limnol Oceanogr,49(3):735-740.

MAY A A,SALEH R,HENNIGAN C J,et al,2012. Volatility of organic molecular markers used for source apportionment analysis:Measurements and implications for atmospheric fifetime[J]. Environ Sci Technol,46(22):12435-12444.

MCDUFFIE E E,SMITH S J,O'ROURKE P,et al,2020. A global anthropogenic emission inventory of atmospheric pollutants from sector-and fuel-specific sources(1970-2017):an application of the Community Emissions Data System(CEDS)[J]. Earth Syst Sci Data,12(4):3413-3442.

MCGRAW Z,STORELVMO T,SAMSET B H,et al,2020. Global radiative impacts of black carbon acting as ice nucleating particles[J]. Geophys Res Lett,DOI:10.1029/2020GL089056.

MENON S,HANSEN J,NAZARENKO L,et al,2002. Climate effects of black carbon aerosols in China and India[J]. Science,297(5590):2250-2253.

MORDUKHOVICH I,COULL B,KLOOG I,et al,2015. Exposure to sub-chronic and long-term particulate air pollution and heart rate variability in an elderly cohort:The Normative Aging Study[J]. Environ Health,14(1):87.

MUKHERJEE T,VINOJ V,MIDYA S K,et al,2020. Aerosol radiative impact on surface ozone during a heavy dust and biomass burning event over South Asia[J]. Atmos Environ,223:117201.

NAMAZI M,VON SALZEN K,COLE J N S,2015. Simulation of black carbon in snow and its climate impact in the Canadian Global Climate Model[J]. Atmos Chem Phys,15(18):10887-10904.

NIGAM S,BOLLASINA M,2010. "Elevated heat pump" hypothesis for the aerosol-monsoon hydroclimate link:"Grounded" in observations? [J]. J Geophys Res,D16201,DOI:10.1029/ 2009JD013800.

NORRIS C,GOLDBERG M S,MARSHALL J D,et al,2016. A panel study of the acute effects of personal exposure to household air pollution on ambulatory blood pressure in rural Indian women[J]. Environ Res,147:331-342.

NOVAKOV T,1984. The role of soot and primary oxidants in atmospheric chemistry[J]. Sci Total Environ,36:1-10.

NOVAKOV T,CHANG S G,HARKER A B,1974. Sulfates as pollution particulates:Catalytic formation on carbon(soot)particles[J]. Science,186(4160):259-261.

NWANAJI-ENWEREM J C,WANG W,NWANAJI-ENWEREM O,et al,2019. Association of long-term ambient black carbon exposure and oxidative stress allelic variants with intraocular pressure in older men[J]. JAMA Ophthalmology,137(2):129.

OSTRO B,HU J,GOLDBERG D,et al,2015. Associations of mortality with long-term exposures to fine and ultrafine particles,species and sources:Results from the California teachers study cohort[J]. Environ Health Perspect,123(6):549-556.

PAN C,ZHU B,FANG C,et al,2021. The fast response of the atmospheric water cycle to anthropogenic black carbon aerosols during summer in East Asia[J]. J Clim,34(8):3049-3065.

PANICKER A S,PANDITHURAI G,SAFAI P D,et al,2016. Indirect forcing of black carbon on clouds over northeast India:Black carbon indirect forcing over Northeast India[J]. Quart J Roy Meteor Soc,142(701):2968-2973.

PAUNESCU A C,CASAS M,FERRERO A,et al,2019. Associations of black carbon with lung function and airway inflammation in schoolchildren[J]. Environ Int,131:104984.

PENNER J E,EDDLEMAN H,NOVAKOV T,1993. Towards the development of a global inventory for black carbon emissions[J]. Atmos Environ. Part A. General Topics,27(8):1277-1295.

PETZOLD A,OGREN J A,FIEBIG M,et al,2013. Recommendations for reporting "black carbon" measurements[J]. Atmos Chem Phys,13(16):8365-8379.

POPE C A,DOCKERY D W,2006. Health effects of fine particulate air pollution:Lines that connect[J]. J Air Waste Manage,56(6):709-742.

PROVOST E B,LOUWIES T,COX B,et al,2016. Short-term fluctuations in personal black carbon exposure are associated with rapid changes in carotid arterial stiffening[J]. Environ Int,88:228-234.

PUN V C,HO K-F,2019. Blood pressure and pulmonary health effects of ozone and black carbon exposure in young adult runners[J]. Sci Total Environ,657:1-6.

QI L,WANG S,2019. Fossil fuel combustion and biomass burning sources of global black carbon from GEOS-Chem simulation and carbon isotope measurements[J]. Atmos Chem Phys,19(17):11545-11557.

RABITO F A,YANG Q,ZHANG H,et al,2020. The association between short-term residential black carbon concentration on blood pressure in a general population sample[J]. Indoor Air,30(4):767-775.

RAES F,BATES T,MCGOVERN F,et al,2000. The 2nd Aerosol Characterization Experiment(ACE-2):General overview and main results[J]. Tellus B,52(2):111-125.

RAHIMI S,LIU X,ZHAO C,et al,2020. Examining the atmospheric radiative and snow-darkening effects of black carbon and dust across the Rocky Mountains of the United States using WRF-Chem[J]. Atmos Chem Phys,20(18):10911-10935.

RAMANATHAN V,CRUTZEN P J,LELIEVELD J,et al,2001. Indian Ocean Experiment:An integrated analysis of the climate forcing and effects of the great Indo-Asian haze[J]. J Geophys Res:Atmos,106(D22):28371-28398.

RAMANATHAN V,CARMICHAEL G,2008. Global and regional climate changes due to black carbon[J]. Nat Geosci,1(4):221-227.

REISINGER P,WONASCHÜTZ A,HITZENBERGER R,et al,2008. Intercomparison of measurement techniques for black or elemental carbon under urban background conditions in wintertime:Influence of biomass combustion[J]. Environ Sci Technol,42(3):884-889.

ROSA M J,YAN B,CHILLRUD S N,et al,2014. Domestic airborne black carbon levels and 8-isoprostane in exhaled breath condensate among children in New York City[J]. Environ Res,135:105-110.

ROSEN H,HANSEN A D A,GUNDEL L,et al,1978. Identification of the optically absorbing component in urban aerosols[J]. Appl Optics,17(24):3859-3861.

RUSSELL P B,LIVINGSTON J M,HIGNETT P,et al,1999. Aerosol-induced radiative flux changes off the United States mid-Atlantic coast:Comparison of values calculated from sunphotometer and in situ data with those measured by airborne pyranometer[J]. J Geophysi Res:Atmos,104(D2):2289-2307.

SAMOLI E,ATKINSON R W,ANALITIS A,et al,2016. Associations of short-term exposure to traffic-related air pollution with cardiovascular and respiratory hospital admissions in London,UK[J]. Occup Environ Med,73(5):300-307.

SAMSET B H,STJERN C W,ANDREWS E,et al,2018. Aerosol absorption:Progress towards global and regional constraints[J]. Current Clim Change Rep,4(2):65-83.

SANDRADEWI J,PRÉVÔT A S H,SZIDAT S,et al,2008. Using aerosol light absorption measurements for the quantitative determination of wood burning and traffic emission contributions to particulate matter[J]. Environ Sci Technol,42(9):3316-3323.

SANG X F,GENSCH I,KAMMER B,et al,2016. Chemical stability of levoglucosan:An isotopic perspective [J]. Geophys Res Lett,43(10):5419-5424.

SATHEESH S K,MOORTHY K K,BABU S S,et al,2008. Climate implications of large warming by elevated aerosol over India[J]. Geophys Res Lett,35(19):L19809.

SCHMIDL C,MARR I L,CASEIRO A,et al,2008. Chemical characterisation of fine particle emissions from wood stove combustion of common woods growing in mid-European Alpine regions[J]. Atmos Environ,42(1):126-141.

SCHMIDT M W I,NOACK A G,2000. Black carbon in soils and sediments:Analysis, distribution, implications,and current challenges[J]. Global Biogeochem CY,14(3):777-793.

SHAH J J,RAU J A,1990. Carbonaceous species methods comparison study:interlaboratory round robin interpretation of results:A832-15[R]. Sacramento,CA:Research Division California Air Resources Board:77.

SHEN G,YANG Y,WANG W,et al,2010. Emission factors of particulate matter and elemental carbon for crop residues and coals burned in typical household stoves in China[J]. Environ Sci Technol,44(18):7157-7162.

SLATER J,COE H,MCFIGGANS G,et al,2022. The effect of BC on aerosol-boundary layer feedback:Potential implications for urban pollution episodes[J]. Atmos Chem Phys,22(4):2937-2953.

SMITH D M,KEIFER J R,NOVICKY M,et al,1989. An FT-IR study of the effect of simulated solar radiation and various particulates on the oxidation of SO_2[J]. App Spectroscopy,43(1):103-107.

SPRACKLEN D V,CARSLAW K S,PÖSCHL U,et al,2011. Global cloud condensation nuclei influenced by carbonaceous combustion aerosol[J]. Atmos Chem Phys,11(17):9067-9087.

STJERN C W,SAMSET B H,MYHRE G,et al,2017. Rapid adjustments cause weak surface temperature response to increased black carbon concentrations[J]. J Geophys Res:Atmos,122(21):11,462-11,481.

STREETS D G,GUPTA S,WALDHOFF S T,et al,2001. Black carbon emissions in China[J]. Atmos Environ,35(25):4281-4296.

TIAN R,MA X,JIA H,et al,2019. Aerosol radiative effects on tropospheric photochemistry with GEOS-Chem simulations[J]. Atmos Environ,208:82-94.

UEKOETTER F,2005. The strange career of the Ringelmann smoke chart[J]. Environ Monit Assess,106(1):11-26.

WANG C,2004. A modeling study on the climate impacts of black carbon aerosols[J]. J Geophys Res:Atmos,109(D3).

WANG R,TAO S,WANG W,et al,2012. Black Carbon Emissions in China from 1949 to 2050[J]. Environ Sci Technol,46(14):7595-7603.

WANG Q,JACOB D J,SPACKMAN J R,et al,2014. Global budget and radiative forcing of black carbon aerosol:Constraints from pole-to-pole(HIPPO)observations across the Pacific[J]. J Geophys Res:Atmos,119(1):195-206.

WANG Z,HUANG X,DING A,2018. Dome effect of black carbon and its key influencing factors:A one-dimensional modelling study[J]. Atmos Chem Phys,18(4):2821-2834.

WEINGARTNER E,SAATHOFF H,SCHNAITER M,et al,2003. Absorption of light by soot particles:determination of the absorption coefficient by means of aethalometers[J]. J Aerosol Sci,34(10):1445-1463.

WU J,JIANG W,FU C,et al,2004. Simulation of the radiative effect of black carbon aerosols and the regional climate responses over China[J]. Adv Atmos Sci,21(4):637-649.

XIE X,MYHRE G,LIU X,et al,2020. Distinct responses of Asian summer monsoon to black carbon aerosols and greenhouse gases[J]. Atmos Chem Phys,20(20):11823-11839.

XU Y,RAMANATHAN V,WASHINGTON W M,2016. Observed high-altitude warming and snow cover retreat over Tibet and the Himalayas enhanced by black carbon aerosols[J]. Atmos Chem Phys,16(3):1303-1315.

YANG J,SAKHVIDI M J Z,DE HOOGH K,et al,2021. Long-term exposure to black carbon and mortality:A 28-year follow-up of the GAZEL cohort[J]. Environ Int,157:106805.

YU X,MA J,AN J,et al,2016. Impacts of meteorological condition and aerosol chemical compositions on visibility impairment in Nanjing,China[J]. J Clean Prod,131:112-120.

ZHANG H,WANG Z,GUO P,et al,2009a. A modeling study of the effects of direct radiative forcing due to carbonaceous aerosol on the climate in East Asia[J]. Adv Atmos Sci,26(1):57-66.

ZHANG Q,STREETS D G,CARMICHAEL G R,et al,2009b. Asian emissions in 2006 for the NASA INTEX-B mission[J]. Atmos Chem Phys,9(14):5131-5153.

ZHANG R,WANG H,QIAN Y,et al,2015. Quantifying sources,transport,deposition,and radiative forcing of black carbon over the Himalayas and Tibetan Plateau[J]. Atmos Chem Phys,15(11):6205-6223.

ZHANG F,WANG Y,PENG J,et al,2020. An unexpected catalyst dominates formation and radiative forcing of regional haze[J]. Proc Natl Acad Sci,117(8):3960-3966.

ZHANG G,FU Y,PENG X,et al,2021a. Black carbon involved photochemistry enhances the formation of sulfate in the ambient atmosphere:Evidence from in situ individual particle investigation[J]. J Geophys Res:Atmos,126(19).

ZHANG L,LUO Z,LI Y,et al,2021b. Optically measured black and particulate brown carbon emission factors from real-world residential combustion predominantly affected by fuel differences[J]. Environ Sci Technol,55(1):169-178.

ZHANG F,PENG J,CHEN L,et al,2022. The effect of black carbon aging from NO_2 oxidation of SO_2 on its morphology,optical and hygroscopic properties[J]. Environ Res,212:113238.

ZHAO X,SUN Z,RUAN Y,et al,2014. Personal black carbon exposure influences ambulatory blood pressure:Air pollution and cardiometabolic disease(AIRCMD-China)Study[J]. Hypertension,63(4):871-877.

ZHAO M,HUANG Z,QIAO T,et al,2015. Chemical characterization,the transport pathways and potential sources of $PM_{2.5}$ in Shanghai:Seasonal variations[J]. Atmos Res,158-159:66-78.

ZHENG H,KONG S,CHEN N,et al,2021. A method to dynamically constrain black carbon aerosol sources with online monitored potassium[J]. npj Clim Atmos Sci,4(1):43.

ZHI G,CHEN Y,FENG Y,et al,2008. Emission characteristics of carbonaceous particles from various residential coal-stoves in China[J]. Environ Sci Technol,42(9):3310-3315.

ZHUANG B,LIU Q,WANG T,et al,2013. Investigation on semi-direct and indirect climate effects of fossil fuel black carbon aerosol over China[J]. Theor Appl Climatol,114(3-4):651-672.

ZHUANG B,LI S,WANG T,et al,2018. Interaction between the black carbon aerosol warming effect and east Asian Monsoon using RegCM4[J]. J Clim,31(22):9367-9388.

ZHUANG B L,CHEN H M,LI S,et al,2019. The direct effects of black carbon aerosols from different source sectors in East Asia in summer[J]. Clim Dyn,53(9-10):5293-5310.

ZOTTER P,HERICH H,GYSEL M,et al,2017. Evaluation of the absorption Ångström exponents for traffic and wood burning in the Aethalometer-based source apportionment using radiocarbon measurements of ambient aerosol[J]. Atmos Chem Phys,17(6):4229-4249.

ZOU J,LIU Z,HU B,et al,2018. Aerosol chemical compositions in the North China Plain and the impact on the visibility in Beijing and Tianjin[J]. Atmos Res,201:235-246.

第 2 章 源排放黑碳气溶胶监测技术

2.1 典型源大气污染物排放标准和法规监测方法

2.1.1 大气污染物排放标准

大气污染物排放标准，以实现大气环境控制标准为目的，对污染源排放污染物浓度做出限制，控制污染物排放浓度和排放量，以防治大气污染，是环保管理部门进行环境质量监督管理的主要依据。

（1）综合排放标准

《大气污染物综合排放标准》(GB 16297—1996)规定了 33 种大气污染物排放限值，涉及到二氧化硫、氮氧化物、颗粒物、氯化氢、铬酸雾、硫酸雾、氟化物、氯气、铅及其化合物、汞及其化合物、镉及其化合物、铍及其化合物、镍及其化合物、锡及其化合物、苯、甲苯、二甲苯、酚类、甲醛、乙醛、丙烯腈、丙烯醛、氰化氢、甲醇、苯胺类、氯苯类、硝基苯类、氯乙烯、苯并[a]芘、光气、沥青烟、石棉尘和非甲烷总烃；并给出了这些污染物的最高允许排放浓度，即处理设施后排气筒中污染物任何 1 h 浓度平均值不得超过的限值，或指无处理设施排气筒中污染物任何 1 h 浓度平均值不得超过的限值。标准中也给出了最高允许排放速率，指一定高度的排气筒任何 1 h 排放污染物的质量不得超过的限值。标准中同时给出了无组织排放浓度限值，指监控点的污染物浓度在任何 1 h 的平均值不得超过的限值。

（2）行业标准

自 1993 年开始，为控制大气污染物排放，我国陆续制定了一系列行业污染物排放标准。在具体执行过程中，坚持综合排放标准与行业排放标准不交叉执行；有行业标准的企业应执行本行业的标准；无行业标准时，均执行综合排放标准。现有已经发表的行业排放标准基本可以分为固定源污染物排放标准和移动源污染物排放标准，详细参见表 2.1 和表 2.2。从表 2.1 可以看出，主要涉及到固定源有组织排放和无组织排放，关注的污染物类型主要为烟尘、颗粒物、二氧化硫、硫酸雾、一些挥发性有机物或总挥发性有机物、若干有毒有害重金属（如汞、铬、铅、砷、锑）及其化合物、二噁英类等。从表 2.2 可以看出，关注的移动源涉及到道路和非道路机械设备，关注的污染物主要包括 CO、HC、NO_x 和 PM，部分关注了光吸收系数。

在排放清单编制实践和应用于气候、环境和健康效应的模拟研究中，通常关注的是 PM_{10}、$PM_{2.5}$、SO_2、CO、NO_x、NH_3、VOCs、OC 和 EC 这 9 种大气污染物。在我国《环境空气质量标准》(GB 3095—2012)中规定的强制性大气环境污染物指标为 SO_2、NO_2、CO、O_3、PM_{10}、$PM_{2.5}$，非强制性指标为总悬浮颗粒物中的铅，可吸入颗粒物中的 BaP、Cd、Hg、As、Cr(VI) 和氟化物。随着科学研究的深入和环境管理的精细需要，目前排放源清单编制中更加关注 $PM_{2.5}$ 和挥发性有机物的组分，也更加关注分粒径段的 OC 和 EC 的排放。随着碳达峰和碳中和概念的提出，CO_2、CH_4 和 N_2O 等温室气体排放清单编制也成为热点。

本书重点关注的是 BC 的排放，从大气污染物排放标准中可以看出，我国各类污染源均未将 BC 的排放限值予以规定。固定源中仅有《火葬场大气污染物排放标准》(GB 13801—2015)对烟气黑度做了限定，其测定方法是林格曼烟气黑度图法，并非一个具体可量化的指标。移动源中仅《在用柴油车排气污染物测量方法及技术要求（遥感检测法）》(HJ 845—2017)、《非道路移动柴油机械排气烟度限值及测量方法》(GB 36886—2018) 和《柴油车污染物排放限值及测量方法（自由加速法及加载减速法）》(GB 2847—2018) 规定了光吸收系数和林格曼黑度限值，林格曼黑度限值测定方法为林格曼烟气黑度图法，其吸收系数也并非为 BC 吸收系数；林格曼黑度也并不能换算为 BC 的排放浓度。由此可见，尽管 BC 是燃烧源排放的一类重要物质，对于气候、大气环境和人体健康均产生明显危害，但至今我国的大气污染源排放标准体系中尚没有考虑将 BC 列入限值指标。很显然，当前的各类大气污染源排放标准中规定的污染物类型已不能有效满足大气环境管理的需求，需要予以更新和完善。

表 2.1 固定源大气污染物排放标准

编号	标准	关注对象
1	恶臭污染物排放标准（GB 14554—93）	氨、三甲胺、硫化氢、甲硫醇、甲硫醚、二甲二硫、二硫化碳、苯乙烯、臭气
2	工业炉窑大气污染物排放标准（GB 9078—1996）	烟尘浓度、烟气黑度、二氧化硫、氟及其化合物、铅、汞、铍及其化合物、沥青油烟
3	饮食业油烟排放标准（试行）（GB 18483—2001）	净化设施最低去除效率
4	煤炭工业污染物排放标准（GB 20426—2006）	颗粒物、二氧化硫
5	电镀污染物排放标准（GB 21900—2008）	氰化氢、铬酸雾、硫酸雾、氮氧化物、氰化氢、氟化物
6	合成革与人造革工业污染物排放标准（GB 21902—2008）	二甲基甲酰胺、苯、甲苯、二甲苯、挥发性有机物、颗粒物
7	煤层气（煤矿瓦斯）排放标准（暂行）（GB 21522—2008）	煤层气、高浓度瓦斯、低浓度瓦斯、风排瓦斯
8	硝酸工业污染物排放标准（GB 26131—2010）	氮氧化物、单位产品基准排气量
9	硫酸工业污染物排放标准（GB 26132—2010）	二氧化硫、硫酸雾、颗粒物
10	铝工业污染物排放标准（GB 25465—2010）	颗粒物、二氧化硫、氟化物、沥青烟
11	镁、钛工业污染物排放标准（GB 25468—2010）	颗粒物、二氧化硫、氯气、氯化氢
12	铅、锌工业污染物排放标准（GB 25466—2010）	颗粒物、二氧化硫、硫酸雾、铅及其化合物、汞及其化合物

续表

编号	标准	关注对象
13	陶瓷工业污染物排放标准（GB 25464—2010）	颗粒物、二氧化硫、氮氧化物、烟气黑度、铅及其化合物、镉及其化合物、镍及其化合物、氟化物、氯化物
14	铜、镍、钴工业污染物排放标准（GB 25467—2010）	二氧化硫、颗粒物、硫酸雾、氯气、氯化氢、砷及其化合物、镍及其化合物、铅及其化合物、氟化物、汞及其化合物
15	火电厂大气污染物排放标准（GB 13223—2011）	烟尘、二氧化硫、氮氧化物、汞及其化合物、烟气黑度
16	平板玻璃工业大气污染物排放标准（GB 26453—2011）	颗粒物、烟气黑度、二氧化硫、氯化氢、氟化物、锡及其化合物、氮氧化物
17	钒工业污染物排放标准（GB 26452—2011）	二氧化硫、颗粒物、氯化氢、硫酸雾、氯气、铅及其化合物
18	橡胶制品工业污染物排放标准（GB 27632—2011）	颗粒物、氯、甲苯及二甲苯、非甲烷总烃
19	稀土工业污染物排放标准（GB 26451—2011）	二氧化硫、硫酸雾、颗粒物、氟化物、氯气、氯化氢、氮氧化物、钍铀总量
20	钢铁烧结、球团工业大气污染物排放标准（GB 28662—2012）	颗粒物、二氧化硫、氮氧化物、氟化物、二噁英类
21	炼钢工业大气污染物排放标准（GB 28664—2012）	颗粒物、二噁英类、氟化物
22	炼焦化学工业污染物排放标准（GB 16171—2012）	颗粒物、二氧化硫、苯并[a]芘、氰化氢、苯、酚类、非甲烷总烃、氮氧化物、氨、硫化氢
23	炼铁工业大气污染物排放标准（GB 28663—2012）	颗粒物、二氧化硫、氮氧化物
24	铁合金工业污染物排放标准（GB 28666—2012）	颗粒物、铬及其化合物
25	铁矿采选工业污染物排放标准（GB 28661—2012）	颗粒物
26	轧钢工业大气污染物排放标准（GB 28665—2012）	颗粒物、二氧化硫、氮氧化物、氯化氢、硫酸雾、铬酸雾、硝酸雾、氟化物、碱雾、油雾、苯、甲苯、二甲苯、非甲烷总烃
27	电池工业污染物排放标准（GB 30484—2013）	硫酸雾、铅及其化合物、汞及其化合物、镉及其化合物、镍及其化合物、沥青烟、氟化物、氯化氢、氯气、氮氧化物、非甲烷总烃、颗粒物
28	电子玻璃工业大气污染物排放标准（GB 29495—2013）	颗粒物、烟气黑度、二氧化硫、氯化氢、氟化物、铅及其化合物、砷及其化合物、锑及其化合物
29	水泥工业大气污染物排放标准（GB 4915—2013）	颗粒物、二氧化硫、氮氧化物、氟化物、汞及其化合物、氨
30	砖瓦工业大气污染物排放标准（GB 29620—2013）	颗粒物、二氧化硫、氮氧化物、氟化物
31	锅炉大气污染物排放标准（GB 13271—2014）	颗粒物、二氧化硫、氮氧化物、汞及其化合物、烟气黑度

续表

编号	标准	关注对象
32	锡、锑、汞工业污染物排放标准（GB 30770—2014）	二氧化硫、颗粒物、硫酸雾、氮氧化物、氟化物、锡及其化合物、锑及其化合物、汞及其化合物、镉及其化合物、铅及其化合物、砷及其化合物
33	火葬场大气污染物排放标准（GB 13801—2015）	烟尘、二氧化硫、氮氧化物、一氧化碳、氯化氢、汞、二噁英类、烟气黑度
34	合成树脂工业污染物排放标准（GB 31572—2015）	非甲烷总烃、颗粒物、苯乙烯、丙烯腈、1,3-丁二烯、环氧氯甲烷、酚类、甲醛、乙醛、甲苯二异氰酸脂、二苯基甲烷二异氰酸酯、异佛尔酮二异氰酸酯、多亚甲基多苯基异氰酸酯、氨、氟化氢、氯化氢、光气、二氧化硫、硫化氢、丙烯酸、丙烯酸甲酯、丙烯酸丁酯、甲基丙烯酸甲酯、苯、甲苯、乙苯、氯苯类、二氯甲烷、四氢呋喃、邻苯二甲酸酐、单位产品非甲烷总烃排放量
35	石油化学工业污染物排放标准（GB 31571—2015）	颗粒物、二氧化硫、氮氧化物、非甲烷总烃、氯化氢、氟化氢、溴化氢、氯气、废气有机特征污染物
36	石油炼制工业污染物排放标准（GB 31570—2015）	颗粒物、镍及其化合物、二氧化硫、氮氧化物、硫酸雾、氯化氢、沥青烟、苯并[a]芘、苯、甲苯、二甲苯、非甲烷总烃
37	再生铜、铝、铅、锌工业污染物排放标准（GB 31574—2015）	二氧化硫、颗粒物、氮氧化物、硫酸雾、氟化物、氯化氢、二噁英类、砷及其化合物、铅及其化合物、锡及其化合物、锑及其化合物、镉及其化合物、铬及其化合物
38	无机化学工业污染物排放标准（GB 31573—2015）	颗粒物、氮氧化物、二氧化硫、硫化氢、氯气、氯化氢、氰化氢、氨、硫酸雾、氟化物、铬酸雾、砷及其化合物、铅及其化合物、汞及其化合物、镉及其化合物、锡及其化合物、镍及其化合物、锌及其化合物、锰及其化合物、锑及其化合物、铜及其化合物、钴及其化合物、钼及其化合物、锆及其化合物、铊及其化合物
39	烧碱、聚氯乙烯工业污染物排放标准（GB 15581—2016）	颗粒物、二氧化硫、氮氧化物、氯气、氯化氢、汞及其化合物、氯乙烯、二氯乙烷、非甲烷总烃、二噁英类、单位产品非甲烷总烃排放量
40	挥发性有机物无组织排放标准（GB 37822—2019）	非甲烷总烃
41	制药工业大气污染物排放标准（GB 37823—2019）	颗粒物、非甲烷总烃、总挥发性有机物（TVOC）、苯系物、光气、氰化氢、苯、甲醛、氯气、氯化氢、硫化氢、氨
42	涂料油墨及胶黏剂工业污染物排放标准（GB 37824—2019）	颗粒物、非甲烷总烃、总挥发性有机物（TVOC）、苯系物、苯、异氰酸酯类、1,2-二氯乙烷、甲醛
43	储油库大气污染物排放标准（GB 20950—2020）	非甲烷总烃
44	加油站大气污染物排放标准（GB 20952—2020）	非甲烷总烃
45	陆上石油天然气开采工业污染物排放标准（GB 39728—2020）	非甲烷总烃、二氧化硫
46	农药制造工业污染物排放标准（GB 39727—2020）	颗粒物、非甲烷总烃、总挥发性有机物（TVOC）、氰化氢、氯气、氟化氢、氯化氢、氨、硫化氢、光气、丙烯腈、苯、苯系物、甲醛、酚类、氯苯类
47	铸造工业大气污染物排放标准（GB 39726—2020）	颗粒物、二氧化硫、氮氧化物、铅及其化合物、苯、苯系物、非甲烷总烃、总挥发性有机物（TVOC）

表 2.2 移动源大气污染物排放标准

编号	标准	关注对象
1	车用压燃式发动机排气污染物排放限值及测量方法（GB 17691—2001）	CO、HC、NO_x、PM
2	农用运输车自由加速烟度排放限值及测量方法（GB 18322—2002）	烟度值
3	车用压燃式发动机和压燃式发动机汽车排气烟度排放限值及测量方法（GB 3847—2005）	光吸收系数
4	摩托车和轻便摩托车排气烟度排放限值及测量方法（GB 19758—2005）	烟度值
5	三轮汽车和低速货车用柴油机排气污染物排放限值及测量方法（中国Ⅰ、Ⅱ阶段）（GB 19756—2005）	CO、HC、NO_x、PM
6	点燃式发动机汽车排气污染物排放限值及测量方法（双怠速法及简易工况法）（GB 18285—2005）	CO、HC
7	装用点燃式发动机重型汽车燃油蒸发污染物排放限值及测量方法（收集法）（GB 14763—2005）	/
8	装用点燃式发动机重型汽车曲轴箱污染物排放限值及测量方法（GB 11340—2005）	/
9	非道路移动机械用柴油机排气污染物排放限值及测量方法（中国Ⅰ、Ⅱ阶段）（GB 20891—2007）	CO、HC、NO_x、$HC+NO_x$、PM
10	摩托车和轻便摩托车燃油蒸发污染物排放限值及测量方法（GB 20998—2007）	HC
11	重型车用汽油发动机与汽车排气污染物排放限值及测量方法（中国Ⅲ、Ⅳ阶段）（GB 14762—2008）	CO、THC、NO_x
12	非道路移动机械用小型点燃式发动机排气污染物排放限值与测量方法（中国第一、二阶段）（GB 26133—2010）	CO、HC、NO_x、$HC+NO_x$
13	摩托车和轻便摩托车排气污染物排放限值及测量方法（双怠速法）（GB 14621—2011）	CO、HC
14	非道路移动机械用柴油机排气污染物排放限值及测量方法（中国第三、四阶段）（GB 20891—2014）	CO、HC、NO_x、$HC+NO_x$、PM
15	城市车辆用柴油发动机排气污染物排放限值及测量方法（WHTC工况法）（HJ 689—2014）	CO、HC、NO_x、PM
16	船舶发动机排气污染物排放限值及测量方法（中国第一、二阶段）（GB 15097—2016）	CO、$HC+NO_x$、CH_4、PM
17	摩托车污染物排放限值及测量方法（中国第四阶段）（GB 14622—2016）	CO、HC、NO_x、$HC+NO_x$、PM
18	轻型混合动力电动汽车污染物排放控制要求及测量方法（GB 19755—2016）	CO、THC、PM、PN
19	轻便摩托车污染物排放限值及测量方法（中国第四阶段）（GB 18176—2016）	CO、HC、NO_x
20	轻型汽车污染物排放限值及测量方法（中国第六阶段）（GB 18352.6—2016）	CO、THC、非甲烷总烃（$NMHC$）、NO_x、N_2O、PM、PN
21	在用柴油车排气污染物测量方法及技术要求（遥感检测法）（HJ 845—2017）	不透光度、林格曼黑度、NO
22	重型柴油车、气体燃料车排气污染物车载测量方法及技术要求（HJ 857—2017）	CO、THC、NO_x、PM

编号	标准	关注对象
23	汽油车污染物排放限值及测量方法(双怠速法及简单工况法)(GB 18285—2018)	CO、HC、NO_x、HC+NO_x
24	非道路移动柴油机械排气烟度限值及测量方法(GB 36886—2018)	光吸收系数、林格曼黑度级数
25	重型柴油车污染物排放限值及测量方法(中国第六阶段)(HJ 17691—2018)	CO、THC、NMHC、CH_4、NH_3、NO_x、PM、PN
26	柴油车污染物排放限值及测量方法(自由加速法及加载减速法)(GB 2847—2018)	光吸收系数、NO_x、林格曼黑度
27	非道路柴油移动机械污染物排放控制技术要求(HJ 1014—2020)	/
28	甲醇燃料汽车非常规污染物排放测量方法(HJ 1137—2020)	甲醇、甲醛
29	油品运输大气污染物排放标准(GB 20951—2020)	密闭性

/:无具体污染物或参数。

如表2.3所示,固定源排放的污染物较多关注颗粒物和二氧化硫,并对二者的排放限值做了明确规定,对氨气和挥发性有机物(VOCs)排放的关注相对较少。氨气的厂界排放限值基本为0.3~0.5 mg·m^{-3},主要针对炼焦化学工业、水泥工业和无机化学工业;氨气的车间或排气筒排放限值为10~30 mg·m^{-3},主要针对橡胶制品行业、炼焦化学工业、水泥工业、合成树脂工业、无机化学工业、制药工业和农药制造工业。多数固定源针对车间和排气筒的二氧化硫限值进行了规定,范围基本为50~800 mg·m^{-3};且多种固定源规定了二氧化硫的厂界排放限值,限值范围为2~800 mg·m^{-3}。VOCs的厂界排放限值基本为2~6 mg·m^{-3},主要针对橡胶制造工业、轧钢工业、电池工业、合成树脂工业、石油化学工业和石油炼制工业;VOCs的车间或排气筒排放限值为4~25000 mg·m^{-3},主要针对合成革和人造革工业、炼焦化学工业、轧钢工业、电池工业、合成树脂工业、石油化学工业、石油炼制工业、烧碱、聚氯乙烯工业、制药工业、涂料油墨及胶黏剂工业、储油库、加油站、陆上石油天然气开采工业、农药制造工业、铸造工业和无组织排放。多数固定源针对车间和排气筒的颗粒物限值进行了规定,范围基本为12~150 mg·m^{-3};且多种固定源规定了颗粒物的厂界排放限值,限值范围为0.3~8 mg·m^{-3}。

表2.3 固定源部分大气污染物排放限值(主要关注新建企业的排放限值,单位:mg·m^{-3})

编号	氨气		二氧化硫		挥发性有机物(VOCs)		颗粒物	
	厂界	车间或排气筒	厂界	车间或排气筒	厂界	车间或排气筒	厂界	车间或排气筒
1	1[a]、1.5[b]、4[c]	/	/	/	/	/	/	/
2	/	/	/	禁排[a]、850[b]、1430[c]	/	/	/	/
4	/	/	/	0.4	/	/	1	/
6	/	/	/	/	/	200	/	25
9	/	/	0.5	400	/	/	0.9	50
10	/	/	0.5	200 或 400	/	/	1	20、30、50 或 100
11	/	/	0.5	400	/	/	1	50、70 或 150
12	/	/	0.5	400	/	/	1	80

续表

编号	氨气 厂界	氨气 车间或排气筒	二氧化硫 厂界	二氧化硫 车间或排气筒	挥发性有机物(VOCs) 厂界	挥发性有机物(VOCs) 车间或排气筒	颗粒物 厂界	颗粒物 车间或排气筒
13	/	/	/	300 或 100	/	/	1	50 或 30
14	/	/	0.5	400	/	/	1	50、80 或 150
15	/	/	/	100	/	/	/	/
16	/	/	/	400	/	/	1	50 或 30
17	/	/	0.3	400	/	/	0.5	50
18	/	10	/	/	4	/	1	12
19	/	/	0.4	300	/	/	1	50 或 40
20	/	/	/	200	/	/	/	50 或 30
21	/	/	/	/	/	/	5 或 8	20、30、50 或 100
22	0.2	30	0.5	50 或 100	/	80	1	50 或 30
23	/	/	/	100	/	/	5 或 8	20 或 25
24	/	/	/	/	/	/	1	50 或 30
25	/	/	/	/	/	/	1	20
26	/	/	/	150	4	80	5	30
27	/	/	/	/	2	50	0.3	30
28	/	/	/	400	/	/	1	50
29	1	10	/	200 或 600	/	/	0.5	20 或 30
30	/	/	0.5	300	/	/	1	30
31	/	/	/	300、200 或 50	/	/	/	50、20 或 30
32	/	/	/	400	/	/	/	50 或 30
33	/	/	/	30 或 100	/	/	/	/
34	/	30	/	100	4	100	1	30
35	/	/	/	50	4	120	1	20
36	/	/	/	100	6	60 或 120	1	50 或 20
37	/	/	/	150	/	/	/	30
38	0.3	20	/	100 或 400	/	/	/	30
39	/	/	/	100	/	50	/	30、60 或 80
40	/	/	/	/	/	10 或 30	/	/
41	/	30	/	/	/	150	/	30
42	/	/	/	/	/	150	/	30
43	/	/	/	/	/	25000	/	/
44	/	/	/	/	/	4	/	/
45	/	/	/	400 或 800	/	120	/	/
46	/	30	/	/	/	150	/	30
47	/	/	/	100 或 200	/	120	/	30 或 40

注：1—47 的编号与表 2.1 对应。a：一级排放标准；b：二级新扩改建项目；c：三级新扩改建项目；/：无数据。

如表2.4所示,对于移动源,非道路机械的排放限值高于其他排放源。大多数移动源均规定了CO的排放限值,范围为0.3~805 g·kW^{-1}·h^{-1},包括车用压燃式发动机、三轮车和低速货车用柴油机、点燃式发动机汽车、非道路移动机械柴油机、重型车用汽油发动机、非道路移动机械用小型点燃式发动机、摩托车和轻便摩托车、城市车辆用柴油发动机、船舶、摩托车、轻便摩托车、重型柴油车和汽油车。移动源HC的排放限值范围为0.13~295 g·kW^{-1}·h^{-1}。PM的排放限值为0.01~1.0 g·kW^{-1}·h^{-1},主要针对车用压燃发动机、三轮车和低速货车用柴油机、非道路移动机械柴油机、船舶和重型柴油车。

表2.4 大气移动源部分污染物排放限值(单位:g·kW^{-1}·h^{-1})

编号	CO	HC	PM
1	4.5或4.0	1.1	0.15、0.36或0.61
5	4.5或11.2	1.1或2.4	0.61
6	0.5、0.8或1.0^a	100、150或200^b	—
9	3.5、5.0、5.5、6.6或8.0	1.0、1.3或1.5	0.2、0.3、0.4、0.8或1.0
11	9.7	0.41或0.29	—
12	805、603或519	295、241或161	—
13	2.0^a	250^b	—
14	3.5、5.0或5.5	0.19或0.40	0.025、0.1、0.2、0.3、0.4或0.6
15	4.0	0.55	0.03
16	5.0	—	0.2、0.27、0.3、0.4或0.5
17	0.8^a	150^a	—
19	0.8^a	150^a	—
22	6	—	—
23	0.3或0.6^a	80或50^b	—
25	1.5或4.0	0.13或0.16	0.01

注:a表示CO的值为百分数(%);b表示HC的值为百万分数(×10^{-6});编号与表2.2对应。—表示无数据。

(3)地方标准

由于各地的环境空气质量现状存在差异,对于环境监管的迫切程度存在差异。在国家制定的大气污染物排放标准的基础上,根据《制定地方大气污染物排放标准的技术方法》(GB/T 3840—91),各地也制定了结合本地区大气污染控制的地方排放标准,但制定的地方标准中大气污染物浓度排放限值不得宽于国家标准。

2.1.2 法规监测方法

在大气污染源排放标准中,也规定了各类大气污染物的监测和分析方法。电镀工业、发酵类制药工业、纺织印染工业、钢铁工业及炼焦化学工业、化肥工业-氮肥、化学合成类制药工业、化学纤维制造业、农副产品加工业、农药制造工业、平板玻璃工业、石油化学工业、石油炼制工业、水泥工业、提取类制药工业、无机化学工业、有色金属工业和制革及毛皮加工工业按照《排污单位自行监测技术指南》进行污染物的监测。对于固定污染源废气、环境空气以及环境空气和废气中各类污染物,其分析方法如表2.5所示。质谱、色谱和分光光度法为主流的分析方法。

表 2.5 大气污染物分析方法

污染源类型	污染物	监测方法
固定污染源废气	醛酮类	溶液吸收-高效液相色谱法
固定污染源废气	油烟和油雾	红外分光光度法
固定污染源废气	苯可溶物	索氏提取-重量法
固定污染源废气	氮氧化物	便携式紫外吸收法、定电位电解法、非分散红外吸收法
固定污染源废气	低浓度颗粒物	重量法
固定污染源废气	二氧化硫	便携式紫外吸收法、定电位电解法
固定污染源废气	二氧化碳	非分散红外吸收法
固定污染源废气	氟化氢、硫酸雾、溴化氢	离子色谱法
固定污染源废气	挥发性有机物	固相吸附-热脱附/气相色谱-质谱法
固定污染源废气	甲硫醇等 8 种含硫有机化合物	气袋采样-预浓缩/气相色谱-质谱法
固定污染源废气	氯化氢	硝酸银容量法
固定污染源废气	氯气	碘量法
固定污染源废气	铍	石墨炉原子吸收分光光度法
固定污染源废气	气态汞	活性炭吸附热裂解原子吸收分光光度法
固定污染源废气	气态总磷	喹钼柠酮容量法
固定污染源废气	铅	火焰原子吸收分光光度法
固定污染源废气	三甲胺	抑制型离子色谱法
固定污染源废气	砷	二乙基二硫代氨基甲酸银分光光度法
固定污染源废气	酞酸酯;总烃、甲烷和非甲烷总烃;氯苯类	气相色谱法
固定污染源废气	一氧化碳	定电位电解法
固定污染源废气	烟气黑度	林格曼烟气黑度图法
固定污染源排气	氮氧化物	酸碱滴定法
固定污染源烟气	二氧化硫、氮氧化物	便携式紫外吸收法
环境空气	PM_{10}、$PM_{2.5}$	重量法
环境空气	氨、甲胺、二甲胺、三甲胺	离子色谱法
环境空气	氨	次氯酸钠-水杨酸分光光度法
环境空气	苯并[a]芘	高效液相色谱法
环境空气	苯系物	活性炭吸附/二硫化碳解析-气相色谱法;活性炭吸附/固体吸附/热脱附-气相色谱法
环境空气	臭氧	靛蓝二磺酸钠分光光度法;紫外光度法
环境空气	氮氧化物	盐酸萘乙二胺分光光度法;化学发光法
环境空气	多氯联苯	气相色谱-质谱法
环境空气	多氯联苯混合物	气相色谱法
环境空气	二氧化硫	甲醛吸收-副玫瑰苯胺分光光度法;四氯汞盐吸收-副玫瑰苯胺分光光度法;紫外荧光法
环境空气	酚类化合物	高效液相色谱法

续表

污染源类型	污染物	监测方法
环境空气	氟化物	滤膜采样/氟离子选择电极法;石灰滤纸采样氟离子选择电极法
环境空气	挥发性卤代烃	活性炭吸附-二硫化碳解析/气相色谱法
环境空气	挥发性有机物	便携式傅里叶红外仪法;罐采样/气相色谱-质谱法;吸附管采样-热脱附/气相色谱-质谱法
环境空气	降水中的阳离子和有机酸;颗粒物中水溶性阳离子和阴离子	离子色谱法
环境空气	颗粒物中砷硒铋锑	原子荧光法
环境空气	颗粒物中无机元素	波长色散 X 射线荧光光谱法
环境空气	颗粒物中有机元素	能量色散 X 射线荧光光谱法
环境空气	气态汞	金膜富集/冷原子吸收分光光度法
环境空气	铅	吸收分光光度法
环境空气	醛酮类	高效液相色谱法;溶液吸收-高效液相色谱法
环境空气	酞酸酯	高效液相色谱法;气相色谱-质谱法
环境空气	无机有害气体	便携式傅里叶红外仪法
环境空气	硝基苯类化合物	气相色谱法;气相色谱-质谱法
环境空气	有机氯农药;指示性毒杀芬	气相色谱-质谱法
环境空气	总烃、甲烷和非甲烷总烃	直接进样-气相色谱法
环境空气和废气	氨	纳氏试剂分光光度法
环境空气和废气	二噁英	同位素稀释高分辨气相色谱-高分辨质谱法
环境空气和废气	挥发性有机物组分	便携式傅里叶红外监测仪
环境空气和废气	氯化氢	离子色谱法
环境空气和废气	气相和颗粒物中多环芳烃	高效液相色谱法;气相色谱-质谱法
环境空气和废气	三甲胺	溶液吸收-顶空/气相色谱法
环境空气和废气	酰胺类	液相色谱法
环境空气和废气	颗粒物中金属元素	电感耦合等离子体发射光谱法
环境空气和废气	颗粒物中铅等金属元素	电感耦合等离子体质谱法
	硬质聚氨酯泡沫和组合聚醚中 CFC-12、HCFC-22、CFC-11 和 HCFC-22、CFC-11 和 HCFC-141b 等消耗臭氧层物质	便携式顶空/气相色谱-质谱法
	组合聚醚中 HCFC-22、CFC-11 和 HCFC-141b 等消耗臭氧层物质	顶空/气相色谱-质谱法

以固定源排放废气中的醛酮类物质为例,其采用的是溶液吸收-高效液相色谱法,固定污染源有组织排放废气中的醛、酮类化合物在酸性介质中与吸收液中的 2,4-二硝基苯肼(DNPH)发生衍生化反应,生成 2,4-二硝基苯腙类化合物,用二氯甲烷-正己烷混合溶液或二氯甲烷萃取、浓缩后,更换溶剂为乙腈,经高效液相色谱分离,紫外或二极管阵列检测器检测。根据

保留时间定性,外标法定量。

以固定源排放废气中二氧化硫为例,其主要采用便携式紫外吸收法,由于二氧化硫对紫外光区内 190～230 nm 或 280～320 nm 特征波长光具有选择性吸收,根据朗伯-比尔定律定量测定废气中二氧化硫的浓度。把采样管插入采样点位,以仪器规定的采样流量连续自动采样,待仪器读数稳定后即可记录读数,每分钟保存一个均值,连续取样 5～15 min 测定数据的平均值可作为一个样品测定值。

以固定源排放废气中氮氧化物为例,其主要采用非分散红外吸收法,利用 NO 气体对红外光谱区,特别是 5.3 μm 波长光的选择性吸收,由朗伯-比尔定律定量废气中 NO 和废气中的 NO_2 通过转换器还原为 NO 的浓度。

以固定源排放废气中挥发性有机物为例,其主要采用固相吸附-热脱附/气相色谱-质谱法,使用填充了合适吸附剂的吸附管直接采集固定污染源废气中挥发性有机物(或先用气袋采集然后再将气袋中的气体采到固体吸附管中),将吸附管置于热脱附仪中进行二级热脱附,脱附气体经气相色谱分离后用质谱检测,根据保留时间、质谱图或特征离子定性,内标法或外标法定量。

以固定源排放废气中气态汞为例,其主要采用活性炭吸附热裂解原子吸收分光光度法,通过典型的气态汞采样系统,使废气中气态汞有效富集在经过碘或其他卤素及其化合物处理的活性炭材料上,采用直接热裂解原子吸收分光光度法测定吸附管中活性炭材料中的汞含量,根据采样体积计算气态汞浓度。典型的气态汞采样系统通常包括活性炭吸附管、采样探头、温度传感器、除湿装置、采样控制器和采样泵。

2.2 烟气稀释采样

燃烧源排放的污染物对大气颗粒物的贡献有两类:一类是直接排放的一次颗粒物;另一类以气态形式如 SO_2、SO_3、NH_3、NO_x 和 VOCs 等排放到大气中,通过复杂的大气物理化学过程生成的二次颗粒物。一次颗粒物又可分为直接以固态形式排出的一次可过滤颗粒物以及在烟气高温高湿状态下以气态形式排出,随后在稀释和冷却过程中凝结成固态的一次可凝结颗粒物(Condensable particulate matter,CPM)。一次可滤颗粒物在排放到大气环境的过程中不发生化学反应。CPM 是在烟气排放到大气环境后的几秒内迅速冷却、凝结而形成,通常粒径在 10 μm 以内。CPM 是燃烧源排放 $PM_{2.5}$ 的重要组成部分,其在 $PM_{2.5}$ 中所占比例经常超出可过滤颗粒物。张莹等(2020)对典型钢铁焦化厂 CPM 排放特征进行研究,焦化脱硫入口和总排口 CPM 浓度分别为 9.5 和 1.2 mg·m^{-3},是 $CPM_{2.5}$ 浓度的 14 和 4 倍。其中,CPM 中占比最高的为水溶性离子,主要为 Cl^- 和 K^+,其次为有机物。Wang 等(2022)通过梳理 CPM 实测数据优化了 CPM 排放计算方法,研究发现,CPM 主要来自于燃煤固定燃烧源排放,并贡献了工业企业颗粒物总排放量的 40%。Wu 等(2020)调查了 4 个典型燃煤电厂通过氨/石灰石湿法烟气脱硫(WFGD)排放 CPM 特征,研究发现,CPM 占总颗粒物的 59%,典型的超低排放技术路线下 CPM 排放因子为 74.33～167.83 g·t^{-1}。

目前的燃烧源排放颗粒采样方法包括以下 5 种:在烟道下风向用滤膜采样、在烟道中直接用滤膜采集、烟气冷凝后采集、用滤膜直接在烟道中采集一次过滤颗粒物而后将烟气通过冷凝装置采集一次凝结颗粒物、稀释通道采样(Hildemann et al.,1989)。前 4 种主要有我国的

GB/T 16157—1996以及美国环境保护署（EPA）的EPA Method 5、EPA Method 17和EPA Method 201/202A等方法，这些方法由于采样时间、烟气稀释以及采样温度等的不同，结果差异很大。传统高温滤膜直接采样不能反映烟气在形成过程中的稀释冷却过程，因此其得到的颗粒物组成信息不能真实反映其对大气环境的贡献。

我国关于固定污染源排气中颗粒物以及气态污染物样品的采集与测定主要是依据国家标准方法（GB/T 16157—1996）进行。将烟尘采样管由采样孔直接插入烟道中，按颗粒物等速采样原理，抽取一定量的含尘气体，根据采样管滤筒上所捕集到的颗粒物和同时抽取的气体量来计算排气中颗粒物浓度。根据预先测出的各采样点处的排气温度、压力、水分含量和气流速度等参数，结合所选用的采样管嘴直径，计算出等速采样条件下各采样点所需的采样流量，然后按流量在各测点等速采样。其中有皮托管平行测速采样法、静压平衡等速采样管法和普通型采样管法等来测量各个参数。皮托管平行测速采样法和普通型采样管法基本相同。动压平衡等速采样管法利用装置在采样管中的孔板在采样抽气时产生的压差和与采样管平行放置的皮托管所测出的气体动压来实现等速采样。静压平衡等速采样管法是利用在采样管入口配置的专门采样嘴，在嘴的内外壁上分别开有测量静压的条缝，调节采样流量使采样嘴内、外条缝处静压相等，达到等速采样要求。此法在高含尘浓度及尘粒黏结性强的场合应用受到限制。

颗粒物采集方法存在如下问题：（1）燃烧源排放的热烟气中气态物质难以迅速冷却成为颗粒相，直接采样可能会因气相比例过大而导致颗粒物膜采样存在负偏差。（2）燃烧源释放出的一些有机气体在大气扩散过程中经过一段时间冷却凝结、凝聚后会反应生成一次CPM，直接采样无法采集一次CPM，从而过低估计燃烧源排放的颗粒物。（3）有机化合物同时存在于气相和颗粒相中，并在两相中随大气温度、稀释程度的变化而变化。由于烟道中的温度很高，在常温下以颗粒态存在的许多有机化合物在烟道中以气态存在，直接采样会导致采集到的颗粒物化学成分与实际释放到大气中的颗粒物成分不同。（4）烟气中含有的大量水汽也会影响到采样结果。（5）采用玻璃纤维滤筒采集尘样，无粒径分割装置，不能按粒径分级，给不同粒径颗粒物源强定量化和源谱建立造成困难。没有烟尘粒径分割装置，采集烟尘全颗粒样品不能满足日趋严格的颗粒物排放标准，同时也不能满足颗粒物源解析对源谱的要求（朱坦 等，2003）。（6）装置大多采用滤筒集尘装置，会使相当部分烟尘聚集在纤维孔内造成收集困难，同时现有玻璃纤维滤筒含有的有机物和无机物较多，不适合做元素、离子和有机物分析，对建立不同粒径燃烧源成分谱产生困难；同时颗粒物在滤筒内逐渐聚集，采样阻力增大（朱坦 等，2003）。

美国关于固定燃烧源的采样方法主要有EPA Method 5、EPA Method 17和EPA Method 201/202A。其中，EPA Method 5采用动压平衡采样管法对固定源的细颗粒物排放进行采样。它将滤筒放置在烟道外，并加热到恒定温度，以略高于烟气温度为宜，通常为121℃或160℃。对不同烟道颗粒物的采集可以使用同样的采样温度，以便将同一污染源多次采集的样品的测量结果和不同污染源之间的测量结果进行对比分析。此外，EPA Method 5还要求对滤筒进行加热，避免水汽在滤筒上的凝结。本方法通过使S-皮托管测出的气体动压与采样管中孔板产生的压差相等实现等速采样，两个值的变化情况通过倾斜微压计显示，随时调整采样流量，保证等速采样要求。Hildmann等（1989）比较了EPA Method 5和稀释采样采集2号燃油排放的颗粒物，结果表明稀释采样采集到的OC是前者采集到的7~16倍。Lee等（2000）通过实验得出由于硫酸盐、水蒸气和VOCs的存在，采用EPA Method 5得到的PM_{Total}的质量浓度远低于稀释采样得出的浓度。

在固定源排放中,PM 并不是一个绝对的量,它与温度和压力有关。因此采样的标准方法中需对温度和压力做严格限制。在 EPA Method 5 中,120 ℃被设定为标准参考温度。为了保证这个温度,在 EPA Method 5 中采用了加热的石英玻璃采样管和带滤膜或滤筒的过滤器,这个操作给设备带来了很大的麻烦。如果在一个温度范围内,实验固定源的 PM 排放浓度变化范围不大,则可以省去这些装置,直接在烟气温度下采样。EPA Method 17 则是应用在这种情况下的,用等速采样头将烟气引入采样管道,管道中放置的滤筒也伸入烟道内,烟气经过时,颗粒物就以烟道温度被捕捉到滤筒内。采样管连接一系列置于冰浴中的采样器,用于采集滤筒未能收集的细颗粒以及蒸汽冷凝的颗粒物。

在 EPA Method 201 中,烟气以动压等速的方法吸入采样管,内置旋风分离器用来分离粒径大于 10 μm 的颗粒物,同时内置玻璃纤维滤筒或者滤膜用来收集 PM_{10} 的排放。该方法可用于测量固定源 PM_{10} 的排放,其基本采样系统与 EPA Method 5 类似,主要区别是该方法含有烟气循环装置的管口,同时在此装置上安装热电偶以测定循环烟气的温度。McDannel(1998)在一座 350 MW 的燃煤电厂对 EPA Method 202 进行了评估,结果显示在低浓度 SO_3 下 EPA Method 202 表现出正偏差,其测量出的无机可凝结颗粒物高出真实值 107%,原因在于非可凝结颗粒物 SO_2 在撞击器中向 H_2SO_4 的转化。在高 SO_3 浓度下,EPA Method 202 表现出负偏差,其测量出的无机可凝结颗粒物比真实值低 25%,原因在于当烟气以鼓泡形式通过撞击器时,H_2SO_4 蒸气凝结在硫酸气溶胶液滴表面穿过气泡而不被捕集到,从而导致对 H_2SO_4 收集不完全。

与大气污染源排放标准中的颗粒物相对应,现有的颗粒物采样器采集的是各种粒径混合的烟尘总量,不能充分说明不同粒径的烟尘排放量和排放浓度。另外,由于直接从烟道内采集烟尘,所以其样品不能充分说明烟气排放到大气中时经过物理、化学演化后的组成状况。Yang 等(1998)和 Lee 等(2008)指出,对燃烧源排放颗粒物不经过稀释和冷凝过程的采样不能反映颗粒物进入环境中的真实状况。Watson 等(2002)认为对燃烧源进行稀释采样能够很好地采集燃烧源排放的颗粒物样品(包括一次颗粒物和一次 CPM)。因此,模拟烟气排放到大气真实环境中物理化学演化的稀释通道采样就成为科学研究和监测技术研发的关键。

为了克服上述烟尘采样技术的缺点,20 世纪 70 年代美国的研究人员率先开发了烟气稀释通道采样方法(Hildemann et al.,1989)。该方法模拟烟气排放到大气中几秒到几分钟内的稀释、冷却、凝结等过程,捕集的颗粒物可近似认为是燃烧源排放的一次颗粒物,包括一次固态颗粒物和一次凝结颗粒物(孔少飞 等,2011)。在烟气下风向采用飞行试验对烟羽形成过程中的颗粒物测量结果表明,此过程中 PM 的理化特征是不断变化的(Lipsky et al.,2002)。烟气稀释通道采样方法的原理是将高温烟气在稀释通道用洁净空气进行稀释和冷却至大气环境温度,稀释冷却后的混合气体进入稀释仓,停留一段时间后颗粒物被切割器按一定粒度捕集。稀释采样由于消除了烟气温度高、湿度大、颗粒物浓度高和其他气体的影响,使得燃烧源采样方法得以简化,同时扩大了滤膜的使用范围,尼龙和特氟龙滤膜也可以应用,也简化和扩大了化学物种的测量范围,同时也使更先进的气溶胶测量设备在燃烧源中的应用成为可能(Lipsky et al.,2004;崔明明 等,2008)。

稀释通道采样技术最初应用于机动车尾气排放颗粒物的测量,设备体积较大,限制了其在固定源现场的应用。1999 年美国 EPA 确定其为测定机动车排放颗粒物的标准方法,对于其在固定源方面的应用仍处在研究阶段。

李新令(2007)给出了尾气燃烧、排放以及排气在大气稀释过程中气相组分与颗粒之间发生的一系列相互作用(图2.1)。先是燃料燃烧形成饱和度很高的碳蒸气,碳蒸气通过成核作用形成大量碳粒,大部分碳粒在排气过程中被氧化;没有被氧化的碳粒发生凝并作用形成大的碳粒聚团,这部分颗粒构成了排气颗粒中的积聚模态粒子,而来不及发生凝并增大的碳粒以核模态粒子的形式排出管外。当排气温度较高时,部分碳粒聚团会继续被氧化,并且由于热沉积作用,颗粒会在排气管壁上沉积。在一定条件下,颗粒在壁上的沉积会与颗粒从壁上的解吸达到平衡。由排气管直接排出的碳粒或碳粒聚团(包括部分金属组分)通常称为一次固态颗粒物。排气进入环境空气的初始阶段或排气进入稀释通道时,排气在稀释作用下发生成核、凝结和挥发作用,气相组分和一次颗粒之间发生转化,排气中的硫酸和半挥发性有机组分由于稀释冷却而凝结于一次颗粒表面,其中硫酸和半挥发性有机组分发生成核和凝结作用会形成新的颗粒,新形成的颗粒被称为二次颗粒或一次可凝结颗粒。由于成核、凝结和挥发作用与半挥发性组分的饱和有关,因此二次颗粒的形成受稀释空气温度和湿度等参量的影响较大。排气进

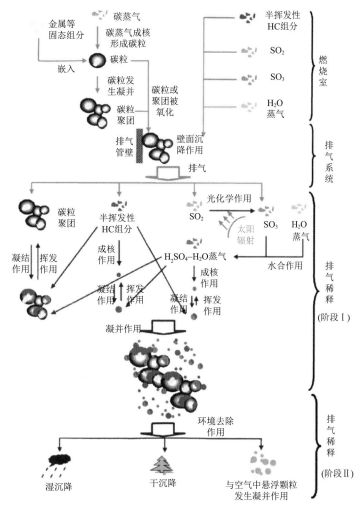

图2.1 燃烧源排放一次固态颗粒物和一次可凝结颗粒物及
进入大气环境后形成二次颗粒物和最终去除机制示意(李新令,2007)

入大气环境后,受光化学作用影响,产生大量 SO_3 等成核前体物,成核作用增强,形成大量二次颗粒。排气进入环境空气初期,气相中的半挥发性组分有较高的饱和度,半挥发性组分在颗粒表面凝结,受环境空气的稀释,气相中半挥发性组分的蒸气压降低,当气相蒸气压低于临界值时,半挥发性组分从颗粒表面挥发。发动机排放的一次颗粒(表面凝结有机物和 H_2SO_4 等组分)及排气稀释过程中形成的二次颗粒发生凝并作用,使总颗粒物的数浓度降低,颗粒粒径增大。最终在干、湿沉降作用下,或与空气中的悬浮颗粒发生凝并作用而清除。

20世纪80年代中期以前稀释采样方法多用于燃烧源排放颗粒物的质量浓度检测,而后考虑到颗粒物的健康效应,才用于燃烧源排放颗粒物的粒径和化学组成测定(England et al.,2000,2007)。美国测量和材料协会(ASTM)把稀释采样作为烟气采集的新的标准方法,而 EPA 把稀释采样作为附加的测量方法,原因在于:(1)和移动源采样具有可比性;(2)和环境空气采样具有可比性;(3)和烟羽的状态相似,为源解析和健康风险评估提供有代表性的源测量方法;(4)可用分析环境样品的标准方法来测量烟气的理化特性;(5)提高烟气分析方法的灵敏度;(6)只需通过滤膜采样简化固态和可凝结颗粒物采样程序。

固定源稀释通道采样设备在设计时应考虑以下几个因素(Hildemann et al.,1989;Lipsky et al.,2005):(1)稀释比应足够大以保证采样设备能最大程度模拟烟气在大气环境中的演化过程,同时稀释管道应足够长以保证烟气与洁净空气能充分混合;(2)所用材料应对采集样品的污染最小,耐烟气腐蚀;(3)采样设备能提供足够的停留时间以保证颗粒物的凝结、成核;(4)烟气中颗粒物和气体的损失最小,管道直径应尽可能大以防止烟气在管壁上沉积;(5)采样设备易于安装、拆卸、清洁、运送。稀释通道采样设备通常可分为5个部分,包括烟气采样装置、洁净空气发生系统、烟气稀释系统、烟气停留室和稀释烟气采集系统。文献中报道的主要稀释通道采样器的参数特征如表2.6所示。

表2.6 国内外稀释通道采样设备的设计参数
(England et al.,2004,2007;周楠 等,2006;李兴华 等,2008,2015;Dekati,2010)

研制单位	混合管道直径/cm	有效混合长度/cm	停留时间/s	稀释比	混合段雷诺数	停留室直径/cm	停留室雷诺数	可否采集 $PM_{2.5}$	通道材料
Carpenter	30	12~15	1.3	8~25	47000	/	/	否	不锈钢
NEA	10	29	1~3	>20	11000~23000	/	/	否	PVC
SRI	21	6	6.2	25	2800	/	/	否	塑料、玻璃和特氟龙
CalTech	15	10	2~180	25~100	10000	46	700	是	不锈钢和特氟龙
URG	8	8	5~40	20~40	/	8	/	是	内涂特氟龙的玻璃和铝
California ARB	15	12	1~5	10~50	10000	/	/	否	内涂特氟龙的不锈钢
DRI	15	18	80	25~50	9000(稀释倍数为40时)	46	700	是	不锈钢

续表

研制单位	混合管道直径/cm	有效混合长度/cm	停留时间/s	稀释比	混合段雷诺数	停留室直径/cm	停留室雷诺数	可否采集PM$_{2.5}$	通道材料
EER	20	1	10	10~40	5500	20	800	是	不锈钢
CMU	15	15	0~720	20~200	3000~13000	76	/	是	不锈钢
CANMET1	6	25	20~80	25~100	7500（稀释倍数为40时）	/	650	是	内涂特氟龙的铝
CANMET3	5	40	10~40	25~80	13000	30	1400	是	内涂特氟龙的不锈钢
PAPRICAN	14.5	18	90	25~40	11000	27	170	是	内涂特氟龙的不锈钢
EPA	14	3.2	1	20~40	/	/	/	否	内涂特氟龙的不锈钢和铝
CMU	15	6	2.5	20~350	10000	10	/	是	不锈钢
PKU	12.7	130	90	20~100	4000~10000	50	/	否	不锈钢
THU	4.5	84	80	10~100	/	45	/	是	不锈钢
BUAA	20	30	10	20~50	/	20	/	是	不锈钢
Dekati	/	/	<0.5 s	15~200	/	/	/	是	不锈钢

稀释通道采样器在设计时需要考虑气密性、混合均匀性、颗粒物损失、稀释比和停留时间等关键指标。为保证烟气与洁净空气混合时不被外界环境空气污染,要求整个系统有良好的气密性。周楠等(2006)通过将稀释系统的总进气量和总出气量维持在大约 660 L·min^{-1}、气压为 10.1 万 Pa、雷诺数为 4000 以上,测量总进气流量和总出气流量的流量差,结果显示整个系统的流量差在 5% 以内,并且系统在 5 万 Pa 左右的条件下可以保持大约 30 s 不漏气,因此认为系统的气密性良好。李兴华等(2008)通过将系统的压力维持在 0.2 万 Pa 下保持 5 min,测量系统的压力降,若其小于 5% 则说明气密性良好。

为使烟气与洁净空气充分混合,烟气在管道内流动时雷诺数应大于 4000 以保证其为湍流状态。Hildemann 等(1989)在稀释系统烟气入口加入 NO 气体,而后在混合段 180°弯头前后起止截面使用 NO-NO$_x$ 分析仪在稀释倍数为 28 和 55 倍时分析截面上 6 个不同点位的 NO 浓度来确定烟气与洁净空气的混合程度,结果显示 NO 浓度在 6 个采样点处一致。稀释倍数低于 21 时,NO 浓度的分布波动较大,烟气与洁净空气的混合不再均匀。李兴华等(2008)在锅炉负荷稳定的条件下,采用烟气分析仪测量停留室下部采样孔截面不同测点和稀释比下的NO$_x$浓度来衡量系统气流分布的均匀性。周楠等(2006)采用温度廓线法来检测烟气与洁净空气的混合程度。采样装置的温度廓线是表示混合程度的一种方式(Hildemann et al., 1989)。温度廓线是指管道内同一截面上各个点的温度,理论上混合非常均匀的采样装置同一截面的温度廓线应当无变化。温度廓线法通过在稀释腔内不同横截面的两相交叉直径方向进行温度测量。在湍流状态下,当高温烟气(≥ 120 ℃)与环境温度下的洁净空气混合时,且在采样装置内的同一横截面上温度相差不超过1~2 ℃时(假设混合后温度为32 ℃,那么该变化的相对误差小于5%),就认为此处已经混合均匀(周楠 等,2006)。

烟气在管道内运动时,粒子在重力、热迁移、稀释扩散等的作用下在管壁凝结造成损失。Hildemann 等(1989)采用单分散气溶胶发生器(TSI model 3050)产生氨荧光颗粒物,然后用扫描电子显微镜测定各个部分颗粒物的粒数浓度来确定各部分的颗粒物损失。结果表明颗粒物粒径越小损失越少,对应于颗粒粒径1.3、2.0、2.4、3.1、4.3和6.2 μm,其损失分别为7%、15%、21%、27%、29%和45%。对于所有粒径的颗粒物均在烟气进口管道和文丘里管处损失最大。Hildemann 等(1989)认为应使烟气进口管道温度略高于烟气温度以防止颗粒物以热迁移的形式在管道壁上沉积。Lee 等(2004a)认为低烟气流速导致的颗粒物损失大于高烟气流速,在烟气与洁净空气的混合部位由于局部过冷效应导致颗粒物在未达到采样滤膜前过早凝结而使该部分颗粒物损失较多。其在设计稀释通道时将混合段垂直放置可减少颗粒物在管壁上的沉积。

稀释通道采样设备的一个关键设计因素在于过饱和有机气体在颗粒物表面的凝结时间,这由烟气中颗粒物的质量浓度和粒数浓度决定,通常在几秒和几分钟之间,同时稀释倍数不同会影响气体中的颗粒物特别是有机物的均相和非均相成核反应(Hildemann et al.,1989)。稀释比和停留时间对颗粒物的质量浓度没有影响,只改变粒径分布和颗粒数浓度(Lipsky et al.,2002)。文献中常见的稀释通道采样设备稀释倍数范围为1~200,停留时间为1~180 s,对这两种影响因素的研究成果如表2.7所示。

表 2.7 稀释比和停留时间对燃烧源排放颗粒物的影响

燃烧装置/燃料	研究内容	主要结论	参考文献
工业燃油锅炉	有机物排放特征	有机化合物在颗粒上凝结速度很慢,停留时间定为80~90 s是合适的,同时稀释比应大于27	Hildemann et al.,1989
150 kW 燃油锅炉	洁净空气相对湿度为40%,稀释比为18和26时,分别测定其排放的 $PM_{2.5}$、PM_{10} 和 PM_{Total} 的质量浓度	稀释比为18时,在小的稀释舱内不能够使粒子充分成核、凝结和凝聚,PM_{Total} 只占到稀释比为26时的23%。稀释比从26变到18时,由于 SO_2 向 SO_4^{2-} 的转化不充分,颗粒态和气态 SO_4^{2-} 同时减少。并且由于酸性物质的不充分凝结,H^+ 也减少	Lee et al.,2000
燃气锅炉	颗粒物排放特征	停留时间在80 s时,稀释比大于20后对颗粒物的粒径影响不大,并且稀释比对 $PM_{2.5}$ 的质量浓度没有影响。停留时间对燃气和燃煤排放颗粒物的影响一致,停留时间大于10 s后细颗粒物的粒径和粒数浓度已经趋于稳定	England et al.,2007
150 kW 粉煤炉	不同的稀释比(15、70、150)和不同的停留时间(0、1、5和12 min)对颗粒物的粒径分布和粒数浓度的影响	颗粒物粒数浓度和粒径随停留时间延长而增大,停留时间一定时,稀释比越大,颗粒物粒数浓度越高,粒径越小	Lipsky et al.,2002

续表

燃烧装置/燃料	研究内容	主要结论	参考文献
机动车木材燃烧	颗粒物排放特征	停留时间超过 2.5 s 不会影响到滤膜采集的样品量和后续对样品的分析,理论计算结果表明烟气中的相平衡时间不超过 1 s	Lipsky et al.,2005
150 kW 粉煤炉	颗粒物的粒径分布和粒数浓度	排放 $PM_{2.5}$ 的粒径随停留时间延长而增大,粒数浓度则降低;袋式除尘器后 $PM_{2.5}$ 的粒径分布和粒数浓度没有明显变化	Lipsky et al.,2004
160 kW 燃烧室	不同稀释比(10、50)和停留时间(2、10、80 s)对颗粒物排放特征的影响	稀释倍数增大,燃烧排放颗粒物粒数浓度升高,粒径减小	England et al.,2002

Hildemann 等(1989)认为稀释倍数会影响气体中的颗粒物特别是有机物的均相和非均相成核反应;Lipsky 等(2002)认为稀释倍数和停留时间对颗粒物的质量浓度没有影响,只改变粒径分布和数浓度;Chen 等(2005)指出烟气排放到空气中后的稀释比例和停留时间对颗粒物的数浓度和粒径分布存在直接影响,同样也影响有机气溶胶的气固分配;Boman(2005)指出稀释通道系统应用过程中的采样条件(稀释比、稀释气温度和停留时间)对烟气中颗粒物的数浓度和粒径分布产生显著影响。由此可见,稀释倍数是影响燃煤排放烟气中粒浓度和粒径分布的一个重要因素,但稀释倍数对烟气排放颗粒物的数浓度的影响还存在争议。

Tissaria 等(2007)采用稀释通道对室内木柴燃烧产生的烟气稀释 28～72 倍后的细颗粒物及 PAHs 排放的研究表明,在稀释过程中烟气与清洁空气温度梯度较大时会出现核化现象;Zhang 等(2012)对中国贵州民用炉灶燃煤排放烟气中颗粒物的数浓度进行研究发现,由于稀释、均相和异相凝结、沉降和增长,1 h 后烟气中颗粒物的数浓度降至最初水平的 31%;Zhang 等(2011)对秸秆燃烧排放颗粒的研究表明,颗粒物的数浓度在烟气排放后受壁损失、稀释效应、均相-异相凝结、蒸发、粒子增长和干沉降过程的影响在 1 h 内迅速降低,并指出粒子的演化可由稀释、凝结、低挥发性气体在粒子表面的凝结增长解释;Hedberg 等(2002)对木柴燃烧排放颗粒的研究表明,粒径在 50 nm 以下的新粒子可在烟气的稀释和冷凝过程中由气态转化而成,且这种均相成核由稀释比、稀释气温度通过控制饱和蒸气压来决定;Hays 等(2003)指出稀释和稀释气温度影响室内木柴燃烧排放烟气中的粒子粒径分布,稀释采样也能够模拟 PAHs 的相平衡分布;Geng 等(2012)通过稀释通道和烟雾箱模拟的方式观测到民用燃煤燃烧排放烟气演化过程中新粒子的生成现象,核膜态新粒子生成速率为 16.03 nm·h^{-1},同时也观测到积聚模态(0.05～2.0 μm)粒子的粒径增大现象,但没有给出详细的解释。

前人将稀释通道应用于室内民用燃料(生物质和煤)燃烧排放颗粒物的研究,使用不同的稀释倍数,如 5～20 倍(Zhi et al.,2008)、20～30 倍(Hedberg et al.,2002)、25 倍(Gonçalves et al.,2011a)、25 倍(木柴炉)或 4 倍(壁炉)(Alves et al.,2011)、35 倍(Keshtkar et al.,2007)、91～127 倍(Lamberg et al.,2011)、180～330 倍(Jalava et al.,2010)和 600 倍(Hays et al.,2003)。Hedberg 等(2002)指出木柴燃烧排放颗粒物的研究中采用的典型稀释倍数为 20～30;Boman 等(2005)总结前人研究得出,对于柴油发动机排放,稀释倍数 10～20、稀释气

温度 30～50 ℃、停留时间 1～1.5 s 是最有利于 SO_2 和半挥发性碳氢化合物成核和生长成超细粒子的条件。Lipsky 等(2006)指出稀释倍数太小会过高估计细粒子的排放浓度,稀释倍数太大则会过低估计细粒子的排放浓度。在较低稀释倍数时,半挥发性物质大部分以颗粒态存在,增大稀释倍数时,为维持相平衡导致其向气态转变。Boman 等(2005)对民用生物质燃烧的稀释采样研究表明,随着稀释倍数的增大,气态有机碳和 PAHs 的浓度升高。稀释倍数为 7 左右时,PAHs 排放因子为 13～42 $\mu g \cdot MJ^{-1}$;稀释倍数为 5 倍左右时,PAHs 排放因子为 1～21 $\mu g \cdot MJ^{-1}$。Lipsky 等(2006)对木柴燃烧排放烟气中 $PM_{2.5}$ 和 OC 的排放因子进行研究发现,稀释倍数从 20 增大到 120 时,$PM_{2.5}$ 排放因子降低 60%,OC 降低 75%;并认为稀释速率、稀释比和稀释气体的温度直接影响颗粒物的质量及粒径分布,因稀释造成的挥发性有机物的分配变化也对颗粒物中的有机碳和元素碳的比值产生直接影响。Kinsey 等(2009)采用风洞(稀释倍数为 600)和全流稀释通道(稀释倍数为 30)对室内民用木柴燃烧排放颗粒物的排放因子进行研究发现,前者的排放因子是后者的 1.4～1.9 倍。从已有的研究中可以看出,稀释倍数从 5 增加到 7 时,民用生物质燃烧 PAHs 排放因子略有上升(Boman et al.,2005);稀释倍数从 20 增大到 120 时,木柴燃烧排放颗粒物数浓度是降低的(Lipsky et al.,2006);而稀释倍数从 30 增大到 600 时,室内民用木柴燃烧颗粒排放因子是增大的(Kinsey et al.,2009)。因此,如果忽略炉型、燃料理化特性、燃烧状况等因素的影响,稀释倍数在 20、120 和 600 之间变化时,木柴燃烧排放颗粒物数浓度可能存在一个先降低后增高的趋势,与 Lipsky 等(2006)的论述相对应。而尚有以下几个科学问题至今没有被关注且亟需解决,以使燃烧源排放颗粒物研究的结果更加准确:(1)在采用稀释通道研究民用燃料燃烧排放颗粒时,是否存在一个最佳的稀释倍数,能够较为准确地反映排放细颗粒的数浓度和组成特征;(2)在不同的稀释倍数下,民用燃煤排放粒子的成核过程是怎样的,粒子的成核增长速率是多少;(3)不同粒径颗粒中组分(尤其是硫酸盐、硝酸盐和半挥发性有机物等)的演化趋势如何,粒子中哪些组分对气溶胶粒子成核增长速率存在影响,且影响程度如何。

如图 2.2 所示,Zheng 等(2022)通过稀释通道采样系统,研究不同燃烧状态和稀释比条件下,民用固体燃料燃烧排放的一次颗粒物粒径分布(PNSD)、数浓度排放因子(EF_{PN})、化学组分和混合状态。研究发现,蜂窝煤燃烧排放颗粒物数浓度主要集中在超细粒径段。明烧过程中,蜂窝煤燃烧排放的一次颗粒物主要集中在爱根核模态(20～100 nm),为 ~10^8 个 cm^{-3};闷烧过程中,颗粒物主要集中在核模态,为 ~10^9 个 cm^{-3}。明烧过程中,高温促进挥发性物质、矿物质、金属元素、烟尘颗粒等的排放。闷烧过程中,低温更容易促进挥发性物质的成核。

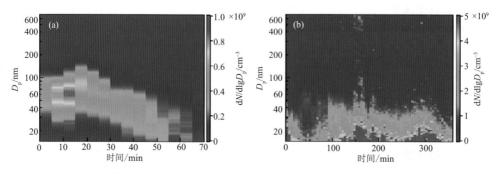

图 2.2 蜂窝煤明烧(a)和闷烧(b)排放颗粒物数浓度实时演化(Zheng et al.,2022)

不同稀释倍数(dilution ratio,DR)下,蜂窝煤和无烟煤明烧排放颗粒物数浓度主要集中在<200 nm处。蜂窝煤明烧过程中,在DR20下,颗粒物主要集中在核模态。无烟煤明烧过程中,在DR20和DR100时,峰值粒径分别为55.2 nm和63.8 nm(图2.3)。民用固体燃料燃烧排放过程中,推荐采用DR100。

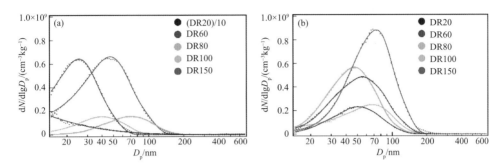

图2.3 (a)蜂窝煤和(b)无烟煤明烧排放颗粒物数浓度粒径分布(Zheng et al.,2022)

民用煤燃烧排放的单颗粒主要集中在0.5~1.5 μm,由气化-凝结机理形成。民用煤燃烧排放单颗粒中,金属颗粒占比为9.5%~88.7%;其中,3.7%~90.3%金属颗粒为含铁颗粒。蜂窝煤燃烧排放含铁单颗粒中,92.4%混有硝酸盐,93.1%混有硫酸盐(图2.4)。通过透射电镜图及能谱图,也观测到富Fe和富S的内混单颗粒。

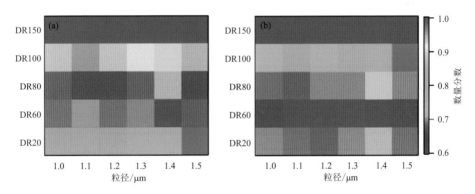

图2.4 蜂窝煤明烧排放含Fe单颗粒与硝酸盐(a)和硫酸盐(b)混合状态(Zheng et al.,2022)

这项最新的研究突出了燃烧源排放污染物监测方法统一和规范建立的重要性以及排放基础数据获取的科学价值,同时也具有重要的大气环境和气候意义。超细粒子对云和辐射造成的影响更为明显。同时,PNSD也是数浓度排放清单和健康效应模型中的重要输入参数。人为源燃烧产生的Fe,被认为是一种气候驱动因子。已有研究通常认为大气颗粒物中可溶性铁含量增高,为一次排放颗粒物在气团传输老化过程中与硫酸等酸性物质发生非均相反应所致。这项研究发现蜂窝煤燃烧排放的单颗粒中,含富Fe的颗粒与含富S的颗粒为内混状态。已有研究也指出,我国北方地区秋、冬季霾污染期间,气溶胶表面的Mn催化氧化过程SO_2主导了硫酸盐的形成,并指出80%的Mn来自煤燃烧排放。本研究在无烟煤燃烧一次排放的富Fe与富S内混颗粒中也观测到Mn,强调了Mn也有可能在一次排放的颗粒中已经与含硫物质混合,以及控制无烟煤燃烧排放的重要性。LG与其他气溶胶组分的混合状态会直接影响其大气寿命,已有研究发现LG与烟尘颗粒的混合,其寿命可达3.9 d。本研究发现秸秆和薪柴燃烧过程中,分别有74.7%和45.1%的ECOC颗粒中都含有LG,这表明初始排放的颗粒物中LG已经与其他含碳组分发生混合,这可能影响采用LG为示踪物来识别燃烧源排放烟羽的寿命、老化过程和传输影响范围。

尽管多种固定源稀释采样设备已经被开发出来,但现有已开发的稀释通道采样系统普遍存在以下问题:(1)主机体积大、质量大(~30 kg),不利于在复杂的大气污染源现场环境条件下应用;(2)受电磁阀门和转子流量计测量精度限制,现有系统只能设定若干个烟气与空气的稀释比,无法实现稀释比的连续可调,稀释比的调节往往是跳跃式的。不同的稀释倍数会对颗粒物的质量浓度、数浓度、粒径分布和不同粒径段颗粒物的化学组成以及挥发性有机物的气固分配等产生影响,导致不同研究的可比性差;(3)现有稀释采样系统受稀释后管路限制,常采用少数(2或4路)管路,仅能同步采集和监测少量的污染物种类;考虑到污染源排放观测研究的困难程度和人力、物力、财力的消耗,亟需有效扩大稀释后的管路数量,提高采样效率,实现多种颗粒物和气态污染物以及污染物光学性质等的同步离线和在线监测。同时,实现稀释比连续可调和多污染物同步监测,对于准确识别各类燃烧源的污染物排放特征,提高现场采样效率,服务于空气质量改善等,具有重要的科学意义和实用价值。

经过10年持续研发和改进完善,孔少飞等(2022)研发了一种稀释比连续可调和多污染物同步监测的源排放稀释采样系统,以满足对不同污染源应用场景、多台仪器设备同时准确采样的需求。如图2.5~2.8所示,该采样系统结构紧凑,操作、维护过程简便,适合推广应用。该系

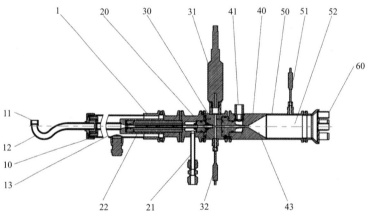

图2.5 一种稀释比连续可调和多污染物同步监测的源排放稀释采样系统采样枪示意图(孔少飞 等,2022)

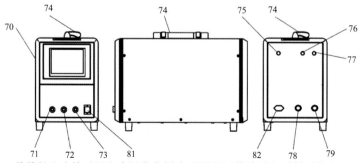

图2.6 一种稀释比连续可调和多污染物同步监测的源排放稀释采样系统主机正视(左)、侧视(中)及背视(右)示意图(孔少飞 等,2022)

统由采样枪、主机组成。采样枪由取样装置、初级稀释装置、温压测量装置、次级稀释装置、停留装置以及分流器通过法兰组合而成,此外还可附加一老化仓。采样枪温压传感器及高压气流路均由主机控制。

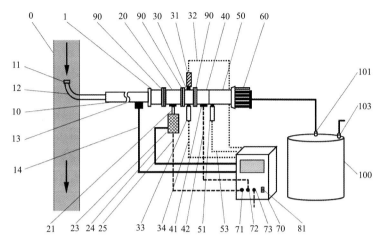

图 2.7　一种稀释比连续可调和多污染物同步监测
的源排放稀释采样系统连接方式示意图(孔少飞 等,2022)

该系统的各个部件组成如下:0-采样烟道、1-采样枪、10-取样装置、11-等速采样头、12-取样管、13-取样装置伴热管、14-取样装置伴热管电源线、20-初级稀释装置、21-初级稀释高压气进口、22-多孔管、23-初级稀释高压气伴热管、24-初级稀释高压气伴热管电源线、25-初级稀释高压气流路、30-温压测量装置、31-压强传感器、32-压强传感器数据线、33-温度传感器1、34-温度传感器1数据线、40-次级稀释装置、41-次级稀释高压气进口、42-次级稀释高压气流路、43-斗形空腔、50-停留装置、51-温度传感器2、52-停留仓、53-温度传感器2数据线、60-分流器、70-主机、71-初级稀释高压气出口、72-次级稀释高压气出口、73-高压空气入口、74-主机把手、75-压力传感器数据线插口、76-温度传感器1数据线插口、77-温度传感器2数据线插口、78-取样装置伴热管电源线插口、79-初级稀释高压气伴热管电源线插口、81-电源开关、82-电源线插口、90-法兰、100-老化仓、101-老化仓进气口、102-老化仓内进气管、103-老化仓出气口。

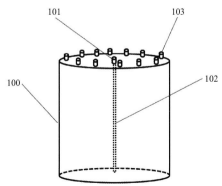

图 2.8　可附加的老化仓示意图
(孔少飞 等,2022)

取样口为等速采样头,取样装置内有多孔管,取样装置上设有取样装置伴热管。初级稀释装置侧面接有初级稀释干洁高压空气进口,且进口上包裹有伴热管。初级稀释装置一端接取样装置,另一端接温压测量装置。温压测量装置侧面接一温度探头和压强探头,尾部接次级稀释装置。次级稀释装置侧面接有初级稀释高压气进口,尾部有斗形空腔并连接停留装置。停留装置内有一停留时间仓,侧面接有温度探头,尾部接分流器。分流器有6个出气口,其中5路可直接供仪器设备使用,剩余1路作为废气口,保证稀释通道内部的气压平衡。可根据实际研究需求,在分流器出气口接一老化仓,烟气在老化仓中进一步稳定和老化后,供多台在线和离线仪器分析和采样。老化仓为一不锈钢桶,进气管位于桶面正中间,进气口连接一不锈钢进气管,直达桶底,出气口可设多个,均匀分布于桶面四周。该系统具备部件质量轻、结构紧凑、体积小、易于拆卸和组装等优点。此外,通过流量、压力精准测量反馈的算法改进,配合初级稀释和次级稀释系统的硬件设置,实现了1～200倍的稀释比连续可调,更加适应多种复杂场景的采样应用。

2.3 地面和高空烟羽监测

2.3.1 固定源排放烟气监测

大气污染源清单的构建离不开各类污染源的大气污染物产生系数或排放因子的确定(贺克斌,2017)。不同学者在建立大气污染源清单时所采用的排放因子存在较大的差异(Guttikunda et al.,2014),对于固定源颗粒物排放及组分的清单研究大多采用统一的排放因子(雷宇 等,2008;Kuenen et al.,2014;Liu et al.,2015;Li et al.,2017b)。目前,我国主要通过各类工业企业上报污染物排放数据以及各种在线监测系统数据整理并编制环境统计数据以构建各类污染源清单(赵浩宁,2014;王斯文,2014)。

为贯彻《中华人民共和国环境保护法》和《中华人民共和国大气污染防治法》,实施大气固定污染源排放污染物监测,规范固定污染源烟气(SO_2、NO_x、颗粒物)排放连续监测系统的性能、质量和检测,2018年3月,生态环境部制定和发布了《固定污染源烟气(SO_2、NO_x、颗粒物)排放连续监测系统技术要求及检测方法》(HJ 76—2017),替代 HJ 76—2007。该标准规定了固定污染源烟气(SO_2、NO_x、颗粒物)排放连续监测系统的组成结构、技术要求、检测项目和检测方法。该技术规范中,烟气连续排放监测系统(Continuous Emissions Monitoring System,CEMS)主要用于固定污染源的颗粒物浓度、气态污染物浓度、烟气参数监测(包括烟气温度、压力、流速等)和污染物排放总量的监测(齐文启 等,2004;王辉,2016)。现阶段我国大部分中型以上工业企业均安装了各类烟气在线监测系统,在线监测系统主要依赖以 CEMS 为主的烟气连续在线监测系统,该系统能实时监测工业企业排放的气态污染物、颗粒物、烟气流速等数据并对污染排放量计算以达到实时数据监控的目的。表2.8为火电厂 CEMS 的监测点设置和监测内容。

图2.9为 CEMS 系统硬件结构示意(李树珉,2009)。颗粒物监测主要为烟尘浓度的实时监测,由颗粒物监测仪及反吹、数据传输等辅助部件构成,一般监测粒径为0.01～200 μm 的固态颗粒物(王辉,2016)。气态污染物监测主要包括 SO_2、NO_x、CO_2、CO、氨气(NH_3)、氯化氢(HCl)、氟化氢(HF)、汞(Hg)以及 VOCs 等(白江文 等,2011)。烟气参数监测主要为温度、压力、湿度、流速以及含氧量等(刘军,2008;周根来 等,2013)。参数监测主要用于污染物浓

度、排放速率及排放量的计算或用于数学模型的模拟(王辉,2016)。

表 2.8　火电厂 CEMS 的监测点设置和监测内容(杨银仁,2020)

检测点	监测参数	监测原理	安装位置
脱硝进口	O_2	氧化锆	省煤器出口或出口垂直烟气管道上
	NO_x	非分散红外吸收	省煤器出口或出口垂直烟气管道上
脱硝出口	O_2	氧化锆	烟气进除尘器垂直管道上
	NO_x	非分散红外吸收	烟气进除尘器垂直管道上
	NH_3		
	烟气温度	热电偶	烟气进除尘器垂直管道上
	烟尘浓度	激光散射	烟气进除尘器垂直管道上
脱硫进口	O_2	氧化锆	烟气进脱硫塔垂直烟气管道上
	SO_2	非分散红外吸收	烟气进脱硫塔垂直烟气管道上
	烟气温度	热电偶	烟气进脱硫塔垂直烟气管道上
	烟尘浓度	激光散射	烟气进脱硫塔垂直烟气管道上
脱硫出口	O_2	氧化锆	烟囱上
	SO_2	非分散红外吸收	烟囱上
	NO_x	非分散红外吸收	烟囱上
	CO	非分散红外吸收	烟囱上
	烟尘浓度	激光散射	烟囱上
	烟气流量	热扩散原理	烟囱上
	烟气湿度	由计算得到	烟囱上
	烟气静压	压力变送器	烟囱上

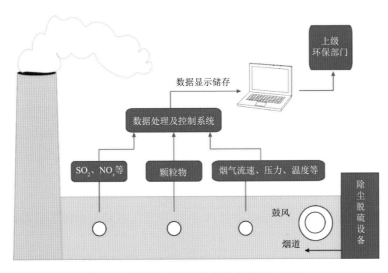

图 2.9　CEMS 系统硬件结构(李树珉,2009)

图 2.10 为 CEMS 系统相关理论与技术(张昊哲,2018)。颗粒物监测仪子系统主要采用浊度法、电荷探针法和红外散射法等;气态污染物监测子系统主要采用抽取式采样法和直接测量法(郄武,2009;朱法华 等,2010;常虹,2011)。其中,抽取式采样法分为稀释采样法和直接抽取法,直接测量法分为内置式测量和外置式测量。烟气温度主要采用热电偶和温度变送器等测量;流速常用的监测方法为 S 型皮托管法、超声波法和热平衡法等;含氧量监测仪器主要为氧化锆分析仪、顺磁/热磁氧分析仪和电化学法氧分析仪等;湿度主要有直接测量法和干湿氧法等(常虹,2011)。

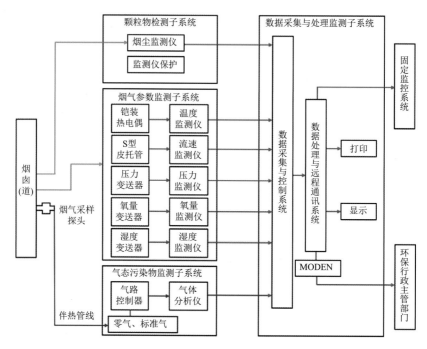

图 2.10 CEMS 系统相关理论与技术(张昊哲,2018)

CEMS 已经广泛运用于电厂、石化装置等烟气污染物排放监测中,并且监测数据实时上传到生态环境部门,为固定源大气污染防控提供了有力支撑。国内在各种管控措施和严格减排后,CEMS 在线监测值明显下降,而厂区上方卫星测量数据则没有任何变化,这可能是 CEMS 在线监测值偏低或者存在误报的情况(Duncan et al.,2014;Fioletov et al.,2016;Karplus et al.,2018)。基于卫星遥感定量分析并利用 OMI 数据对中国大陆地区 38 家燃煤电厂大气污染物排放进行了高斯拟合,发现卫星监测反演得到的 26 个燃煤电厂的平均综合脱硫效率(45.3%)显著低于环保部公布的平均综合脱硫效率(74.1%),这表明使用 CEMS 在线监测数据不能准确反映工业大气污染物排放的情况(王斯文,2014)。

张英杰等(2015)以 2012 年为基准年,收集了江苏省电力企业在线监控系统数据及江苏省大气核查核算表数据,结合相关文献的排放因子,分析了江苏省大型固定燃煤源主要污染物的总排放量和月变化特征。结果表明,固定源排放大气污染物呈现 2—3 月、7—8 月、12 月排放量高,9—10 月排放量低的月变化特征,可能原因是 2—3 月处于春节时段,为保证节日供应,在此期间居民取暖、用电等都有可能增加;7—8 月高温天气空调等致冷设备用电量增加,12 月北方城市冬季燃煤取暖导致煤炭消耗量增大。该研究也指出,由于部分污染物排放因子取自相关文献,是清单不确定性的主要因素,亟需在排放因子实测更新以及将排放清单纳入空气质量预报模式等方面进行更深入的研究。近期也有研究指出,中国的 CEMS 数据与卫星监测反演数据相比可能低估了 SO_2 的排放量。Karplus 等(2018)通过环保厅(局)公开数据平台收集了广东、湖北、山东和上海 4 个省(市)共计 256 个煤电厂从 2013 年 11 月到 2016 年 7 月的 CEMS 数据,其中包含 43 个装机超过 1000 MW 的大型电厂,也获取了同一时期美国宇航局(NASA)OMSO2e 的 SO_2 排放卫星观测数据。通过比较煤电厂 CEMS 报告的数据和 NASA 的卫星数据,发现现有煤电厂在执行更严格的大气污染物排放标准(《火电厂大气污染物排放标准》(GB 13223—2011))起始日期,也就是 2014 年 7 月 1 日后,虽然煤电厂 CEMS 显示 SO_2 排放浓度大幅度下降,但是卫星观测数据显示的 SO_2 减排幅度仅为煤电厂 CEMS 报告的一半。由此可见,CEMS 系统尽管可以提供实时的大型固定源在线监测数据,但只监测 SO_2、NO_x 和颗粒物的浓度,对于其他大气污染物缺乏监测;受设备运行工况、数据质量控制等因素影响,数据可能存在偏差;另外,CEMS 系统并非针对所有固定源均开展观测。因而,该法规系统提供的监测数据尚无法对高时空分辨率的多污染物排放源清单构建提供丰富的基础数据支撑。由于各行业生产工艺、燃料组分、控制措施的不同,使用技术手册推荐的排放因子编制排放清单具有较大的不确定性(贺克斌,2017;Liu et al.,2017a)。高分辨率排放清单的构建需要对污染物排放浓度进行连续在线监测(Zhang et al.,2007)。进行本地重点工业大气污染物监测,获取重点工业企业实时排放数据计算排放因子,实现排放因子本地化,是构建本地排放清单的基础。

在实践过程中,为构建高分辨率排放源清单,需要通过外场观测补充和丰富固定源大气污染物排放因子数据库。水泥、制药、玻璃制造、燃煤锅炉、钢铁冶炼等是我国典型的大气污染物固定源,大气污染物的排放量大,但大多数并未安装 CEMS,排放测试仅为学术界的零星研究,尚未成体系。

2019 年全国水泥产量 2.33×10^9 t,占世界总产量的 58.0%。我国水泥行业 $PM_{2.5}$ 排放量达 2.77×10^5 t,PM_{10} 排放量占颗粒物总排放量的 66.7%,达 8.99×10^5 t。张强等(2006)指出,水泥生产是我国最主要的 $PM_{2.5}$ 排放源之一,占全国人为源 $PM_{2.5}$ 排放总量的 35.0%。现有的研究发现,采用了除尘措施的水泥行业 PM_{10} 的排放因子为 $0.004\sim0.07$ g·kg^{-1},$PM_{2.5}$ 的排放因子为 $0.003\sim0.06$ g·kg^{-1}(马静玉,2009;Lei et al.,2011;杨建军 等,2018)。尚未采用除尘措施的水泥行业 PM_{10} 的排放因子为 $0.3\sim42.6$ g·kg^{-1}(贺克斌,2017;Lei et al.,2011),$PM_{2.5}$ 的排放因子为 $0.08\sim13.2$ g·kg^{-1}(贺克斌,2017;刘丹,2017);NO_x、SO_2 和 CO 的排放因子范围分别为 $0.66\sim18.5$ g·kg^{-1}、$0.23\sim12.3$ g·kg^{-1} 和 $17.8\sim155.7$ g·kg^{-1}(Streets et al.,2000;Lei et al.,2011),其中预分解窑、回转窑和立窑的 NO_x、SO_2 和 CO 的排放因子差异可达 4.2 倍、10.9 倍和 8.7 倍,表明不同炉型对水泥生产的污染排放影响较大,不同的工艺过程也会影响 NO_x 和 SO_2 的排放浓度(雷宇 等,2008)。

制药行业大气污染排放的主要关注物包括:颗粒物、NMHC、TVOC、苯系物、光气、氰化氢、苯、甲醛、氯气、氯化氢、硫化氢和氨等(Lei et al.,2019)。由于制药行业工艺复杂,且行业内种类繁多,污染物排放种类也存在较大差异。对于使用 VOCs 焚烧装置或者锅炉、固废焚烧炉燃烧处理 VOCs 以及臭气的企业,除满足上述主要关注物污染外,还需要满足 SO_2 和 NO_x 以及二噁英相关的排放标准(潘瑜,2016)。美国环保局(EPA)在 1997 年以最佳控制技术为基础制定了制药工业有害空气污染物(HAPs)排放标准。我国也于 2019 年 5 月首次发布《制药工业大气污染物排放标准》(GB 37823—2019)，制药工业不再执行《大气污染物综合排放标准》(GB 16297—1996)。当下对于制药行业排放的细颗粒物、NO_x、SO_2 和 CO 的研究缺失，亟待更多的实测研究。

中国是全球最大的玻璃生产国和消费国，2017 年中国平板玻璃产量约占全球的 60%，全国 30% 的玻璃制造行业集中于京津冀地区（钟悦之 等，2018）。顾镇等（2019）发现玻璃窑炉中 NO_x 以热力型为主，排放浓度最高可达 2000 mg·m^{-3}，SO_2 浓度受燃料含硫量影响，重油和煤制气等燃料中 SO_2 浓度是天然气的 2～3 倍，颗粒物的粒径分布主要集中于 1～3 μm 和 20～60 μm。赵卫凤等（2017）研究发现，以燃煤作为主要燃料的玻璃窑炉中 SO_2、NO_x 和颗粒物排放浓度约为以天然气为主要燃料的 2.5～7 倍、1.3～2 倍和 0.5～1.2 倍，玻璃制造行业排放颗粒物具备粒径小、黏性大和温度高等特点。Zheng 等（2017）研究了 90～390 ℃ 玻璃窑炉中的飞灰特性，发现电除尘效率随着烟气温度升高而降低。钟悦之等（2018）研究了 2013—2015 年全国 27 个省（市）的玻璃制造行业大气污染物的排放特征，以重油、煤气为燃料的玻璃窑炉中 SO_2 的排放浓度为 500～1800 mg·m^{-3}，以天然气为燃料的玻璃窑炉烟气中 NO_x 排放浓度 2500 mg·m^{-3} 左右。玻璃制造行业由于污染物产生的总量较小，相关实测研究较少，仍需重点关注。

燃煤锅炉是大气颗粒物中 S、Se、Hg 和 SO_4^{2-} 的最大贡献源（Reff et al.，2009）。燃煤工业锅炉以层燃炉、链条炉、往复炉和抛煤机炉为主，少数为流化床锅炉和煤粉炉（Dmitrienko 和 Strizhak，2018）。美国环保局在 2004 年颁布的《空气污染物排放标准系数汇编》中，确定了不同种类的燃煤在不同炉型及不同污染控制设备的条件下 $PM_{2.5}$ 的排放因子（US EPA，1996）。姚芝茂等（2010）计算了全国 95 台容量低于 70 MW 的工业层燃炉产生的飞灰的排放因子，并研究了锅炉容量负荷和过剩空气系数及煤灰分含量对锅炉产生总飞灰排放因子的影响。周楠等（2006）基于稀释通道法实测研究得出：煤粉炉 PM_{10}、$PM_{2.5}$ 和 BC 的排放因子分别为 0.0345 g·kg^{-1}、0.0319 g·kg^{-1} 和 0.0002 g·kg^{-1}，链条炉分别为 0.0341 g·kg^{-1}、0.0322 g·kg^{-1} 和 0.0015 g·kg^{-1}。李超等（2009）研究燃煤流化床炉得出：$PM_{2.5}$ 和 BC 的排放因子分别为 0.03±0.02 g·kg^{-1} 和 0.007±0.007 g·kg^{-1}，链条炉的 PM_{10}、$PM_{2.5}$ 和 BC 的排放因子分别为 0.06±0.01 g·kg^{-1}、0.05±0.01 g·kg^{-1} 和 0.0014±0.00004 g·kg^{-1}。技术手册中燃煤锅炉 PM 排放因子的参考值均以物料衡算表示，徐媛等（2016）则指出 PM_{10} 和 $PM_{2.5}$ 的排放因子实测值显著低于物料衡算法，表明采用物料衡算法计算排放因子对于清单中的一次颗粒物排放量可能存在高估。岳涛（2019）建立了国内的工业燃煤和燃气锅炉的各类一次污染物的排放因子集，层燃炉 NO_x 的排放因子范围为 0.41～2.94 g·kg^{-1}，循环流化床炉 NO_x 的排放因子范围为 0.2～2.7 g·kg^{-1}，煤粉炉 NO_x 的排放因子范围为 0.45～4.72 g·kg^{-1}，研究发现 SNCR+SCR 和 SCR 技术会显著降低燃煤锅炉的 NO_x 排放因子，全国 525 台燃气锅炉 NO_x 的排放因子的范围为 0.19～3.7 g·kg^{-1}，使用表面预混燃烧 NO_x 的脱除效率最高，达 84%，低氮燃烧器的脱除效率较低，仅有 61%。

烧结是把经过破碎、选矿处理后的精矿粉连同细焦粒或无烟煤和石灰等一起经过选粒煅烧制成烧结矿或者球团的过程（Ji et al.，2017），每生产 1 t 烧结矿大约产生 4000～6000 m^3 废气（马京华，2009）。Guo 等（2017）对中国 6 家钢铁行业烧结环节的实测研究发现 PM_{10}、$PM_{2.5}$ 和 BC 的排放因子分别为 0.053±0.0008 g·kg^{-1}、0.038±0.0006 g·kg^{-1} 和 0.00012 g·kg^{-1}，与技术手册提供参考值的比值分别为 0.91、0.38 和 1。马京华（2009）对钢铁行业烧结环节的

实测研究发现 PM_{10}、$PM_{2.5}$ 和 BC 的排放因子分别为 $0.008\ g\cdot kg^{-1}$、$0.007\ g\cdot kg^{-1}$ 和 $0.00018\ g\cdot kg^{-1}$。现有的研究结果表明,采取了除尘措施的烧结企业 $PM_{2.5}$ 的排放因子范围为 $0.07\sim0.96\ g\cdot kg^{-1}$,BC 的排放因子范围为 $0.0001\sim0.005\ g\cdot kg^{-1}$(马京华,2009;赵浩宁,2014;Guo et al.,2017)。尚未采用除尘措施的烧结企业 $PM_{2.5}$ 的排放因子范围为 $2.24\sim3.32\ g\cdot kg^{-1}$(贺克斌,2017;Gao et al.,2019)。相关研究烧结行业 NO_x 和 SO_2 的排放因子范围分别为 $0.14\sim0.56\ g\cdot kg^{-1}$ 和 $2.8\sim3.0\ g\cdot kg^{-1}$(Zhang et al.,2019;赵斌 等,2008;杨强 等,2017)。

上述 5 类典型的工业行业中 $PM_{2.5}$、BC、NO_x、SO_2 和 CO 的排放因子差异较大,与清单编制技术手册中提供的参考值的比值范围为 $0.11\sim15.2$。且同行业内,工艺方法、脱硫脱硝以及颗粒物控制措施均会影响各类污染物的排放因子,医药制造和玻璃制造行业的大气污染物实测研究相对较少,亟待有更多排放因子实测研究。

冯韵恺(2020)采用自主研发的稀释通道,利用 AE-33 黑炭仪、Grimm180 颗粒物分析仪、TH-890C 烟气分析仪和 TH-16E 颗粒物采样仪,对 5 类典型工业行业(水泥、医药制造、玻璃制造、纺织(燃煤锅炉)和钢铁烧结)实时排放的 7 种一次大气污染物(PM_{10}、$PM_{2.5}$、PM_1、BC、NO_x、SO_2 和 CO)排放浓度进行监测,结合产品产量和燃料消耗,获得相应的排放因子。实测研究结果表明,5 类典型工业行业 $PM_{2.5}$ 的平均排放浓度分别为 $1.75\pm1.51\ mg\cdot m^{-3}$、$4.82\pm3.56\ mg\cdot m^{-3}$、$0.144\pm0.120\ mg\cdot m^{-3}$、$0.90\pm0.44\ mg\cdot m^{-3}$ 和 $0.78\pm0.28\ mg\cdot m^{-3}$,所有行业颗粒物排放浓度均符合国家相关行业的重点地区排放标准。BC 的平均排放浓度分别为 $27.3\pm17.7\ \mu g\cdot m^{-3}$、$39.8\pm21.0\ \mu g\cdot m^{-3}$、$2.9\pm1.7\ \mu g\cdot m^{-3}$、$9.6\pm10.3\ \mu g\cdot m^{-3}$ 和 $6.3\pm5.1\ \mu g\cdot m^{-3}$;医药制造行业 BC 的排放浓度最高,是玻璃制造行业的 13.7 倍。水泥行业 SO_2 和 CO 的排放浓度低于检出限,医药制造行业排放的 SO_2、纺织(燃煤锅炉)行业排放的 SO_2 和 NO_x、钢铁烧结行业排放的 SO_2 和 NO_x 均超过国家相关行业污染物的重点地区排放标准,分别超出国家标准的 39.7%、5.8%~63.8%、120.9%~164.0%、2.6%~13.3% 和 92.5%~121.4%。

在冯韵恺(2020)的研究中,水泥行业、纺织(燃煤锅炉)行业和钢铁烧结行业 $PM_{2.5}$、BC、NO_x、SO_2 和 CO 的排放因子范围分别为 $2.45\sim63.81\ mg\cdot kg^{-1}$、$0.02\sim0.68\ mg\cdot kg^{-1}$、$0.30\sim21.50\ g\cdot kg^{-1}$、$1.28\sim33.02\ g\cdot kg^{-1}$ 和 $0.06\sim1.86\ g\cdot kg^{-1}$。水泥行业 NO_x 的排放因子以及钢铁烧结行业 $PM_{2.5}$、BC、SO_2 和 CO 的排放因子最低,纺织(燃煤锅炉)行业 5 种污染物的排放因子均最高,分别为最低值行业的 26.0 倍、34.0 倍、71.7 倍、25.8 倍和 31.0 倍。医药制造行业和玻璃制造行业 $PM_{2.5}$、BC、NO_x、SO_2 和 CO 的排放因子范围分别 $14.27\sim51.90\ mg\cdot m^{-3}$、$0.29\sim0.43\ mg\cdot m^{-3}$、$2.12\sim20.20\ g\cdot m^{-3}$、$3.01\sim31.30\ g\cdot m^{-3}$、$0.11\sim1.05\ g\cdot m^{-3}$。其中医药制造行业 $PM_{2.5}$ 和 BC 的排放因子高于玻璃制造行业,分别为 3.6 倍和 1.5 倍。玻璃制造行业 NO_x、SO_2 和 CO 的排放因子高于医药制造行业,分别为 9.5 倍、10.4 倍和 9.5 倍。对于纺织(燃煤锅炉)行业,基于燃煤消耗量实测的 PM_{10}、$PM_{2.5}$、PM_1 和 BC 的排放因子约为物料衡算法计算的排放因子的 3.5 倍,表明采用物料衡算法对清单中一次颗粒物的排放量估算可能存在低估。

在冯韵恺(2020)的研究中,固定源烟气监测系统如图 2.11 所示。烟气监测系统共有 4 条主要检测通道,分别连接至 Aethalometer Model AE33(Magee scientific,美国)黑碳仪、GRIMM EDM180 环境颗粒物监测系统、TH-16E 环境空气颗粒物采样器和 TH-890C 烟气分析仪。AE33黑碳仪用于监测黑碳的实时排放,GRIMM EDM180可用于监测PM_{10}、$PM_{2.5}$和PM_1的实时排放,TH-890C烟气分析器用于监测SO_2、NO_x和CO的实时排放,TH-16E环境空气颗粒物采样器用于$PM_{2.5}$滤膜采集。

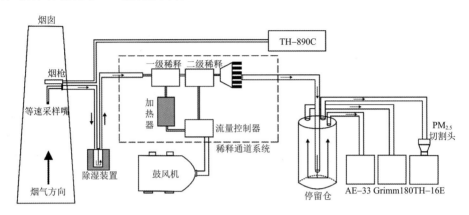

图2.11 高空烟气监测系统(冯韵恺,2020)

图2.12 高空烟气监测系统现场应用

采样过程中,耐高温气管的末端连接等速采样嘴,通过检测口进入烟囱截面的中心,气管另一端连接至稀释采样系统。稀释采样系统采用芬兰Dekati公司生产的超细颗粒物取样器(Frey et al.,2014;Butt et al.,2016)(Fine Particle Sampler,FPS-4000)进行稀释和取样,FPS-4000可通过对稀释比、稀释温度和停留时间的调整,使得烟气能达到各采样仪器对样气的浓度和温度要求。烟气通过等速采样进入FPS-4000,FPS-4000前设置除湿装置去除烟气中的水汽。烟气经过稀释后,进入停留仓,停留数分钟后被各类监测仪器捕捉,模拟烟气进入环境中的稀释和冷却过程(Chen et al.,2015)。稀释倍数根据现场预监测实验进行调节,水泥和制药行业设置为20倍,玻璃制造、钢铁厂和纺织行业设置为10倍。

AE33黑碳仪自动校准后采样流量为$5 L·min^{-1}$,最低检出限为$5 ng·m^{-3}$。AE33黑碳仪的测量原理为:将采样气体通过滤纸带,颗粒物被滤纸带拦截,以光学滤光光度计测量其透射率和反射率,并根据衰减随时间的变化率计算出衰减系数及吸收系数,将吸收系数除以BC的质量吸收截面,最终得到BC的质量当量浓度(Bond et al.,2013)。基于滤纸带采样的光学法也存在一定缺陷,当滤纸带上的采样点负载接近饱和时,滤纸带的光学特性将受到一定影响,仪器将低估BC的浓度(Drinovec et al.,2014)。AE33黑碳仪采用双点位(Dual-spot)采样方法,联立不同负载点位方程,计算负载补偿系数 k,通过 k 值补偿计算出零载时的 BC 浓度(Drinovec et al.,2014)。该仪器在 7 个波段计算 BC 浓度,一定程度上还可计算出 BrC 的吸光效应(Wang et al.,2019a),被广泛应用于大气 BrC 含量的监测及民用燃料 BrC 排放测量(蔡竟 等,2014;孙建中 等,2016;Tian et al.,2019;Wang et al.,2019a)。

AE33 黑碳仪 7 波段对应波长分别为 370 nm、470 nm、520 nm、590 nm、660 nm、880 nm 和 950 nm(Drinovec et al.,2014)。每个波长的 BC 浓度与其质量吸收截面(Mass absorption cross-section,MAC)和光谱吸收系数(b_{abs},单位 $M \cdot m^{-1}$)有关:

$$b_{abs(\lambda)} = BC_{(\lambda)} \times MAC_{(\lambda)} \tag{2.1}$$

尽管计算出的光谱 BC 受其他气溶胶(有机物和矿物颗粒等)影响,但在波长 880 nm 下的其他气溶胶的吸收效率可忽略不计(Kirchstetter et al.,2004),认为该波长下 BC 吸收效果占主要地位,与等效 BC(eBC)值对应。故以 880 nm 下测得的 BC 浓度值代表烟羽中 BC 质量浓度(Liakakou et al.,2020)。

各类污染物排放浓度的计算参考我国《水泥工业大气污染物排放标准》(GB 4915—2004)、《制药工业大气污染物排放标准》(GB 37823—2019)、《电子玻璃工业大气污染物排放标准》(GB 29495—2013)、《锅炉大气污染物排放标准》(GB 13271—2014)和《钢铁烧结、球团工业大气污染物排放标准》(GB 28662—2012)中对于水泥窑或窑尾余热排放的废气、化学药品原料药制造工艺产生的废气、玻璃熔炉排放的废气(非纯氧燃烧)、燃煤锅炉排放的废气和烧结机设备排放废气中的大气污染物的监测要求,对烟气中含氧量进行监测,实测的 NO_x、SO_2 和 CO 均要求换算成基准含氧量下的标准排放浓度。以式(2.2)进行计算。

$$C_a = C_b \times (O - O_a)/(O - O_b) \tag{2.2}$$

式中,C_a 为大气污染物基准氧含量排放浓度,单位:$mg \cdot m^{-3}$;C_b 为大气污染物实测排放浓度,单位:$mg \cdot m^{-3}$;O 为大气实际含氧量(%);O_a 为干烟气基准含氧量(%),其中水泥窑炉或窑尾余热排气基准含氧量以 10% 计算;医药制造行业 VOCs 燃气装置废气中含氧量以满足设备燃烧为标准,设备出口烟气氧浓度含量不得高于进口废气含氧量;玻璃窑炉基准含氧量以 8% 计算;燃煤锅炉基准含氧量以 9% 计算;钢铁烧结行业基准含氧量以 8% 计算;O_b 为干烟气实测含氧量(%)。

对于污染物排放因子的计算,各个行业根据产品产量或者燃料消耗、烟气中污染物浓度,通过式(2.3)计算各类污染物的排放因子(贺克斌,2017)。

$$EF_{ij} = C_{ij} \times V_i / E_i \tag{2.3}$$

式中,EF_{ij} 为第 i 个企业的第 j 种污染物的排放因子,单位:$g \cdot kg^{-1}$;C_{ij} 为实测第 i 个企业的第 j 种污染物平均排放浓度,单位:$g \cdot m^{-3}$;V_i 为第 i 个企业全年排放的实际烟气量,单位:m^3;E_i 为第 i 个企业全年燃料消耗量或者产品生产量,单位:kg 或 m^3。

对于燃煤锅炉可使用物料衡算法计算排放因子,根据燃料组分、烟气中污染物浓度、烟气含氧量,通过式(2.4)~(2.8)计算排放因子(贺克斌,2017)。

$$EF_P = C_p \times V \tag{2.4}$$

$$V = V_1 + V_0 \times (a - 1) \tag{2.5}$$

$$V_0 = 0.0889 \times C + 0.265 \times H + 0.0333 \times (S - O) \tag{2.6}$$

$$V_1 = 0.0889 \times C + 0.529 \times H + 0.0333 \times S - 0.0263 \times O \tag{2.7}$$

$$a = 21/(21 - O_c) \tag{2.8}$$

式中，EF_p 为燃煤锅炉的第 p 种污染物排放因子，单位：$g \cdot kg^{-1}$；C_p 为实测燃煤锅炉第 p 种污染物平均排放浓度，单位：$g \cdot m^{-3}$；V 为实际烟气量，单位：m^3；V_1 为理论烟气量，单位：m^3；V_0 为理论空气量，单位：m^3；a 为过剩空气系数；O_c 为烟气中氧含量（%）；C、H、S、O 分别为燃煤收到基各元素质量分数。

除了对固定源排放口污染物进行实时在线监测外，随着无人机观测技术的兴起，其也被应用于固定源排放烟羽的观测。在蒋卫东（2021）的研究中，固定源高空烟羽通过无人机平台进行监测，监测系统如图 2.13 所示。机载系统采用多旋翼飞行器，用来搭载监测设备。地面控制站对多旋翼飞行器进行飞行控制，显示飞行位置、飞行轨迹，并结合大数据技术实现大气环境监测数据共享。采集系统主要对烟气参数（温度、压力、流速或流量、湿度、含氧量等）、气态污染物浓度和颗粒污染物浓度进行采集，并对监测数据进行处理。数据传输系统主要将监测数据传输到客户端，以便上位机对数据进行处理。

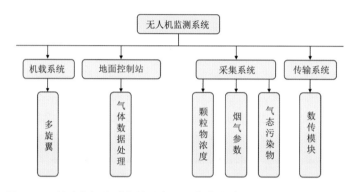

图 2.13　以无人机为平台的固定源环境信息检测系统（蒋卫东，2021）

谢丽华等（2020）基于无人机大气环境移动监测平台，提出了变步长 Z 字形-浓度梯度大气污染物溯源算法，发现变步长 Z 字形-浓度梯度算法在仿真实验和实际测试环境下可成功定位到污染源。钟蕊等（2020）采用无人机搭载尾气检测吊舱的方式，对单个船舶尾气中 SO_2 和 CO_2 的浓度进行检测，间接推算出船舶的燃油硫含量，结果显示，该检测系统平均绝对误差为 315×10^{-6}，平均相对误差为 28.6%，该方法可以快速筛选出硫含量超标的可疑在航船只。魏顺成（2021）利用六翼无人机作为硬件平台，搭载机载监测模块和溯源控制模块以及数据传输模块，运用爬山算法和网格检测溯源算法对污染气味源进行追溯，结果验证了基于该算法对大气污染物溯源的可操作性和可行性。

2.3.2　移动源排放烟羽监测

机动车排放是大气中碳气溶胶的主要贡献源（He et al.，2008；Pant，2013）。Bond 等（2004）估算了全球 BC 的排放清单，并指出机动车排放的贡献占 11.5%。Wang 等（2012）通过计算得出，中国 9.4% 的 BC 来自机动车排放。机动车排放的碳气溶胶也危害人体健康。《车用压燃式发动机排气污染物排放限值及测量方法》（GB 17691—2001）中规定：颗粒物的测定要求有一套能使稀释排气的温度保持在 325 K（52 ℃）以下，并能防止水汽冷凝的稀释系统，一套颗粒物取样系统，规定的颗粒物取样滤纸和一台放置于带空调装置的称重室里的微克天平。可以通过全流稀释系统或分流稀释系统进行稀释（国家环境保护总局，2001）。柴油发动机排气中颗粒物的测试方法主要有全流定容稀释采样系统 CVS（Constant Volume Sampling)和部分流稀释采样系统 PFSS(Partial Flow Sampling System)。这两种测试技术存在的问题是颗粒测量的精度及可重复性(张排排 等,2010)。

全流定容稀释采样系统是指发动机排出的废气经洁净的新鲜空气稀释,并为了保证测量精度,保持稀释后的混合气流动状态恒定,以固定不变的容积流量输入分析系统。用洁净的空气稀释排气,不仅可以起到冷却的效果,同时还能防止其中水蒸气的凝聚。这样就在大气压力的条件下形成一个接近常温的环境来采集颗粒物,使得车辆在行驶中把气体排入大气扩散的过程大致得到了模拟。为了达到合适的采样样气温度,一般系统有 2 级稀释。在第一级稀释过程中,要保证稀释比不小于 4,以防止水凝结;在第二级稀释过程中使用稀释空气的流量来降低一级稀释后的样气温度,达到法定测试低于 52 ℃的要求。全流采样系统在采样和传送管降低水凝结,排气降压和温度波动比较稳定,有助于简化采样程序,并且恒定流量的测量精度高。但是 CVS 全流由于受文丘里管的量程以及法规规定的稀释比最小为 4 的要求,对于大排量的发动机使用时可能受到限制。CVS 稀释通道所占的较大空间和昂贵价格也是造成其实用性降低的重要因素。

部分流采样系统是指直接从发动机排气中抽取一定比例的排气进行采样分析。对于气态污染物是直接从原始排气中等比例取样分析,对于颗粒物的取样一般也是从原始排气取样经过稀释后分析。相对于全流稀释系统,其最大的问题是如何有效地控制采样比的恒定性(宫宝利 等,2008)。为确保颗粒物的测量结果不受影响,在实验室中采用通过干燥过滤后的压缩空气作为稀释空气。通过质量流量计与控制阀保持稀释空气的质量流量恒定,而发动机排气经取样管后也进入稀释通道,经过一段距离的混合后,混合气受质量流量计的控制通过滤纸后经取样泵排出。

需要指出的是,不管是全流稀释系统或是分流稀释系统,现有的稀释通道采样设备在采集机动车尾气滤膜样品时,由于体积庞大,仅适合应用于发动机台架和测功机实验。这两种类型的实验均为设定好的模拟工况,如我国《轻型汽车污染物排放限制及测量方法》中规定的轻型汽车测定循环中的市区运转循环和市郊运转循环,对机动车加速度、车速、每个单元的运行时间都进行了详细的规定。尽管这些数值是在大量调查统计的基础上所得,但机动车在真实路况上行驶时,受到多种不确定因素的影响,如路况、车辆负载、时段等。这些均会对机动车排放颗粒物化学组成产生影响,但目前相关研究还比较少。

在现有研究中,机动车排放烟羽监测方法包括台架采样系统、走航观测系统、移动实验室采样系统、车载排放测试系统、遥感测试采样系统和隧道测试采样系统等(申现宝,2015;刘玺,2020)。台架采样系统是将放置于发动机台架上的机动车尾气通过洁净空气进行全流稀释后,利用采样仪器监测稀释后尾气中的颗粒物和气态污染物。走航观测系统主要通过改装的专用走航车,对移动源排放烟羽开展监测。移动实验室采样系统是通过跟踪车辆,测试机动车尾气中各种污染物的浓度。

(1)台架采样系统

机动车台架采样系统在机动车检测厂的测功机上进行。研究选取多种典型的机动车类型,包括轻型汽油车(light-duty gasoline vehicles,LDG)、重型汽油车(heavy-duty gasoline vehicles,HDG)、柴油公交车(diesel buses,BUS)、轻型柴油车(light-duty diesel vehicles,LDD)和重型柴油车(heavy-duty diesel vehicles,HDD)等。汽油车的测试标准为 GB18352.5—2013 中的城市统一循环(Li et al.,2017c),在热启动条件下开展实验,该循环包含怠速、加速、减速和换档等工况。在一个循环周期内,计算运行时间、距离和平均速度。对柴油车排放的颗粒物采样在热启动怠速工况下进行,每台柴油车的采样时间为 3 min。所有测试车辆使用的燃油均为在加油站购得的商用燃油,汽油和柴油均符合中国机动车燃料的国 V 标准(中国国家标准化管理委员会,2016a,2016b)。

对采样滤膜进行 OC 和 EC 测量,OC 和 EC 通过热/光碳分析仪(DRI Model 2001)进行分析(Chow et al.,2001)。该分析遵循 IMPROVE-A 协议:在纯氦气环境中,将炉内温度逐步加热至 140 ℃(OC1)、280 ℃(OC2)、480 ℃(OC3)和 580 ℃(OC4)。随后,将含 2%氧的氦气引入系统,并将温度进一步升高至 580 ℃(EC1)、740 ℃(EC2)和 840 ℃(EC3)。裂解碳(Optical pyrolyzed carbon,OPC)由 OC 热解产生,因此 OPC 是 OC4 的一部分。根据以上分析程序,OC 和 EC 可由下式计算:

$$OC = OC1 + OC2 + OC3 + OC4 + OPC \tag{2.9}$$

$$EC = EC1 + EC2 + EC3 - OPC \tag{2.10}$$

根据每个粒径段测得的 OC 或 EC 的质量、采样时间内荷电低压撞击器(Electrical low-pressure impactor,ELPI+)的进气体积和机动车行驶距离,计算各种机动车基于距离(distance-based)的碳质气溶胶排放因子。计算公式为:

$$C_i(\text{mg} \cdot \text{m}^{-3}) = M_i / V \tag{2.11}$$

$$EF_i(\text{g} \cdot \text{km}^{-1}) = M_i \times 10^{-3} / (S \times N) \tag{2.12}$$

式中,M_i(mg)是每个粒径段上得到的 OC 或 EC 的质量;V(m³)是 ELPI+ 进气体积;S 是单次循环的行驶距离(1.013 km);N 是每种测试机动车的总辆数。

如图 2.14 所示,机动车排放的尾气通过一根直径为 1 cm 的不锈钢管连接到稀释采样系统中。在通入体积为 35 L 的老化仓后,尾气进入 ELPI+。采样系统的排气流量为 26.7 L·min⁻¹,气体停留时间约为 2 s,稀释后的尾气温度控制在 52 ℃ 以下。

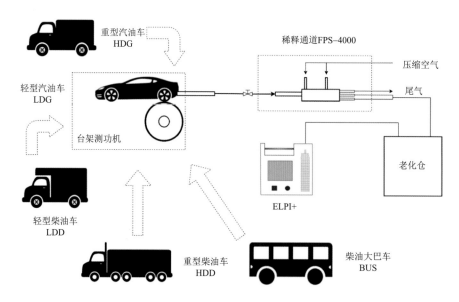

图 2.14 机动车台架实验采样流程(刘玺,2020)

(2)走航观测系统

机动车走航观测系统可通过商业公司改装的专用走航车实现,移动实验站仪器设置如图 2.15 所示。该移动实验站搭载 AE33 黑碳仪和 GPS(Global Positioning System)定位系统,并通过一根采样管连接车外大气进行采样,进气口切割粒径为 2.5 μm。在 AE33 黑碳仪与采样管之间用干燥管盛装干燥硅胶颗粒,以保持采样空气干洁。采样口位于走航车车顶,距离地面 3.2 m。

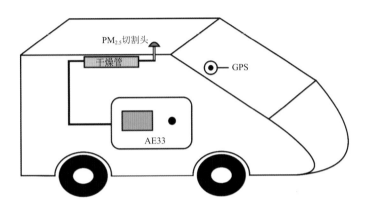

图 2.15　移动实验站(刘玺,2020)

(3)移动实验室采样系统

移动实验室采样系统通过跟踪车辆,测试机动车尾气中各种污染物的浓度。为了实现多点采样的目的,申现宝(2015)设计了 3 种机动车尾气排放沿程多点监测采样分析系统,分别如图 2.16、2.17 和 2.18 所示。通过 3 种方法的联合使用,可以实现对不同车型不同采样距离的沿程采样。

如图 2.16 所示,1~4 号采样头分别置于排气口后侧不同距离处,采集经大气稀释的尾气样品。5 号采样头置于远离排气口处,用于采集大气背景值。1~5 号采样头采集的样品进入管路箱,根据一定的分配原则,分别进入多通道膜采样系统、$CO_2/CO/NO_x$ 分析仪、VOC 采样系统、DustTrack 气溶胶分析仪和气溶胶质谱分析仪(Aerosol Mass Spectrometer,AMS)。

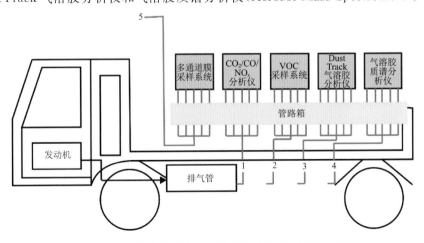

图 2.16　尾气排放沿程多点采样系统 1 示意(申现宝,2015)

因机动车类型的差异,尾气管的位置和尾气管口的排气方向也存在差异。因此,引入尾气管延长管路,如图 2.17 所示。尾气通过尾气管延长管路,在合适的位置进行排放,并进行采样。在延长管路的设计中,尾气管延长管路应配备保温设施,降低尾气的温度变化,以减少监测误差。

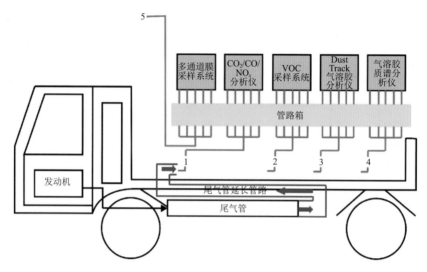

图 2.17　尾气排放沿程多点采样系统 2 示意(申现宝,2015)

对于图 2.16 和图 2.17 均无法满足的状况,则通过图 2.18 对机动车排放的尾气进行监测。将监测仪器按照图 2.18 进行安装,1~4 号采样头分别置于排气口前侧不同距离处,以减少采样车尾气带来的误差。靠近被测车辆,通过控制两车间距,完成尾气排放沿程多点采样。

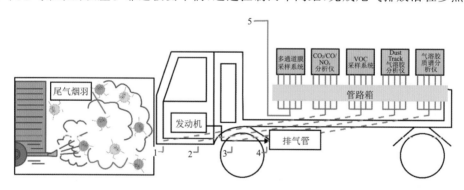

图 2.18　尾气排放沿程多点采样系统 3 示意(申现宝,2015)

对于颗粒物在线分析,采用芬兰 Dekati 公司生产的 DMM-230 颗粒分析仪和美国 TSI 公司生产的 Dusttrak Ⅱ 8530 气溶胶分析仪。DMM-230 颗粒分析仪用于测试机动车尾气中颗粒物瞬时质量浓度。DMM-230 颗粒分析仪按粒径分为 7 个粒径段,测试范围为 $0 \sim 5 \ mg \cdot m^{-3}$,响应时间 $<5 \ s$。Dusttrak Ⅱ 8530 气溶胶分析仪量程为 $0.001 \sim 150 \ mg \cdot m^{-3}$;分辨率为 $0.001 \ mg \cdot m^{-3}$;流量范围为 $1.4 \sim 3.0 \ L \cdot min^{-1}$,可以调节;数据记录间隔可调节,最小为 1 s。对于 CO_2/CO 的浓度监测,采用德国 Saxon 公司生产的 Infralyt50 型气体分析仪,通过非分散红外方法(Non-Dispersive InfraRed,NDIR)测试尾气中 CO_2 和 CO 浓度。对

于滤膜采样,采用URG公司生产的切割器、采样头和泵等配件组合成一个膜采样系统,对尾气中的$PM_{2.5}$进行采样。移动源排放尾气烟气监测中,OC和EC通过热/光碳分析仪(DRI Model 2001)进行分析,该分析遵循IMPROVE-A协议。

2.3.3 开放燃烧源排放烟羽监测

生物质等露天开放燃烧的采样方法通常有以下几种:野外采样、实验室模拟、风洞实验、航测和遥感测定(史建武,2010)。生物质燃烧排放污染物按产生来源可分为室内木柴燃烧、野火燃烧和受控规定燃烧以及农业作物残留燃烧(Zielinska et al.,2019)。因可控制实验条件以及多批次大量重复实验(Akagi et al.,2011),室内模拟燃烧和稀释通道采样是目前采用最多的监测方法,该方法模拟燃烧源下风向烟羽的冷却和稀释过程,将烟气温度降低至环境温度后,再进行样品采集和后续分析(Vicente et al.,2018)。但该方法存在不同研究稀释倍数设定范围差异很大(5~40倍)(Fine et al.,2001,2004;Mazzoleni et al.,2007;Gonçalves et al.,2011a;Elsasser et al.,2013;Vicente et al.,2015;Tschamber et al.,2016;Fushimi et al.,2017;Sun et al.,2019),用于稀释的清洁空气温度不一致(30 ℃、0~15 ℃)(Fine et al.,2001,2004)和稀释后的混合气体采样温度不一致(15~35 ℃不等)(Gonçalves et al.,2011a;Vicente et al.,2018;Kalogridis et al.,2018)等不足,造成结果存在不确定性。

也有采用清洁屋子内燃烧木柴和直接采样(Wang et al.,2009;Mazzoleni et al.,2017)、作物残留/森林/草原燃烧排放烟羽下风向5~300 m距离内地面原位监测(Oanh et al.,2011;Vicente et al.,2011,2013;Wang et al.,2017)和距离火堆1.5~8 m下风向烟羽地面原位监测方法(Schmidl et al.,2008;Gonçalves et al.,2011b)等。

如图2.19所示,真实烟气排放烟羽组成随着时间、温度、光照以及与水汽的相互作用而迅速变化(Zelikoff et al.,2011;Hodshire et al.,2019)。与室内稀释采样所模拟的半挥发性组分的快速冷却和凝结过程相比,烟羽在外场条件真实大气中经历的混合和稀释过程更加缓慢(Hodshire et al.,2019),烟羽在太阳辐射和大气氧化剂(受温度和湿度影响)的作用下(Hobbs et al.,2003;Hodshire et al.,2019),也会经历少量的光化学老化(Vicente和Alves,2018)。同时烟羽不同高度的温度差异会导致烟羽中有机物在不同高度和温度下的气固分配不同(Hodshire et al.,2019),抬升的烟羽和近地面烟羽具有不同的化学组成和颗粒物排放因子(Dhammapala et al.,2007;Akagi et al.,2011)。烟气排放后,半挥发性组分即在氧化驱动的凝结和稀释驱动的挥发共同作用下,处于动态平衡状态,这种动态平衡会改变POA的气固分配和组分浓度(Lai et al.,2014;Garofalo et al.,2019)。Jimenez等(2007)发现土壤物质受热浮力作用会悬浮起来,使得小麦秆外场燃烧下方向烟羽观测排放$PM_{2.5}$的化学组成中土壤物质(Si、Ca、Fe、Al、Mg)的含量明显上升,占到$PM_{2.5}$的0.95%。外场风速、风向等易变的大气环境条件,使得稀释条件也在随时发生变化,导致有机物在不同时刻有不同的气粒转化过程(Vicente et al.,2013)。外场燃烧条件也随时发生着时间和空间上的变化(Hodshire et al.,2019)。Christian等(2003)发现实验室模拟的燃烧效率(MCE)普遍为0.97~0.99,高于外场观测的MCE(0.91~0.95)。由此可见真实外场燃烧烟气排放和稀释过程与室内模拟燃烧和稀释过程存在明显差异。Weise等(2015)指出野外研究结果是最理想的,通过实验室模拟燃烧研究可以极大提高对野外燃烧排放的认识,但当前针对各种研究方法观测生物质燃烧污染物排放的对比研究缺乏。已有研究采用不同的监测方法,使得很难对不同研究的结果进行有效对比。监测方法、技术的规范和统一成为该领域的一个重要基础问题。

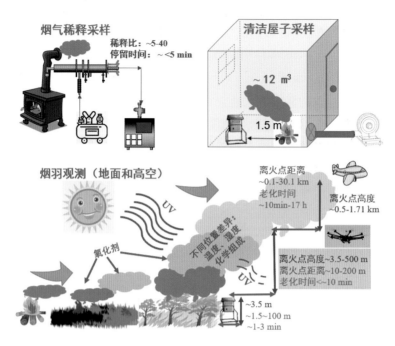

图 2.19 室内和外场真实条件下烟气排放及监测方法示意

孔少飞(2022)在长期的实践过程中开发了一种基于 β 射线吸收和等效称重原理的无人机机载远航可控大气颗粒物滤膜连续采样系统,可用于开放燃烧源排放烟羽监测,如图 2.20 所示。采样系统包括无人机平台、连接装置和采样装置。无人机平台包括八旋翼无人机;连接装置包括方形固定架、连接板;采样装置包括颗粒物切割器、压差口流量测量装置、采样泵、由仪器上盖和下座形成的密封气室、滤膜、β 射线源、β 射线检测器、走纸电动机、控制器(控制开关和定时器)、控制面板、直流电源。颗粒物切割头由上到下主要由风罩、入口套、颗粒物冲击孔、颗粒物收集板、切割器底托构成,通过恒定的流量使气流自上而下通过冲击孔,较大的粒子由于质量较大被撞击留在冲击孔的上层,而对应粒径段的粒子则通过筛孔进入下一级,依此类推,最终落到颗粒物收集板上方的采样滤膜上。

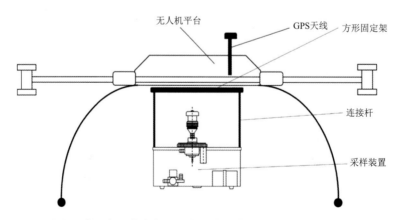

图 2.20 无人机机载远航可控大气颗粒物滤膜连续采样系统结构示意(孔少飞,2022)

对开放燃烧源排放烟羽监测过程中,采用高空烟羽无人机监测和地面烟羽上下风向同步的对比观测。用便携式颗粒物采样器、灵嗅、大气辐射传感器等采集烟羽中 $PM_{2.5}$ 滤膜样品,实时监测烟羽中 CO_2 和 CO 浓度、环境温度和湿度和太阳辐射等参数。开放燃烧源排放烟羽监测中,OC 和 EC 通过热/光碳分析仪(NIOSH Method 5040)进行分析,该分析遵循 IMPROVE-A 协议。

2.3.4 船舶尾气排放烟羽监测

船舶尾气遥测无人机系统可用于在航船舶尾气监测,如图 2.21 所示,由作为载体的无人机、尾气检测吊舱和地面数据服务端组成(邓孟涛 等,2022)。常用的尾气监测装置有两种:一种是使用嗅探器技术的尾气监测吊舱,另一种是光学传感尾气监测吊舱。船舶尾气监测吊舱系统主要由尾气传感模组、供电系统、吊舱外壳、尾气数据控制、处理与传输系统、GPS 模组、无人机控制端软件系统以及服务器端软件系统组成(徐舜吉 等,2020)。风力小于 5 级时,进行烟羽监测,无人机位置保持在烟羽下风向近距离处。

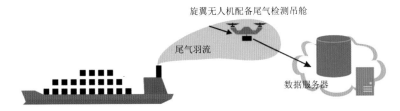

图 2.21 船舶尾气遥测无人机系统(邓孟涛 等,2022)

袁雪(2019)、俞云飞(2020)和刘倩等(2022)对北极地区船舶黑碳排放的问题进行了研究。结果显示,随着北极航道应用的加深,船舶 BC 排放已成为北极地区环境和生态系统的重大威胁,在全球变暖的大背景下,BC 等气候强迫因子的存在正加速北极海冰融化。朱倩茹等(2017)基于船舶自动识别系统,利用船舶逐条动态上报信息,自下而上编制船舶大气污染物网格化排放清单,并统计梳理了船舶大气污染排量计算过程中包括远洋船、沿海船和内河船在内的主要参数的推荐均值或推演公式,通过典型地区的应用验证了方法的可行性。尹佩玲等(2021)采用基于船舶活动的排放因子,收集船舶自动识别系统提供的当地船舶活动轨迹数据,结合劳氏船级社等机构的船舶特征信息,建立了 2010 年宁波-舟山港船舶排放清单,结果显示,宁波-舟山港船舶排放的 SO_2、NO_x、PM_{10}、$PM_{2.5}$、VOC 和 CO 总量分别为 $2.16×10^4$、$3.50×10^4$、$2.59×10^3$、$2.35×10^3$、$1.50×10^3$ 和 $3.01×10^3$ t。邱浩等(2022)结合在线监测仪器和自动识别系统对东海沿岸船舶排放特征进行分析,结果显示,SO_2、NO_x 和 BC 的排放与高速运行的船舶相关,CO 可能与较低运行速度的船舶有关,总颗粒物(PM)与船舶速度不存在显著相关。

2.3.5 其他特色源排放烟羽监测

特色生活源不同于燃煤、生物质、机动车等常见污染源,常见污染源的活动具有长时间、大尺度等特点。特色生活源是一类较为特殊的污染源,其活动时间相对集中,如春节、清明等传统节日;或其活动区域相对集中,如烧烤摊、公共墓地、殡仪场所等。这些特性使其造成的污染更容易富集,在短时内形成严重的区域大气污染。特色生活源活动的局限性使其造成的污染更容易被忽视,也更难以管控。目前关于特色生活源的研究大多集中在对污染区域或时段的大气环境观测上,关于其排放特征的研究相对较少。近年来,我国旅游业蓬勃发展,各地寺庙香火兴旺。春节、清明节和中元节等传统节日,祭祀文化导致大量焚香和纸钱的消耗,也带来了严重的空气污染。焚香及纸钱燃烧等祭祀活动产生的污染物可以危害小尺度大气环境。烟花爆竹的大量燃放会使得空气质量迅速恶化(Pervez et al.,2016;杨志文 等,2017;Yao et al.,2019)。

焚香是亚洲地区祭祖和拜佛等祭祀习俗的主要活动方式之一。寺庙是祭祀焚香产生污染最严重的区域。张金萍等(2010)对北京市两处寺庙的空气进行了检测分析,发现寺庙内的甲醛浓度超过人体健康限值。台湾省(Fang et al.,2002;Lin et al.,2002)、香港特别行政区(Wang et al.,2007)也进行了类似的观测实验,表明寺庙中的焚香是环境污染物的主要来源。此外,张金萍等(2017)还研究了焚香颗粒物排放特征,得出 $PM_{2.5}$ 排放因子为 $6.9\sim34.60$ mg·g^{-1},环保无烟香产生的 $PM_{2.5}$ 排放低于传统的红线香。焚香产生的颗粒物中,$PM_{2.5}$ 占 PM_{10} 的比例可达 87.4%(Fang et al.,2002),导致焚香产生的绝大多数颗粒物都可以深入肺部组织。Jetter 等(2002)对全球范围内多种焚香污染物排放特征进行了研究,其主要研究对象为 $PM_{2.5}$ 与 PM_{10};研究中采用了包括产自日本的祭祀香,得出的 $PM_{2.5}$ 和 PM_{10} 排放因子分别为 $5.0\sim55.7$ g·kg^{-1} 和 $5.4\sim59.4$ g·kg^{-1}。香港学者也进行了类似的研究,Lee 等(2004b)利用燃烧室研究了包括我国香港、澳门等地的多种焚香产生的 PM_{10}、$PM_{2.5}$、VOCs、CO、NO_x 和 CH_4 等多种污染物排放因子,焚香产生的 $PM_{2.5}$ 和 PM_{10} 排放因子分别为 $7.7\sim205.4$ g·kg^{-1} 和 $8.5\sim241.2$ g·kg^{-1}。秸秆燃烧的 $PM_{2.5}$ 排放因子仅为 $0.56\sim7.01$ g·kg^{-1}(叶巡 等,2019),超低排放电厂的细颗粒物排放因子仅为 $4.1\sim5.4$ mg·kg^{-1}。可见,相较于其他常见源的 $PM_{2.5}$ 排放,祭祀焚香 $PM_{2.5}$ 排放因子更高。

祭祀纸钱排放特征的研究相较焚香更为缺乏。纸钱的燃烧过程不充分,这导致祭祀活动中纸钱燃烧成为一类高浓度的污染物排放源(Yang et al.,2005)。Hsueh 等(2012)测量了祭祀纸钱颗粒物排放速率,将纸钱燃烧速率控制在 30 g·min^{-1},利用分级撞击采样器采集颗粒物,发现 $1\sim10$ μm 颗粒物排放速率最高,纸钱燃烧产生颗粒物的几何平均直径为 $1\sim2$ μm。此外,该研究还测量了颗粒物中金属元素的含量,Na、Al、Pb 和 Cu 的排放因子较高,分别为 163.6 μg·g^{-1}、317.5 μg·g^{-1}、49.9 μg·g^{-1} 和 219.1 μg·g^{-1}。Shen 等(2017)利用一个 2 m^3 的燃烧室模拟燃烧纸钱,研究表明燃烧纸钱产生的气态元素汞的浓度为 $4.07\sim11.62$ μg·m^{-3},是焚香的 14.0 倍。纸钱燃烧产生的 PAHs 也以 Nap(58.1%)、Phe(11.7%)和 Flu(7.5%)等低分子量多环芳烃为主(Yang et al.,2005)。祭祀纸钱燃烧产生的 PAHs 成分谱与先前研究中民用燃煤 PAHs 成分谱存在较大差异,民用燃煤排放 PAHs 以 BbFA(23.8%)、Chr(18.8%)和 BeP(10.6%)等为主(Cheng et al.,2019)。生物质燃料燃烧产生的 PAHs 以 Nap 等低环 PAHs 为主,占总量的 78%(Shen et al.,2011)。祭祀纸钱采用的原材料主要为木材纸浆和植物纤维等生物质材料,可以说纸钱也是生物质燃料的一种特殊形式,使得祭祀纸钱燃烧产生的多环芳烃成分谱特征与生物质类似。

中式餐饮中,油基烹饪方式产生的污染物排放高于水基烹饪;烹饪用油的品种、烹饪过程中的油温都影响污染物的排放(Zhao et al.,2018)。中式烧烤作为一种特殊的饮食制作方式,其特殊的烹饪方式带来独特风味,同时也导致极高的污染物排放。Wang 等(2015)测得烧烤产生的 $PM_{2.5}$ 浓度高达 1841.9 μg·m^{-3},使得周边环境空气中 $PM_{2.5}$ 浓度超标数十倍。Song 等(2018)在济南测得某烧烤店内空气 $PM_{2.5}$ 浓度为 1083 μg·m^{-3},远高于当地日平均 $PM_{2.5}$

浓度。蛋白质和脂肪经高温加热会产生多种有毒有害化合物，如氰化氢、异氰酸甲酯、异氰酸等，对人体健康危害很大(Leanderson,2019)。膳食暴露和呼吸暴露是烧烤产生的PAHs进入人体的重要途径。除此之外,有证据表明烧烤产生的PAHs可以通过皮肤进入人体。皮肤暴露对烧烤排放的低分子质量多环芳烃的平均暴露量为560~2750 ng,呼吸暴露为362~1790 ng,皮肤暴露的贡献率甚至超过呼吸暴露(劳嘉泳,2018)。烧烤排放的高分子质量多环芳烃易富集于空气动力学直径为0.18~1.8 μm的颗粒物上,负载的毒性强的大分子多环芳烃容易通过呼吸途径进入人体(Lao et al.,2018)。王红丽等(2019)模拟了包括烧烤在内的4种烹饪方式产生的有机颗粒物排放特征;烧烤产生的有机颗粒物排放因子最高,为0.0229 g·kg^{-1}。Wang等(2015)利用稀释通道模拟了多种烹饪方式的污染物排放,包括家常菜、鲁菜、湘菜以及烧烤;4种烹饪方式的PM$_{2.5}$排放因子分别为0.039 g·kg^{-1}、0.019 g·kg^{-1}、0.027 g·kg^{-1}和0.021 g·kg^{-1}；OC和EC的质量占比为36.2%~42.9%和0.8%~18.4%。此外,烧烤过程也会产生的大量VOCs(刘芃岩 等,2019)。Xiang等(2017)研究了烧烤、铁板烧、煎和炒等4类烹饪方式羟基化合物的排放量,4种烹饪方式的羟基化合物排放因子分别为1.596±0.389 μg·kg^{-1}、1.229±0.360 μg·kg^{-1}、1.530±0.418 μg·kg^{-1}和0.699±0.154 μg·kg^{-1},其中C1-C3羟基化合物的排放占到了总量的85%。

我国是烟花爆竹生产和消费大国。2016年春节期间仅北京地区就销售了16.9万余箱烟花爆竹,烟花爆竹的出口额达到7.3亿美元,产量占全球的90%(林俊 等,2015;王世成,2017)。烟花爆竹的大量燃放导致短时内严重的大气污染,已有大量研究表明节假日内烟花爆竹的燃放是大气污染的主要来源(金军 等,2007;Sarkar et al.,2010;周变红 等,2013;林瑜 等,2019)。Kong等(2015)的研究指出,春节期间烟花爆竹的大量燃放可以解释60.1%的PM$_{2.5}$来源。2015年春节期间,北京市大气中PM$_{2.5}$浓度最高值达430 μg·m^{-3},而均值也达到了115 μg·m^{-3}(Ji et al.,2018);武汉市PM$_{2.5}$浓度在春节期间也观测到526.5 μg·m^{-3}的高值(Han et al.,2014)。除PM$_{2.5}$外,烟花爆竹的燃放也可使其他污染物的浓度激增。烟花爆竹燃放产生的紫外光可以光解氧分子,进而形成臭氧污染(Caballero et al.,2015)。除了黑火药等主要成分外,某些金属盐也是烟花爆竹的组成成分,金属盐可充当燃烧过程中的氧化剂,还可作为焰色增强剂产生焰色反应(饶美香,2006)。这些金属成分会随着烟花爆竹的燃放释放到大气中,使得大气中金属元素浓度超标。南京市大气中Sr和Ba的浓度在除夕激增79.4倍和99.1倍(Kong et al.,2015)。烟花爆竹的燃放过程存在巨大的安全隐患。但目前关于实测烟花爆竹排放特征的研究鲜见报道。国外学者在一个体积为41.2 m^{3}的燃烧室中测试了7种烟花的排放,并计算了金属元素和PAHs的排放因子(Croteau et al.,2010)。还有学者利用24 m^{3}的燃烧室测试了8种烟花产生的PM$_{10}$和重金属的排放特征(Camilleri和Vella,2016),这是目前全世界范围内仅有的两篇关于烟花爆竹污染物排放特征的研究。在保证良好的密闭性和足够的氧气供应的情况下,利用大型燃烧室进行烟花爆竹燃放污染物排放实测是一种较为安全的实验方法,也是上述两项研究中采用的实验方法。由于烟花爆竹的燃放速度极快,而采样时间较长,实际操作过程中烟花爆竹产生的大量气溶胶极易老化,导致采集到的气溶胶中存在部分二次气溶胶。此外,若在实验过程中不能迅速采集烟气,部分较大粒径的颗粒物会迅速沉降,使得实验存在一定误差,这是采用大型燃烧室进行实验的弊端。

在长期实践和积累中,开发了针对特色燃烧源排放污染物的监测系统,如图2.22所示,主要由燃烧室、稀释通道、停留仓及配套设备组成。燃烧实验在燃烧室中进行,烟花爆竹实验采用了新型防爆烟花爆竹燃烧室,可以保证燃烧室的气密性和安全性。小股烟气被稀释通道以恒定速率收集,大部分烟气被鼓风机以恒定速率排出。烟气在稀释通道中经两次稀释后通入停留仓,保证总稀释比恒定。祭祀焚香、祭祀纸钱实验及烟花爆竹实验的总稀释比为30,烟气在停留仓停留30 s,模拟烟气在大气中最初的老化过程。最后通过尾端切割(切割粒径为2.5 μm)被两台仪器采集。BC浓度由AE33黑碳仪在线分析,时间分辨率设为1 min,采样流量为 5 L·min^{-1}。OC和EC由大气有机碳/元素碳在线分析仪实时检测。

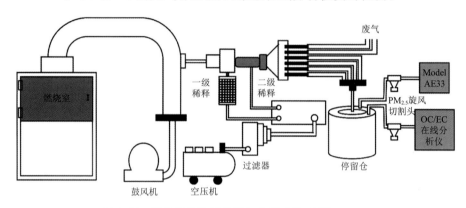

图 2.22　特色源燃烧排放烟气监测系统(程溢,2020)

对于OC/EC在线分析仪,仪器以 8 L·min^{-1} 的速率采集空气颗粒物至滤膜上,在一定的载气条件(有氧和无氧)下加热滤膜,使滤膜采集到的含碳物质逐渐挥发逸出,并将挥发的含碳物质催化转化为 CO_2,通过测量 CO_2 的浓度计算出滤膜中OC及EC的含量。该方法存在一定缺陷,在加热过程中一部分OC会转化为OPC,导致计算得到的OC浓度偏低,EC浓度偏高。仪器引进光学校正法,激光系统可以监测滤膜上碳质组分挥发过程,根据加热过程中滤膜的透光性,确定OC和EC的分割点,减小由加热产生OPC而带来的误差(丁晴 等,2020)。

2.4　清洁屋子模拟燃烧排放烟气监测

2.4.1　民用煤燃烧排放烟气监测

民用煤燃烧排放污染物对室内空气和室外大气可造成很大影响。例如在采暖季,燃煤对北京大气细颗粒物的贡献约为26.0%(Huang et al.,2014;Tian et al.,2016),对OA和BC的贡献分别为20%~30%和60%(Anderson et al.,2015;Sun et al.,2016),同时也导致其他组分(如重金属、离子等)的浓度升高(Yang et al.,2016)。

如图 2.23 所示,在陈颖军(2004)的研究中,民用煤燃烧烟气监测采样系统主要由烟道装置和相关监测仪器组成。烟道装置总体积约 270 L,主要由烟罩、钢筒和弯管组成。其中,钢筒长为 1 m,直径为 20 cm;弯管长为 10 m,直径为 5 cm。在烟道尾端,通过连接头,将烟道装置和采样系统连接。采样系统之间通过法兰和喉箍进行连接,连接部位使用特氟龙材料的密封垫。民用煤炉置于烟罩下方,不接触烟罩,不干扰民用煤的正常燃烧。采样过程中,采样泵工作时,对热的燃煤烟气进行稀释和降温,较长的烟道装置使烟气充分混合。弯管置于冷却槽的冷水中,将烟气进一步冷却至室温。

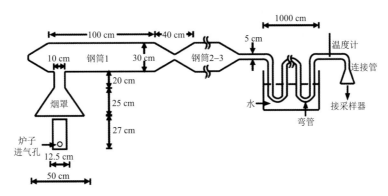

图 2.23 民用煤燃烧排放烟气采样系统(陈颖军,2004)

通过武汉天虹环保产业股份有限公司生产的大流量总悬浮颗粒物(Total suspended particulate,TSP)采样器对烟气进行采集,同时用玻璃纤维滤膜(Glass Fiber Filter,GFF)和聚氨基甲酸酯(Polyurethane Foam,PUF)收集烟气中的有机物,采样流速为 300 L·min^{-1}。通过美国 Thermo-Anderson 仪器公司生产的大流量撞击式 6 段分级采样仪(Six-stage cascade impactor),将烟气中的颗粒物根据空气动力学直径分别采集到 5 张布有刻缝的玻璃纤维滤膜(Slotted GFF)和一张后备滤膜(Backup GFF)上。采样流速为 1.13 m^3·min^{-1},切割粒径分别为 >7.2、3.0~7.2、1.5~3.0、0.95~1.5、0.49~0.95 和 ≤0.49 μm。

监测工作在特制的全封闭实验室中进行。在实验室的一面墙上安装一台大功率排气扇,对面的墙上开有一个 30 cm×60 cm 大小的窗孔,装有 3 层空气净化过滤网,能将吸入室内的空气中的颗粒物过滤掉,降低采样时的背景误差。烟气温度通过采样器入口处的温度计读取,每 10 min 记录一次,取平均值作为实际烟气的采样温度。实际采样过程中因冷却水的温度差异,无烟煤燃烧的烟气采样温度为 23 ℃,烟煤燃烧的烟气采样温度约为 31 ℃(29~32 ℃)。

在 Ma 等(2017)对全国 74 个重点城市 PM$_{2.5}$ 源贡献研究中,民用煤燃烧年平均贡献为 2.2 μg·m^{-3},约占全国 PM$_{2.5}$ 总浓度的 4%。重污染期间,民用煤为 PM$_{2.5}$ 主要贡献者,霾期间贡献为 25.8 μg·m^{-3}(Liu et al.,2017b;Li et al.,2018)。李朋(2020)对民用燃煤不同燃烧阶段细颗粒物排放特征进行研究,用碳平衡法计算得到散煤加煤阶段的 PM$_{2.5}$ 排放因子为 4.72 g·kg^{-1},分别是旺火和封火阶段的 12 和 11 倍。将散煤更换为型煤,能够使得加煤阶段的 PM$_{2.5}$ 排放因子减少 90.9%,从而显著降低 PM$_{2.5}$ 排放。武振晓等(2022)对民用燃煤排放颗粒物中金属元素组成及单颗粒做分析,结果显示,块煤燃烧生成大量的烟尘集合体、球形粒子和不规则颗粒物,蜂窝煤和煤球燃烧排放颗粒物以球形粒子为主。Zhang 等(2022)利用透射电镜等技术手段首次揭示了我国民用蜂窝煤燃烧会排放大量的纳米铅颗粒,研究结果表明在蜂窝煤燃烧所排放的颗粒物中,有 33.7%±19.9% 的颗粒物内混有铅颗粒,这些铅颗粒的粒径范围为 14~956 nm,平均直径为 117 nm。

如图 2.24 所示,在 Yan 等(2020)和 Cheng 等(2019)的研究中,民用煤燃烧烟气监测采样系统主要由燃烧装置、稀释通道系统和采样装置组成。燃料燃烧后排放的烟气通过烟囱排出,烟囱采样口距火苗高约 2.5 m。采样枪通过等速采样将一定体积的烟气抽进稀释通道。在烟气进入采样舱前先经过除湿装置将水汽除去。烟气进入采样舱后,真空泵将一定体积的干洁空气与烟气一并送入 FPS-4000 进行稀释采样。烟气稀释冷却后,采用 PM$_{2.5}$ 切割头将烟气中的颗粒物收集到石英纤维滤膜上,采样流量为20 L·min^{-1},测得平均烟气流速约为283 L·min^{-1},稀释倍数控制在15~25倍。民用煤燃烧烟气监测中,OC和EC通过热/光碳分析仪(DRI Model 2001)进行分析,该分析遵循IMPROVE-A协议。

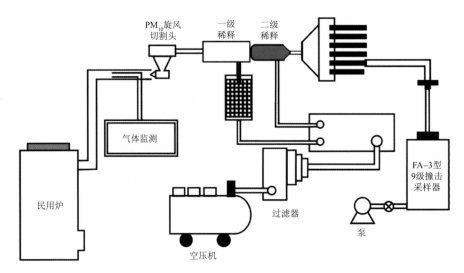

图2.24　民用煤燃烧排放烟气采样系统(Cheng et al.,2019;Yan et al.,2020)

2.4.2　生物质燃烧排放烟气监测

作为生物质资源最丰富的发展中国家,中国的生物质燃烧对大气环境的影响不容忽视(Fullerton et al.,2008;Huang et al.,2013;Li et al.,2017a)。秸秆、玉米棒和薪柴等生物质是中国农村地区的主要能源,占据了农村地区做饭和取暖能源供应的34%和35.2%,但民用木柴和秸秆燃烧效率低,污染物排放高(Tao et al.,2018;Zeng et al.,2007)。由于不完全燃烧和缺乏合适的空气污染控制装置,生物质燃烧排放的污染物导致了严重的大气环境污染(Chafe et al.,2014;Shen et al.,2019;Deng et al.,2020)。

Akagi等(2011)研究认为,生物质燃烧是第二大微量气体来源,也是全球对流层中最大的一次细碳质颗粒来源。Cheng等(2013)和Chen等(2018)研究认为,北京市50%的OC和EC排放与生物质燃烧有关,郑州市夏收时段46%的OC和13%的$PM_{2.5}$排放与生物质燃烧有关。徐沛华等(2022)采用紫外-可见光吸收光谱法和激发-发射矩阵荧光光谱法对民用生物质燃烧排放颗粒物中水溶性有机物的光学特性进行研究,结果表明,生物质燃烧排放的$PM_{2.5}$中水溶性有机物具有较低的芳香度和分子量以及较弱的吸光能力。操涛等(2022)对民用生物质燃烧排放类腐殖质经臭氧老化后的光学特性和官能团变化进行研究,结果显示,经O_3氧化后类腐殖质占相应的水溶性有机碳的比例降低,表明部分类腐殖质发生降解生成水溶性小分子化合物,且老化后类腐殖质的吸光能力和芳香度均呈现降低。樊泽薇等(2021)对室内木柴燃烧排放水溶性离子粒径分布特征进行了研究,结果显示,木柴燃烧排放总水溶性离子的质量中值粒径为0.30±0.07 μm,各离子的质量中值粒径为0.24~0.44 μm。

如图2.25所示,在吴剑(2021)的研究中,生物质燃烧排放烟气监测系统主要由燃烧装置、稀释通道系统、停留仓和采样装置组成。取2 kg生物质样品,在生物质燃烧炉灶内进行燃烧。将电子秤置于生物质燃烧炉灶下方,记录生物质燃烧前的初始质量和完全燃烧后生物质残渣的最终质量。生物质燃烧产生的烟气,通过采样枪等速采样至稀释通道 FPS-4000 中。采样枪置于烟囱内,高于火焰约 1.5 m 处。进入稀释通道中的烟气通过除湿器进行干燥,并被空气过滤系统预净化的洁净空气稀释约 30 倍。烟气和洁净空气充分混合,在停留仓中停留 30 s。在燃烧初期、中期和燃尽期,分别对每种类型生物质燃烧的烟气流量进行测试。烟气完全冷却至环境温度后,收集采样烟气用于在线分析和离线样品分析。

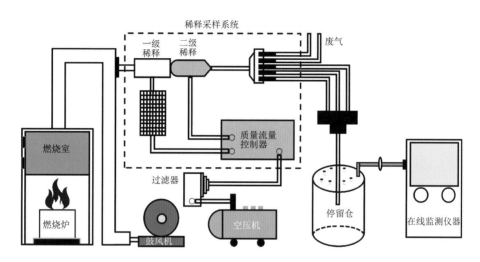

图 2.25 生物质燃烧排放烟气监测系统(吴剑,2021)

使用大气颗粒物分析仪(TH2000PM$_{2.5}$),采用 β 辐射法测定 PM$_{2.5}$ 浓度。使用 SO$_2$ 分析仪(TH2002H),采用紫外荧光法测定 SO$_2$ 浓度。使用 CO 分析仪(TH2004H),采用红外吸收法测定 CO 的浓度。使用 NO$_x$ 分析仪(TH2001H),采用化学发光法分析 NO$_x$ 浓度。使用 NH$_3$ 分析仪(TH2001-B),采用化学发光法分析 NH$_3$ 浓度。使用在线碳质气溶胶分析仪,采用热光法测量 OC 和 EC 的浓度(Chen et al.,2005)。使用在线金属分析仪(TH-2016),采用 X 射线荧光光谱法(XRF)测量重金属的浓度(EPD,2014)。不同仪器的检出范围和最低检出限如表 2.9 所示。水溶性离子基于离子色谱法进行分析(张鹤丰,2009)。

表 2.9 不同污染物的检出范围和检出限(吴剑,2021)

污染物	检出范围	检出限
PM$_{2.5}$	0~1000 μg·m^{-3}	5 μg·m^{-3}
SO$_2$	0~500 ppb①	1 ppb
NO$_x$/NO	0~500 ppb	1 ppb
NH$_3$	0~500 ppb	1 ppb
CO	0~50 ppm②	0.1 ppm
OC/EC	0~50 μgC·m^{-1}	0.37 μgC·m^{-1}
重金属	0~200 μg·m^{-3}	10 ng·m^{-3}(Pb)

注:①1 ppb=10^{-6},②1 ppm=10^{-9}。

2.5 室内源排放烟气原位监测

2.5.1 烹调油烟排放烟气原位监测

如图 2.22 所示,程溢(2020)研究中的特色源燃烧排放烟气监测系统可用于烹调油烟排放烟气原位监测,烹调油烟排放烟气原位监测的总稀释比为 16。

如图 2.26,在吴鑫(2015)的研究中,烹饪油烟排放烟气原位监测由 3 部分组成,分别为烹饪用具、实验底座与腔体、实验采样仪器。实验腔体高为 2 m,直径为 1 m。实验过程中,通过四氟乙烯管连接实验腔体与监测仪器。气流从腔体底部进入腔体,然后经气泵抽出,腔体的换气效率为 2.4 h^{-1}(吴鑫,2015)。烹饪过程中,通过红外温度计测定食用油温度,并在温度为 200±5 ℃范围内加入食材。每次监测过程采用相同的烹饪流程,控制烹饪动作的间隔时间及翻炒力度。

如图 2.27 所示,烹饪油烟排放烟气监测采样系统分为气溶胶烟气的直接采集和滤膜采集(吴鑫,2015)。对于细颗粒物粒径分布和浓度监测采样,采用 TSI 公司快速粒径谱仪 Modal 3091 Fast Mobility Particle Sizer^{TM} Spectrometer(FMPS3091,美国)在线监测器。FMPS 可同时记录颗粒物每秒的数、质量、体积和表面积浓度。对于颗粒物质量浓度监测,采用 TSI 公司生产的气溶胶监测仪 Dust Trak^{TM} Aerosol Monitor Model 8533 进行。Dust Trak 可实时读取不同粒径段气溶胶颗粒物的质量浓度,包括 PM_1、$PM_{2.5}$、PM_4、PM_{10} 和总颗粒物的质量浓度。对于 BC 的浓度监测,采用 Aethalometer Model AE51(Magee Scientific,美国)微型黑碳仪,内含能发射 880 nm 波长的发光二极管。对于颗粒物的形貌特征分析,采用石英纤维滤膜收集烹饪油烟中的颗粒物,使用日本 JEOL 生产的 JSM-6360LV 高低真空扫描电子显微镜对颗粒物的形貌进行观察。

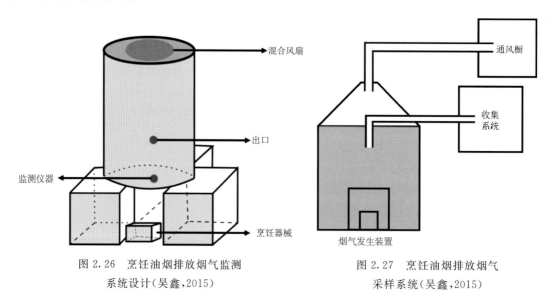

图 2.26 烹饪油烟排放烟气监测系统设计(吴鑫,2015)

图 2.27 烹饪油烟排放烟气采样系统(吴鑫,2015)

对非甲烷总烃(non-methane hydrocarbon,NMHC)的采集,使用 Tedlal 材质采气袋,用泵直接抽取烟气之后迅速将采样袋放置到黑暗环境中。对于非甲烷总烃的测定,采用安捷伦 7890A 气相色谱仪。采用滤膜方法收集烹饪气溶胶,进行水溶性有机碳(WSOC)、类腐殖质碳

（HULIS-C）及 OC/EC 的测定。进行烟气中 VOCs 采样时，收集系统内放置洗净抽真空的苏玛罐，使用 GC/MS 测定 VOCs。

烹饪油烟指食物烹饪、加工过程中挥发的油脂、有机质及其加热分解或裂解产物，是一种有机颗粒物和 VOCs 的混合物。Wang 等（2020）对厨房油烟的化学成分和应激活性氧（Reactive oxygen species，ROS）进行研究，发现 ROS 的形成发生在多不饱和脂肪酸和单不饱和脂肪酸的自氧化过程中，葵花油和菜籽油产生的 ROS 最高。由于 ROS 浓度越高，细胞活力越低，这一现象直接证明了 ROS 的细胞毒性，因而认为 ROS 可能是直接评估接触水平和潜在毒性的合适指标。郭浩等（2018）对家庭烹饪油烟污染物排放特征进行了研究，结果表明，在烹制不同菜品时，烃类污染物的排放以烷烃和烯烃为主，醛酮类污染物的排放以甲醛、乙醛、丙酮、丙醛、丁醛和正戊醛为主。李双德等（2017）模拟烹饪油烟的粒径分布与扩散，结果显示，油烟颗粒主要以 655 nm 以下的细颗粒为主，且油烟迅速从发生处扩散到 3 m 外，无通风状态下，总颗粒数浓度衰减达 65%，$PM_{2.5}$ 质量浓度衰减达 75%。

2.5.2 牛羊粪燃烧排放烟气原位监测

如图 2.22 和图 2.25 所示，牛羊粪燃烧排放烟气监测系统主要由燃烧装置、稀释通道系统、停留仓和采样装置组成（张颖，2020；Zhang et al.，2021）。牛羊粪燃烧后排放的烟气通过烟囱和抽气泵以一定流量稳定排出，通过等速采样将一定体积的烟气抽进稀释通道。烟气进入采样舱后，真空泵将一定体积的干洁空气与烟气一并送入 FPS-4000 进行稀释，稀释倍数控制在 25~30。牛羊粪燃烧烟气监测中，OC 和 EC 通过热/光碳分析仪（NIOSH Method 5040）进行分析，该分析遵循 IMPROVE-A 协议。

付文轩等（2021）对牛粪生物质燃烧特性开展热重分析，通过对燃烧特征参数提取和计算，讨论样品的着火、燃烧和燃烬性能指标，结果表明，随升温速率增大，可燃性指数、燃烬特性指数和燃烧特征指数均呈增大趋势。Roson 等（2021）对牛粪和木柴燃烧排放的左旋葡聚糖（levoglucosan，LG）进行研究，结果显示，牛粪燃烧排放的 LG 排放低于木柴。张婷婷等（2010）将煤与生物质（牛粪）按一定比例混合，对其进行热值测定、燃烧速率及污染物排放特性分析，结果表明，在试验用煤中加入生物质（牛粪）其热值降低，燃烧速率在燃烧前期增大，中后期变化不大，主要污染物 SO_2 和 NO_x 排放浓度却均有不同程度的降低。张颖等（2020）对牛粪燃烧实时排放 VOCs 进行研究，牛粪燃烧 VOCs 实时排放因子变化范围为 40.74~156.88 $mg \cdot g^{-1}$。

参考文献

白江文，魏威，周强，等，2011.烟气排放连续监测系统及其常见故障分析处理[J].江苏电机工程，30(3)：78-80.

蔡竟，支国瑞，陈颖军，等，2014.中国秸秆焚烧及民用燃煤棕色碳排放的初步研究[J].环境科学研究，27：455-461.

操涛，宋建中，范行军，2022.生物质燃烧排放类腐殖质经臭氧老化后的光学特性和官能团变化[J].中国环境科学，网络首发.

常虹，2011.烟气排放连续监测系统的分析与改进[D].保定：华北电力大学.

陈颖军，2004.家用蜂窝煤燃烧烟气中碳颗粒物和多环芳烃的排放特征[D].广州：中国科学院研究生院（广州地球化学研究所）.

程溢,2020.中国特色生活源碳质气溶胶排放特征及清单构建研究[D].武汉:中国地质大学(武汉).

崔明明,王雪松,苏杭,等,2008.广州地区大气可吸入颗粒物的化学特征及来源解析[J].北京大学学报(自然科学版),44(3):459-465.

邓孟涛,谢昕,蒋智,等,2022.在航船舶尾气无人机遥测技术研究与应用[J].中国海事,2:9-12.

丁晴,刘建国,陆亦怀,等,2014.大气有机碳/元素碳在线分析仪的研制[J].仪器仪表学报,35:1246-1253.

樊泽薇,孔少飞,严沁,等,2021.室内木柴燃烧排放水溶性离子粒径分布特征[J].中国环境科学,41(5):2064-2072.

冯韵恺,2020.湖北省典型工业行业一次大气污染物排放特征及清单构建[D].武汉:中国地质大学.

付文轩,朱建伟,2021.废弃牛粪生物质燃烧特性的热重分析[J].科学技术创新,17:74-77.

郜武,2009.烟气连续监测系统(CEMS)技术及应用[J].中国仪器仪表,1:43-47.

顾镇,张志刚,王彬,等,2019.平板玻璃行业烟气污染物治理工艺及减排效果[J].环境工程学报,14(10):2796-2803.

宫宝利,王志伟,蒋习军,等,2008.采样方式对柴油机微粒排放测量的影响分析[J].汽车技术,2:43-60.

郭浩,张秀喜,丁志伟,等,2018.家庭烹饪油烟污染物排放特征研究[J].环境监控与预警,10(1):51-56.

国家环境保护总局,1996.固定污染源排气中颗粒物测定与气态污染物采样方法:GB/T 16157—1996 [S].北京:中国标准出版社.

国家环境保护总局,2001.车用压燃式发动机排气污染物排放限值及测量方法:GB 17691—2001 [S].北京:中国标准出版社.

国家环境保护总局,2017.固定污染源烟气(SO_2、NO_x、颗粒物)排放连续监测系统技术规范:HJ 75—2017 [S].北京:中国标准出版社.

贺克斌,2017.城市大气污染物排放清单编制技术手册[S].北京:清华大学.

孔少飞,白志鹏,陆炳,等,2011.固定源排放颗粒物采样方法研究进展[J].环境科学与技术,34(12):88-94.

孔少飞,程溢,胡尧,等,2023.一种稀释比连续可调的源排放稀释采样系统:ZL202223150376.X[P].2023-05-16.

蒋卫东,2021.基于无人机平台的大数据技术在发电厂环境监测中的应用研究[J].电子质量,4:70-72.

金军,王英,李令军,等,2007.北京春节期间大气颗粒物污染及影响[J].环境污染与防治,3:229-232.

雷宇,贺克斌,张强,等,2008.基于技术的水泥工业大气颗粒物排放清单[J].环境科学,8:2366-2371.

劳嘉泳,2018.烧烤烟气中多环芳烃及其在不同途径下人体内外暴露特征[D].广州:暨南大学.

李超,李兴华,段雷,等,2009.燃煤工业锅炉可吸入颗粒物的排放特征[J].环境科学,30(3):650-655.

李朋,吴华成,周卫青,等,2020.民用燃煤不同燃烧阶段细颗粒物排放特征[J].中国环境科学,40(11):4652-4659.

李树珉,2009.烟气排放实时连续监测系统关键技术的研究[D].天津:天津大学.

李双德,徐俊波,莫胜鹏,等,2017.模拟烹饪油烟的粒径分布与扩散[J].环境科学,38(1):33-40.

李新令,2007.发动机超细颗粒排放特性及其在排气稀释过程中变化研究[D].上海:上海交通大学.

李兴华,段雷,郝吉明,等,2008.固定燃烧源颗粒物稀释采样系统的研制与应用[J].环境科学学报,28(3):458-463.

李兴华,曹阳,蒋靖坤,等,2015.固定源$PM_{2.5}$稀释采样器的研制[J].环境科学学报,35(10):3309-3315.

林俊,王胜芝,2015.我国烟花爆竹产业现状分析及推进产业转型的五点建议[J].花炮科技与市场,3:27-28.

林瑜,叶芝祥,杨怀金,等,2019.2015年春节成都市郊大气PM_1污染特征分析[J].环境化学,38(4):721-728.

刘丹,2017.水泥行业典型排放物的分析与控制[D].北京:中国石油大学(北京).

刘军,2008.云南省的烟尘、烟气连续监测系统[J].环境科学导刊,S1:33-34.

刘芃岩,马傲娟,邱鹏,等,2019.保定市餐饮源排放$PM_{2.5}$中有机污染物特征及来源分析[J].环境化学,38(4):770-776.

刘倩,韩佳霖,2022.北极水域营运船舶的黑碳排放问题初探[J].中国远洋海运,7:72-73.

刘玺,2020.基于台架测试和走航观测的机动车尾气碳气溶胶排放特征的研究[D].武汉:中国地质大学(武汉).

马京华,2009.钢铁企业典型生产工艺颗粒物排放特征研究[D].重庆:西南大学.

马静玉,2009.水泥行业NO_x的污染与减排[J].环境工程,27(S1):331-333.

潘瑜,2016.制药行业技术改造环境影响研究[D].吉林:吉林大学.

饶美香,2006.烟火药剂的焰色效应[J].火工品,5:54-56.

申现宝,2015.柴油车排放烟羽中细颗粒物变化特征研究[D].北京:清华大学.

史建武,2010.中国北方城市大气挥发性有机物活性及来源研究[D].天津:南开大学.

孙建中,支国瑞,陈颖军,等,2016.居民生活用煤和生物质棕色碳排放因子研究[J].环境科学与技术,39:338-345.

齐文启,孙宗光,边归国,2004.环境监测新技术[M].北京:化学工业出版社.

邱浩,刘丹彤,吴杨周,等,2022.结合在线监测和自动识别系统分析东海沿岸船舶排放特征[J].环境科学,43(10):4338-4347.

王辉,2016.烟气连续排放监测系统研究[D].保定:华北电力大学.

王红丽,景盛翱,乔利平,2019.餐饮排放有机颗粒物的质量浓度、化学组成及排放因子特征[J].环境科学,40(5):2010-2018.

王斯文,2014.卫星遥感定量分析燃煤电厂二氧化硫和氮氧化物排放[D].北京:清华大学.

王世成,2017.中国轻工业年鉴[M].中国轻工业年鉴社.

魏顺成,2021.基于无人机的大气污染应急监测与溯源[D].杭州:浙江工业大学.

吴剑,2021.中国生物质燃烧常规污染物和关键组分清单构建及应用研究[D].武汉:中国地质大学(武汉).

吴鑫,2015.烹饪油烟的排放特征及颗粒物的个体暴露研究[D].上海:华东理工大学.

武振晓,胡塔峰,薛凡利,等,2022.民用燃煤排放颗粒物中金属元素组成及单颗粒分析[J].地球化学,51(1):46-57.

徐沛华,杨艳蓉,刘梦迪,等,2022.生物质燃烧排放颗粒物中水溶性有机物的光学特性[J].环境化学,41(6):2133-2142.

徐舜吉,倪训鹏,张剑,等,2020.基于无人机的船舶尾气移动监测平台研究[J].世界海运,43:34-39.

徐媛,孙钊,高翔,等,2016.供热锅炉颗粒物排放特征实测研究[J].环境科学与技术,39(5):70-74.

谢丽华,丁涛,2020.基于无人机的大气污染物变步长溯源算法研究[J].中国计量大学学报,31(1):79-84.

杨建军,杜利劳,马启翔,等,2018.水泥企业不同固定源$PM_{2.5}$排放特性[J].环境科学研究,31(6):1049-1056.

杨强,黄成,卢滨,等,2017.基于本地污染源调查的杭州市大气污染物排放清单研究[J].环境科学学报,37(9):3240-3254.

杨银仁,2020.电厂CEMS的设置及安装要求[J].石油化工自动化,56(2):64-67.

杨志文,吴琳,元洁,等,2017.2015年春节期间天津烟花爆竹燃放对空气质量的影响[J].中国环境科学,37:69-75.

姚芝茂,邹兰,李俊,等,2010.烟煤层燃炉颗粒物的生成特征与管理控制[J].环境科学与技术,33(5):159-163.

叶巡,程晋俊,陈莎,等,2019.秸秆燃烧$PM_{2.5}$及其碳组分排放特征研究[J].农业环境科学学报,38(5):1165-1175.

尹佩玲,黄争超,郑丹楠,等,2017.宁波—舟山港船舶排放清单及时空分布特征[J].中国环境科学,37(1):27-37.

俞云飞,2020.北极地区船舶黑碳排放的问题研究[J].中国海事,10:40-42.

袁雪,2019.北极海运黑碳排放的国际治理:现状、挑战与制度构建[J].太平洋学报,27(7):41-54.

岳涛,2019.中国工业锅炉大气污染物排放时空分布特征及减排潜力研究[D].杭州:浙江大学.
张昊哲,2018.烟气连续在线监测系统设计[D].成都:电子科技大学.
张鹤丰,2009.中国农作物秸秆燃烧排放气态、颗粒态污染物排放特征的实验室模拟[D].上海:复旦大学.
张金萍,于水静,陈文军,2017.室内燃香颗粒物的排放特征[J].建筑科学,33(2):1-7.
张金萍,张寅平,赵彬,2010.北京寺庙燃香空气污染研究[J].建筑科学,26(4):28-33+47.
张排排,郭淼,2010.柴油发动机颗粒物测试方法及影响因素[J].汽车工程师,8:40-42.
张强,霍红,贺克斌,2006.中国人为源颗粒物排放模型及 2001 年排放清单估算[J].自然科学进展,2:223-231.
张婷婷,潘晓亮,2010.牛粪与煤共燃对热值、燃烧速率及烟气排放物的影响[J].环境科技,23(3):27-29.
张莹,邓建国,王刚,等,2020.典型钢铁焦化厂可凝结颗粒物排放特征[J].环境工程,38(9):154-158.
张颖,孔少飞,郑煌,等,2020.牛粪燃烧实时排放挥发性有机物特征研究[J].中国环境科学,40(5):1932-1939.
张英杰,孔少飞,汤莉莉,等,2015.基于在线监测的江苏省大型固定燃煤源排放清单及其时空分布特征.环境科学,36(8):2775-2783.
赵斌,马建中,2008.天津市大气污染源排放清单的建立[J].环境科学学报,2:368-375.
赵浩宁,2014.黑色金属冶炼(钢铁)行业细颗粒物 $PM_{2.5}$ 排放特性及减排策略研究[D].北京:华北电力大学.
赵卫凤,王洪华,倪爽英,等,2017.平板玻璃烟气污染物排放特性及治理技术现状[J].环境科学与技术,40(S2):107-111.
周变红,张承中,王格慧,2013.春节期间西安城区碳气溶胶污染特征研究[J].环境科学,34(2):448-454.
周根来,康广华,陈文浩,等,2013.烟气脱硫 CEMS 测量方式的探讨[J].石油化工自动化,49(1):54-57.
周楠,曾立民,于雪娜,等,2006.固定源稀释通道的设计和外场测试研究[J].环境科学学报,26(5):764-772.
钟蕊,安博文,陈维,等,2020.基于气体传感器的船舶燃油含硫量检测系统[J].传感技术学报,33(5):757-762.
中国国家标准化管理委员会,2016a.车用汽油[EB/OL].http://www.gb688.cn/bzgk/gb/newGbInfo? hcno=C45A3554980A86E41F5AA4C6F3D48DC1.
中国国家标准化管理委员会,2016b.车用柴油[EB/OL].http://www.gb688.cn/bzgk/gb/newGbInfo? hcno=88F31AEECC7F7AE17C5A99496E532D2A.
钟悦之,宋晓晖,王彦超,等,2018.中国平板玻璃行业大气污染物排放特征研究[J].中国环境科学,38(12):4451-4459.
朱法华,李辉,邱署光,2010.烟气排放连续监测技术的发展及应用前[J].环境监测管理与技术,22(4):10-14+49.
朱倩茹,廖程浩,王龙,等,2017.基于 AIS 数据的精细化船舶排放清单方法[J].中国环境科学,37(12):4493-4500.
朱坦,郭光焕,白志鹏,等,2003.烟道稀释混合湍流分级采样器:ZL03119498.2[P].2003-09-10.
AGENCY U S E P,1996. Compilation of Air Pollutant Emission Factors[M]. Research Triangle Park NC:EPA.
AKAGI S K,YOKELSON R J,WIEDINMYER C,et al,2011. Emission factors for open and domestic biomass burning for use in atmospheric models[J]. Atmos Chem Phys,11:4039-4072.
ALVES C,GONÇALVES C,FERNANDES A,et al,2011. Fireplace and woodstove fine particle emissions from combustion of western Mediterranean wood types[J]. Atmos Res,101:692-700.
ANDERSON A,DENG J,DU,K,et al,2015. Regionally-varying combustion sources of the January 2013 severe haze events over Eastern China[J]. Environ Sci Technol,49(4):2038-2043.
BOMAN C,NORDIN A,WESTERHOLM R,et al,2005. Evaluation of a constant volume sampling setup for

residential biomass fired appliances-influence of dilution conditions on particulate and PAH emissions[J]. Biomass and Bioenergy,29:258-268.

BOND T C,2004. A technology-based global inventory of black and organic carbon emissions from combustion [J]. J Geophys Res:Atmos,109(D14):D14203.

BOND T C,DOHERTY,S J,FAHEY,D W,et al,2013. Bounding the role of black carbon in the climate system:A scientific assessment[J]. J Geophys Res:Atmos,118(11):5380-5552.

BUTT E W,RAP A,SCHMIDT A,et al,2016. The impact of residential combustion emissions on atmospheric aerosol,human health,and climate[J]. Atmos Chem Phys,16(2):873-905.

CABALLERO S,GALINDO N,CASTAÑER R,et al,2015. Real-time measurements of ozone and UV radiation during pyrotechnic displays[J]. Aerosol Air Quality Res,15(5):2150-2157.

CAMILLERI R,VELLA A,2016. Emission factors for aerial pyrotechnics and use in assessing environmental impact of firework displays:Case study from Malta[J]. Propell,Explos,Pyrot,41(2):273-280.

CHAFE Z A,BRAUER M,KLIMONT Z,et al,2014. Household cooking with solid fuels contributes to ambient $PM_{2.5}$ air pollution and the burden of disease[J]. Environ Health Perspect,122(12):1314-1320.

CHEN Y,SHENG G,BI X,et al,2005. Emission factors for carbonaceous particles and polycyclic aromatic hydrocarbons from residential coal combustion in China[J]. Environ Sci Technol,39(6):1861-1867.

CHEN Y,TIAN C,FENG Y,et al,2015. Measurements of emission factors of $PM_{2.5}$,OC,EC,and BC for household stoves of coal combustion in China[J]. Atmos Environ,109:190-196.

CHEN H,YIN S,LI X,et al,2018. Analyses of biomass burning contribution to aerosol in Zhengzhou during wheat harvest season in 2015[J]. Atmos Res,207:62-73.

CHENG Y,ENGLING G,HE K B,et al,2013. Biomass burning contribution to Beijing aerosol[J]. Atmos Chem Phys,13(15):7765-7781.

CHENG Y,KONG S,YAN Q,et al,2019. Size-segregated emission factors and health risks of PAHs from residential coal flaming/smoldering combustion[J]. Environ Sci Pollut R,26:31793-31803.

CHOW J C,WATSON J G,CROW D,et al,2001. Comparison of IMPROVE and NIOSH carbon measurements [J]. Aerosol Sci Tech,34(1):23-34.

CHRISTIAN T J,KLEISS B,YOKELSON R J,et al,2003. Comprehensive laboratory measurements of biomass-burning emissions:1. Emissions from Indonesian,African,and other fuels. J Geophys Res:Atmos,108 (D23):4719.

CROTEAU G,DILLS R,BEAUDREAU M,et al,2010. Emission factors and exposures from ground-level pyrotechnics[J]. Atmos Environ,44(27):3295-3303.

DENG Y,GAO Q,YANG D,et al,2020. Association between biomass fuel use and risk of hypertension among Chinese older people:A cohort study[J]. Environ Int,138(5):105620.

DEKATI,2010. Dekati FPS-4000 Fine Particle Sampler [Z/OL]. https://www.sol-ma.net/wp-content/uploads/2015/05/Dekati_FPS-40002010.pdf.

DHAMMAPALA R,CLAIBORN C,SIMPSON C,et al,2007. Emission factors from wheat and Kentucky bluegrass stubble burning:Comparison of field and simulated burn experiments. Atmos Environ,41(7):1512-1520.

DMITRIENKO M A,STRIZHAK P A,2018. Coal-water slurries containing petrochemicals to solve problems of air pollution by coal thermal power stations and boiler plants:An introductory review[J]. Sci Total Environ,613:1117-1129.

DRINOVEC L,MOČNIK G,ZOTTER P,et al,2014. The "dual-spot" Aethalometer:an improved measurement of aerosol black carbon with real-time loading compensation[J]. Atmos Meas Tech,8:1965-1979.

DUNCAN B,PRADOS A,LAMSAL,et al,2014. Satellite data of atmospheric pollution for U. S. air quality applications:Examples of applications,summary of data end-user resources,answers to FAQs,and common mistakes to avoid[J]. Atmos Environ,94:647-662.

ELSASSER M,BUSCH C,ORASCHE J,et al,2013. Dynamic changes of the aerosol composition and concentration during different burning phases of wood combustion. Energy & Fuels,27(8):4959-4968.

ENGLAND G C,2004. Final report-Development for fine particulate emission factors and speciation profiles for oil and gas fired combustion systems[R]. http://www. ny-serda. org/programs/Environment/EMEP/emeprib. pdf.

ENGLAND G C, ZIELINSK B, LOOS, K, et al, 2000. Characterizing $PM_{2.5}$ emission profiles for stationary sources:comparison of traditional and dilution sampling techniques[J]. Fuel Processing Techn,65-66:177-188.

ENGLAND G C,CHANG O,WIEN S,2002. Annual technical progress report NO. 2-Development of fine particulate emission factors and speciation profiles for oil-and gas-fired combustion systems[R/OL]. http://www. osti. gov/bridge/servlets/purl-/822131-5qkgM3/native/822131. pdf.

ENGLAND G C,WASTON J G,CHOW J C,et al,2007. Dilution-Based Emissions Sampling from Stationary Sources:Part 1-Compact Sampler Methodology and Performance[J]. J Air Waste Manage,57:65-78.

EPD,2014. Guide for compiling atmospheric pollutant emission inventory for biomass burning[M]. Washington:Environmental Protection Agency.

FANG G,CHANG C,WU Y,et al,2002. Suspended particulate variations and mass size distributions of incense burning at Tzu Yun Yen temple in Taiwan,Taichung[J]. Sci Total Environ,299(1-3):79-87.

FINE P M,CASS,G R,SIMONEIT B R T,2001. Chemical characterization of fine particle emissions from fireplace combustion of woods grown in the northeastern United States. Environ Sci Technol,35(13):2665-2675.

FINE P M,CASS,G R,SIMONEIT B R T,2004. Chemical characterization of fine particle emissions from the wood stove combustion of prevalent United States tree species. Environ Eng Sci,21(6):705-721.

FIOLETOV V,MCLINDEN C,KROTKOV N,et al,2016. A global catalogue of large SO_2 sources and emissions derived from the Ozone Monitoring Instrument[J]. Atmos Chem Phys,16:11497-11519.

FREY A K,SAARNIO K,LAMBERGH,et al,2014. Optical and chemical characterization of aerosols emitted from coal, heavy and light fuel oil, and small-scale wood combustion[J]. Environ Sci Technol,48(1):827-836.

FULLERTON D G,BRUCE N,GORDON S B,2008. Indoor air pollution from biomass fuel smoke is a major health concern in the developing world[J]. Transactions Roy Soc Tropical Medicine and Hygiene,102(9):843-851.

FUSHIMI A,SAITOH K,HAYASHI K,et al,2017. Chemical characterization and oxidative potential of particles emitted from open burning of cereal straws and rice husk under flaming and smoldering conditions. Atmos Environ,163:118-127.

GAO C,GAO W,SONG K,et al,2019. Spatial and temporal dynamics of air-pollutant emission inventory of steel industry in China:A bottom-up approach[J]. Resour Conserv Recy,143:184-200.

GAROFALO L A,POTHIER M A,LEVIN E J T. et al,2019. Farmer. Emission and evolution of submicron organic aerosol in smoke from wildfires in the western united states. ACS Earth Space Chem,3(7):1237-1247.

GENG C,WANG K,WANG W,et al,2012. Smog chamber study on the evolution of fume from residential coal combustion[J]. J Environ Sci,24(1):169-176.

GONÇALVES C,ALVES C,FERNANDES A,et al,2011a. Organic compounds in $PM_{2.5}$ emitted from fireplace and woodstove combustion of typical Portuguese wood species[J]. Atmos Environ,45:4533-4545.

GONÇALVES C,EVTYUGINA M,ALVES C,et al,2011b. Organic particulate emissions from field burning of garden and agriculture residues[J]. Atmos Res,101(3),666-680.

GUO Y,GAO X,ZHU T,et al,2017. Chemical profiles of PM emitted from the iron and steel industry in northern China[J]. Atmos Environ,150:187-197.

GUTTIKUNDA S K,JAWAHAR P,2014. Atmospheric emissions and pollution from the coal-fired thermal power plants in India[J]. Atmos Environ,2014,92:449-460.

HAN G,GONG W,QUAN J,et al,2014. Spatial and temporal distributions of contaminants emitted because of Chinese New Year's Eve celebrations in Wuhan[J]. Environ Sci-Proc Imp,16(4):916-923.

HAYS M D,SMITH N D,KINSEY J,et al,2003. Polycyclic aromatic hydrocarbon size distributions in aerosols from appliances of residential wood combustion as determined by direct thermal desorption-GC/MS[J]. J Aerosol Sci,34:1061-1084.

HE L Y,HU M,ZHANG Y H,et al,2008. Fine particle emissions from on-road vehicles in the Zhujiang tunnel,China[J]. Environ Sci Technol,42(12):4461-4466.

HEDBERG E,KRISTENSSON A,OGLSSON M,et al,2002. Chemical and physical characterization of emissions from birch wood combustion in a wood stove[J]. Atmos Environ,36:4823-4837.

HILDEMANN L M,GASS G R,MARKOWSKI,G R,1989. A dilution stack sampler for collection of organic aerosol emissions:Design,characterization and field tests[J]. Aerosol Sci Tech,10(1):193-204.

HOBBS PV,SINHA P,YOKELSON R J,et al,2003. Evolution of gases and particles from a savanna fire in South Africa. J Geophy Res:Atmos,108(D13):8485.

HODSHIRE A L,AKHERATI A,ALVARADO M J,et al,2019. Aging effects on biomass burning aerosol mass and composition:A critical review of field and laboratory studies. Environ Sci Technol,53(17):10007-10022.

HSUEH H,KO T,CHOU W,et al,2012. Health risk of aerosols and toxic metals from incense and joss paper burning[J]. Environ Chem Lett,10:79-87.

HUANG K,FU J S,HSU N C,et al,2013. Impact assessment of biomass burning on air quality in Southeast and East Asia during Base-Asia[J]. Atmos Environ,10(78):291-302.

HUANG R J,ZHANG Y,BOZZETTI C,et al,2014. High secondary aerosol contribution to particulate pollution during haze events in China[J]. Nature,514,218-222.

JALAVA P,SALONEN R,NUUTINEN K,2010. Effect of combustion condition on cytotoxic and inflammatory activity of residential wood combustion particles[J]. Atmos Environ,44:1691-1698.

JETTER J,GUO Z,MCBRIAN J,et al,2002. Characterization of emissions from burning incense[J]. Sci Total Environ,295(1-3):51-67.

JI Z,GAN M,FAN X,et al,2017. Characteristics of $PM_{2.5}$ from iron ore sintering process:Influences of raw materials and controlling methods[J]. J Clean Prod,148:12-22.

JI D,CUI Y,LI L,et al,2018. Characterization and source identification of fine particulate matter in urban Beijing during the 2015 Spring Festival[J]. Sci Total Environ,628-629:430-440.

JIMENEZ J R,CLAIBORN C S,DHAMMAPALA R S,et al,2007. Simpson. Methoxyphenols and levoglucosan ratios in $PM_{2.5}$ from wheat and Kentucky bluegrass stubble burning in eastern Washington and northern Idaho. Environ Sci Technol,41(22):7824-7829.

KALOGRIDIS A C,POPOVICHEVA O B,ENGLING G,et al,2018. Smoke aerosol chemistry and aging of Siberian biomass burning emissions in a large aerosol chamber. Atmos Environ,185:15-28.

KARPLUS V,ZHANG S,ALMOND D,2018. Quantifying coal power plant responses to tighter SO_2 emissions standards in China[J]. Proc Natl Acad Sci,115(27):7004-7009.

KESHTKAR H,ASHBAUGH L L,2007. Size distribution of polycyclic aromatic hydrocarbon particulate emission factors from agricultural burning[J]. Atmos Environ,41:2729-2739.

KINSEY J,KARIHER P,DONG Y,2009. Evaluation of methods for the physical characterization of the fine particle emissions from two residential wood combustion appliances[J]. Atmos Environ,43:4959-4967.

KIRCHSTETTER T,NOVAKOV T,HOBBS P,2004. Evidence that the spectral dependence of light absorption by aerosols is affected by organic carbon[J]. J Geophys Res:Atmos,109(D21):D21208.

KONG S,LI L,LI X,et al,2015. The impacts of firework burning at the Chinese Spring Festival on air quality: Insights of tracers,source evolution and aging processes[J]. Atmos Chem Phys,15(4):2167-2184.

KUENEN J,VISSCHEDIJK A,JOZWICKA M,et al,2014. TNO-MACC II emission inventory:a multi-year (2003-2009) consistent high-resolution European emission inventory for air quality modelling[J]. Atmos Chem Phys,14(20):10963-10976.

LAI C,LIU Y,MA J,et al,2014. Degradation kinetics of levoglucosan initiated by hydroxyl radical under different environmental conditions. Atmo Environ,91:32-39.

LAMBERG H,NUUTINEN K,TISSARI,J,2011. Physicochemical characterization of fine particles from small-scale wood combustion[J]. Atmos Environ,45:7635-7643.

LAO J,WU C,BAO L,et al,2018. Size distribution and clothing-air partitioning of polycyclic aromatic hydrocarbons generated by barbecue[J]. Sci Total Environ,639:1283-1289.

LEANDERSON P,2019. Isocyanates and hydrogen cyanide in fumes from heated proteins and protein-rich foods[J]. Indoor Air,29(2):291-298.

LEE,S W,POMALIS,R,KAN,B,2000. A new methodology for source characterization of oil combustion particulate matter[J]. Fuel Process Technol,65-66:189-202.

LEE S W,YOUNG H I,2004a. Important aspects in source $PM_{2.5}$ emissions measurement and characterization from stationary combustion systems[J]. Fuel Process Technol,85:687-699.

LEE S,WANG B,2004b. Characteristics of emissions of air pollutants from burning of incense in a large environmental chamber[J]. Atmos Environ,38(7):941-951.

LEE S W,HERAGE T,HE,I,et al,2008. Particulate characteristics data for the management of $PM_{2.5}$ emissions from stationary combustion sources[J]. Powder Technol,180:145-150.

LEI Y,ZHANG Q,NIELSEN C,et al,2011. An inventory of primary air pollutants and CO_2 emissions from cement production in China,1990-2020[J]. Atmos Environ,45(1):147-154.

LI C,HU Y,ZHANG F,et al,2017a. Multi-pollutant emissions from the burning of major agricultural residues in China and the related health-economic effects[J]. Atmos Chem Phys,17(8):4957-4988.

LI M,ZHANG Q,KUROKAWA J,et al,2017b. MIX:a mosaic Asian anthropogenic emission inventory under the international collaboration framework of the MICS-Asia and HTAP[J]. Atmos Chem Phys,17:935-963.

LI X,WU J,ELSER M,et al,2018. Contributions of residential coal combustion to the air quality in Beijing-Tianjin-Hebei(BTH),China:A case study[J]. Atmos Chem Phys,18:10675-10691.

LI M,ZHANG Q,ZHENG B,et al,2019. Persistent growth of anthropogenic non-methane volatile organic compound(NMVOC)emissions in China during 1990-2017:drivers,speciation and ozone formation potential [J]. Atmos Chem Phys,19:8897-8913.

LIAKAKOU E,KASKAOUTIS D G,GRIVAS G,et al,2020. Long-term brown carbon spectral characteristics in a Mediterranean city(Athens)[J]. Sci Total Environ,708:135019.

LIN T,CHANG F,HSIEH J,et al,2002. Characteristics of polycyclic aromatic hydrocarbons and total suspended particulate in indoor and outdoor atmosphere of a Taiwanese temple[J]. J Hazard Mater,95(1-2):1-12.

LIPSKY E,STANIER C O,PANDIS S N,et al,2002. Effects of sampling conditions on the size distribution of fine particulate matter emitted from a pilot-scale pulverized-coal combustor[J]. Energy Fuels,16:302-310.

LIPSKY E,PEKNEY N,WALBERT G,et al,2004. Effects of dilution sampling on fine particle emissions from pulverized coal combustion. Aerosol Sci Tech,38:574-587.

LIPSKY E,ROBINSON A,2005. Design and evaluation of a portable dilution sampling system for measuring fine particle emissions from combustion systems[J]. Aerosol Sci Tech,39(6):542-553.

LIPSKY E, ROBINSON A, 2006. Effects of dilution on fine particle mass and partitioning of semivolatile organics in diesel exhaust and wood smoke. Environ Sci Technol,40:155-162.

LIU F,ZHANG Q,TONG D,et al,2015. High-resolution inventory of technologies,activities,and emissions of coal-fired power plants in China from 1990 to 2010[J]. Atmos Chem Phys,15(23):13299-13317.

LIU F,BEIRLE S,ZHANG Q,et al,2017a. NO_x emission trends over Chinese cities estimated from OMI observations during 2005 to 2015[J]. Atmos Chem Phys,17(15):9261-9275.

LIU P,ZHANG C,XUE C,et al,2017b. The contribution of residential coal combustion to atmospheric $PM_{2.5}$ in northern China during winter[J]. Atmos Chem Phys,17(18):11503-11520.

MA Q,CAI S,WANG S,et al,2017. Impacts of coal burning on ambient $PM_{2.5}$ pollution in China[J]. Atmos Chem Phys,17:4477-4491.

MAZZOLENI L R,ZIELINSKA B,MOOSMÜLLER H,2007. Emissions of levoglucosan,methoxy phenols, and organic acids from prescribed burns,laboratory combustion of wildland fuels,and residential wood combustion[J]. Environ Sci Technol,41(7):2115-2122.

MCDANNEL M D,1998. Measurement of condensable particulate matter:A Review of alternatives to EPA Method 202 [R],EPRI Report TR-111327,Electric Power Research Institute,Palo Alto,CA.

OANH N T K,LY B T,TIPAYAROM D,et al,2011. Characterization of particulate matter emission from open burning of rice straw[J]. Atmos Environ,45(2):493-502.

PANT,P,HARRISON,R,2013. Estimation of the contribution of road traffic emissions to particulate matter concentrations from field measurements:A review[J]. Atmos Environ,77(7):78-97.

PERVEZ S,CHAKRABARTY R,DEWANGAN S,et al,2016. Chemical speciation of aerosols and air quality degradation during the festival of lights(Diwali)[J]. Atmos Pollut Res,7(1):92-99.

REFF A,BHAVE P V,SIMON H,et al,2009. Emissions inventory of $PM_{2.5}$ trace elements across the United States[J]. Environ Sci Technol,43(15):5790-5796.

ROSON M L,DURUISSEAU-KUNTZ R,WANG M,et al,2021. Chemical characterization of emissions arising from solid fuel combustion contrasting wood and cow dung burning[J]. ACS Earth Space Chem,5: 2925-2937.

SARKAR S,KHILLARE P S,JYETHI D,et al,2010. Chemical speciation of respirable suspended particulate matter during a major firework festival in India[J]. J Hazard Mater,184(1-3):321-330.

SCHMIDL C,BAUER H,DATTLER A,et al,2008. Chemical characterization of particle emissions from burning leaves[J]. Atmos Environ,42(40):9070-9079.

SHEN G,WANG W,YANG Y,et al,2011. Emissions of PAHs from indoor crop residue burning in a typical rural stove:Emission factors,size distributions,and gas-particle partitioning[J]. Environ Sci Technol,45(4): 1206-1212.

SHEN H,TSAI C,YUAN C,et al,2017. How incense and joss paper burning during the worship activities influences ambient mercury concentrations in indoor and outdoor environments of an Asian temple? [J]. Chemosphere,167:530-540.

SHEN G, RU M, DU W, et al, 2019. Impacts of air pollutants from rural Chinese households under the rapid residential energy transition[J]. Nat Commun, 10:3405.

SUN Y, DU W, FU P, et al, 2016. Primary and secondary aerosols in Beijing in winter: Sources, variations and processes[J]. Atmos Chem Phys, 16(13):8309-8329.

SONG Y, SUN L, WANG X, et al, 2018. Pollution characteristics of particulate matters emitted from outdoor barbecue cooking in urban Jinan in eastern China[J]. Front Env Sci Eng, 12(2):14.

STREETS D, WALDHOFF S, 2000. Present and future emissions of air pollutants in China: SO_2, NO_x and CO [J]. Atmos Environ, 34(3):363-374.

SUN J, SHEN Z, ZHANG Y, et al, 2019. Characterization of $PM_{2.5}$ source profiles from typical biomass burning of maize straw, wheat straw, wood branch, and their processed products(briquette and charcoal) in China [J]. Atmos Environ, 205:36-45.

TAO S, RU M, DU W, et al, 2018. Quantifying the rural residential energy transition in China from 1992 to 2012 through a representative national survey[J]. Nat Energy, 3:567-573.

TIAN S L, PAN Y P, WANG Y S, 2016. Size-resolved source apportionment of particulate matter in urban Beijing during haze and non-haze episodes[J]. Atmos Chem Phys, 16:1-19.

TIAN J, WANG Q, NI H, et al, 2019. Emission characteristics of primary brown carbon absorption from biomass and coal burning: Development of an optical emission inventory for China[J]. J Geophy Res: Atmos, 124 (3):1879-1893.

TISSARIA J, HYTÖNENA K, LYYRÄNENB J, et al, 2007. A novel field measurement method for determining fine particle and gas emissions from residential wood combustion[J]. Atmos Environ, 41:8330-8344.

TSCHAMBER V, TROUVÉ G, LEYSSENS G, et al, 2016. Domestic wood heating appliances with environmental high performance: Chemical composition of emission and correlations between emission factors and operating conditions[J]. Energy Fuels, 30(9):7241-7255.

VICENTE A, ALVES C, MONTEIRO C, et al, 2011. Measurement of trace gases and organic compounds in the smoke plume from a wildfire in Penedono(central Portugal)[J]. Atmos Environ, 45(29):5172-5182.

VICENTE A, ALVES C, CALVO A I, et al, 2013. Emission factors and detailed chemical composition of smoke particles from the 2010 wildfire season[J]. Atmos Environ, 71:295-303.

VICENTE E D, DUARTE M A, TARELHO L A C, et al, 2015. Particulate and gaseous emissions from the combustion of different biofuels in a pellet stove[J]. Atmos Environ, 120:15-27.

VICENTE E D, ALVES C A, 2018. An overview of particulate emissions from residential biomass combustion [J]. Atmos Res, 199:159-185.

WANG B, LEE S, HO K, et al, 2007. Characteristics of emissions of air pollutants from burning of incense in temples, Hong Kong[J]. Sci Total Environ, 377(1):52-60.

WANG Z, BI X, SHENG G, et al, 2009. Characterization of organic compounds and molecular tracers from biomass burning smoke in South China I: Broad-leaf trees and shrubs[J]. Atmos Environ, 43(19), 3096-3102.

WANG R, TAO S, Wang, W, et al, 2012. Black Carbon Emissions in China from 1949 to 2050[J]. Environ Sci Technol, 46(14):7595-7603.

WANG G, CHENG S, WEI W, et al, 2015. Chemical characteristics of fine particles emitted from different Chinese cooking styles[J]. Aerosol Air Quality Res, 15(6):2357-2366.

WANG X, THAI P K. MALLET M, et al, 2017. Emissions of selected semivolatile organic chemicals from forest and savannah fires[J]. Environ Sci Technol, 51(3):1293-1302.

WANG Q, YE J, WANG Y, et al, 2019. Wintertime optical properties of primary and secondary brown carbon at a regional site in the North China Plain[J]. Environ Sci Technol, 53(21):12389-12397.

WANG L,ZHANG L,RISTOVSKI Z,et al,2020. Assessing the effect of ROS and VOC profiles coming from certain type of Chinese cooking on the toxicity of human bronchial epithelial cells[J]. Environ Sci Technol, 54:8868-8877.

WANG K,GAO J,LIU K,et al,2022. Unit-based emissions and environmental impacts of industrial condensable particulate matter in China in 2020[J]. Chemosphere,303:134759.

WATSON J G,ZHU T,CHOW J C,et al,2002. Receptor modeling application framework for particle source apportionment[J]. Chemosphere,49:1093-1136.

WEISE D R,JOHNSON T J,REARDON J,2015. Particulate and trace gas emissions from prescribed burns in southeastern U.S. fuel types:Summary of a 5-year project[J]. Fire Safety J,74:71-81.

WU B,BAI X,LIU W,et al,2020. Non-Negligible stack emissions of noncriteria air pollutants from coal-fired power plants in China:condensable particulate matter and sulfur trioxide[J]. Environ Sci Technol,54(11):6540-6550.

XIANG Z,WANG H,STEVANOVIC S,et al,2017. Assessing impacts of factors on carbonyl compounds emissions produced from several typical Chinese cooking[J]. Building Environ,125:348-355.

YAN Q,KONG S,YAN Y,et al,2020. Emission and simulation of primary fine and submicron particles and water-soluble ions from domestic coal combustion in China[J]. Atmos Environ,224:117308.

YANG H,LEE W,CHEN S,et al,1998. PAH emission from various industrial stacks. J Hazard Mater,60:159-174.

YANG H,JUNG R,WANG Y,et al,2005. Polycyclic aromatic hydrocarbon emissions from joss paper furnaces [J]. Atmos Environ,39:3305-3312.

YANG H,CHEN J,WEN J,et al,2016. Composition and sources of $PM_{2.5}$ around the heating periods of 2013 and 2014 in Beijing:Implications for efficient mitigation measures[J]. Atmos Environ,124:378-386.

YAO L,WANG D,FU Q,et al,2019. The effects of firework regulation on air quality and public health during the Chinese Spring Festival from 2013 to 2017 in a Chinese megacity[J]. Environ Int,126:96-106.

ZELIKOFF J T,RUCHIRAWAT M,SETTACHAN D,2011. Inhaled Woodsmoke[R]. Washington State Department of Ecology:240-248,http://www.ecy.wa.gov/pubs/92046.pdf.

ZENG X,MA Y,MA L,2007. Utilization of straw in biomass energy in China[J]. Renew Sust Energ Rev,11 (5):976-987.

ZHANG Q,STREETS D,HE K,et al,2007. NO_x emission trends for China,1995-2004:The view from the ground and the view from space[J]. J Geophys Res:Atmos,112:D22306.

ZHANG H,HU D,CHEN J,et al,2011. Particle size distribution and polycyclic aromatic hydrocarbons emissions from agricultural crop residue burning[J]. Environ Sci Technol,45,5477-5482.

ZHANG H,WANG S,HAO J,et al,2012. Chemical and size characterization of particles emitted from the burning of coal and wood in rural households in Guizhou,China[J]. Atmos Environ,51:94-99.

ZHANG Y,KONG S,SHENG J,et al,2021. Real-time emission and stage-dependent emission factors/ratios of specific volatile organic compounds from residential biomass combustion in China[J]. Atmos Res, 248:105189.

ZHANG Y,KONG S,YAN Q,et al,2022. An overlooked source of nanosized lead particles in the atmosphere: Residential honeycomb briquette combustion[J]. J Hazard Mater,436:129289.

ZHAO Y,ZHAO B,2018. Emissions of air pollutants from Chinese cooking:A literature review[J]. Build Simul,11(5):977-995.

ZHENG C,SHEN Z,YAN P,et al,2017. Particle removal enhancement in a high-temperature electrostatic precipitator for glass furnace[J]. Powder Technol,319:154-162.

ZHENG S,KONG S,Yan Q,et al,2022. Impact of dilution ratio and burning conditions on the number size distribution and size-dependent mixing state of primary particles from domestic solid fuel burning[J]. Environ Sci Tech Let,9:611-617.

ZHI G,CHEN Y,XIONG S,et al,2008. Emission characteristics of carbonaceous particles from various residential coal-stoves in China[J]. Environ Sci Technol,42:3310-3315.

ZHONG Q,HUANG Y,SHEN H,et al,2017. Global estimates of carbon monoxide emissions from 1960 to 2013[J]. Environ Sci Pollut R,24(1):864-873.

ZIELINSKA B,SAMBUROVA V,2019. Residential and non-residential biomass combustion: Impacts on Air quality[J]. Encyclopedia Environ Health,819-827.

第 3 章　固定源黑碳气溶胶排放特征

3.1　电厂排放

能源行业排放是黑碳的主要人为来源之一。现有研究对电厂排放黑碳气溶胶的排放特征关注较多,主要集中在 BC 排放因子、与颗粒物和 OC 等的比值以及光学性质上。

研究表明,通过透射电镜可以看到以煤和木屑颗粒的混合物为燃料的电厂锅炉烟气中含有较多团聚状烟灰颗粒,表明烟气中 BC 浓度较高(Mylläri et al.,2019)。Kim 等(2015)通过高分辨率透射电镜也观察到燃煤电厂颗粒物最外层呈典型的煤烟(soot)结构,即由 10～60 nm 的石墨层(洋葱状结构)的一次黑碳颗粒包裹。这些光学仪器观测结果,均表明电厂烟气中存在 BC。EC 在 $PM_{2.5}$(PM_1、PM_{10} 或 TSP)中的占比为 0.12%～40%(Watson et al.,2001;Chow et al.,2004;王毓秀,2016;Bano et al.,2018;Chen et al.,2019;刘晋宏 等,2021;Zeng et al.,2021),最大相差 333 倍,存在巨大差异。

燃料类型和污染物控制措施等都会影响颗粒物中 EC 的占比。电厂使用静电除尘、布袋除尘和半干法脱硫时,烟气中 BC 的浓度为 0.03 $\mu g \cdot m^{-3}$,仅使用静电除尘时的 BC 浓度为 25.5 $\mu g \cdot m^{-3}$(Mylläri et al.,2019),可见污染物控制措施能够大幅度降低 BC 排放浓度。采用湿法脱硫+静电除尘、干法脱硫+布袋除尘器和注氨+静电除尘的电厂燃煤机组排放的 EC 分别占 $PM_{2.5}$ 的 8.08%±4.31%、1.17%±1.20% 和 1.70%±2.26%(Watson et al.,2001)。使用烟煤粉配备静电除尘及脱硫设施的电厂和使用煤和木屑颗粒混合燃料仅配备静电除尘设施的电厂排放的 BC 分别占 PM_1 的 3.5% 和 14.6%(Frey et al.,2014)。对于不同燃煤种类的电厂,以无烟煤为燃料的电厂除尘器下载灰 $PM_{2.5}$ 和 PM_{10} 中的 EC 含量分别为 6.50%±1.01% 和 4.90%±0.86%,以煤矸石为燃料的电厂 $PM_{2.5}$ 和 PM_{10} 中的 EC 含量分别为 5.52%±1.29% 和 4.60%±1.80%,可见无烟煤排放的 EC 更多(王毓秀,2016)。Chen 等(2019)发现以煤为燃料的电厂排放的 EC 占 $PM_{2.5}$ 的 3.0%～5.7%,以混合燃料为燃料的电厂的占比为 9.3%,以高炉煤气为燃料的电厂占比为 8.7%。高炉煤气燃料的使用会导致 $PM_{2.5}$ 中 EC 排放增大。另外,刘晋宏等(2021)指出实测燃煤电厂的 $BC/PM_{2.5}$ 值为 0.03±0.04,变化范围为 0.04～0.4,远高于《城市大气污染物排放清单编制技术手册》中推荐的燃煤电厂比值 0.002,采用推荐比值可能低估了燃煤电厂的黑碳排放。由此可见,源排放因子之间巨大的差异会增大排放清单的不确定性。

燃料类型和污染物控制措施等也会影响碳质组分中 EC 的占比。电厂 OC/EC 的范围为 0.28～78.0(Watson et al.,2001;Chow et al.,2004;王毓秀,2016;Bano et al.,2018;Chen et al.,2019;Zeng et al.,2021),相差 279 倍。Watson 等(2001)采用湿法脱硫+静电除尘、干法脱硫+布袋除尘器和注氨+静电除尘得到的燃煤机组排放的 OC/EC 均值分别为 0.28、2.25 和 6.88,表明了污染物控制措施对 OC/EC 值的影响。电厂排放 TSP 中的 EC 占总碳的

35%~45%,其中 EC2 含量最高(约占 18%~29%),EC1 和 EC3 含量较低(Yan et al.,2019)。Chen 等(2019)也发现超低排放电厂排放的 EC 亚类组分的相似规律,主要的亚类组分为 EC2(5.62%±2.72%,范围为 2.33%~8.09%),其次为 EC1(2.83%±1.68%,范围为 0.93%~4.89%),EC3 含量最少(0.16%±0.15%,范围为 0.01%~0.17%)。

研究表明电厂排放的 BC 浓度存在日内变化,在早、晚达到峰值。距印度密集电厂区域 10 km 处的固定观测点数据显示(Singh et al.,2018),1月的 BC 浓度日内变化在早上(06:00—10:00,印度时间)和晚上(17:00—22:00,印度时间)有两个高峰,分别高达 40 和 90 $\mu g \cdot m^{-3}$,中午过后,BC 浓度逐渐降低,在 16:00(印度时间)降至最低,为 2.56 $\mu g \cdot m^{-3}$,日落又后出现上升趋势。3月也出现了类似的变化,但由于环境不稳定和边界层高度变化,污染物可以长距离输送和在高空扩散,早、晚高峰不太明显。1月和3月的日均 BC 浓度分别为 23.36 和 7.3 $\mu g \cdot m^{-3}$。除了固定点位观测,该研究后续还开展了移动观测。移动观测显示,Vindhya Nagar 电厂附近 BC 浓度最高为 150 $\mu g \cdot m^{-3}$,Shakti Nagar 电厂附近 BC 浓度最高为 145 $\mu g \cdot m^{-3}$,均高于固定点位观测的 BC 浓度(20 $\mu g \cdot m^{-3}$)。由于露天卡车运输燃煤的影响,在 Anpara 电厂附近的 BC 浓度偏高,达到 278 $\mu g \cdot m^{-3}$,Anpara 电厂处的 BC 浓度为 50 $\mu g \cdot m^{-3}$,也高于固定点位观测的 BC 浓度(20 $\mu g \cdot m^{-3}$),表明燃煤电厂是 BC 的主要来源,而印度的排放清单中忽视了这一来源。

现有电厂 BC 排放因子存在较大差异。刘晋宏等(2021)实测超低排放燃煤电厂的黑碳排放因子为 0.2 $mg \cdot kg^{-1}$。Reddy 等(2002)构建印度化石燃料燃烧源排放清单时使用燃煤电厂的 BC 排放因子均值为 0.077 $g \cdot kg^{-1}$(范围为 0.01~0.18 $g \cdot kg^{-1}$)。Mylläri 等(2019)测得以煤和木屑颗粒的混合物为燃料的电厂,在使用静电除尘、布袋除尘和半干法脱硫时,BC 排放因子为 0.33 $\mu g \cdot kg^{-1}$(14 $ng \cdot MJ^{-1}$);仅使用静电除尘时的 BC 排放因子为 280 $\mu g \cdot kg^{-1}$(11470 $ng \cdot MJ^{-1}$),约为使用静电除尘、布袋除尘和半干法脱硫时的 848 倍。因此,污染物控制措施对 BC 的排放有重要影响,能够大幅度降低 BC 的排放因子。Zeng 等(2021)测得超低排放燃煤电厂的 EC 排放因子为 33.07±8.1 $\mu g \cdot kg^{-1}$。Pham 等(2008)构建了印度电厂和工业的排放清单,其中使用不同燃料的电厂 BC 排放因子为:重油电厂为 0.24 $g \cdot GJ^{-1}$,柴油电厂为 0.14 $g \cdot GJ^{-1}$,燃煤电厂为 30.59 $g \cdot GJ^{-1}$,褐煤电厂为 30.59 $g \cdot GJ^{-1}$,生物质燃料电厂为 29.21 $g \cdot GJ^{-1}$。由于排放因子之间存在较大差异,导致排放清单构建的不确定性较大。

有较多研究关注燃煤电厂排放颗粒物的光学特性。Yan 等(2019)发现 632 nm 处的光衰减值与 EC 亚类组分均呈正相关,与 EC2 的相关系数最大,约为 0.4,说明 EC2 对 632 nm 处总光衰减值的贡献最大。燃煤电厂排放的 EC 在 632 nm 波长处的质量吸收效率为 8.00±15.39 $m^2 \cdot g^{-1}$,中值为 0.53 $m^2 \cdot g^{-1}$,该中值小于民用燃煤源、工业源、船舶源、汽油和柴油燃烧源排放的 EC 的质量吸收效率中值(4.50~11.20 $m^2 \cdot g^{-1}$)。Frey 等(2014)使用多角度吸收光度计和黑碳颗粒吸收光度计测量 PM_1 中吸收性物质的吸收系数,发现 637 nm 波长下的吸收系数,对于使用煤和木屑颗粒混合燃料仅配备静电除尘排放颗粒物为 3576 Mm^{-1},对于使用烟煤粉配备静电除尘及脱硫设施的为 108.1 Mm^{-1},对于使用煤和木屑颗粒的混合物配备静电除尘及脱硫设施的为 38.9 Mm^{-1}。由此可见,脱硫设施对吸光性物质吸收系数的减弱效果明显,减弱了 92 倍。同时在燃料中混合添加木屑颗粒也导致吸光性物质的吸收系数减弱,约 2.8 倍。Prasad 等(2006)使用遥感数据分析了冬季印度恒河流域的燃煤电厂和大型城市及其周围环境的气溶胶参数,发现所有气溶胶参数都与电厂位置相对应,表明燃煤电厂是点源污染,影响其上空气溶胶浓度和 BC 浓度。数据显示,除靠近海岸的电厂外,其余电厂上空的气溶胶光学厚度(AOD)显著高于周围环境,电厂上空气溶胶的Angström指数(AAE)低于周围环境,电厂上空气溶胶的单次散射反照率(SSA)高于周围环境。Singh等(2018)通过地面观测资料和MODIS卫星资料研究印度密集燃煤电厂区域AOD和AAE值,探讨电厂对周围环境光学性质的影响。发现电厂周围的AOD(500 nm)均值分别为0.43和0.47,而电厂上空的AOD值分别为0.92、0.89和0.84,明显高于除电厂区域外的其他区域,因此电厂排放气溶胶会使AOD值增大。距电厂10 km处的固定点的AAE值为0.89±0.10,电厂附近的AAE值为0.95~1.02,表明电厂排放烟气中存在细颗粒物,影响区域环境。Helin等(2021)研究了使用不同燃料和不同污染物控制措施的电厂排放新鲜气溶胶的AAE。采用两种波长(470 nm和950 nm)和七种波长(370 nm、470 nm、520 nm、590 nm、660 nm、880 nm和950 nm)拟合得到$AAE_{470/950}$和$AAE_{370\sim950}$,发现$AAE_{470/950}$和$AAE_{370\sim950}$具有高相关($R^2=0.95$),说明这两种不同的AAE计算方法具有较好的一致性,得到的AAE结果总体趋势相似。电厂燃料分为煤和89.5%煤+10.5%木屑颗粒两种情况,污染控制措施分为仅静电除尘器("FGD+FF off")以及静电除尘器、半干法烟气脱硫装置(FGD)和布袋除尘器(FF)3种全部使用"FGD+FF on"两种情况。研究发现在"FGD+FF on"情况下,$AAE_{470/950}$值的变化大于"FGD+FF off"情况;在不同燃料和操作条件下,$AAE_{470/950}$均值没有明显变化趋势。以煤为燃料时,当FGD和FF关闭时,$AAE_{470/950}$由0.1±2.1升高为0.6±0.0($AAE_{370\sim950}$由0.4±1.1升高为0.7±0.1);而以煤和木屑颗粒为混合燃料时,$AAE_{470/950}$由0.9±1.6降低为0.6±0.0($AAE_{370\sim950}$由1.3±0.7降低为0.6±0.0)。AAE<1说明了BC和较大颗粒物的去除,可能与不同燃料和不同污染物控制措施下排放的颗粒物粒径和组分不同有关。电厂排放气溶胶的AAE值低于民用燃煤排放气溶胶的AAE值(1.0~3.2)。有学者(Kim et al.,2015)指出,煤粉完全燃烧的条件下,不会产生含碳物质,燃煤电厂排放PM_1中的碳含量较低,为3.8%。但燃煤电厂排放的颗粒的吸光特性具有波长依赖性:在较短波长处表现为强吸收、弱反射,在较长波长处表现为强反射、弱吸收。由于烟气颗粒物的含碳量较低,这些波长依赖性可能归因于烟灰以外的物质,如铁的氧化物等。因此,电厂排放黑碳光学性质的研究与燃料的燃烧效率密切相关。

  本书作者在该领域开展了持续研究,最近基于稀释通道采样系统,利用Grimm180型颗粒物监测仪和AE33黑碳仪,针对超低排放电厂(采取的污染控制措施包括选择性催化还原装置、干式静电除尘器和石灰石—石膏湿法脱硫装置)的不同粒径段颗粒物和BC的排放浓度及排放因子开展了实测研究。如图3.1所示,某超低排放燃煤电厂实时排放PM_{10}、$PM_{2.5}$和$PM_{1.0}$的质量浓度平均值分别为$(5.0\pm6.0)\text{mg}\cdot\text{m}^{-3}$、$(5.0\pm5.9)\text{mg}\cdot\text{m}^{-3}$和$(4.9\pm5.9)\text{mg}\cdot\text{m}^{-3}$,变化范围分别为$0.3\sim28\text{ mg}\cdot\text{m}^{-3}$、$0.3\sim27.5\text{ mg}\cdot\text{m}^{-3}$和$0.3\sim27.3\text{ mg}\cdot\text{m}^{-3}$。3种粒径颗粒物排放浓度的日变化趋势一致。在不同时段,颗粒物排放质量浓度存在波动。以$PM_{2.5}$为例,低值时段是每日10:30—20:30,$PM_{2.5}$的质量浓度为$(0.7\pm0.5)\text{mg}\cdot\text{m}^{-3}$;高值时段为每日20:30至次日10:30,$PM_{2.5}$的质量浓度为$(9.0\pm6.0)\text{mg}\cdot\text{m}^{-3}$。燃煤电厂颗粒物排放浓度在夜间高于白天,夜间$PM_{2.5}$平均浓度是白天相应值的12.2倍。当前尚未制定燃煤电厂PM_{10}、$PM_{2.5}$和$PM_{1.0}$的排放标准(国家能源局 等,2014),本研究无法评估所监测的3个粒径段颗粒物排放是否达标。此3个粒径段颗粒物的夜间浓度高值可以反映燃煤电厂在夜间污染物控制效果不如白天。观测期间该电厂CEMS数据烟尘浓度日变化较为稳定。有研究表明依据质量平衡获得的PM质量浓度略高于CEMS测试的PM质量浓度(Wu et al.,2020),且CEMS数据存在部分误差(Zhang et al.,2019)或低估现象(Karplus et al.,2018)。由此可见,电厂各种污染控制措施可能对于燃煤电厂排放烟尘中细颗粒物和亚微米颗粒物的去除效果并不如粗颗粒物,且可能存在明显的日变化特征,需引起重视。

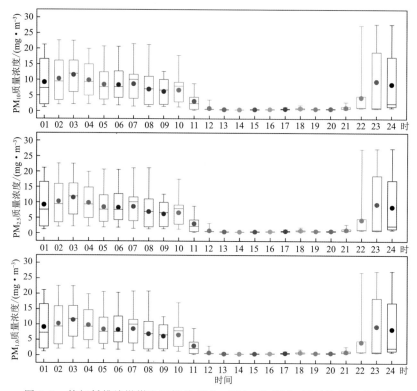

图 3.1 某超低排放燃煤电厂排放 PM_{10}、$PM_{2.5}$ 和 $PM_{1.0}$ 质量浓度的日变化

图 3.2 所示为实测燃煤电厂排放 BC 质量浓度变化。观测期间,该燃煤电厂排放 BC 的平均质量浓度为 $(36.6\pm28.3)\mu g\cdot m^{-3}$,变化范围为 $1.4\sim340.9~\mu g\cdot m^{-3}$。高值时段是一天中的 06:00—12:00 和 14:30—19:00,BC 质量浓度分别为 $(35.7\pm14.6)\mu g\cdot m^{-3}$ 和 $(58.9\pm54.1)\mu g\cdot m^{-3}$;低值时段是一天中的 00:00—05:00,BC 质量浓度为 $(24.6\pm4.6)\mu g\cdot m^{-3}$。高值时段与低值时段的 BC 质量浓度平均值有 $1.5\sim2.4$ 倍的差异。BC 的形成和排放受燃料添加和燃烧温度的影响(Bond et al,2004)。9、10、16、17、18 时等若干时段 BC 的高值可能与该阶段新添加煤以及锅炉燃烧效率有关。

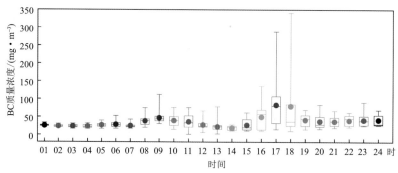

图 3.2 某超低排放燃煤电厂排放 BC 质量浓度的日变化

图 3.3 为实测 BC/PM$_{2.5}$ 值的日变化特征。观测期间,该燃煤电厂 BC/PM$_{2.5}$ 值平均为 0.03±0.04,变化范围为 0.04～0.4。高值时段是 10:00—20:00,对应 BC/PM$_{2.5}$ 值为 0.05±0.04;低值时段是 20:00 至次日 10:00,对应 BC/PM$_{2.5}$ 值为 0.01±0.02。高值时段与低值时段 BC/PM$_{2.5}$ 值有 4.0 倍的差异。Bond 等(2004)指出燃烧过程中不同颗粒成分由不同的机制产生,BC 主要受燃烧过程影响,矿物质排放量主要受燃料中矿物含量的影响。因此,BC 的排放量与颗粒物的排放量随燃烧过程会发生变化,进而导致 BC/PM$_{2.5}$ 值产生变化。文献中报道的燃煤电厂 BC/PM$_{2.5}$ 值的变化范围较大。如王毓秀等(2016)研究得到比值为 0.04～0.08,郑玫等(2013)研究得到该值为 0.003。与 MEIC 清单(Li et al.,2017)中采用的相应值(0.002)和清单编制技术手册(贺克斌,2017)中推荐值(0.002)相比,本研究实测 BC/PM$_{2.5}$ 平均值(0.03)为推荐值的 14.9 倍。由此可见现有清单编制技术手册中所用 BC/PM$_{2.5}$ 值已不能满足当前排放清单构建的需要,亟需开展基于最新实测数据的更新研究。

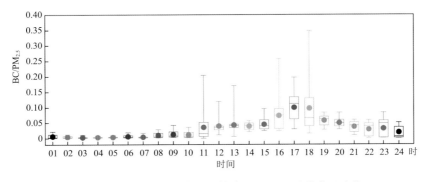

图 3.3 某超低排放燃煤电厂排放 BC/PM$_{2.5}$ 比值的日变化

表 3.1 给出了燃煤电厂排放 PM$_{2.5}$ 质量浓度与排放因子。如表 3.1 所示,文献中燃煤电厂 PM$_{2.5}$ 排放因子变化范围为 0.001～2.4 kg·t^{-1} 或 0.002～2 kg·MW^{-1}·h^{-1},本研究实测获得的超低排放燃煤电厂 PM$_{2.5}$ 排放因子为 0.03 kg·t^{-1} 或 0.01 kg·MW^{-1}·h^{-1},均在上述范围内,但处于较低水平。本研究实测燃煤电厂排放 PM$_{2.5}$ 质量浓度比杨建军等(2018a)实测相应值高,可能原因与电厂锅炉类型和采样时段不同有关;Pei 等(2016)研究得到的 PM$_{2.5}$ 质量浓度比本研究相应值低,可能原因与电厂装机容量不同有关;Chen 等(2019)研究得到的 PM$_{2.5}$ 质量浓度低于本研究相应值,可能与其研究的电厂所用燃料为煤和高炉煤气混合有关。已有实测研究(Wang et al.,2019;Wu et al.,2018;Karplus et al.,2018)表明,烟气通过 WFGD 夹带的泥浆颗粒空气动力学直径范围为 0.05～2.5 μm(Sui et al.,2016),并导致 PM 的最终浓度在 15 mg·m^{-3} 以上(Wu et al.,2018)。Wang 等(2019)实测了燃煤电厂 ESP 和 WFGD 后的颗粒物质量浓度,表明 PM$_{2.5}$ 的质量浓度和颗粒物通过 WFGD 后增大;安装 WESP 后,水喷雾对电除尘器的放电和收集电极进行连续清洗可避免反电晕放电和粉尘的夹带(Cao et al.,2017),PM$_{2.5}$、PM$_{2.5\sim10}$ 和 PM$_{>10}$ 的质量浓度降幅分别为 27.0%～83.0%、39.0%～83.0% 和 36.0%～84.0%。因此,王润芳等(2020)和赵磊等(2016)研究相应值比本研究低近 1 个数量级的可能原因在于这两个研究的电厂安装有 WESP,对于颗粒物的去除效率更高。李振等(2017)研究表明配备 SCR、低低温除尘和石灰石-石膏湿法脱硫装置的典型燃煤电厂 PM$_{2.5}$ 排放因子是 28.2 mg·kg^{-1},与本研究相应值相近。

表 3.1 燃煤电厂排放 PM$_{2.5}$ 质量浓度与排放因子对比

锅炉类型	额定蒸发量/(t·h^{-1})	装机容量/MW	污染控制组合	PM$_{2.5}$ 质量浓度/(mg·m^{-3})	PM$_{2.5}$ 排放因子/(kg·t^{-1})	PM$_{2.5}$ 排放因子/(kg·MW^{-1}·h^{-1})	参考文献
粉煤炉	1025	330	SCR+ESP+WFGD	5.0	0.03	0.01	本研究
粉煤炉	/	1000/600/350	SCR+ESP+WFGD	0.78/0.63/0.29	0.004/0.005	/	Chen et al.,2019
/	/	/	/	16.12(TSP)	0.01~2.4	/	崔建生 等,2018
循环流化床炉	705/75	/	ESP+WFGD/ ESP	/	0.001/0.03	/	杨建军 等,2018a
粉煤炉	/	250~660	ESP+WFGD	0.6~1.8	<0.01	/	Wang et al.,2019
粉煤炉	1025/1140/1190	300/330/350	SCR+ESP+WFGD+WESP	0.45~1.53	0.008~0.09	/	Wu et al.,2018
/	/	1000	SCR+ESP+WFGD	7.8	/	/	Pei et al.,2016
/	/	/	/	/	0.01~0.07	/	阮仁晖 等,2019
/	/	165/300/600/700	SCR+ESP+WFGD+WESP	/	0.003~0.009	/	Wu et al.,2020
/	/	1000/660	SCR+ESP+WFGD	0.3~0.4	/	/	王润芳 等,2020
/	/	300	SCR+ESP+WFGD+WESP	0.77	/	/	赵磊 等,2016
/	/	/	/	/	0.4/0.1	2/0.4	Wu et al.,2019

/:无数据。

表 3.2 对比了本研究实测燃煤电厂 BC 排放因子与文献报道值。本研究实测 BC 排放因子为 0.2 mg·kg^{-1},与周楠等(2006)研究中的相应值(0.1~1.7 mg·kg^{-1})存在差异,可能原因在于煤消耗量(30~142 t·h^{-1})与本研究相应值(117 t·h^{-1})不同,以及燃料组成特性不同。

表 3.2 不同电厂锅炉的 BC 排放因子

标准煤消耗量/(t·h^{-1})	锅炉类型	锅炉负荷率/%	除尘方式	除尘效率/%	BC 排放因子/(mg·kg^{-1})	采样时间	参考文献
117	粉煤炉	99.5	SCR+ESP+WFGD	99.0	0.2	48 h	本研究
30	粉煤炉	100	ESP	99.6	0.2	97~540 min	周楠 等,2006
40	粉煤炉	100	文丘里水膜	95.0	0.09	97~540 min	周楠 等,2006
85	粉煤炉	100	ESP	85.0	0.5	97~540 min	周楠 等,2006
142	粉煤炉	100	ESP	93.0	1.7	97~540 min	周楠 等,2006
/	粉煤炉	/	ESP	/	77	/	Reedy et al.,2002
/	/	/	/	/	2.9	/	刘源 等,2007
/	粉煤炉	/	ESP	/	0.1/0.1	/	Streets et al.,2001
/	/	/	洗涤器	/	0.8/0.2	/	Streets et al.,2001

/:无数据

本研究实测 BC 排放因子远低于与 Reddy 等（2002）研究中的相应值（77 mg·kg^{-1}）。Reddy 等（2002）研究的电厂燃煤灰分高（39.0%）、锅炉类型多样（涵盖多个印度火力发电厂），这是与本研究相应值相比存在差异的原因。本研究实测 BC 排放因子也低于刘源等（2007）根据 1995 年中国火力发电信息采用按使用比例综合后的排放因子研究值（2.9 mg·kg^{-1}），同样与不同年代锅炉类型和污染控制措施等差异有关。Streets 等（2001）综合了文献及除尘措施效率数据，得到具有不同污染控制措施的中国粉煤炉电厂的 BC 排放因子为 0.1 mg·kg^{-1} 和 0.8 mg·kg^{-1}，并预测 2020 年两类中国粉煤炉电厂的 BC 排放因子分别为 0.1 mg·kg^{-1} 和 0.2 mg·kg^{-1}，与本研究实测值一致。

3.2 钢铁行业排放

对钢铁行业排放 BC 的研究主要集中在不同钢铁工艺流程中 EC 占比和 OC/EC 的差异。

烧结和炼铁过程中 EC 在 PM$_{2.5}$ 中的占比分别为 0.32%±0.01% 和 4.17%±0.00%，在 PM$_{10}$ 中的占比分别为 0.23%±0.01% 和 3.89%±0.00%；而在球团和炼钢过程中 PM$_{2.5}$ 和 PM$_{10}$ 均为 0%，可见 BC 主要在烧结和炼铁过程中产生（Guo et al.，2017）。但是有学者表明炼钢厂飞灰中 EC 占 PM$_{2.5\sim10}$ 的 8.18%±2.62%，说明炼钢过程产生的 EC 大部分分布在 PM$_{2.5}$ 上。烧结过程 EC 在颗粒物中的占比为 0.23%～8.6%（Tsai et al.，2007；马京华，2009；张进生 等，2017；Guo et al.，2017；Zeng et al.，2021），炼铁过程 EC 在颗粒物中的占比为 0.05%～8.18%（马京华，2009；范真真 等，2014；张进生 等，2017；Guo et al.，2017；Sylvestre et al.，2017）。

Sylvestre 等（2017）发现卸货码头、炼焦、烧结和高炉组合排放颗粒物中的 EC/PM$_{2.5}$ 为 0.086±0.061，铸铁和氧化转炉组合为 0.007±0.006，铁矿码头无组织排放颗粒物中的 EC/PM$_{2.5}$（0.158±0.028）高于高炉炉渣存放区排放（0.063±0.008），甚至高于卸货码头、炼焦、烧结和高炉组合排放颗粒物中的直接排放和无组织排放。炼焦、冷成型和热成型过程排放的 EC 在颗粒物中的浓度水平分别为 137.466±71.217、89.146±52.414 和 23.967±11.732 mg·g^{-1}，焦炭形成过程中的还原反应和冷成型过程中的低温热处理导致炼焦和冷成型过程排放颗粒物中 EC 浓度较高（Tsai et al.，2007）。轧钢厂 EC/PM$_{2.5\sim10}$ 为 0.021±0.001（Bano et al.，2018）。

仅有少数研究关注钢铁行业的碳气溶胶排放因子。Tsai 等（2007）发现炼焦过程的 EC 排放因子为 2.98±3.39 g·(t 焦炭)$^{-1}$，OC 的排放因子为 0.36±0.14 g·(t 焦炭)$^{-1}$，EC 约为 OC 的 8 倍；烧结过程的 EC 排放因子为 0.16±0.08 g·(t 烧结矿)$^{-1}$，低于 OC 的排放因子（1.27±0.72 g·(t 烧结矿)$^{-1}$）；冷成型和热成型过程的 EC 排放因子分别为 0.62±0.36 g·(t 钢)$^{-1}$ 和 0.82±1.12 g·(t 钢)$^{-1}$，略高于 OC，OC 的排放因子分别为 0.44±0.38 g·(t 钢)$^{-1}$ 和 0.80±1.11 g·(t 钢)$^{-1}$。Zeng 等（2021）所得钢铁冶炼厂 PM$_{2.5}$ 中 EC 排放因子为 1.09±0.12 mg·(kg 燃料)$^{-1}$。

钢铁行业 OC/EC 值的范围 0.28～5.8。钢铁冶炼厂的 PM$_{2.5}$ 中的 OC/EC 为 4.4（Zeng et al.，2021），炼钢厂和轧钢厂飞灰中的 OC/EC 分别为 0.28 和 3.91（Bano et al.，2018）。高炉出铁场除尘后和矿槽除尘后烟气 PM$_{2.5}$ 中的 OC/EC 为 2.1～5.8（范真真 等，2014）。张进生等（2017）发现钢铁工业一次排放的颗粒物中，OC/EC 近乎都大于 2，烧结 PM$_{2.5}$ 中为 3.94

~5.32，炼铁 $PM_{2.5}$ 中 OC/EC 为 1.92。对碳组分的亚类组分进行研究发现，无论是烧结样品或是炼铁样品，源颗粒物 EC 含量中均为 EC1＞EC2＞EC3。

钢铁行业不同工艺流程烟气中的 EC 在不同粒径中分布存在差异。OC/EC 随粒径变化而显著变化，但变化规律不明显，表现为"翘尾"现象、中间粒径段出现高值和波动变化(张进生等，2017)。马京华(2009)发现烧结机机头除尘器后 PM_{10}、$PM_{2.5}$ 和 PM_1 中 EC 的含量分别为 2.61%、2.58% 和 2.58%，机尾除尘器后 PM_{10}、$PM_{2.5}$ 和 PM_1 中 EC 的含量分别为 2.77%、3.26% 和 5.06%，高炉出铁场除尘器后 PM_{10}、$PM_{2.5}$ 和 PM_1 中 EC 的含量分别为 0.96%、0.84% 和 0.05%，烧结机机头烟气 EC 在 PM_{10}、$PM_{2.5}$ 和 PM_1 中的分布差异不大，机尾烟气的 EC 在 PM_1 中的分布最多，而高炉出铁场烟气的 EC 在 PM_{10} 中的分布最多。

本书作者在该领域开展了持续研究，近年来针对钢铁行业的 $PM_{2.5}$ 和 BC 的实时排放特征开展了研究。钢铁行业 $PM_{2.5}$ 和 BC 的实时排放情况见图 3.4 和图 3.5。钢铁行业 PM_{10}、$PM_{2.5}$ 和 PM_1 的排放浓度变化范围为 0.18～1.50 mg·m^{-3}、0.18～1.48 mg·m^{-3} 和 0.02～1.46 mg·m^{-3}。所属钢铁烧结行业执行一般地区标准，《钢铁烧结、球团工业大气污染物排放

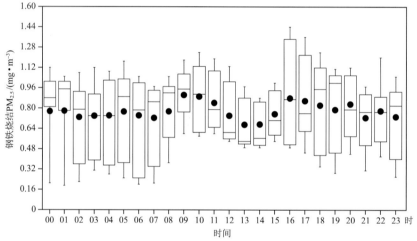

图 3.4 钢铁烧结行业 $PM_{2.5}$ 排放浓度

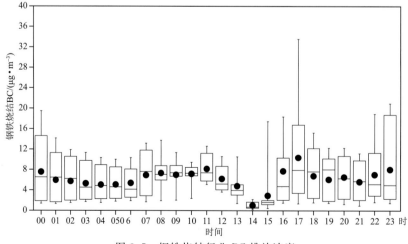

图 3.5 钢铁烧结行业 BC 排放浓度

标准》(GB 28662—2012)中对于烧结机、球团焙烧设备颗粒物排放标准为 50 mg·m^{-3},国家尚未对 PM$_{10}$ 及以下粒径的颗粒物提出标准要求。该企业颗粒物排放情况整体较为稳定,PM$_{2.5}$ 排放浓度均低于 1.6 mg·m^{-3},仅在 09 时、16 时出现波动,波动时段内平均排放浓度为日均排放浓度的 112.7% 和 111.2%。这表明该企业除尘控制设备运行状况良好,除尘效率较为稳定。颗粒物和 BC 的排放浓度在 14—15 时出现低值,平均排放浓度为 0.71 mg·m^{-3} 和 1.97 μg·m^{-3},这可能是由于仪器维护导致的。BC 的排放浓度在 17 时出现高值,最高可达 45.35 μg·m^{-3},是日平均排放浓度的 7.2 倍。

3.3 水泥行业排放

仅有少数研究关注水泥行业的碳气溶胶排放特征。Zeng 等(2021)研究了水泥厂的 PM$_{2.5}$ 源成分谱、排放因子及特征比值。水泥厂排放 PM$_{2.5}$ 的成分谱中,EC 的占比为 1.29%±0.29%,EC 排放因子为 783.44±253.39 mg·t^{-1},PM$_{2.5}$ 中的 OC/EC 为 4.1。Chow 等(2004)研究了水泥窑烟气中 PM$_{2.5}$ 的源成分谱和排放特征。结果显示,使用静电除尘器和布袋除尘器的水泥窑排放的 EC 分别占全部组分的 11.75%±6.76% 和 14.58%±6.19%,所有水泥厂样品的均值为 12.78%±6.03%。另外,使用静电除尘器和布袋除尘器水泥厂排放 PM$_{2.5}$ 中的 OC/EC 分别为 4.81 和 3.47,说明静电除尘器对 EC 的去除效率更高。对于水泥厂排放 EC 的亚类组分,表现为 EC1>EC2>EC3,分别占 PM$_{2.5}$ 的 2.70%±1.49%、1.45%±1.12% 和 0.07%±0.22%。Bano 等(2018)研究了印度中部地区水泥厂袋式除尘器捕集的飞灰中粗颗粒物(PM$_{2.5\sim10}$)的源成分谱,水泥厂飞灰 PM$_{2.5\sim10}$ 中 EC/PM$_{2.5\sim10}$ 为 0.0007±0.0003,OC/EC 为 31.99。水泥窑不同位置的碳气溶胶排放存在差异,水泥窑头和窑尾排放的 PM$_{2.5}$ 中的 EC 含量分别为 2.09%±1.38% 和 6.19%±1.33%,窑头和窑尾的 OC/EC 均值分别为 6.87 和 0.76,可见水泥窑尾排放的 EC 更多(刘亚勇 等,2017)。

本书作者在该领域开展了持续研究,近年来针对水泥行业的 PM$_{2.5}$ 和 BC 的实时排放特征开展了研究。水泥行业 PM$_{2.5}$ 和 BC 的实时排放情况见图 3.6 和图 3.7。水泥行业 PM$_{10}$、PM$_{2.5}$ 和 PM$_1$ 的排放浓度分别为 0.02~18.0 mg·m^{-3}、0.02~16.82 mg·m^{-3}、0.02~13.60

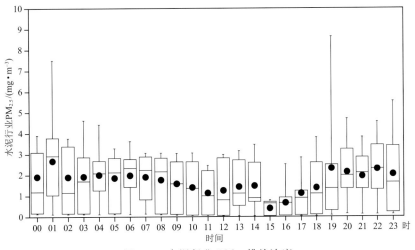

图 3.6 水泥行业 PM$_{2.5}$ 排放浓度

mg·m^{-3}。所属水泥企业执行重点地区标准,《水泥工业大气污染物排放标准》(GB 4915—2004)中对烘干机、烘干磨、煤磨及冷却机的颗粒物排放标准为 20 mg·m^{-3},国家尚未对 PM$_{10}$ 及以下粒径的颗粒物提出标准要求。水泥企业日均值低于国家标准,但是该企业于 01 时、19 时产生了颗粒物排放高峰值,PM$_{10}$ 的峰值可达 18.0 mg·m^{-3},该时间节点下 TSP 排放量可能短时间超过排放限值。在 15—16 时颗粒物和 BC 的排放量出现低值,这是由于该企业处于设备调试维护阶段,各工艺生产线处于半停工状态,该时间节点企业颗粒物排放量接近于 0。BC 的排放浓度在 19—23 时出现高值,最高达 78.6 μg·m^{-3}。

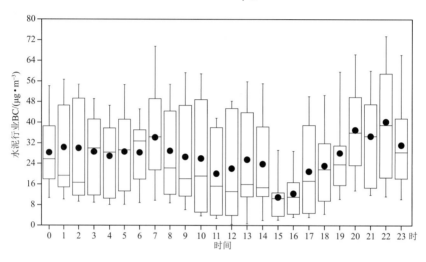

图 3.7 水泥行业 BC 排放浓度

3.4 生物质锅炉排放

木材和植物废物等生物质在工业中燃烧通常用于小规模的加热和发电,特别在一些发展中国家,生物质燃料通常用于干燥和加工食品的大型烤箱(Thailand et al.,1998)。Kliucininkas 等(2014)研究表明,小规模单位的生物质锅炉排放的污染物影响更大,通常比集中系统排放高几个数量级。

生物质燃料在燃烧过程中黑烟往往来自火焰区域,而白烟则由未燃烧的物质组成。当木材的温度不够高,热量难以维持链分支化学反应导致火焰时,白烟会大量生成(Bond et al.,2004)。Timothy 等(1988)在煤炭燃烧中观察到,明火过程中热解产物会被立即稀释,从而抑制氧化过程的发生,导致更高的排放量。

影响生物质燃烧的因素主要有燃烧速率、生物质燃料的类型、体积大小及含水量等。Rau 等(1989)的研究表明通过控制燃烧过程中气流的速度及流量来限制燃烧速率,从而对颗粒物排放量及组成产生影响。硬木和软木具有不同的排放特性,而且不同类型生物质的含水量也存在差异(McDonald et al.,2000)。此外,燃料的体积大小也会影响 PM 的排放量和化学组成。Dasch 等(1982)研究发现,在初始加热过程中体积较大的木材可以使热量从火焰区传导出去,防止燃烧让更多的白烟逸出。Zhang 等(2000)的研究表明,灌木的排放量要高于其他木材,这可能是因为较小的木材含有更高的矿物成分。影响生物质燃烧效率和排放的另一个重要参数是生物质含水量。在燃烧高湿度燃料时,需要额外的能量来蒸发水,从而降低燃料燃烧效率,促进不完全燃烧产物的排放(Shen et al.,2013)。Price 等(2019)通过室内生物质燃烧实验发现,随着木材含水率的降低,EC/TC 的比率升高,有机碳的排放量随之降低。

生物质锅炉的类型也会对颗粒物的排放量及组成产生影响。Jana 等(2019)研究发现二级生物质锅炉排放 OC 与 EC 的浓度高于三级锅炉,然而在三级锅炉中由硬木燃烧形成的沉积物中,OC 的含量相比于二级锅炉高出 60%,EC 高出 100%。Bølling 等(2009)对比了不同类型生物质锅炉排放的颗粒物组成,结果发现开放式壁炉的 EC/TC 为 0.04~0.46,表明 OC 是露天壁炉 PM 排放的主要成分;传统木炉由于燃烧条件较差,促进二次有机气溶胶的形成,从而导致颗粒物中 OC 水平升高;球形炉灶和锅炉由于燃料的均匀特性,连续的燃料供给和风扇驱动的空气供应,被认为是具有高燃烧效率的"现代"技术。其排放的 PM 主要为无机灰,并且含有极少的 OC(EC/TC 的范围为 0.65~0.80)。

本书作者在该领域开展了持续研究,近年来针对燃煤锅炉的 $PM_{2.5}$ 和 BC 的实时排放特征开展了研究。纺织行业(燃煤锅炉)$PM_{2.5}$ 和 BC 的实时排放情况见图 3.8 和图 3.9。纺织行业

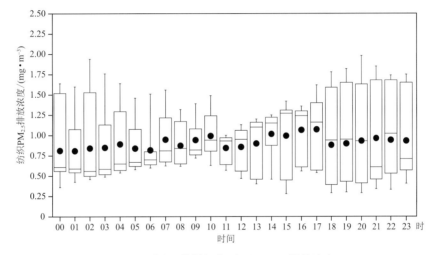

图 3.8 纺织(燃煤锅炉)行业 $PM_{2.5}$ 排放浓度

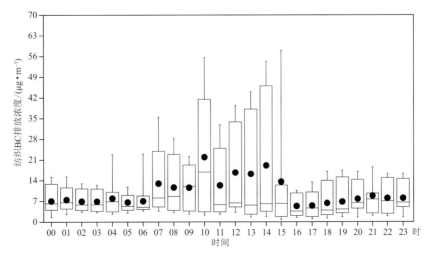

图 3.9 纺织(燃煤锅炉)行业 BC 排放浓度

PM_{10}、$PM_{2.5}$ 和 PM_1 的排放浓度分别为 $0.25\sim2.12$ mg·m^{-3}、$0.25\sim2.11$ mg·m^{-3} 和 $0.19\sim2.05$ mg·m^{-3}。所属纺织企业执行重点地区标准,《锅炉大气污染物排放标准》(GB 13271—2014)中对于燃煤锅炉颗粒物排放标准为 30 mg·m^{-3},国家尚未对 PM_{10} 及以下粒径的颗粒物提出标准要求。纺织行业 $PM_{2.5}$ 日均排放浓度均小于 2.5 mg·m^{-3},颗粒物的排放情况符合国家标准。BC 的排放浓度在 07~15 时内显著高于其他时段,该时段内 BC 平均排放浓度约为日平均排放浓度的 1.57 倍,这表明纺织行业(燃煤锅炉)日间 BC 的排放浓度高于夜间。

3.5 炼焦行业排放

炼焦是一种普遍的煤炭转化过程,是在高温无氧条件下的干蒸馏工艺。炼焦过程中排放的污染物包括无机化合物、重金属、OC 和 EC(Tsai et al.,2007；Mu et al.,2012)。中国拥有全球最多的焦炭产量,年产量超过 4.38 亿 t(NBSC,2019)。焦炭主要用于工业生产,包括黑色金属的冶炼、化学原料和化学品的生产。Wang 等(2012)研究表明,2007 年中国 BC 的年排放量为 1957 Gg,其中炼焦行业占所有排放量的 17.6%,而 233 Gg 来自蜂箱焦炉。

炼焦过程的排放方式一般分为两种类型,一是从烟囱集中排放,另一则是由于焦炉厂设备密封性不好,从焦炉门等部位逃逸的烟气排放(Weitkamp et al.,2005)。Mu 等(2021)针对我国典型焦炭厂进行了现场测量,讨论两种不同烟气排放类型的差异。结果表明逃逸的烟气中 OC 和 EC 的排放因子分别为 9.54 g·t^{-1} 和 7.43 g·t^{-1},远高于烟囱烟气中 OC 和 EC 的排放因子(3.71 g·t^{-1} 和 1.67 g·t^{-1})。此外,具有不同技术条件的焦炭厂排放存在较大的差异,使用 3.2 m 高焦炉的焦炭工厂的总排放量大于使用 4.3 m 或 6 m 高焦炉的焦炭工厂的总排放量。

在炼焦过程中,袋式除尘器能有效去除较大的粉煤灰颗粒,使得烟气中的 PM 排放主要由粒径小于 1 mm 的颗粒组成(Mu et al.,2017)。袋式除尘器收集的粉煤灰中 EC/PM 和 OC/PM 的值明显高于烟气中(Mu et al.,2021)。这表明碳质颗粒的排放不仅是在焦炭生产过程中通过不完全燃烧产生的,其他来源也同时存在。例如,在装煤过程中,一些细小的煤粉颗粒可能被蒸汽和粗粒子夹带到未经处理的烟雾中。此外,焦炉内的热焦炭被推入淬火车时,会有部分颗粒焦炭参与排放。Mastral 等(2000)研究发现,炼焦厂排放的大气污染物中 EC 呈现较高的占比(尤其是 EC2),这可能是由于炼焦过程中高温无氧条件下的干蒸馏过程所致。

炼焦厂周围 OC 和 EC 的污染特征及粒径分布存在差异。Liu 等(2015)对炼焦厂周围 OC 和 EC 的空间分布进行研究发现,OC 和 EC 的质量浓度分别为 $104.2\sim223.2$ μg·m^{-3} 和 $93.7\sim237.8$ μg·m^{-3},远高于工业、公路和城市公路隧道中的环境空气。焦炭侧和机器侧的 OC 浓度没有显著差异,然而焦炭侧的 EC 浓度明显更高。OC/EC 为 $0.74\sim2.35$。OC-EC 相关性明显,在焦炉顶部、焦炭侧和机器侧的相关系数为 0.976($p<0.05$),而在焦炉下风处未观察到显著相关($p>0.05$)。刘效峰等(2013)对焦炉顶和厂区 OC 和 EC 的粒径分布特征研究发现,焦炉顶 OC 和 EC 的浓度分别为 291.6 μg·m^{-3} 和 255.1 μg·m^{-3},厂区相应的浓度为 377.8 μg·m^{-3} 和 151.7 μg·m^{-3}。焦炉顶和厂区的 OC、EC 均主要富集在细颗粒物中,焦炉顶和厂区 OC 的粒径分布差别较大,厂区比焦炉顶 OC 的粒径分布更趋向于细颗粒物,焦炉顶和厂区 EC 的粒径分布相似。

3.6 砖窑、医药制造、玻璃制造等行业排放

在各类工业排放源中,砖窑在广泛生产烧结砖的发展中国家占有一定地位。制砖是一个高度能量密集型的过程,生产过程中需要消耗煤炭和大量的生物质燃料。砖窑生产属于无组织型排放,在有限的控制措施下,落后的生产技术和劣质的燃料导致大量的污染物生成并直接排放(Shen et al.,2014b)。Mohammad 等(2018)在制砖期间对砖窑周围环境空气质量进行测量发现,$PM_{10}/PM_{2.5}$ 的平均比率为 2.0,明显高于其他监测点(0.87~4.48)。不少研究(Tuladhar et al.,2002;Begum et al.,2010;Guttikunda et al.,2013)证实,在城市的周边及郊区常分布有大、小型砖窑,对城市环境空气质量有较大影响。砖窑生产排放的大气污染物会影响车间工人的呼吸系统,甚至危害人体健康(Zuskin et al.,1998;Kaushik et al.,2012)。因此,对砖窑排放的研究不容忽视。

Reddy 等(2002)在印度建立的首个化石燃料消费数据库和排放清单显示,BC 排放的主要来源中,砖窑的贡献比例高达 24%,BC 的排放因子为 1.83 g·kg^{-1}。Zheng 等(2012)对我国珠三角地区的研究表明,BC 和 OC 的排放量分别为 39 kt 和 31 kt,其中砖窑生产是碳质气溶胶重要的污染来源,分别占 BC 和 OC 的 62.8% 和 46.4%。在珠江三角洲地区,这些小型砖厂大多位于农村,生产技术过时,燃烧效率较低,PM 控制设施较差。因此,细颗粒排放中的碳质气溶胶的百分占比相对较高。

砖窑生产排放的大气污染物在很大程度上取决于窑的类型和使用的燃料,低质煤的使用会导致污染物排放量升高(Zhang et al.,1997;Huang et al.,2014b;Wang et al.,2014)。研究发现,中国砖窑(环形窑)的 EFs 远高于发达国家相对先进的砖窑(以隧道窑为例),但明显低于印度的牛型砖窑。Chen 等(2017)对我国砖窑两种排放路径之间排放因子差异进行了讨论,通过烟囱排放的烟气中,EC 的排放因子为 0.003±0.002 g·kg^{-1},OC 的排放因子为 0.086±0.044 g·kg^{-1};逃逸的烟气中,EC 的排放因子为 0.03±0.04 g·kg^{-1},OC 的排放因子为 0.36±0.63 g·kg^{-1}。与其他国家相比,印度大多数为牛型砖窑,Maithel 等(2012)在印度穆克特什瓦和卢迪亚纳等地的砖窑烟囱烟气的测量结果显示,EC 和 OC 的排放因子分别为 1.7±1.3 g·kg^{-1} 和 0.30±0.14 g·kg^{-1}。相比之下,印度砖窑行业的排放因子远高于我国,且差异高达数量级。中国和印度砖窑排放因子的差异主要是由于窑炉设计类型的不同,而非燃料成分的差异。

本书作者在该领域开展了持续研究,近年来针对医药制造行业的 $PM_{2.5}$ 和 BC 的实时排放特征开展了研究。医药制造行业 $PM_{2.5}$ 和 BC 的实时排放情况见图 3.10 和图 3.11。医药制造行业 PM_{10}、$PM_{2.5}$ 和 PM_1 的浓度分别为 0.44~38.00 mg·m^{-3}、0.44~37.30 mg·m^{-3} 和 0.44~33.96 mg·m^{-3}。所属医药制造企业执行重点地区标准,《制药工业大气污染物排放标准》(GB 37823—2019)中对于化学药品原料药制造、兽用药品原料药制造、生物药品原料药制造、医药中间体生产和药物研发机构工艺废气、发酵尾气及其他制药工艺废气的颗粒物排放标准为 20 mg·m^{-3},国家尚未对 PM_{10} 及以下粒径的颗粒物提出标准要求。制药行业的 PM_{10} 日均值低于国家标准,但是该企业于 10—11 时、19—22 时均出现颗粒物排放高峰,PM_{10} 的高峰值可达 38.00 mg·m^{-3},是国家排放标准的 1.9 倍,这表明该时间节点下 TSP 排放浓度已超标。BC 排放浓度高值区集中在 17—23 时,峰值可达 218.0 μg·m^{-3},该时段 BC 平均排放浓度约为

日平均排放浓度的 1.4 倍,表明 17—23 时 BC 排放浓度显著大于其他时段,需引起重视。

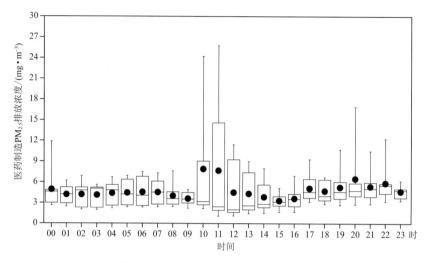

图 3.10 医药制造行业 $PM_{2.5}$ 排放浓度

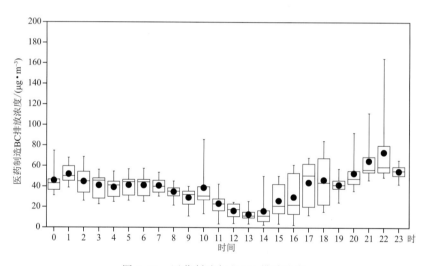

图 3.11 医药制造行业 BC 排放浓度

本书作者在该领域开展了持续研究,近年来针对玻璃制造行业的 $PM_{2.5}$ 和 BC 实时排放特征开展了研究。玻璃制造行业 $PM_{2.5}$ 和 BC 的实时排放情况见图 3.12 和图 3.13。玻璃制造行业 PM_{10}、$PM_{2.5}$ 和 PM_1 的排放浓度分别为 $0.02 \sim 0.63$ mg·m^{-3}、$0.02 \sim 0.63$ mg·m^{-3} 和 $0.02 \sim 0.62$ mg·m^{-3}。所属玻璃制造企业执行重点地区标准,《电子玻璃工业大气污染物排放标准》(GB 29495—2013)中对于玻璃熔炉的颗粒物排放标准为 50 mg·m^{-3},国家尚未对 PM_{10} 及以下粒径的颗粒物提出标准要求。玻璃制造行业日均排放浓度远低于国家标准,小时均值排放浓度也处于较低水平,均不超过 0.24 mg·m^{-3},表明该企业除尘控制措施较为完备。BC 的排放浓度整体较低,日均排放浓度仅为 2.9 μg·m^{-3},19 时至次日 02 时的排放浓度高于其余时段,该时段内 BC 平均排放浓度约为日平均排放浓度的 1.38 倍,表明该企业夜间 BC 排放量高于日间。

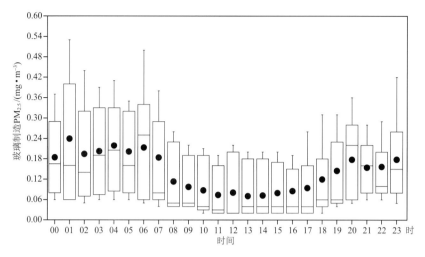

图 3.12　玻璃制造行业 $PM_{2.5}$ 日排放浓度

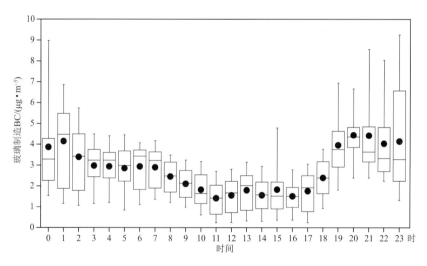

图 3.13　玻璃制造行业 BC 日排放浓度

3.7　典型行业 $PM_{2.5}$ 和黑碳排放因子

本书作者采用稀释通道,利用 AE-33 黑碳仪和 Grimm180 颗粒物分析仪,对 5 类典型工业行业(水泥、医药制造、玻璃制造、纺织(燃煤锅炉)和钢铁烧结)实时排放的 PM_{10}、$PM_{2.5}$、PM_1 和 BC 浓度进行监测,结合产品产量和燃料消耗,获得相应的排放因子。检测时间为 2019 年 5 月 14 日至 2019 年 7 月 15 日。每家企业检测时间为 4~5 d,排除下雨、停工等因素,保证每家企业连续监测 72 h 的有效数据。AE-33 和 Grimm-180 原始数据分辨率为 1 min,数据处理时剔除数据中的负值和零值,随后将与该小时平均值之差的绝对值大于 3 倍标准差的异常值剔除,得到数据有效率为 94.2%。根据实测数据和收集的企业生产数据,计算各行业 PM_{10}、$PM_{2.5}$、PM_1 和 BC 的排放因子。

各行业的排放因子如表3.3所示。水泥行业、纺织(燃煤锅炉)行业和钢铁烧结行业 $PM_{2.5}$ 和 BC 的排放因子变化范围分别为 $2.45\sim63.81$ mg·kg^{-1} 和 $0.02\sim0.68$ mg·kg^{-1}。钢铁烧结行业 $PM_{2.5}$ 和 BC 的排放因子最低,纺织(燃煤锅炉)行业 $PM_{2.5}$ 和 BC 的排放因子均为最高,分别为最低值行业的 26.0 倍和 34.0 倍;医药制造行业和玻璃制造行业 $PM_{2.5}$ 和 BC 的排放因子变化范围分别为 $14.27\sim51.90$ mg·m^{-3}、$0.29\sim0.43$ mg·m^{-3}。其中医药制造行业 $PM_{2.5}$ 和 BC 的排放因子高于玻璃制造行业,分别为 3.6 倍和 1.5 倍。对于纺织(燃煤锅炉)行业,基于燃煤消耗量实测的 PM_{10}、$PM_{2.5}$、PM_1 和 BC 的排放因子约为物料衡算法计算排放因子的 3.5 倍,表明采用物料衡算法对清单中一次颗粒物的排放量估算可能存在低估。

表3.3 各行业颗粒物及黑碳气溶胶排放因子(单位:mg·kg^{-1})

行业	工艺过程	控制措施	PM_{10}	$PM_{2.5}$	PM_1	BC
水泥行业	其他旋窑	电袋除尘	7.71±6.79	6.95±6.00	5.75±5.05	0.11±0.07
医药制造	燃气锅炉*	无	53.69±38.36	51.90±38.30	49.82±37.71	0.43±0.23
玻璃制造	燃气锅炉*	布袋除尘	14.30±11.81	14.27±11.79	14.09±11.71	0.29±0.17
纺织(燃煤锅炉)	流化床炉*1	布袋除尘	18.51±8.87	18.26±8.67	17.62±8.47	0.19±0.21
	流化床炉*2	布袋除尘	64.67±31.00	63.81±30.30	61.56±29.60	0.68±0.73
钢铁烧结	烧结	布袋除尘	2.50±0.91	2.45±0.88	2.36±0.85	0.02±0.01

注:燃气锅炉*单位为 mg·m^{-3};流化床炉*1 表示基于燃煤收到基以物料衡算方式计算的排放因子;流化床炉*2 表示基于燃煤消耗量计算的排放因子。

水泥行业排放的颗粒物及黑碳气溶胶的排放因子见表3.4。本研究水泥行业 PM_{10}、$PM_{2.5}$、PM_1 和 BC 的排放因子分别为 7.71 mg·kg^{-1}、6.95 mg·kg^{-1}、5.75 mg·kg^{-1} 和 0.11 mg·kg^{-1},本研究中 BC 的排放因子与《城市大气污染物排放清单编制技术手册》参考值(0.13 mg·kg^{-1})相比较为接近,而 PM_{10} 和 $PM_{2.5}$ 的排放因子仅为《城市大气污染物排放清单编制技术手册》参考值的 0.18 倍和 0.53 倍。相关实测研究(Lei et al.,2011;杨建军 等,2018b;马静玉 等,2009)中水泥行业 PM_{10} 和 $PM_{2.5}$ 的排放因子范围分别为 $4.35\sim70$ mg·kg^{-1} 和 $3.19\sim60$ mg·kg^{-1},分别为本研究的 $0.56\sim9.08$ 倍和 $0.46\sim8.63$ 倍。上述差异可能是因

表3.4 水泥行业颗粒物及黑碳气溶胶排放因子(单位:mg·kg^{-1})

行业	工艺过程	控制措施	PM_{10}	$PM_{2.5}$	PM_1	BC	备注/文献
水泥(熟料)	其他旋窑	电袋除尘	7.71	6.95	5.75	0.11	本研究
	新型干法	电袋除尘	267	83	/	/	刘丹,2017
	其他工艺	电袋除尘	640	199	/	/	刘丹,2017
	新型干法	电袋除尘	4.35	3.19	/	/	杨建军 等,2018b
	新型干法	电袋除尘	70	60	/	/	马静玉,2009
	新型干法	静电除尘	43.8	32.9	/	/	Lei et al.,2011
	立窑	布袋除尘	10.5	5.8	/	/	Lei et al.,2011
	新型干法	无	42600	13200	/	130	贺克斌,2017

注:"/"表示无数据

为使用其他旋窑和新型干法的水泥企业的规模一般较大,颗粒物控制设备应用效率较高,颗粒物排放因子远低于使用立窑的中、小型水泥企业(雷宇 等,2008)。布袋除尘、旋风除尘和静电除尘的颗粒物去除效率为85%~99%(王彦超 等,2008),烟气的温度也会显著影响静电除尘的除尘效率(Zheng et al.,2017)。刘丹等(2017)通过总结相关技术手册及技术标准获得的生产系数和控制措施除尘效率,得到的排放因子是本研究结果的34~83倍和12~28倍,这表明使用统一的生产系数和控制措施除尘效率计算得到的排放因子与实测结果相比有很大误差。

医药制造行业排放的颗粒物及黑碳气溶胶的排放因子见表3.5。本研究中的医药制造和玻璃制造行业均使用燃气锅炉,《城市大气污染物排放清单编制技术手册》提供的PM_{10}及$PM_{2.5}$排放因子参考值均为$30\ mg\cdot kg^{-1}$,是本研究的1.51倍,《城市大气污染物排放清单编制技术手册》中推荐的BC排放因子为0。徐媛(2016)对燃气锅炉实测研究中PM_{10}及$PM_{2.5}$的排放因子为本研究结果的1.75倍。赵斌(2008)对于天津地区燃气锅炉的研究中PM_{10}及$PM_{2.5}$的排放因子为本研究结果的1.67~1.19倍。上述研究结果差异可能是因为本研究企业设置了布袋除尘设备,对燃气锅炉排放的颗粒物有较好的控制效果。医药制造行业的燃气锅炉和VOCs燃烧装置共用一个总排放口,其颗粒物和BC的排放因子约为上述研究的10倍以上,并且尚无颗粒物除尘设备。对于医药制造行业,普遍关注其排放VOCs的污染情况而忽视了PM以及BC的排放情况,需引起重视。

表3.5 燃气锅炉使用行业颗粒物及黑碳气溶胶排放因子(单位:$mg\cdot m^{-3}$)

行业	工艺过程	控制措施	PM_{10}	$PM_{2.5}$	PM_1	BC	备注/文献
医药制造(天然气)	燃气供热/VOCs焚烧	无	53.69	51.90	49.82	0.43	本研究
玻璃制造(天然气)	燃气供热	布袋除尘	14.30	14.27	14.01	0.29	本研究
燃气锅炉(天然气)	燃气供热	无	24	17	/	/	赵斌 等,2016
	燃气供热	无	30	30	/	0.03	贺克斌,2017
	燃气供热	无	25	25	/	/	徐媛 等,2016

注:"/"表示无数据

纺织行业排放的颗粒物及黑碳气溶胶的排放因子见表3.6。纺织行业(燃煤锅炉)基于燃料消耗计算PM_{10}、$PM_{2.5}$、PM_1和BC的排放因子是物料衡算方式计算结果的3.49倍、3.50倍、3.49倍和3.58倍。使用物料衡算方式计算排放因子会低估颗粒物的排放情况。相关研究(周楠 等,2006;李超 等,2009;Xue et al.,2016)中PM_{10}、$PM_{2.5}$和BC的排放因子分别为8~310 $mg\cdot kg^{-1}$、6~210 $mg\cdot kg^{-1}$和0.09~8 $mg\cdot kg^{-1}$。Xue(2016)研究发现,不同的除尘设备会极大地影响颗粒物的排放因子,通过旋风除尘后颗粒物的排放因子约为本研究的4.8倍~3.3倍。周楠等(2006)对煤粉炉的研究结果中PM_{10}和$PM_{2.5}$的排放因子为本研究的0.32~0.53倍和0.31~0.50倍,BC的排放因子则为0.13~0.28倍。李超(2009)对不同炉型的研究中PM的排放因子约为本研究的0.5~1倍,而BC的排放因子则是本研究的2.09~10.32倍。炉型和除尘设备的差异对PM和BC的排放因子影响较大。

表 3.6　燃煤锅炉使用行业颗粒物及黑碳气溶胶排放因子(单位:mg·kg^{-1})

行业	工艺过程	控制措施	PM_{10}	$PM_{2.5}$	PM_1	BC	备注/文献
燃煤锅炉(纺织)	流化床炉	布袋除尘	18.51	18.26	17.62	0.19	本研究(物料衡算)
	流化床炉	布袋除尘	64.67	63.81	61.56	0.68	本研究(燃煤消耗)
	层燃炉	无	/	130±60	/	/	赵志锋,2018
	流化床炉	无	/	290±280	/	/	赵志锋,2018
	流化床炉	旋风除尘	310	210	/	/	Xue et al.,2016
	流化床炉	湿法除尘	130	90	/	/	Xue et al.,2016
	流化床炉	静电除尘	30	20	/	/	Xue et al.,2016
	流化床炉	布袋除尘	8	6	/	/	Xue et al.,2016
	流化床炉	静电除尘	/	30±20	/	7.02±6.65	徐媛 等,2016
	链条炉	水膜除尘	60±10	50±10	/	1.42±0.04	徐媛 等,2016
	煤粉炉	静电除尘	34.45	31.89	/	0.19	周楠 等,2006
	煤粉炉	水膜除尘	20.90	19.88	/	0.09	周楠 等,2006
	链条炉	旋风除尘	34.18	32.17	/	1.47	周楠 等,2006
	煤粉炉	/	/	90	/	8	Chow et al.,2004

注:"/"表示无数据

钢铁烧结行业排放的颗粒物及黑碳气溶胶的排放因子见表 3.7。Guo(2017)对中国 6 家钢铁行业烧结环节的实测 PM_{10}、$PM_{2.5}$ 和 BC 排放因子平均为 53±0.8 mg·kg^{-1}、38±0.6 mg·kg^{-1} 和 0.12 mg·kg^{-1},是本研究的 21 倍、15 倍和 6 倍。马京华(2009)测得的某中等规模钢铁企业的烧结环节 PM_{10}、$PM_{2.5}$ 和 BC 排放因子分别是本研究的 3.2 倍、2.85 倍和 9 倍。这可能是因为布袋除尘的颗粒物脱除效率较静电除尘更高。而对于尚未采取颗粒物控制措施的相关研究中,Gao 等(2019)的研究与《城市大气污染物排放清单编制技术手册》提供的参考值较为接近,布袋、电袋复合除尘设备对 PM 的脱除率达 99.5% 以上。相关文献指出,燃烧条件和测试方法(直接采样法/稀释采样法)也是影响排放因子计算结果的重要因素(Hildemann et al.,1989;England et al.,2007;Corio et al.,2000)。

表 3.7　钢铁烧结行业颗粒物及黑碳气溶胶排放因子(单位:mg·kg^{-1})

行业	工艺过程	控制措施	PM_{10}	$PM_{2.5}$	PM_1	BC	备注/文献
钢铁(烧结矿)	烧结	布袋除尘	2.50	2.45	2.36	0.02	本研究
	烧结	无	3790	1460	/	/	Gao et al.,2019
	烧结	无	5810	2240	/	/	Gao et al.,2019
	烧结	无	8620	3320	/	/	Gao et al.,2019
	烧结	无	5810	2520	/	/	贺克斌,2017
	烧结	静电除尘	/	42~96	/	2.18~4.99	赵浩宁,2014
	烧结	静电除尘	8	7	/	0.18	马京华,2009
	烧结	静电除尘	53±0.8	38±0.6	/	0.12±0.006	Guo et al.,2017

注:"/"表示无数据

参考文献

崔建生,屈加豹,伯鑫,等,2018.基于在线监测的2015年中国火电排放清单[J].中国环境科学,38(6): 2062-2074.

范真真,赵亚丽,赵浩宁,等,2014.高炉炼铁工艺细颗粒物$PM_{2.5}$排放特性分析[J].环境科学,35(9): 3287-3292.

国家能源局,国家发展改革委,环境保护部,2014.关于印发《煤电节能减排升级与改造行动计划(2014—2020年)》的通知[EB/OL].http://www.gov.cn/gongbao/content/2015/content_2818468.htm.

贺克斌,2017.城市大气污染物排放清单编制技术手册[R].北京:清华大学.

雷宇,贺克斌,张强,等,2008.基于技术的水泥工业大气颗粒物排放清单[J].环境科学,29(8):2366-2371.

李超,李兴华,段雷,等,2009.燃煤工业锅炉可吸入颗粒物的排放特征[J].环境科学,30(3):650-655.

李兴华,段雷,郝吉明,等,2008.固定燃烧源颗粒物稀释采样系统的研制与应用[J].环境科学学报(3): 458-463.

李振,2017.典型燃煤电厂烟气系统中$PM_{2.5}$变化规律及排放特征研究[D].北京:清华大学.

刘丹,2017.水泥行业典型排放物的分析与控制[D].北京:中国石油大学.

刘晋宏,孔少飞,冯韵恺,等,2021.超低排放燃煤电厂一次颗粒物和黑碳实时排放特征[J].地球化学,50(1): 56-66.

刘效峰,彭林,白慧玲,等,2013.焦炉顶和厂区环境中有机碳和元素碳的粒径分布[J].环境科学,34(8): 2955-2960.

刘亚勇,张文杰,白志鹏,等,2017.我国典型燃煤源和工业过程源排放$PM_{2.5}$成分谱特征[J].环境科学研究, 30(12):1859-1868.

刘源,邵敏,2007.北京市碳黑气溶胶排放清单估算及预测[J].科学通报,52(4):470-476.

马京华,2009.钢铁企业典型生产工艺颗粒物排放特征研究[D].重庆:西南大学.

马静玉,2009.水泥行业NO_x的污染与减排[J].环境工程,27(S1):331-333.

阮仁晖,谭厚章,段钰锋,等,2019.超低排放燃煤电厂颗粒物脱除特性[J].环境科学,40(1):126-134.

王润芳,马大卫,姜少毅,等,2020.超低排放改造后燃煤电厂细颗粒物排放特征[J].环境科学,41(1):98-105.

王彦超,蒋春来,贺晋瑜,等,2018.京津冀及周边地区水泥工业大气污染控制分析[J].中国环境科学,38(10): 3683-3688.

王毓秀,2016.电厂燃煤烟尘成分谱的研究及重金属风险评价[D].太原:太原理工大学.

徐媛,孙韧,高翔,等,2016.供热锅炉颗粒物排放特征实测研究[J].环境科学与技术,39(5):70-74.

杨建军,杜利劳,马启翔,等,2018a.燃煤电厂锅炉$PM_{2.5}$现场实测与排放特征研究[J].重庆大学学报,41(12): 59-69.

杨建军,杜利劳,马启翔,等,2018b.水泥企业不同固定源$PM_{2.5}$排放特性[J].环境科学研究,31(6): 1049-1056.

张进生,吴建会,马咸,等,2017.钢铁工业排放颗粒物中碳组分的特征[J].环境科学,38(8):3102-3109.

赵斌,马建中,2008.天津市大气污染源排放清单的建立[J].环境科学学报,(2):368-375.

赵浩宁,2014.黑色金属冶炼(钢铁)行业细颗粒物$PM_{2.5}$排放特性及减排策略研究[D].保定:华北电力大学.

赵磊,周洪光,2016.超低排放燃煤火电机组湿式电除尘器细颗粒物脱除分析[J].中国电机工程学报,36(2): 468-473.

赵志锋,2018.燃煤锅炉$PM_{2.5}$产生及排放特征的研究[D].哈尔滨:哈尔滨工业大学.

郑玫,张延君,闫才青,等,2013.上海$PM_{2.5}$工业源谱的建立[J].中国环境科学,33(8):1354-1359.

周楠,曾立民,于雪娜,等,2006.固定源稀释通道的设计和外场测试研究[J].环境科学学报(5):764-772.

BANO S, PERVEZ S, CHOW J C, 2018. Coarse particle($PM_{10-2.5}$) source profiles for emissions from domestic cooking and industrial process in Central India[J]. Sci Total Environ, 627: 1137-1145.

BEGUM B A, BISWAS S K, MARKWITZ A, et al, 2010. Identification of sources of fine and coarse particulate matter in Dhaka, Bangladesh[J]. Aerosol Air Qual Res, 10: 345-353.

BØLLING K A, PAGELS J, YTTRI K E, et al, 2009. Health effects of residential wood smoke particles: the importance of combustion conditions and physicochemical particle prosperities[J]. Part Fibre Toxicol, 6.

BOND T C, STREETS D G, YARBER K F, et al, 2004. A technology-based global inventory of black and organic carbon emissions from combustion[J]. J Geophys Res: Atmos, 109(D14): D14203.

CAO R, TAN H, XIONG Y, et al, 2017. Improving the removal of particles and trace elements from coal-fired power plants by combining a wet phase transition agglomerator with wet electrostatic precipitator[J]. J Clean Prod, 161: 1459-1465.

CHEN Y, DU W, ZHUO S, et al, 2017. Stack and fugitive emissions of major air pollutants from typical brick kilns in China[J]. Environ Pollut, 224: 421-429.

CHEN X J, LIU Q Z, CHAO Y et al, 2019. Emission characteristics of fine particulate matter from ultra-low emission power plants[J]. Environ Pollut, 255: 113157.

CHOW J C, WATSON J G, WATSON J G, et al, 2004. Source profiles for industrial, mobile, and area sources in the Big Bend Regional Aerosol Visibility and Observational study[J]. Chemosphere, 54(2): 185-208.

CORIO L A, SHERWELL J, 2000. In-stack condensable particulate matter measurements and issues[J]. J Air Waste Manage, 50(2): 207-218.

DASCH J M, 1982. Particulate and gaseous emissions from wood-burning fireplaces[J]. Environ Sci Technol, 16: 639-644.

ENGLAND G C, WATSON J G, CHOW J C, et al, 2007. Dilution-based emissions sampling from stationary sources: Part 1-Compact sampler methodology and performance[J]. J Air Waste Manage, 57(1): 65-78.

FREY A K, SAARNIO K, LAMBERG H, et al, 2014. Optical and chemical characterization of aerosols emitted from coal, heavy and light fuel oil, and small-scale wood combustion[J]. Environ Sci Technol, 48(1): 827-836.

GAO C, GAO W, SONG K, et al, 2019. Spatial and temporal dynamics of air-pollutant emission inventory of steel industry in China: A bottom-up approach[J]. Resour Conserv Recy, 143: 184-200.

GUO Y Y, GAO X, ZHU T Y, et al, 2017. Chemical profiles of PM emitted from the iron and steel industry in northern China[J]. Atmos Environ, 150: 187-197.

GUTTIKUNDA S, GOEL R, 2013. Health impacts of particulate pollution in a megacity-Delhi, India[J]. Environ Dev, 6(1): 8-20.

HELIN A, VIRKKULA A, BACKMAN J, et al, 2021. Variation of absorption Ångström exponent in aerosols from different emission sources[J]. J Geophy Res: Atmos, 126(10): e2020JD034094.

HILDEMANN L M, CASS G R, MARKOWSKI G R, 1989. A dilution stack sampler for collection of organic aerosol emissions: design, characterization and field tests[J]. Aerosol Sci Tech, 10(1): 193-204.

HUANG Y, SHEN H, CHEN H, et al, 2014. Quantification of global primary emissions of $PM_{2.5}$, PM_{10}, and TSP from combustion and industrial process sources[J]. Environ Sci Technol, 48(23): 13834-13843.

JANA R, MAREK K, HELENA R, et al, 2019. Comparison of organic compounds in char and soot from the combustion of biomass in boilers of various emission classes[J]. J Environ Manage, 236, 769-783.

KARPLUS V J, ZHANG S, ALMOND D, 2018. Quantifying coal power plant responses to tighter SO_2 emissions standards in China[J]. Proc Natl Acad Sci, 115(27): 7004-7009.

KAUSHIK R, KHALIQ F, SUBRAMANEYAAN M, et al, 2012. Pulmonary dysfunctions, oxidative stress and

DNA damage in Brick Kiln Workers[J]. Hum Exp Toxicol,31:1083-1091.

KIM H,KIM J Y,KIM J S,et al,2015. Physicochemical and optical properties of combustion-generated particles from a coal-fired power plant,automobiles,ship engines,and charcoal kilns[J]. Fuel,161:120-128.

KLIUCININKAS L,KRUGLY E,STASIULAITIENE I,et al,2014. Indoor-outdoor levels of size segregated particulate matter and mono/polycyclic aromatic hydrocarbons among urban areas using solid fuels for heating[J]. Atmos Environ,97:83-93.

LEI Y,ZHANG Q,NIELSEN C,et al,2011. An inventory of primary air pollutants and CO_2 emissions from cement production in China,1990-2020[J]. Atmos Environ,45(1):147-154.

LI M,ZHANG Q,KUROKAWA J,et al,2017. MIX:A mosaic Asian anthropogenic emission inventory under the international collaboration framework of the MICS-Asia and HTAP[J]. Atmos Chem Phys,17(2):935-963.

LIPSKY E,STANIER C O,PANDIS S N,et al,2002. Effects of sampling conditions on the size distribution of fine particulate matter emitted from a pilot-scale pulverized-coal combustor[J]. Energy Fuels,16(2):302-310.

LIU X,PENG L,BAI H,et al,2015. Characteristics of organic carbon and elemental carbon in the ambient air of coking plant[J]. Aerosol Air Qual Res,15:1485-1493.

MAITHEL M,LALCHANDANI D,MALHOTRA G,et al,2012. Brick kilns performance assessment:A roadmap for cleaner brick production in India:Executive Summary[R]. New Delhi:Clean Air Task Force.

MASTRAL A M,CALLEN M S,2000. A review on polycyclic Aromatic Hydrocarbon(PAH) emissions from energy generation[J]. Environ Sci Technol,34:3051-3057.

MCDONALD J D,ZIELINSKA B,FUJITA E M,et al,2000. Fine particle and gaseous emission rates from residential wood combustion[J]. Environ Sci Technol,34:2080-2091.

MOHAMMAD A,RAMESH K,RAJESH K,et al,2018. Ambient black carbon,$PM_{2.5}$ and PM_{10} at Patna: Influence of anthropogenic emissions and brick kilns[J]. Sci Total Environ,624:1387-1400.

MU L,PENG L,LIU X,et al,2012. Emission characteristics of heavy metals and their behavior during coking processes[J]. Environ Sci Technol,46:6425-6430.

MU L,PENG L,LIU X F,et al,2017. Emission characteristics and size distribution of polycyclic aromatic hydrocarbons from coke production in China[J]. Atmos Res,197,113-120.

MU L,LI X,LIU X,et al,2021. Characterization and emission factors of carbonaceous aerosols originating from coke production in China[J]. Environ Pollut,268:115768.

MYLLÄRI F,PIRJOLA L,LIHAVAINEN H,et al,2019. Characteristics of particle emissions and their atmospheric dilution during co-combustion of coal and wood pellets in a large combined heat and power plant [J]. J Air Waste Manage,69(1):97-108.

NBSC,2019. Chinese Statistical Yearbook[M]. Beijing:Chinese Statistics Press.

PEI B,WANG X,ZHANG Y,et al,2016. Emissions and source profiles of $PM_{2.5}$ for coal-fired boilers in the Shanghai megacity,China[J]. Atmos Pollut Res,7(4):577-584.

PHAM T B T,MANOMAIPHIBOON K,VONGMAHADLEK C,2008. Development of an inventory and temporal allocation profiles of emissions from power plants and industrial facilities in Thailand[J]. Sci Total Environ,397(1-3):103-118.

PRASAD A K,SINGH R P,KAFATOS M,2006. Influence of coal based thermal power plants on aerosol optical properties in the Indo-Gangetic basin[J]. Geophys Res Lett,33:L05805.

PRICE A,LEA-LANGTON A R,MITCHELL E J S,et al,2019. Emissions performance of high moisture wood fuels burned in a residential stove[J]. Fuel,239:1038-1045.

RAU J A,1989. Composition and size distribution of residential wood smoke particles[J]. Aerosol Sci Tech,10:181-192.

REDDY M S,VENKATARAMAN C,2002. Inventory of aerosol and sulphur dioxide emissions from India:I—Fossil fuel combustion[J]. Atmos Environ,36(4):677-697.

SHEN G,XUE M,WEI S,et al,2013. Influence of fuel moisture,charge size,feeding rate and air ventilation conditions on the emissions of PM,OC,EC,parent PAHs,and their derivatives from residential wood combustion[J]. J Environ Sci,25:1808-1816.

SHEN G,XUE M,CHEN Y,et al,2014. Comparison of carbonaceous particulate matter emission factors among different solid fuels burned in residential stoves[J]. Atmos Environ,89(2):337-345.

SINGH R P,KUMAR S,SINGH A K,2018. Elevated black carbon concentrations and atmospheric pollution around Singrauli coal-fired thermal power plants(India)using ground and satellite data[J]. Int J Environ Res Public Health,15(11):2472.

STREETS D G,GUPTA S,WALDHOFF S T,et al,2001. Black carbon emissions in China[J]. Atmos Environ,35(25):4281-4296.

SUI Z,ZHANG Y,PENG Y,et al,2016. Fine particulate matter emission and size distribution characteristics in an ultra-low emission power plant[J]. Fuel,185:863-871.

SYLVESTRE A,MIZZI A,MATHIOT S,et al,2017. Comprehensive chemical characterization of industrial $PM_{2.5}$ from steel industry activities[J]. Atmos Environ,152:180-190.

THAILAND R,1998. Images of wood and biomass energy in industries in Thailand[M]. Field Document-Regional Wood Energy Development Programme in Asia,FAO.

TIMOTHY L D,FROELICH D,SAROFIM A F,et al,1988. Soot formation and burnout during the combustion of dispersed pulverized coal particles[J]. Symposium on Combustion,21(1):1141-1148.

TSAI J H,LIN K H,CHEN C Y,et al,2007. Chemical constituents in particulate emissions from an integrated iron and steel facility[J]. J Hazard Mater,147(1-2):111-119.

TULADHAR B,RAUT A,2002K. Environment and Health Impacts of Kathmandu's Brick Kilns[M]. Kathmandu:Clean Energy Nepal.

WANG R,TAO S,WANG W T,et al,2012. Black carbon emissions in China from 1949 to 2050[J]. Environ Sci Techn,46,7595-7603.

WANG R,TAO S,SHEN H,et al,2014. Trend in global black carbon emissions from 1960 to 2007[J]. Environ Sci Technol,48(12):6780-6787.

WANG G,MA Z,DENG J,et al,2019. Characteristics of particulate matter from four coal-fired power plants with low-low temperature electrostatic precipitator in China[J]. Sci Total Environ,662:455-461.

WATSON J G,CHOW J C,HOUCK J E,2001. $PM_{2.5}$ chemical source profiles for vehicle exhaust,vegetative burning,geological material,and coal burning in Northwestern Colorado during 1995[J]. Chemosphere,43(8):1141-1151.

WEITKAMP E A,LIPSKY E M,PANCRAS P J,et al,2005. Fine particle emission profile for a large coke production facility based on highly time-resolved fence line measurements[J]. Atmos Environ,39:6719-6733.

WU B,TIAN H,HAO Y,et al,2018. Effects of wet flue gas desulfurization and wet electrostatic precipitators on emission characteristics of particulate matter and its ionic compositions from four 300 MW level ultralow coal-Fired power plants[J]. Environ Sci Technol,52(23):14015-14026.

WU B,LIU F,TONG D,et al,2019. Air quality and health benefits of China's emission control policies on coal-fired power plant during 2005—2020[J]. Environ Res Lett,14(9):94016.

WU B,BAI X,LIU W,et al,2020. Variation characteristics of final size-segregated PM emissions from ultralow emission coal-fired power plants in China[J]. Environ Pollut,259:113886.

XUE Y,TIAN H,YAN J,et al,2016. Temporal trends and spatial variation characteristics of primary air pollutants emissions from coal-fired industrial boilers in Beijing,China[J]. Environ Pollut,213:717-726.

YAN C Q,ZHENG M,SHEN G F,et al,2019. Characterization of carbon fractions in carbonaceous aerosols from typical fossil fuel combustion sources[J]. Fuel,254:115620.

ZENG X,KONG S F,ZHANG Q,et al,2021. Source profiles and emission factors of organic and inorganic species in fine particles emitted from the ultra-low emission power plant and typical industries[J]. Sci Total Environ,789:147966.

ZHANG Z,1997. Energy efficiency and environmental pollution of brickmaking in China[J]. Energy,22(1):33-42.

ZHANG J,SMITH K R,MA Y,et al,2000. Greenhouse gases and other airborne pollutants from household stoves in China:A database for emission factors[J]. Atmos Environ,34:4537-4549.

ZHANG Q,STREETS D G,CARMICHAEL G R,et al,2009. Asian emissions in 2006 for the NASA INTEX-B mission[J]. Atmos Chem Phys,9(14):5131-5153.

ZHANG Y,BO X,ZHAO Y,et al,2019. Benefits of current and future policies on emissions of China's coal-fired power sector indicated by continuous emission monitoring[J]. Environ Pollut,251:415-424.

ZHENG J,HE M,SHEN X,et a,2012l. High resolution of black carbon and organic carbon emissions in the Pearl River Delta region,China[J]. Sci Total Environ,438:189-200.

ZHENG C,SHEN Z,YAN P,et al,2017. Particle removal enhancement in a high-temperature electrostatic precipitator for glass furnace[J]. Powder Technol,319:154-162.

ZUSKIN E,MUSTAJBEGOVIC J,SCHACHTER E N,et al,1998. Respiratory findings in workers employed in the brick-manufacturing industry[J]. Occup Environ Med,40:814-820.

第4章 移动源黑碳气溶胶排放特征

4.1 道路机动车排放

在大气 $PM_{2.5}$ 各种化学组分中,黑碳是化石燃料含碳物质不完全燃烧的产物,被认为对气候变化和人体健康具有显著影响(Jacobson,2002;Scwartz et al.,2008)。BC 吸收太阳光会使得能见度下降,同时 BC 对于公众健康也有影响(Bond et al.,2013),因为 BC 存在于细颗粒物中,当这些细颗粒物被吸入肺中会引发哮喘和其他健康问题。城市机动车颗粒物排放具有低空特征,对城市人群的健康影响更为显著(Du et al.,2011)。此外,交通排放还被认为是黑碳排放的重要贡献者,尤其是来自于柴油发动机的排放贡献(Bond,2007)。需要指出的是,以往对交通源黑碳的研究主要是基于平均排放因子的宏观清单方式,缺乏对包括车流量、车型构成和运行工况在内的道路交通流特征的关注。

BC 是柴油车 PM 的核心组成成分,一般而言,BC 占柴油车 PM 质量的 40%~90%(Maricq,2007;Shah et al.,2004),其主要来自于柴油中含碳物质的不完全燃烧。BC 引起的气候变化效应也早已被社会所关注,对美国休斯敦地区的研究表明,由于 BC 吸收了 280 nm 至 2500 nm 波长的太阳光,导致日间地表受到的辐射降低了 3.3 ± 1.0 $W \cdot m^{-2}$(Schwarz et al.,2009)。相比于 CO_2,虽然 BC 在大气中的停留时间极为短暂(一般不超过 2 周),但其通过改变辐射强迫和其他间接方式(如形成云、雪等)造成的温室效应却能达到 CO_2 的三分之二左右,BC 现已被公认为是继 CO_2 之后具有第二强度温室效应的污染物(Ramanathan,2008;Bond et al.,2013);BC 除了能改变气候环境之外,对人体健康的危害也是显而易见的。毒理学研究结果显示,码头工人患肺癌和膀胱癌的概率与其受的 BC 暴露水平有直接关联(Puntoni et al.,2001;Hodgson,1985)。

4.1.1 我国道路机动车黑碳排放清单

王燕军等(2015a)分析了我国 2010—2013 年柴油车黑碳排放状况。结果表明,2010—2013 年,我国柴油类机动车保有量从 2108.9 万辆增加到 2593.5 万辆,增长约 23%,年均增长 7.2%。与 2010 年相比,2013 年柴油类机动车保有量增长约 43.3%,达到 1984.9 万辆,增长率大于汽油类机动车。从 2010—2013 年各种柴油车车型的增速来看,增长最快的是轻型客车,增长 126.3%,其次为轻型货车和重型货车,分别增长 57.1% 和 46.5%,而三轮汽车和低速货车增长率呈现下降趋势。近年来,我国加强了对柴油车的污染控制管理力度,标准更新换代进程加快,黄标车和老旧车辆的淘汰管理力度和经济激励逐步加强,使得黄、绿标柴油车的构成发生了很大的变化。

2013 年全国柴油类机动车黑碳排放量为 31.33 万吨,与 2012 年相比,减少约 2.8%。2010—2013 年我国机动车的黑碳排放出现先增后减的变化规律,2011 年后呈现下降趋势。

2010—2013 年我国柴油类汽车的黑碳排放变化趋势与柴油类机动车的变化趋势一致。出现这种变化趋势的原因主要有两点：一是我国柴油车保有量仍呈现增长趋势；二是我国加大对黄标车的淘汰力度，黄标车的保有量逐渐减少。2013 年全国各省（区、市）的柴油类机动车保有量调查表明，柴油车保有量较大的省份主要集中在中东部地区，其中保有量前五的省份依次为山东、河南、河北、广东和辽宁，保有量分别为 244.1、220.2、214.8、176.1 和 139.4 万辆。此外，江苏和安徽的柴油车保有量也超过了 100 万辆。2013 年各省（区、市）柴油车黑碳排放量中，居前五位的省份为河南、河北、山东、广东和内蒙古，其黑碳排放量分别占全国柴油车黑碳排放量的 8.8%、8.5%、7.7%、7.2% 和 5.1%。

王燕军等（2015b）分析了在不同排放标准下，2013 年不同类型柴油车辆的黑碳排放量。结果表明，2013 年全国柴油类机动车保有量构成中，载客汽车约有 393.3 万辆，载货汽车为 1591.6 万辆，三轮汽车和低速汽车为 608.6 万辆。在各种车型所占比例中，轻型货车的比例最高，为 32.9%；其次为重型货车，占比 18.8%；三轮汽车和低速货车也占有一定比重，分别为 12.9% 和 10.6%。按照排放标准划分，在 2013 年全国柴油车保有量中，国 Ⅰ 前标准的柴油车约有 184.0 辆，占比 9.3%；国 Ⅰ 标准柴油车 155.5 万辆，占比 5.9%；国 Ⅱ 标准柴油车 222.6 万辆，占比 11.2%；国 Ⅲ 标准柴油车 1191.9 万辆，占比 60.0%；国 Ⅳ 及以上标准的柴油车 71.0 万辆，占比 3.6%。绿标车已成为我国柴油类机动车的主要组成部分。

2013 年我国各类柴油车黑碳的测算和研究分析表明，重型货车的黑碳排放量占柴油车黑碳总排放量的一半以上，为 61%；其次为大型客车，为 26%；中型货车和低速货车（包括三轮汽车）的黑碳排放分别占 6% 和 3%。该结果表明，重型货车和大型客车应该是我国目前机动车黑碳排放控制的重点。根据排放标准，我国各类柴油汽车的黑碳排放比重也有鲜明的特点。国 Ⅰ 前标准的柴油车排放的黑碳最多，占总排放量的 44.0%；其次为国 Ⅰ 柴油车，黑碳排放量占比 26.8%；国 Ⅲ 柴油车的黑碳排放量占比为 22.1%；国 Ⅱ 和国 Ⅳ 及以上排放标准的柴油车的黑碳排放量占比分别为 6.8% 和 0.3%。

在道路机动车排放清单方面，徐伟嘉等（2018）建立了广东省 2003—2014 年机动车黑碳排放清单，从省级尺度揭示黑碳排放规模、广东省内珠三角与非珠三角区域排放变化趋势以及分车型排放贡献特征。结果表明，对于广东省而言，机动车黑碳排放总体上表现为先下降再上升后减少的趋势，2014 年黑碳排放量为 6456.9 t。在 2012 年黑碳排放量出现拐点，显著下降，相比 2003 年和 2014 年黑碳排放量降幅达 17.4%。出现这种趋势有两点原因：一是 2013 年重型车国 Ⅳ 排放标准的实施和柴油国 Ⅳ 油品的升级；二是黄标车淘汰力度加大，黄标车保有量逐渐减少。

从区域角度来看，珠三角和非珠三角区域机动车黑碳排放呈现与广东全省相同的变化趋势。相比非珠三角，珠三角黑碳排放处于较高水平，2014 年珠三角黑碳排放量是非珠三角的 3.8 倍，这主要是由于珠三角区域机动车保有量规模及其增长速度显著高于非珠三角地区。珠三角区域黑碳排放的主要贡献城市是广州和深圳，而非珠三角区域黑碳排放的主要贡献城市是湛江、茂名和汕头，以上城市分别为两个区域经济水平较高的城市。因此，经济水平较高城市其黑碳排放分担率较高。总体而言，广东省机动车黑碳排放控制有成效，经济水平较高的珠三角为黑碳排放的主要区域，广州、深圳、湛江、茂名和汕头为黑碳排放的主要城市。

经济水平较高的珠三角区域黑碳排放水平显著高于非珠三角区域，而两者主要贡献车型一致，即大型客车、轻型货车和重型货车。2003—2014 年珠三角区域大型客车、轻型货车和重型货车的黑碳排放贡献率分别维持在50.0%~55.3%、21.8%~29.7%、8.8%~16.4%；非珠三角区域以上3种车型排放贡献率分别维持在32.9%~45.8%、17.4%~28.4%、17.0%~25.4%。珠三角和非珠三角区域主要黑碳排放贡献的车型一致，但是各车型之间排放贡献率变化趋势存在差别。黑碳排放贡献变幅较大的车型是轻型客车，呈上升趋势，珠三角区域2014年轻型客车黑碳排放贡献是2003年的5.6倍，在非珠三角区域甚至达到8.4倍，该趋势主要源于其保有量大幅度增加。其余车型排放贡献率变幅不大，但趋势上与轻型客车有所不同。例如，中型客车、微型货车、轻型货车、中型货车和摩托车排放贡献率呈现小幅度先增后减的变化规律。此外，摩托车在珠三角区域排放贡献率较小（<2.0%），而在非珠三角区域排放贡献率在4.0%以上，这由于非珠三角区域摩托车保有量在2003—2011年保持上升趋势，而广州、深圳等珠三角区域全面进入禁摩阶段，其保有量自2006年已开始下降。由此可见，摩托车限行措施对黑碳排放控制具有促进意义。

在全国尺度的道路机动车黑碳排放清单方面，Song等（2012）研究了我国1990—2009年道路机动车黑碳排放量的变化。结果表明，1990年至2005年道路机动车黑碳排放量逐年增大。1990年道路机动车黑碳排放量为15000 t，2005年道路机动车黑碳排放量为63800 t，是1990年排放量的4倍多。由于2006年与2008年国Ⅱ和国Ⅲ排放标准的实行，这两年排放量有所降低。2009年石油消耗量增加，使得当年道路机动车黑碳排放量（64000 t）略高于2005年。柴油卡车是最大的黑碳排放贡献源，占总排放量的83%~95%。在2009年，重型柴油卡车保有量约占总道路机动车保有量的4.3%，而其黑碳排放量占总排放量的78%。

1990—2009年，重型柴油卡车黑碳排放量为11500~50100 t，轻型柴油卡车黑碳排放量为900~10900 t。轻型柴油卡车2009年黑碳排放量是轻型汽油卡车排放量的10倍。由于排放标准的进一步严格实施，轻型汽油卡车的排放量也有所降低，而中型和重型汽油卡车由于保有量的下降，黑碳排放量也逐年降低。尽管交通源黑碳排放主要来自于柴油车，但是汽油车的排放不可忽略。与此同时，Song等（2013）还分析了我国1999年和2009年黑碳排放量的空间分布。结果表明，广东、山东和河北是排放量最高的省份，并且增长率也大于其他省份。

4.1.2 道路机动车黑碳排放因子

严晗等（2014）研究了北京2009年北四环西路中段的典型道路交通机动车的黑碳排放和浓度特征。选取8月（夏季）和12月（冬季）的典型工作日进行全天24小时监测。在监测路段总车流量日分布规律冬、夏无明显差异，均呈现显著的早、晚高峰特征，且高峰期时速均低于40 km·h^{-1}。

图4.1是根据冬、夏季平均交通流特征计算所得的机动车平均黑碳排放因子（EF_h）和排放强度（EI_h）的日变化规律。结果显示，黑碳平均排放因子与重型柴油车在总车流中所占比例呈现极强的相关（$R^2=0.97$）。日间，由于货车区域限行政策，重型柴油车所占的比例仅为2%~4%，总车流的平均黑碳排放因子为5.8±0.7 mg·km^{-1}·Veh^{-1}。而在夜间时段，重型柴油车比例上升到13%±5%，总车流的平均黑碳排放因子达到18.3±6.4 mg·km^{-1}·Veh^{-1}。

在该研究中，黑碳排放强度呈现出与平均排放因子完全不同的日变化特征。北四环中路西段的机动车黑碳排放强度冬、夏季差异不大（5%以内），并且呈现出明显的早、晚高峰特征。全天时均黑碳排放强度为17.9~115.3 g·km^{-1}·h^{-1}，早高峰时段（07:00—09:00）黑碳排放强度为106.1±13.0 g·km^{-1}·h^{-1}，晚高峰时段（17:00—19:00）为102.6±6.2 g·km^{-1}·h^{-1}。

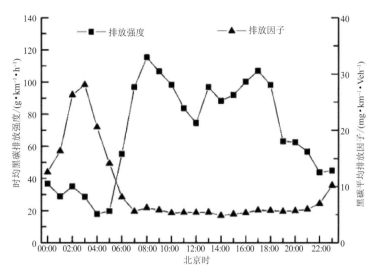

图 4.1 时均道路黑碳排放强度及单车平均排放因子(严晗 等,2014)

尽管夜间的平均车流量仅为全天各小时平均水平的 18%,但夜间黑碳排放强度仍达全天各小时平均水平的 43%,为 30.3 ± 6.7 g·km^{-1}·h^{-1}。

为了探究不同路段、不同车速下机动车的排放因子,严晗等(2014)在北京城区路段(北四环中路、南三环西路、前门东大街)和京藏高速路段进行了相关研究。结果表明,京藏高速路段 BC 单车排放因子为 70 ± 51 mg·km^{-1},且呈现出夜间单车平均排放因子大于昼间的特点,与重型柴油车占总车流的比例密切相关,两者呈现极强的相关($R^2=0.99$)。昼间重型柴油车在车队所占比例为 6%~43%(主要为柴油货车),总车流的 BC 单车平均排放因子为 39 ± 18 mg·km^{-1}。夜间时段,在小型客车车流量大幅度减少和货车区域限行的双重影响下,中、重型货车的车流量占总车流的比例显著升高,重型柴油车比例高达 $66\%\pm11\%$,总车流的 BC 单车平均排放因子也相应上升为 144 ± 22 mg·km^{-1}。北四环中路总车流 BC 单车平均排放因子为 9 ± 6 mg·km^{-1},小于京藏高速的 BC 单车排放因子。这是由于京藏高速全天中、重型货车绝对流量远大于北四环中路。该路段昼间重型柴油车在车队所占比例仅 2%~4%(主要为柴油公交车),总车流的 BC 单车平均排放因子为 6 ± 1 mg·km^{-1};夜间时段,货车(多数为重型柴油车)进入四环行驶,重型柴油车比例上升到 $13\%\pm5\%$,总车流的 BC 单车平均排放因子也相应上升为 18 ± 6 mg·km^{-1}。

南三环西路总车流 BC 单车平均排放因子为 12 ± 8 mg·km^{-1},也呈现夜间单车平均排放因子大于昼间的特点。昼间重型柴油车在车队中所占比例为 3%~6%(主要为柴油公交车),总车流的 BC 单车平均排放因子为 8 ± 1 mg·km^{-1},夜间重型柴油车比例上升到 $15\%\pm6\%$,总车流的 BC 单车平均排放因子也相应上升为 22 ± 10 mg·km^{-1}。前门东大街监测时段总车流的 BC 单车平均排放因子为 19 ± 6 mg·km^{-1},与上述 3 个路段不同的是前门东大街无中、重型货车通过,BC 的单车排放因子在 07:00—10:00 呈现出较为显著的高峰特征,这主要是因为前门东大街与天安门广场、故宫博物院等观光旅游景点相邻,该时段有大量的旅游客车驶入。另外,虽然前门东大街昼间车流量不及北四环路和南三环西路,但由于其位于城区中心地带且整条路交通信号灯较多,所以道路车速较低,导致单车排放因子较大。

郑轩等(2016)通过搭建一套新型的车载排放测试系统,选取4辆国Ⅱ货车、11辆国Ⅲ货车、8辆国Ⅳ货车和2辆国Ⅴ公交车进行重型柴油车BC排放研究。

如图4.2所示,国Ⅱ—Ⅳ车辆基于燃油消耗的平均BC排放因子分别为2224 ± 251 mg·kg^{-1}、612 ± 740 mg·kg^{-1}、453 ± 584 mg·kg^{-1}和152 ± 3 mg·kg^{-1};基于行驶里程的平均排放因子分别为369 ± 70 mg·km^{-1}、105 ± 136 mg·km^{-1}、76 ± 105 mg·km^{-1}和36 ± 5 mg·km^{-1}。

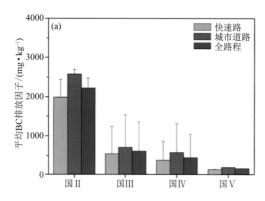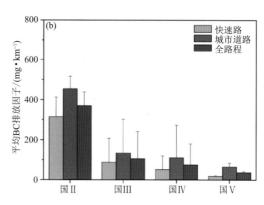

图4.2　基于排放标准的平均BC排放因子(郑轩 等,2016)
(a.基于燃油消耗;b.基于行驶里程)

在其他相关的台架测试研究中,Zhang等(2009)的研究结果表明,一台排量4.8 L没有加装DPF的国Ⅱ柴油发动机在负载50%、转速1400 rpm和负载50%、转速2300 rpm时BC的排放因子分别为91 mg·kg^{-1}和293 mg·kg^{-1};May等(2014)的研究结果显示,3辆机械喷油的重型柴油车在整个UDDS工况下的平均BC排放因子为221 ± 239 mg·kg^{-1},而郑轩等(2016)的结果中,国Ⅱ车队的平均排放因子为2224 ± 251 mg·kg^{-1}。两者差距较大的原因主要有以下两个方面:①与实际道路工况相比,相对简单的模拟工况容易使发动机排放处于比较优化的状态,从而导致其在实验室测试时的排放较低;②Petzold等(2013)研究认为,通过热学方法和光学方法测得的BC浓度可能会存在较大的区别,导致在计算BC排放因子时存在较大的不确定性。

高排放车的存在会导致车队的平均排放因子存在较大的偏差,如Ban-Weiss等(2009)对美国加州Caldecott隧道的研究表明,车队的平均BC排放因子为1700 mg·kg^{-1},而P90车辆的排放因子已经超过4000 mg·kg^{-1};Bishop等(2015)对美国加州Ⅰ—5道路边1094辆无DPF的重型柴油车进行了测试,平均BC排放因子为360 mg·kg^{-1},而P90车辆的BC排放因子却接近1000 mg·kg^{-1}。不同测试时间的结果也会存在较大的不确定性,如Grieshop等(2006)于2002年和2004年在美国宾夕法尼亚州Squirrel Hill隧道的研究结果表明,在隧道测试中不同季节的测试结果也会存在较大的差异,其研究中夏季隧道车队BC平均排放因子比冬季高1.5倍;而Ban-Weiss等(2009)的研究,同一年(2006年)在同一隧道(Caldecott)8月的测试结果比7月的测试结果高1.9倍左右。

相较于台架测试,烟羽跟踪测试的结果较小。Wang等(2011)研究表明,国Ⅲ和国Ⅳ柴油公交车的平均排放因子分别为410 mg·kg^{-1}和200 mg·kg^{-1},低于郑轩等(2016)的车载测试结果(749 mg·kg^{-1}和594 mg·kg^{-1})。产生较大差异的原因主要有以下两个方面:

①烟羽跟踪测试对每辆车的观测时间较短（1～7 min），同时被测车辆的车速稳定且较高（50～80 km·h^{-1}），这可能会导致车辆的BC排放水平较低；②在烟羽测试中，车辆的BC排放因子来自于烟羽中BC和CO_2浓度与背景污染物浓度的差值。而Ježek等（2015）的研究表明，BC排放因子对背景浓度（CO_2或BC）的变化极其敏感，背景浓度1个标准偏差的变化可能会使得最终获得的BC排放因子发生极大的变化（-40%～+80%），并且背景中CO_2浓度的变化对计算BC排放因子产生的影响会高于背景中BC浓度的变化。因此，在烟羽测试中，周边密集行驶的汽油车带来对背景CO_2浓度的抬升可能会使被测重型柴油车的BC排放因子被低估。

表4.1给出了国内外不同测试方法测得的基于距离的碳气溶胶排放因子。台架实验的OC排放因子为0.5～29.8 mg·km^{-1}，EC排放因子为0.08～39.1 mg·km^{-1}（Cheung et al., 2009；Fujita et al., 2007；Geller et al., 2005；Hays et al., 2013）。机动车不同的型号和油品使用情况均会对排放因子造成影响。Zhang等（2015d）利用PEMS研究了中国欧标前和欧标Ⅰ的柴油车排放情况，发现这类车的碳气溶胶排放因子高达281～667 mg·km^{-1}。在隧道测试中，由于轮胎磨损、刹车磨损和道路悬浮物的影响，测试得到的排放因子通常会高于在台架上的测试结果，OC排放因子为2.33～67.9 mg·km^{-1}，EC排放因子为1.28～40.3 mg·km^{-1}（Allen et al., 2001；Cheng et al., 2010；Gaga et al., 2018；He et al., 2008；Zhang et al., 2015d）。Kam等（2012）利用移动实验室测试了洛杉矶两条主干道上粗颗粒物（$D_p>2.5\ \mu m$）和细颗粒物（$0.25\ \mu m<D_p\leqslant 2.5\ \mu m$）的排放情况。

表4.1 不同测试方法机动车排放颗粒物中的碳气溶胶排放因子

参考文献	测试方法	测试地/国家	机动车类型	颗粒物类型	EF_{OC}/(mg·km^{-1})	EF_{EC}/(mg·km^{-1})
尾气测试						
本研究	台架测试	中国，南京	LDG	$PM_{2.5}$	0.82	0.77
			HDG	$PM_{2.5}$	2.59	3.79
黄成等（2018）	台架测试	中国，上海	国Ⅲ-国Ⅴ LDG	—	0.75～2.09	0.65～1.98
Hays等（2017）	台架测试	美国，北卡罗来纳州	柴油车	$PM_{2.5}$	0.74	
Hays等（2013）	台架测试	美国，北卡罗来纳州	LDG	$PM_{2.5}$	0.84	3.38
Kim Oanh等（2010）	台架测试	泰国曼谷	LDD	$PM_{2.5}$	12～67	10～130
			HDD		36～360	140～2600
Cheung等（2009）	台架测试	希腊，塞萨洛尼基	HDG	$PM_{2.5}$	0.95	0.05
			HDD		0.51～24.4	0.03～39.1
Schauer等（2008）	台架测试	美国	汽油车	$PM_{2.5}$	1.06	2.43
Jaiprekash和Habib（2017）	PEMS	印度	LDG	$PM_{2.5}$	8	1.20
			HDG		40	6
Zhang等（2015a）	PEMS	中国，湖北	欧标前HDD	$PM_{2.5}$	281	667
			欧标Ⅰ HDD		206	502
何立强等（2015）	PEMS	中国，北京	国Ⅰ-国Ⅲ HDD	$PM_{2.5}$	14～243	12～240

续表

参考文献	测试方法	测试地/国家	机动车类型	颗粒物类型	EF_{OC} /(mg·km^{-1})	EF_{EC} /(mg·km^{-1})
毋波波(2016)	PEMS	中国,北京	国Ⅲ—国Ⅳ LDD	$PM_{2.5}$	10.9～11.7	21.3～42.7
			国Ⅲ—国Ⅳ 中型柴油车		16.9～3.3	17.5～12.5
			国Ⅲ—国Ⅳ HDD		10.5～14.4	93.9～95.4
隧道测试						
Gaga 等(2018)	隧道测试	土耳其,Osmanagazi 隧道	混合型	$PM_{2.5}$	33.7	40.3
				$PM_{2.5-10}$	19.5	15.5
Cui 等(2016)	隧道测试	烟台,WZS 隧道	混合型	$PM_{2.5}$	19.4	22.5
	隧道测试	烟台,KXL 隧道			3.93	2.26
Dai 等(2015)	隧道测试	广州,珠江隧道	混合型	$PM_{2.5}$	16.7	16.4
Zhang 等(2015c)	隧道测试	广州,珠江隧道	混合型	$PM_{2.5}$	19.3	13.3
刘川等(2012)	隧道测试	深圳,地面隧道	混合型	$PM_{2.5}$	9.68	20.2
Mancilla 和 Mendoza(2012)	隧道测试	墨西哥,Loma Larga 隧道	混合型	$PM_{2.5}$	18.0	8.90
Cheng 等(2010)	隧道测试	中国,Shing Mun 隧道	柴油车	$PM_{2.5}$	67.9	13.0
Chiang 和 Huang 等(2009)	隧道测试	中国,Chuang-Liao 隧道	混合型	$PM_{2.5-10}$	2.73	3.56
				$PM_{2.5}$	3.56	15.1
Handler 等(2008)	隧道测试	奥地利,Kaisermuhlen 隧道	混合型	PM_{10}	18.8	21.3
				$PM_{2.5}$	5.40	17.8
He 等(2008)	隧道测试	广州,珠江隧道	混合型	$PM_{2.5}$	24.3	49.6
Geller 等(2005)	隧道测试	美国,Caldecott 隧道	HDV	$PM_{2.5-10}$	22.0	4.11
				$PM_{0.18-2.5}$	102.2	6.34
				$PM_{<0.18}$	134.6	—
Gillies 等(103)	隧道测试	美国,Sepulveda 隧道	混合型	PM_{10}	25.2	31.3
				$PM_{2.5}$	19.3	25.5
Allen 等(2001)	隧道测试	美国,Caldecott 隧道	LDV 为主	PM_{10}	3.14	3.64
				$PM_{1.8}$	2.33	1.28
道路测试						
Kam 等(2012)	烟羽测试	美国,洛杉矶	LDV	$PM_{10-2.5}$	0.82	—
				$PM_{2.5-0.25}$	0.67	—
				$PM_{0.25}$	3.19	0.34
Ning 等(2008)	交通路边站	美国,洛杉矶	LDG	$PM_{2.5}$	6.86	1.33

LDG:轻型汽油车;HDG:重型汽油车;LDD:轻型柴油车;HDD:重型柴油车;LDV:轻型机动车。—:无数据。

但目前对机动车碳气溶胶分粒径排放因子的研究主要集中在柴油车或数浓度的描述上,且粒径分级较粗糙。Li 等(2014)研究了不同喷油方式柴油机排放颗粒物数浓度的粒径分布。Lu

等(2012)利用台架测试了使用不同油料情况下,粒径范围为 56 nm~1.8 μm 颗粒物中 OC 和 EC 的排放因子。针对汽油车排放碳气溶胶的宽范围细分粒径排放因子的研究仍较少。

4.1.3 重型柴油车黑碳排放水平的影响因素

在郑轩等(2016)的研究中,重型柴油车黑碳排放水平的影响因素主要有以下方面。

(1)排放标准

BC 排放水平随着车辆排放标准的提高而降低。与国Ⅱ车相比,国Ⅲ、Ⅳ、Ⅴ车辆基于燃油消耗的 BC 排放因子分别下降 66%、77% 和 93%;基于行驶里程的 BC 排放因子分别下降了 69%、83% 和 88%。其中最大的排放削减出现在从国Ⅱ车至国Ⅲ车,与国Ⅱ车辆相比,国Ⅲ车的平均 BC 排放因子下降了 60% 左右。排放因子的显著降低主要归因于电控燃料喷油系统的应用和发动机燃烧条件的改善。电控喷油系统的引入使得燃油喷射压力和雾化程度更高,而燃烧室内燃烧温度的提高降低了燃料的不完全燃烧程度。而之后的国Ⅳ和国Ⅴ车辆进一步改进了发动机燃烧技术,使得车辆的 BC 排放水平再次下降。

(2)道路工况

车辆运行工况会对车辆 BC 排放产生显著影响。相比于快速路(平均车速 53±9 km·h^{-1}),所有测试车辆基于行驶里程的平均 BC 排放因子在城市道路时(平均车速为 19±4 km·h^{-1})增加 125%±112%。而基于燃油消耗的平均 BC 排放因子对于交通条件变化则相对不明显(在城市道路时的排放因子比在快速路时提高 40%±13%),原因是车辆的燃油消耗在不同道路工况下的变化不如行驶里程敏感(在同一单位时间内)。

4.1.4 不同类型机动车碳气溶胶排放特征

本书作者在机动车排放领域长期研究的基础上,近期选择了 45 辆在用机动车,并把它们分为 5 种典型的机动车类型,包括轻型汽油车(light-duty gasoline vehicles,LDG)、重型汽油车(heavy-duty gasoline vehicles,HDG)、柴油公交车(diesel buses,BUS)、轻型柴油车(light-duty diesel vehicles,LDD)和重型柴油车(heavy-duty diesel vehicles,HDD),测试其碳气溶胶排放特征,并获得了其排放因子和质量中值粒径,评估了其呼吸暴露风险。

汽油车的测试标准为 GB 18352.5—2013 中的城市统一循环(Li et al.,2017),在热启动条件下开展实验,该循环包含怠速、加速、减速和换档等工况。在一个循环周期内,运行时间、距离和平均速度分别为 195 s、1.013 km 和 19 km·h^{-1}。在热启动怠速工况下,对柴油车排放的颗粒物进行采样,每台柴油车的采样时间为 3 min。此外,所有测试车辆使用的燃油均为在南京市加油站购得的商用燃油。汽油和柴油均符合中国机动车燃料的国Ⅴ标准(中国国家标准化管理委员会,2016a,2016b)。表 4.2 中列出了各类机动车的具体测试信息。

表 4.2 采样信息

车辆类型	平均车速/(km·h^{-1})	采样辆数	单车采样时间/s	行驶距离/km
LDG	19	32	195	32.416
HDG	19	5	195	5.065
BUS	怠速	4	180	—
LDD	怠速	1	180	—
HDD	怠速	3	180	—

—:无数据。

ELPI+采样使用直径 25 mm 的石英膜。在采样前将石英膜置于马弗炉中于 550 ℃下烘烤 4 h,随后再在 20%~30℃和相对湿度为 40%~50%的环境中平衡 24 h。每进行一种类型车辆的实验后,均需清洁尾气经过的气路管道,包括不锈钢管、稀释采样系统和老化仓(Hao et al.,2019)。具体清洁方式如下:用超纯水清洗气路管道 3 遍,随后用无水乙醇擦拭 1 遍,最后用吹风机吹干。

由于 ELPI+各级撞击器是保证采样成功和质量准确的关键部位,需进行更为严格的清洗过程:将取下石英膜的各级撞击器放入装有无水乙醇的玻璃器皿后,置于 60 ℃的水浴超声锅中超声震荡 20 min;随后置于超纯水中重复以上步骤震荡 20 min。待超声清洗结束后,将各级撞击器分开放入用锡箔纸覆盖的托盘内,置于马弗炉中用 80 ℃烘烤 3 h。采样后,所有已采样的石英膜均用锡箔纸封闭,并在-20 ℃条件下冷藏以待后续化学分析。

此前有研究指出采用石英膜采样分析得到的 OC 含量会有 20%~50%的正向人为干扰。在本研究中,汽油车的 OC 质量浓度按 40%进行校正,柴油车的 OC 质量浓度则按 35%校正(Chen et al.,2010;Shah et al.,2004;Turpin et al.,2000)。

OC 和 EC 通过热/光碳分析仪(DRI Model 2001)进行分析(Chow et al.,2001)。该分析遵循 IMPROVE-A 协议:在纯氦气环境中,将炉内温度逐步提升至 140 ℃(OC1)、280 ℃(OC2)、480 ℃(OC3)和 580 ℃(OC4)。随后,将含 2%氧的氦气引入系统,并将温度进一步升高至 580℃(EC1)、740 ℃(EC2)和 840 ℃(EC3)。OPC 由 OC 热解产生,因此 OPC 是 OC4 的一部分。根据以上分析程序,OC 和 EC 可由下式计算:

$$OC = OC1 + OC2 + OC3 + OC4 + OPC \quad (4.1)$$

$$EC = EC1 + EC2 + EC3 - OPC \quad (4.2)$$

根据每个粒径段测得的 OC 或 EC 质量、采样时间内 ELPI+的进气体积和机动车行驶距离,计算各种机动车的基于距离的碳气溶胶排放因子。计算公式如下:

$$C_i(\text{mg} \cdot \text{m}^{-3}) = M_i/V \quad (4.3)$$

$$EF_i(\text{g} \cdot \text{km}^{-1}) = M_i \times 10^{-3}/(S \times N) \quad (4.4)$$

式中,M_i(mg)是每个粒径段上得到的 OC 或 EC 的质量;V(m³)是 ELPI+进气体积;S 是单次循环的行驶距离(1.013 km);N 是每种测试机动车的总数(表 4.2)。

为计算吸入碳质气溶胶在人体呼吸道中的沉积效率和沉积量,采用了由 Hinds 简化的 ICRP 模型(Guo et al.,2018;Hinds,1999)。该模型通过颗粒物在呼吸系统 3 个主要区域的沉降、惯性和扩散效应来表征沉积效果,其结合了实验数据和理论得到经验方程式。3 个主要区域包括头部区域(headway,HA)、支气管区域(tracheobronchial region,TB)和肺泡区域(alveolar region,AL)。该模型可以预测粒径大小为 0.001~100 μm 颗粒物的沉积效率,其误差范围为±0.03。HA 的沉积效率计算公式如下:

$$DF_{HA} = IF \times \frac{1}{1 + \exp(6.84 + 1.183\ln D_p)} + \frac{1}{1 + \exp(0.924 - 1.885\ln D_p)} \quad (4.5)$$

$$IF = 1 - 0.5\left[1 - \frac{1}{1 + 0.00076 \times D_p^{2.8}}\right] \quad (4.6)$$

其中,D_p(μm)是平均直径,IF 是颗粒物通过呼吸暴露进入人体的百分比。其他两个区域的沉积效率计算如下:

$$\mathrm{DF_{TB}} = \left(\frac{0.00352}{D_p}\right)\left[\exp(-0.234(\ln D_p + 3.40)^2) + 63.9\exp(-0.819(\ln D_p - 1.61)^2)\right] \tag{4.7}$$

$$\mathrm{DF_{AL}} = \left(\frac{0.0155}{D_p}\right)\left[\exp(-0.415(\ln D_p + 2.84)^2) + 19.11\exp(-0.482(\ln D_p - 1.362)^2)\right] \tag{4.8}$$

呼吸沉积量(respiratory deposition flux, RDF, $\mu\mathrm{g \cdot min^{-1}}$)通过如下公式计算:

$$\mathrm{RDF} = (\mathrm{VT} \times f) \times \mathrm{DF}_i \times C_i \tag{4.9}$$

式中, VT(m³)是单次吸入气体体积; f 是呼吸频率; DF_i 是沉积效率; C_i(mg·m⁻³)是不同粒径段碳质气溶胶的质量浓度。根据 Hinds(1999)的研究, VT 和 f 在此分别取 1.25×10^{-3} m³ 和 20 次·min⁻¹。

图 4.3 是各类型机动车排放碳质气溶胶的质量浓度。对于汽油车, HDG 的总碳(total carbon, TC) 质量浓度(2.42 mg·m⁻³)约为 LDG (1.24 mg·m⁻³)的 2 倍。对于柴油车排放的颗粒物, HDD 的 TC 浓度最高(11.22 mg·m⁻³), 其次是 BUS(10.25 mg·m⁻³)和 LDD(6.16 mg·m⁻³)。柴油车排放的平均 TC 浓度是汽油车颗粒物的 2.6~9.0 倍。除燃料类型外, 该差异主要受不同运行工况和排量影响。在低发动机负荷下, 较低的燃烧温度和燃油喷射量会导致燃烧不完全, 从而产生更多的 OC(Li et al., 2014)。Shah 等(2004)发现, 与巡航工况相比, 急速工况产生的 OC 浓度要高出 1.2~2.2 倍。在相同的运行工况下, 重型车辆消耗更多的燃料, 因此排放出更多的颗粒物(Imhof et al., 2005)。

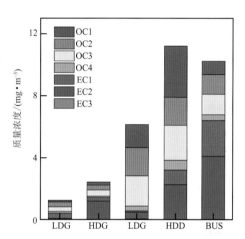

图 4.3 不同类型机动车排放 OC 和 EC 的质量浓度(LDG:轻型汽油车, HDG:重型汽油车, LDD:轻型柴油车, HDD:重型柴油车, BUS:柴油大巴车)

同样, 与轻型车和柴油车相比, 重型车和柴油车也排放更多的碳质气溶胶。HDG 的 EC 浓度是 LDG 的 2.4 倍, 这可能是因为重型和轻型车辆的发动机使用了不同的喷油方式(Choi et al., 2019; Li et al., 2014)。同时, 由于是在急速条件下对柴油机动车排放尾气进行采样, 较低的燃烧温度以及未完全燃烧的燃料和润滑油(Deng et al., 2020), 导致其 OC 浓度是汽油机动车的 4.8~10.5 倍。

图 4.3 给出了各类型机动车的碳质组分。LDG、HDG、LDD 和 BUS 排放的颗粒物中, OC 的主要组分是 OC2 和 OC3, 占比均超过 32%。HDD 排放的 OC 中 OC1 是其主要部分(41.4%)。对 EC 而言, HDG、LDD、HDD 和 BUS 排放的颗粒物中, EC2 在 EC 中占据大部分, 占比为 63.9~83.0%。在 LDG 排放的 EC 中, EC2 占 81.9%

OC 和 EC 的粒径分布如图 4.4 所示。LDG 排放的 OC 集中分布于 2.5~10 μm, 但 HDG 排放的 OC 无明显峰值。这表明, 在低发动机负荷下, 一些未燃烧的燃料或润滑油会凝聚成较大粒径的颗粒物。因为大颗粒团聚体的分形结构为有机气溶胶在原生颗粒间的孔隙或颗粒腔内的吸附和凝结提供了更多的活性位点(Ristovski et al., 2006)。与之相反, HDG 排放的 EC

在 0.94～2.5 μm 出现模态分布,而 LDG 的 EC 仅存在小的峰值。这一较大的峰值粒径与气候模型 RIEMS2.0 中假设模拟粒径为 0.1 μm 的情况不一致(Ma et al.,2017),这一差异会导致该模型对 HDG 排放 EC 的气候效应模拟出现偏差。

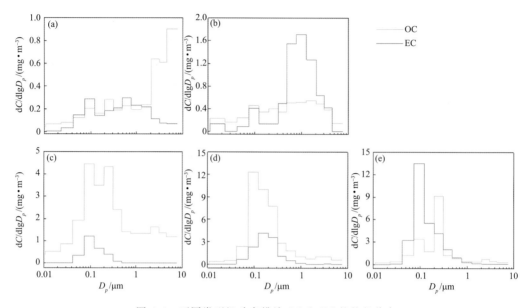

图 4.4　不同类型机动车排放 OC 和 EC 的粒径分布
(a)LDG;(b)HDG;(c)LDD;(d)HDD;(e)BUS

与汽油车相反,柴油车排放的碳质气溶胶呈现出不同的粒径分布,其排放的 OC 和 EC 均在 0.094～0.25 μm 粒径段中出现峰值。Lu 等(2012)对柴油发动机进行台架实验,并指出 OC 的峰粒径范围为 100～180 nm 和 560～1000 nm,EC 的峰粒径范围为 180～320 nm 和 560～1000 nm,与本研究结果类似。这一粒径分布可能是由于颗粒物的布朗运动造成的(Kerminen et al.,1997)。此外,由于进入采样系统的空气未经干燥,较大的相对湿度可能会导致水和硫酸二相成核过程并进一步造成超细颗粒物(ultrafine particles,UFPs)的生成(Holmén et al.,2002;Shi et al.,1999)。除了被证明是成核主因的水和硫酸二相成核物外,在装载选择性催化还原尾气处理装置的柴油车排放的尾气中,铵盐在高湿度环境下也可通过三相成核过程参与 UFPs 的形成(Olin et al.,2019;Weingartner et al.,1997)。但这一可能性在本研究中由于怠速工况较低(Meyer et al.,2007)。

柴油车排放碳质气溶胶的峰值浓度远高于汽油车。柴油车的 OC 是汽油车的 4.9～22.8 倍,而前者的 EC 是后者的 0.7～45.6 倍。因此,与汽油车相比,柴油车主要产生粒径较小的颗粒物,但其质量浓度较高,这一结论由质量中值粒径证明。

质量中值粒径(mass median diameter,MMD)指的是颗粒物小于或大于某一空气动力学直径的各尺寸颗粒的总质量占全部颗粒物质量 50% 时的直径。由于颗粒物的累积质量浓度与对应颗粒物粒径的对数呈线性关系,颗粒物的 MMD 常用线性拟合的方法计算(沈国锋,2007;Whitey,2007):

$$y = a\lg D_p + b \tag{4.10}$$

式中,y 是小于某粒径颗粒物的累计百分数,D_p 是各粒径段的上限切割粒径。得到拟合方程

后,将斜率(a)和截距(b)代入下式分别计算出 MMD 和离散度(δ_g):

$$\text{MMD} = 10^{\frac{50-b}{a}} \tag{4.11}$$

$$\delta_g = 10^{\frac{34.13}{a}} \tag{4.12}$$

5 种机动车排放的 3 种碳气溶胶颗粒物的累积质量分数与相应的上限切割粒径的对数拟合结果见图 4.5,TC 和 OC 的线性拟合结果较好,回归决定系数(R^2)为 0.87～0.98;HDD 和 BUS 排放的 EC 拟合结果稍差($R^2 < 0.85$)。计算得到的 MMD 和 δ_g 列于表 4.3 中。汽油车排放碳气溶胶的 MMD 为 0.41～1.67 μm,大于柴油车的 MMD(0.18～0.33 μm),说明汽油车排放碳气溶胶的粒径更大,与前面的讨论结果一致。同时,除 HDG 外,各机动车排放 OC

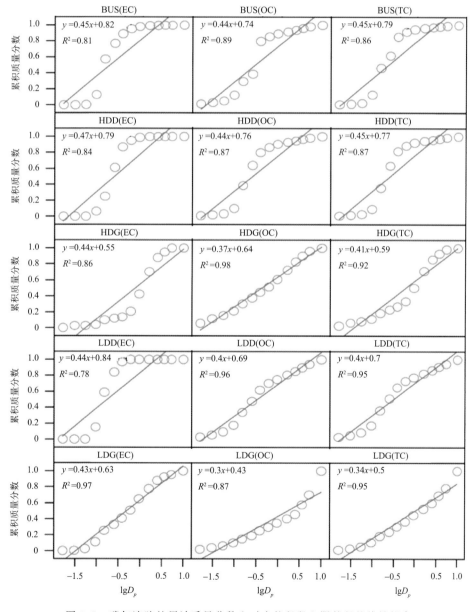

图 4.5　碳气溶胶的累计质量分数和对应粒径段上限粒径的线性拟合

的 MMD 也大于 EC,分别为 0.25～1.67 μm 和 0.18～0.48 μm。

表 4.3 五种典型机动车排放碳气溶胶的 MMD(单位:μm)和离散度(δ_g)

	TC			OC			EC		
	MMD	δ_g	R^2	MMD	δ_g	R^2	MMD	δ_g	R^2
LDG	1.00	9.91	0.95	1.67	11.2	0.87	0.48	7.98	0.98
HDG	0.60	8.33	0.92	0.41	9.16	0.98	0.76	7.82	0.88
LDD	0.31	8.48	0.95	0.33	8.57	0.96	0.18	7.68	0.88
HDD	0.25	7.63	0.87	0.25	7.76	0.87	0.25	7.23	0.84
BUS	0.23	7.67	0.86	0.29	7.70	0.89	0.19	7.64	0.81

4.1.5 与其他排放源比较

在道路或隧道环境中,$PM_{2.5}$ 中的 OC 和 EC 浓度分别为 2.4～21.7 μg·m^{-3} 和 0.98～21.3 μg·m^{-3}(Ancelet et al.,2011;Zhang et al.,2015;Zhang et al.,2016a),其结果远低于本研究的结果。这主要是因为本研究的采样结果来自排气管尾气,未与周围空气充分混合。对于其他排放源而言,来自电力或工业锅炉 PM_{10} 中的 OC 浓度为 0.71～37.96 mg·m^{-3},EC 浓度为 0.18～34.97 mg·m^{-3}(Ma et al.,2016)。在飞机涡轮风扇中,TC 质量浓度为 0.1～5.6 mg·m^{-3}(Elser et al.,2019)。本研究中的结果与它们相当,其浓度的变化主要与燃料类型、燃烧技术和环境条件的差异有关(Yan et al.,2019)。

4.1.6 不同类型车辆排放碳质气溶胶的 OC/EC 值

OC/EC 值通常用于区分化石燃料和生物质燃料燃烧排放的 OC,还可以用来区分一次有机气溶胶和二次有机气溶胶(secondary organic aerosols,SOA)(Pio et al.,2013;Robinson et al.,2007)。由于测定的大气样品会受各种排放源贡献的影响,该作用难以准确实现(Gordan et al.,2014;Yu et al.,2004)。

在图 4.6 中,LDG、BUS 和 HDD 的 OC/EC 在 1.6～2.5 μm 和 0.03～0.054 μm 粒径段颗粒物中有较高值(是其他粒径段的 1.8～68.3 倍)。这种现象主要是因为 EC 仅由不完全燃烧过程形成,以亚微米颗粒的形式聚集(Lapuerta et al.,2007);而 OC 由于凝结和凝聚过程分布在较大粒径的颗粒物内。由于无法检测出其他粒径段的 EC 浓度,LDD 的高 OC/EC 值主要在 0.094～0.94 μm 粒径段出现。HDG 的 OC/EC 在 0.25～0.38 μm 粒径段达到峰值,这可能由于其 EC 主要分布在大颗粒物中(0.94～2.5 μm)。在所有类型颗粒物中,最高 OC/EC 值 147.5 属于由 HDD 排放的粒径为 0.054～0.094 μm 的颗粒物。结合较高的质量浓度,高 OC/EC 值说明:尽管未定量分析,但尾气中可能有较多 SOA 的前体物产生。这些前体物排入大气环境后,会增加自凝结和光化学反应形成 SOA 的可能性(Gray et al.,1986)。此前有研究证实了这一假设,该研究发现柴油卡车在怠速或低速工况下的 SOA 排放量是其他工况的 3～4 倍(Gordon et al.,2014a,2014b)。因此,LDG 排放的细颗粒物、BUS 和 HDD 排放的超细颗粒物以及 LDD 排放的亚微米颗粒物在被排入大气中后会增加 SOA 形成的可能。

图 4.7 给出了 $PM_{0.006-0.094}$、$PM_{0.094-0.94}$、$PM_{0.94-2.5}$ 和 $PM_{2.5-10}$ 中的 OC/EC 值,其与图 4.6 存在不同的粒径分布趋势。在 0.006～0.094 μm 粒径范围内,HDD 的 OC/EC 超过 30(图 4.6);但 $PM_{0.006-0.094}$ 中的 OC/EC 仅为 5.39(图 4.7)。此前也有研究发现,大气环境样品中

PM$_{2.5}$和PM$_{10}$的OC/EC比值不同(Harrison et al.,2008)。这表明OC/EC值与粒径大小关系密切,并且细分粒径段下测得的OC/EC值可以进行更精准的预测。

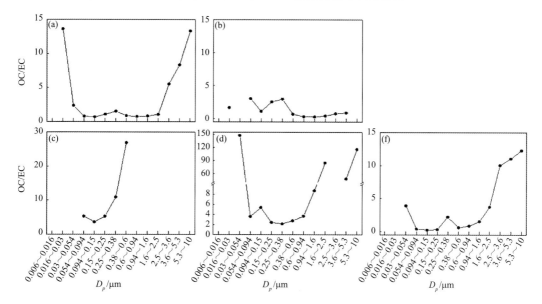

图4.6 不同类型机动车排放碳气溶胶OC/EC随粒径分布
(a)LDG;(b)HDG;(c)LDD;(d)HDD;(e)BUS

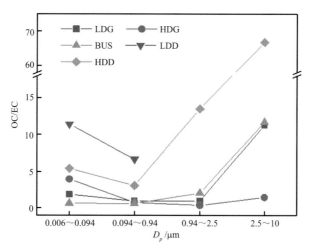

图4.7 不同类型机动车排放碳气溶胶OC/EC在自定义粒径段中随粒径分布

如表4.4所示,本研究PM$_{2.5}$中的OC/EC值在0.61至8.35之间。LDD与HDD的OC/EC分别为8.35和3.27(采样辆数较少可能会导致LDD的OC/EC值较高)。通常,柴油车的OC/EC值为0.3至0.9,而汽油车的OC/EC值为2至4.2。这与本研究矛盾,主要是因为怠速工况下会产生大量OC。有研究指出,怠速工况下OC/EC值比其他工况高约2~10倍(Cheng et al.,2015;Cui et al.,2017)。此外,怠速柴油车排放的高浓度碳质气溶胶和高OC/EC值也显示其尾气排放可能造成更多SOA产生。因此,有必要限制柴油车的怠速运行时间。

表 4.4　不同排放源 OC/EC 值的比较

参考文献	测试方法/排放源	国家/地区	车型	粒径	OC/EC
机动车					
本研究	台架测试	中国,南京	LDG	$PM_{2.5}$	1.05
			HDG		0.68
			LDD		8.35
			HDD		3.27
			BUS		0.61
Hays 等(2017)	台架测试	美国,北卡罗莱纳州	柴油车	$PM_{2.5}$	1.01
Jaiprakash 和 Habib(2017)	PEMS	印度	LDG	$PM_{2.5}$	7.69
			HDG		6.67
Cui 等(2017)	PEMS	中国	柴油挖掘机	PM	1.18
			柴油卡车		0.37
Zhang 等(2015c)	隧道测试	中国,珠江隧道	混合型	$PM_{2.5}$	1.45
Chen 等(2010)	隧道测试	中国,Shing Mun 隧道	柴油车	$PM_{2.5}$	0.54
Handler 等(2008)	隧道测试	奥地利,Kaisermuhlen 隧道	混合型	PM_{10}	0.90
				$PM_{2.5}$	0.30
He 等(2008)	隧道测试	中国,珠江隧道	混合型	$PM_{2.5}$	0.49
Ning 等(2008)	道路测试	美国,洛杉矶	LDG	$PM_{2.5}$	5.20
船舶					
Zhang 等(2016b)	近海船舶	中国	柴油船舶	$PM_{2.5}$	0.15~4.50
Moldanová 等(2009)	远洋船舶	欧盟	远洋货轮	$PM_{2.5}$	12.3
燃煤和生物质燃料					
Chen 等(2015)	民用锅炉	中国	燃煤	$PM_{2.5}$	0.38~3.13
Zhang 等(2015b)	民用锅炉	中国	燃煤	$PM_{2.5}$	7.6
			生物质燃料		10.8
Li 等(2009)	民用锅炉	中国	生物质燃料	$PM_{2.5}$	0.87~6.67
Zhi 等(2008)	民用锅炉	中国	燃煤	$PM_{2.5}$	1.56~14.3
Chen 等(2006)	民用锅炉	中国	燃煤	$PM_{2.5}$	1.14~14.1
Ma 等(2016)	工业锅炉	中国	燃煤	$PM_{2.5}$	1.3~4.2
Chow 等(2004)	工业锅炉	美国	燃煤	$PM_{2.5}$	9.7~35.7

与其他研究相比,本研究结果与通过 PEMS 测得的汽油车排放的高 OC/EC 值有所不同。例如 Jaiprakash 和 Habib(2017)在印度测得 OC/EC 为 7.69。这主要是由于排放标准和后处理设备不同造成的。但在隧道环境中,OC/EC 为 0.30 至 1.45,EC 的浓度超过 OC,这说明柴油车是该行驶环境下的主要车型(Kerminen et al.,1997)(表 4.4)。目前关于不同排放源的 OC/EC 已被广泛研究,例如船舶、煤炭和生物质燃料燃烧(Chen et al.,2006;Chow et al.,

2004;Ma et al.,2016;Li et al.,2009;Moldanová et al.,2009;Zhang et al.,2016a;Zhi et al.,2008)。通过对比发现,即使是相同的燃料,OC/EC 相差也较大。这种区别可归因于锅炉负荷和燃煤类型的差异,这一差异最终影响了燃烧温度(Ma et al.,2016)。因此,大气环境中的 OC/EC 与排放源有关,因此无法用其恰当地计算道路源的直接排放(Pio et al.,2011)。同时,用 OC/EC 高于 2 来表示 SOA 的排放存在不确定性。

4.1.7 碳质气溶胶排放因子

4.1.7.1 台架测试及与其他研究比较

由于无法计算怠速工况下柴油车的行驶距离,本研究仅给出汽油车排放碳气溶胶的排放因子(EFs)。在 PM_{10} 颗粒物中,LDG 和 HDG 的 OC 排放因子(EF_{OC})分别为 1.78 和 3.14 mg·km^{-1},而 EC 的排放因子(EF_{EC})分别为 0.88 和 4.32 mg·km^{-1}(表 4.5)。与质量浓度相似,HDG 的 EFs 是 LDG 的 1.7~4.9 倍。

将本研究的 OC 和 EC 的 EFs 与其他机动车尾气测试结果进行比较(表 4.1)。除在曼谷进行的实测外(Kim Oanh et al.,2010),大多数台架实验的结果与该文中的 EF_{OC} 和 EF_{EC} 接近(EF_{OC} 为 0.74~1.06 mg·km^{-1},EF_{EC} 为 0.73~2.43 mg·km^{-1})(Cheung et al.,2009;Hays et al.,2013,2017;Schauer et al.,2008),这表明本研究的实测结果是可信的。

4.1.7.2 与其他测试方法比较

对于 PEMS 而言,本研究的 EF 比 Zhang 等(2015a)在湖北测得的排放因子小得多(超过 100 倍,表 1.1)。这一巨大差异与排放标准和后处理设备不同有关(Forestieri et al.,2013;Kim Oanh et al.,2010):在 Zhang 等(2015d)和 Kim 等(2010)的研究中测试的车辆都是符合低排放标准的柴油车,且无后处理设备。高标准燃料中的硫含量低于低标准燃料的硫含量(Deng et al.,2020),燃料中的硫可转化为成核的硫酸颗粒,然后为挥发性有机化合物的吸附提供更多的活性位点,从而增加 OC 的排放量(Liu et al.,2005)。柴油车辆的后处理设备,例如柴油颗粒过滤器,不仅可以通过过滤捕获 EC,还可以降低可用于吸附半挥发性有机蒸气的表面积,从而减少 OC 排放(Cheung et al.,2009)。

表 4.5 LDG 和 HDG 排放碳气溶胶的分粒径排放因子(单位:mg·km^{-1})

组分	车型	颗粒物粒径/μm												
		0.006~0.016	0.016~0.03	0.03~0.054	0.054~0.094	0.094~0.15	0.15~0.25	0.25~0.38	0.38~0.6	0.6~0.94	0.94~1.6	1.6~2.5	2.5~3.6	3.6~5.3	5.3~10
OC	LDG	0.03	0.04	0.04	0.06	0.09	0.07	0.11	0.08	0.09	0.10	0.10	0.22	0.22	0.53
OC	HDG	0.18	0.19	0.12	0.18	0.28	0.23	0.22	0.21	0.30	0.36	0.32	0.24	0.19	0.12
EC	LDG	0	0	0.02	0.08	0.13	0.07	0.07	0.09	0.12	0.11	0.09	0.06	0.03	0.04
EC	HDD	0	0.11	0	0.06	0.25	0.09	0.07	0.30	0.93	1.21	0.75	0.31	0.22	0

LDG:轻型汽油车;HDG:重型汽油车

在道路隧道测试中,EF_{OC} 范围为 2.33~67.9 mg·km^{-1},EF_{EC} 范围为 1.28~40.3 mg·km^{-1}(Allen et al.,2001;Cheng et al.,2010;Gaga et al.,2018;He et al.,2008)。隧道中 EF 的高值与该环境含其他排放源有关。除机动车尾气排放外,其碳质气溶胶还包括再悬浮尘、刹车磨损和轮胎磨损(Harrison et al.,2012)。此外,柴油车辆的排放也会导致隧道中平均 EFs 的升高(Cui et al.,2016;Forestieri et al.,2013)。总之,碳质气溶胶的排放因子取决于颗粒物

粒径大小、排放标准和车辆类型,需要不断进行实测来及时更新。

4.1.8 碳气溶胶组成

图4.8给出了汽油和柴油发动机排放的各碳质组分占比随粒径的分布情况。对于汽油车颗粒物(见图4.8a和b)而言,OC的丰度显示两个峰:其中一个峰的粒径小于0.054 μm,另一个的粒径大于3.6 μm。在小于0.054 μm的颗粒物中,OC的质量分数(62.6%～100%)随着粒径的增大而降低,这可以归因于小粒径的颗粒物具有相对较大的比表面积,可吸附更多的挥发性物质(Kittelson,1998)。相反,对于大粒径颗粒物而言,当粒径从3.6 μm增加到10 μm时,质量分数从47.3%增大到100%。这种变化可被解释为:(1)较大的比表面积提供了更多的活性位点;(2)大颗粒物中更多的有机物促进了吸附(Han et al.,2019)。在所有粒径段的汽油车颗粒物中,OC的主要组分是OC2和OC3,其比例高于60%。

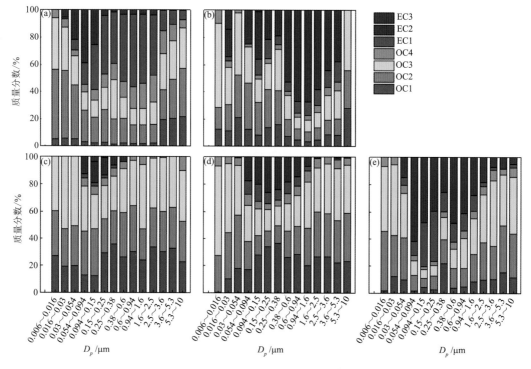

图4.8 不同类型机动车排放碳质组分质量占比随粒径的分布
(a)LDG;(b)HDG;(c)LDD;(d)HDD;(e)BUS

所有汽油车产生的EC均在0.6～1.6 μm处存在峰值。但是EC1和EC2分别是LDG和HDG排放EC的主要组分,占比分别为76.9%和79.5%。EC1主要通过燃料在较低的燃烧温度下热解形成,而EC2和EC3(soot-EC)则是在较高的燃烧温度下通过气-粒转化形成(Han et al.,2007;Watson et al.,1994)。在与LDG相同的运行工况下,HDG产生更多的EC2。这可能是受其喷油系统影响,HDG发动机缸内的燃烧温度和压力更高(Li et al.,2014)。通常,soot-EC主要分布在$PM_{0.1}$中(Han et al.,2019;Watson et al.,1994)。但是对于本研究HDG产生的颗粒物而言,在粒径0.38～5.6 μm内分布有大量的soot-EC(71.9%～88.7%),这是由小颗粒soot-EC之间的凝聚作用所导致(Han et al.,2018;Karjalainen et al.,2014)。

在 LDD 和 HDD 的碳质组分(图 4.8c 和 d)中,OC 组分的粒径分布相似:OC1 的质量分数在 $0.25\sim0.38$ μm 内有单峰值($38.8\%\sim53.2\%$),而 OC2 和 OC3 在所有粒径段的质量分数基本相同。LDD 和 HDD 的 EC 仅存在于 $0.054\sim0.94$ μm 粒径段中。EC 组分中以 EC2 为主,其在 $0.094\sim0.25$ μm 粒径段内占比最大,分别占 LDD 和 HDD 排放 EC 的 $71.6\%\sim100\%$ 和 $62.1\%\sim100\%$。

值得注意的是,BUS 排放的碳气溶胶组分特征与前述其他柴油车不同(图 4.8e)。在相同的运行工况下,BUS 产生的 EC 更多(OC/EC<1)。其中 EC2 为其主要组分,在 $0.094\sim0.15$ μm 粒径段有最大百分比(62.0%)。Zhu 等(2010)也发现 $PM_{0.1}$ 中的 EC2 浓度高于 $PM_{2.5}$。此外,BUS 排放的 EC 所在粒径范围更广,从 0.03 到 10 μm 均有分布。造成 BUS 与其他柴油车之间差异的原因尚不明确,但可能与发动机类型不同有关(Lu et al.,2012)。各类型的发动机以不同的方式向发动机缸内喷射燃料,这一差异会影响燃料与空气的空燃比及混合时间。当气缸中的氧气浓度较低时,较短的空燃混合时间和较低的空燃比会造成更多的 EC 产生(Li et al.,2014;)。形成 EC3 的燃烧温度较高(Watson et al.,1994),因此,所有车型机动车产生的 EC3 在各个粒径段中占比均最低,不到 5%。

综上可知,5 种机动车排放的 OC 中 OC2 和 OC3 是主要成分。柴油车排放的 EC 集中于亚微米颗粒物中($0.094\sim0.94$ μm),而汽油车排放的 EC 主要分布于细颗粒物中($0.94\sim1.6$ μm)。LDG 排放的 EC 中 EC1 占大部分,而其他车型排放的 EC 则以 EC2 为主,不同喷油方式造成了这一差异。

4.1.9 碳质气溶胶的吸入暴露

使用简化的 ICRP 模型来计算呼吸系统吸入分级碳质气溶胶的沉积量(respiratory deposition fluxes,RDF)。呼吸道通常分为三个区域,包括头部区域(headway,HA)、支气管区域(tracheobronchial region,TB)和肺泡区域(alveolar region,AL)(ICRP,1994)。计算得到的 RDF 参见表 4.6 和 4.7。OC 的总 RDF 为 $12.1\sim53.1$ $\mu g \cdot min^{-1}$,最低值属于 HDG(表 4.6)。EC 的总 RDF 为 $2.60\sim30.3$ $\mu g \cdot min^{-1}$,最低的是 LDD(表 4.7)。此前有报道应用该模型研究室内或室外大气环境中 $PM_{1.0}$ 和 PAHs 的 RDF,其 RDF 范围为 8.8 $ng \cdot h^{-1}$ 到 0.6 $\mu g \cdot h^{-1}$ (Lv et al.,2016;Khan et al.,2019;Segalin et al.,2017)。这些研究结果与本研究差距较大的主要原因是污染物类型不同(Luo et al.,2014)。此外,碳质气溶胶质量浓度较高是导致本研究 RDF 较大的另一个原因。

图 4.9 给出了在 $PM_{0.006-0.094}$、$PM_{0.094-0.94}$、$PM_{0.94-2.5}$ 和 $PM_{2.5-10}$ 粒径段内的 RDF。LDG、HDG 和 HDD 排放 OC 的 RDF 在粗颗粒物中出现峰值($3.46\sim8.91$ $\mu g \cdot min^{-1}$),而 HDD 和 BUS 的 RDF 均在 $0.094\sim0.94$ μm 段出现峰值,RDF 为 $13.6\sim30.1$ $\mu g \cdot min^{-1}$。在同一车型的 OC 和 EC 之间存在相同的 RDF 粒径分布趋势,特别是对于柴油车而言。LDD、HDD 和 BUS 排放的碳质气溶胶均在 $PM_{0.094-0.94}$ 存在峰值,在该粒径段中 OC 的 RDF 占比为 $29.1\%\sim56.6\%$,而 EC 的为 $75.3\%\sim86.0\%$,这与质量浓度的粒径分布有关。同时,沉积效应(sedimentation)使得该粒径段内的碳质气溶胶近半数($42.8\%\sim53.8\%$)沉积于肺泡区域。然而,RDF 和质量浓度存在不同的趋势。对于 HDG 排放的 OC 而言,尽管 UFPs 中 OC 对总 OC 浓度的贡献仅为 30.2%,但沉积在 AL 中的 OC 中约有 51.5% 来自 UFPs。这种区别说明质量浓度和颗粒物的粒径均是决定人体吸入暴露的关键因素(Han et al.,2016;Norris et al.,

1999)。

沉积在 AL 中的 OC 主要来自 UFPs,占 59.9%~62.7%,其沉积效率随粒径增大而降低。HA 中的 OC 沉积物主要来自粗颗粒,占 84.6%~88.3%。此前有研究报道超细颗粒物和细颗粒物主要沉积在 AL 中,而粗颗粒则沉积在 HA 中(Luo et al.,2014,2016;Manigrasso et al.,2018)。所有车型排放 OC 的主要沉积区域是 HA,沉积于其中的 RDF 分别是沉积于 TB 的 5.3~11.3 倍和沉积于 AL 的 1.2~4.8 倍。

EC 的 RDF 粒径分布呈单峰型。汽油车排放的 EC 在 $PM_{0.94-2.5}$ 达到峰值,而柴油车排放的 EC 在 0.094~0.94 μm 粒径段达到峰值,其 RDF 为 1.37~22.8 μg·min^{-1}。在 0.006~0.94 μm 粒径范围内,EC 在 HA、TB 和 AL 中的 RDF 占比分别为 32.3%~51.6%、6.91%~9.62% 和 40.7%~58.1%。这表明沉积在肺泡区域的 EC 以亚微米颗粒物为主。就具体车辆类型而言,汽油车 EC 的主要沉积区域为 HA,其 RDF 分别沉积于 TB 的 2.2~2.7 倍和 AL 的 8.5~8.7 倍。柴油车的 EC 主要沉积在 AL 中,其 RDF 是沉积于 HA 的 1~1.8 倍和 TB 的 5.8~6.8 倍。

表 4.6 不同类型机动车排放分粒径 OC 在人体呼吸系统 HA、TB 和 AL 区域的沉积量(单位:μg·min^{-1})

区域	车型	粒径/μm													Total
		0.006~0.016	0.016~0.03	0.03~0.054	0.054~0.094	0.094~0.15	0.15~0.25	0.25~0.38	0.38~0.6	0.6~0.94	0.94~1.6	1.6~2.5	2.5~3.6	3.6~5.3	5.3~10	
HA	LDG	0.07	0.04	0.03	0.03	0.05	0.05	0.12	0.14	0.25	0.39	0.55	1.50	1.76	4.61	9.59
	HDG	0.27	0.14	0.05	0.06	0.10	0.12	0.17	0.25	0.56	1.02	1.26	1.14	1.08	0.71	6.93
	BUS	0.26	0.14	0.11	0.30	0.76	0.59	3.98	0.88	0.84	0.87	0.88	1.60	1.26	1.44	13.9
	LDD	0.73	0.32	0.29	0.46	1.00	1.21	1.88	1.76	1.57	2.67	3.11	3.82	3.92	6.15	28.9
	HDD	0.34	0.19	0.16	0.58	2.76	3.45	3.35	2.07	1.96	1.91	1.73	2.31	2.79	2.72	26.3
TB	LDG	0.09	0.07	0.04	0.03	0.02	0.01	0.01	0.01	0.02	0.04	0.07	0.15	0.13	0.16	0.85
	HDG	0.35	0.23	0.08	0.06	0.04	0.02	0.01	0.01	0.04	0.11	0.15	0.12	0.08	0.02	1.32
	BUS	0.34	0.23	0.18	0.31	0.33	0.08	0.20	0.04	0.06	0.10	0.10	0.16	0.09	0.05	2.27
	LDD	0.96	0.53	0.46	0.47	0.44	0.17	0.09	0.08	0.12	0.29	0.37	0.39	0.29	0.21	4.87
	HDD	0.45	0.32	0.26	0.58	1.22	0.47	0.25	0.10	0.15	0.21	0.24	0.27	0.25	0.09	4.67
AL	LDG	0.16	0.21	0.18	0.15	0.11	0.05	0.08	0.07	0.12	0.14	0.14	0.24	0.17	0.19	2.01
	HDG	0.64	0.71	0.35	0.30	0.25	0.12	0.10	0.13	0.27	0.38	0.31	0.15	0.10	0.03	3.88
	BUS	0.62	0.74	0.75	1.54	1.86	0.59	2.47	0.48	0.40	0.32	0.25	0.12	0.06	0.06	10.4
	LDD	1.76	1.68	1.94	2.37	2.46	1.20	1.01	0.96	0.75	0.90	0.76	0.61	0.38	0.29	17.3
	HDD	0.83	1.01	1.10	2.94	6.80	3.44	2.09	1.13	0.94	0.70	0.42	0.37	0.27	0.11	22.2

考虑到沉积在 HA 和 TB 中的颗粒物可通过吞咽或粘液纤毛运输清除至体外(Chan et al.,2004;Stuart et al.,1976),因此与较大的颗粒物相比,到达肺泡的颗粒对人体健康的危害更大(Kumar et al.,2011)。Chan 等(2004)推测,沉积在肺泡中的 UFPs 可通过肺部炎症造成心力衰竭。此外,它们可转移至循环系统甚至导致心血管疾病发生造成的死亡(Geiser et al.,2005;Mehta et al.,2016)。因此,以上结果可作为控制微小粒径气溶胶和柴油车 EC 排放的依据,也可用于评估在车库、汽车测试工厂或拥挤道路中或附近工作人群的健康风险。

表 4.7 不同类型机动车排放分粒径 EC 在人体呼吸系统 HA、TB 和 AL 区域的沉积量(单位:$\mu g \cdot min^{-1}$)

区域	车型	粒径/μm													Total
		0.006~0.016	0.016~0.03	0.03~0.054	0.054~0.094	0.094~0.15	0.15~0.25	0.25~0.38	0.38~0.6	0.6~0.94	0.94~1.6	1.6~2.5	2.5~3.6	3.6~5.3	5.3~10	
HA	LDG	0.00	0.00	0.01	0.04	0.06	0.05	0.08	0.15	0.33	0.46	0.51	0.27	0.21	0.35	2.52
	HDG	0.00	0.08	0.00	0.02	0.09	0.05	0.00	0.36	1.71	3.41	2.95	1.49	1.20	0.00	11.4
	BUS	0.00	0.00	0.03	0.78	3.04	1.91	1.81	1.44	0.99	0.57	0.24	0.16	0.11	0.12	11.2
	LDD	0.00	0.00	0.00	0.09	0.28	0.23	0.17	0.07							0.83
	HDD	0.00	0.00	0.00	0.16	0.52	1.43	1.55	0.76	0.53	0.16	0.02	0.06	0.06	0.02	5.26
TB	LDG	0.00	0.00	0.02	0.04	0.02	0.01	0.01	0.01	0.03	0.06	0.03	0.06	0.01		0.30
	HDG	0.00	0.00	0.13	0.00	0.02	0.04	0.01	0.00	0.13	0.38	0.35	0.15	0.10	0.00	1.31
	BUS	0.00	0.00	0.05	0.79	1.34	0.26	0.09	0.07	0.07	0.06	0.03	0.02	0.01	0.00	2.79
	LDD	0.00	0.00	0.00	0.09	0.12	0.03	0.00	0.00							0.25
	HDD	0.00	0.00	0.00	0.16	0.23	0.20	0.08	0.04	0.04	0.02	0.00	0.00	0.00	0.00	0.77
AL	LDG	0.00	0.02	0.08	0.18	0.16	0.05	0.05	0.08	0.16	0.17	0.12	0.04	0.02	0.01	1.14
	HDG	0.00	0.43	0.00	0.22	0.05	0.04	0.01	0.00	0.83	1.25	0.72	0.22	0.12	0.00	4.18
	BUS	0.00	0.00	0.19	4.00	7.47	1.91	1.12	0.79	0.48	0.21	0.06	0.03	0.01	0.00	16.3
	LDD	0.00	0.00	0.00	0.45	0.64	0.23	0.11	0.06							1.49
	HDD	0.00	0.00	0.01	0.82	1.27	1.43	0.97	0.41	0.25	0.08	0.00	0.00	0.01	0.00	5.24

4.1.10 真实道路环境中黑碳气溶胶时空变化

本书作者也开展了真实道路环境条件下黑碳气溶胶时空变化特征研究。走航实验通过武汉天虹环保产业股份有限公司改装的专用走航车实现。该移动实验站搭载 AE-33 型黑碳仪和 GPS 定位系统,并通过一根采样管连接车外大气进行采样,进气口使用 2.5 μm 切割头。在黑碳仪与采样管之间用干燥管盛装干燥硅胶颗粒,以保持采样空气干洁。采样口位于走航车车顶,距离地面 3.2 m。移动实验走航路线如图 4.10 所示。

观测时间为 2019 年 5 月 27 日—6 月 18 日。其中,2019 年 5 月 27 日—6 月 8 日在两湖盆地内进行了两次走航。每次走航在咸宁、荆州和襄阳各停留 1 d 进行定点观测。2019 年 6 月 9 日—6 月 18 日在武汉—北京路线上进行走航观测,并在开封、新乡停留一段时间进行定点观测。由于走航路线经过高速公路,故可将道路环境分为高速路段、城区路段和服务区。走航车速在高速路段和城区路段分别为 80~90 $km \cdot h^{-1}$ 和 40~50 $km \cdot h^{-1}$。具体走航路线和走航时间安排分别见图 4.10,表 4.8 和表 4.9。

定点观测点位周边情况简介:

(1)咸宁:咸宁站点位于咸宁市黑山气象站,地处黑山山顶,属城市背景站,周边无工业源或道路源污染,仅在其东侧 150 m 左右有一条高速公路经过。

(2)荆州:荆州站点位于荆州区气象局,在其西侧 600 m 处是长江大学荆州校区,周围为居民区。经过该站点的道路属于城市次级道路。

(3)襄阳:襄阳站点位于襄阳市气象局。观测期间,在其西侧 50 m 左右有一处拆迁工地,

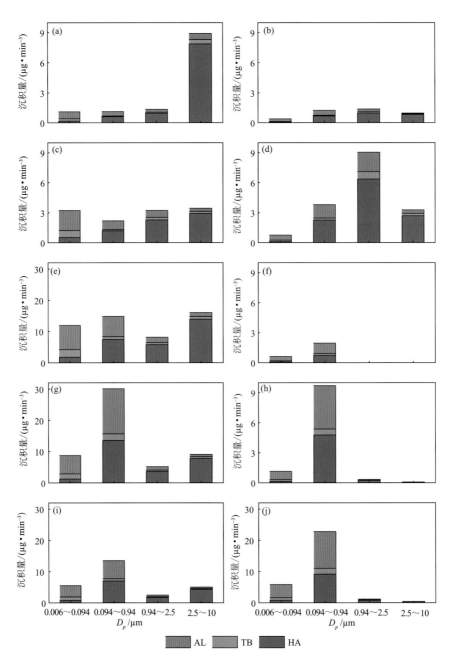

图 4.9 不同类型机动车排放分粒径碳气溶胶在 3 个呼吸系统区域
（AL：头部区域；TB：支气管区域；AL：肺泡区域）的沉积量
(a. LDG-OC, b. LDG-EC, c. HDG-OC, d. HDG-EC, e. LDD-OC, f. LDD-EC, g. HDD-OC,
h. HDD-OC, i. BUS-OC, j. BUS－EC)

经过其的道路为城市主干道，车流量较大。

（4）开封：开封站点选取开封市气象局，位于城区。周围有较多住宅区，且城市主干道经过其所在位置。

（5）新乡：新乡站点位于新乡市气象局，周围环境与开封站点类似，但周边住宅年代较久，居民楼更多。

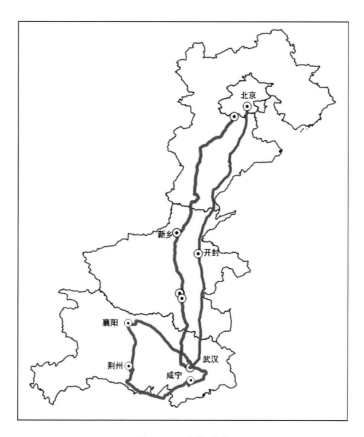

图 4.10 走航路线

表 4.8 定点观测点位信息

观测点位	经纬度	站点类型	观测时间	时间分辨率
湖北咸宁黑山气象站	114.37°E 29.85°N	城市背景站	2019年5月27日19:30—5月29日06:10 2019年6月3日23:00—6月4日06:00	1 min
湖北荆州荆州区气象站	112.15°E 30.35°N	城区	2019年5月29日20:00—5月31日09:00 2019年6月4日22:00—6月6日08:00	1 min
湖北襄阳襄阳市气象站	112.17°E 32.03°N	城区	2019年5月31日20:00—6月2日07:30 2019年6月6日16:00—6月8日07:00	1 min
河南开封开封市气象站	114.30°E 34.81°N	城区	2019年6月9日20:30—6月10日06:20	1 min
河南新乡新乡市气象站	113.89°E 35.30°N	城区	2019年6月15日20:30—6月17日06:30	1 min

主要的 BC 源解析模型包括黑碳仪光学模型、化学质量守恒模型(chemical mass balance，CMB)、macro-tracer 方法、正交矩阵因子分解模型(positive matrix factorization，PMF)、同位素示踪法及其他方法(Liu et al.，2018)。其中 CMB 和 PMF 模型可以区分多种排放源类，但

它们需要其他化学物质数据的支撑。黑碳仪光学模型可以区分的源类较少,且它仅需要7通道BC浓度数据就可实现模型的运行。

表4.9 走航观测信息

走航路线	走航时间	时间分辨率
武汉—咸宁	2019年5月27日09:55—14:25 2019年6月3日12:34—16:00	1 s
咸宁—荆州	2019年5月29日07:11—13:21 2019年6月4日09:45—15:15	1 s
荆州—襄阳	2019年5月31日09:50—14:24 2019年6月6日09:00—12:54	1 s
襄阳—武汉	2019年6月2日08:10—14:23 2019年6月8日09:10—15:09	1 s
武汉—开封	2019年6月9日08:57—17:57	1 s
开封—北京	2019年6月10日06:57—2019年6月11日00:56	1 s
涿州—新乡	2019年6月15日10:12—19:55	1 s
新乡—驻马店	2019年6月17日06:50—11:20	1 s
驻马店—武汉	2019年6月18日12:12—18:10	1 s

气溶胶对光吸收特性与波长的关系可用式(4.13)表示:

$$b_{abs}(\lambda) = K\lambda^{-AAE} \tag{4.13}$$

式中,b_{abs}是吸收系数;K为常数;AAE是 Ångström 指数(孙欢欢 等,2016)。

本研究中定义FF为液体燃料燃烧产生的eBC占eBC总浓度的百分比,它基于Sandradwei 等(程丁 等,2018)提出的模型计算得出。在中国,BC的主要排放源是固体燃料(生物质燃料和煤)和液体燃料(移动源使用的燃油)。模型中假设eBC气溶胶来源于液体燃料(liquid)燃烧和固体燃料(solid)燃烧,则eBC气溶胶的吸收系数$b_{abs}(\lambda)$可由这两项主要来源表示:

$$b_{abs}(\lambda) = b_{abs}(\lambda)_{liquid} + b_{abs}(\lambda)_{solid} \tag{4.14}$$

式中,$b_{abs}(\lambda)_{liquid}$和$b_{abs}(\lambda)_{solid}$分别代表液体燃料燃烧和固体燃料燃烧排放产生eBC所对应的吸收系数。同时,给出固体燃料燃烧和液体燃料燃烧对应的关系式:

$$\frac{b_{abs}(370)_{solid}}{b_{abs}(880)_{solid}} = \left(\frac{370}{880}\right)^{-AAE_{solid}} \tag{4.15}$$

$$\frac{b_{abs}(370)_{liquid}}{b_{abs}(880)_{liquid}} = \left(\frac{370}{880}\right)^{-AAE_{liquid}} \tag{4.16}$$

根据已有研究(程丁 等,2018;梁云平 等,2017;肖思晗 等,2018),假设$AAE_{liquid}=1$,$AAE_{solid}=1.8$,并结合式(4.14)—(4.16)最终可推算出FF:

$$FF = \frac{b_{abs}(880)_{liquid}}{b_{abs}(880)} = \frac{eBC_{liquid}}{eBC} \tag{4.17}$$

据此,可计算得出来自液体燃料燃烧的黑碳浓度eBC_{liquid}。

浓度权重轨迹分析法(concentration-weighted trajectory,CWT)是一种计算大气污染物潜在污染源区及其轨迹污染程度的方法。在该方法中,通过流经网格的轨迹及各轨迹对应的eBC浓度计算得出每个网格上存在的权重浓度。

$$C_{ij} = \frac{1}{\sum_{l=1}^{N} n_{ijl}} \sum_{l=1}^{N} C_l n_{ijl} \tag{4.18}$$

式中，C_{ij}是网格(i,j)上的平均权重浓度，N是网格(i,j)中的总轨迹数，C_l是经过该网格第l条轨迹对应的eBC质量浓度，n_{ijl}是经过该网格第l条轨迹的停留时间。

AE33原始数据的时间分辨率在走航观测和定点观测时分别为1 s和1 min，总共得到数据504149条。分析数据时将其全部处理成1 h平均值，并进一步计算得到时期均值。根据实验记录表，可将各走航段（不同地区、不同观测方式、不同道路环境）的数据分离。在数据预处理过程中，先将非正值删除，然后将异常值（与该小时平均值之差的绝对值大于3倍标准差）及人工换膜时标记的值进行剔除，最终得到的数据为305515条，数据有效率为72.5%。

4.1.11 两湖盆地走航观测

4.1.11.1 eBC浓度

图4.11给出了在两湖盆地走航期间的eBC时间序列，eBC小时平均值变化范围为$0.09\sim10.9\ \mu g \cdot m^{-3}$。由图可知，在走航时期（蓝色方框，相对于定点观测）均出现峰值波动。6月3日，eBC的瞬时浓度上涨至最高的$16.3\ \mu g \cdot m^{-3}$。该时段为在襄阳定点观测，该点位西侧50 m有一处拆迁工地，施工扬尘使得大气中颗粒物浓度上升明显（Chen et al.，2016）。

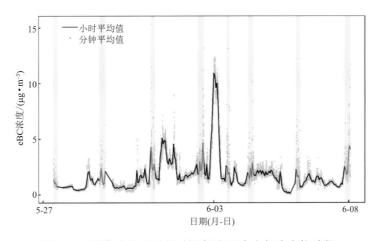

图4.11 两湖盆地eBC的时间序列（蓝色方框为走航时段）

图4.12是在两湖盆地走航所得eBC浓度的空间分布。由图可见，在城市附近（如武汉、黄石等），黑碳浓度升高（由$5\sim10\ \mu g \cdot m^{-3}$上升至$10\ \mu g \cdot m^{-3}$以上），城市存在较多的工业企业和较严重的道路源影响导致了这一现象（杨丹丹 等，2019）。此外，由于移动实验站会驶离高速进入定点观测城市（武汉、咸宁、荆州和襄阳），城区内较慢的行驶车速和集中的道路源排放，也使得靠近城市的eBC浓度上升。除城市附近外，在荆州—襄阳和襄阳—武汉的部分路段上，eBC浓度也较高，趋近或大于$10\ \mu g \cdot m^{-3}$。这主要是因为荆州—襄阳和襄阳—武汉所经高速公路上存在较多重型卡车，增大了沿途的eBC浓度。

4.1.11.2 不同走航线路eBC浓度比较及其排放源贡献

由于走航观测数据反映了时间和空间上的变化，将走航数据按照不同走航路线进行平均，可反映不同路线上eBC的空间变化（杨丹丹 等，2019）。两湖盆地各走航路线上的eBC平均浓度如图4.13所示。各路线上eBC平均浓度从高到低依次为：荆州—襄阳（$2.43\pm2.03\ \mu g \cdot m^{-3}$）＞襄阳—武汉（$2.02\pm2.02\ \mu g \cdot m^{-3}$）＞咸宁—荆州（$1.72\pm0.97\ \mu g \cdot m^{-3}$）＞武汉—咸宁（$1.49\pm$

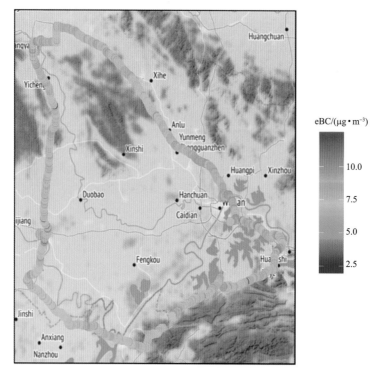

图 4.12 两湖盆地走航 eBC 空间分布

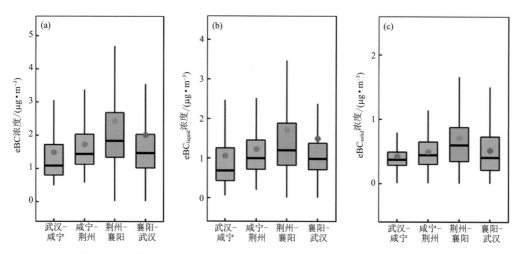

图 4.13 两湖盆地各走航路线中(a)eBC、(b)eBC$_{liquid}$、(c)eBC$_{solid}$ 浓度平均值(箱线图中,箱型上下两端的横线分别代表数据的 75% 和 25% 分位数,须线的上下两个顶点代表数据的 95% 和 5% 分位数,箱内横线代表中位数,箱内圆点代表平均值)

1.25 μg·m^{-3})。由于移动观测实验站未搭载摄像头记录道路上机动车行驶情况,本研究采用单位时间内对侧车道驶过的重型货车平均数(the number of trucks passing in the opposite lane, NTO)来展现该路段重型柴油车密度,NTO 单位为辆·min^{-1}。从武汉行驶至咸宁时,高速行驶车辆以小型汽油车为主,因此该路段内的 eBC 浓度最低。与之相比,荆州—襄阳和襄阳—武汉段内由于货运承担量较大,高速公路上无论同向还是对向车道均以重型柴油卡车为主,NTO 为 12 辆·min^{-1},其他两段 NTO 仅为 8 辆·min^{-1}。与轻型汽油车相比,重型柴油车的 BC 排放因子是其 15~30 倍(Song et al.,2012)。这使得荆州—武汉的 eBC 浓度显著上升(与武汉—咸宁段相比增加 65% 左右),与图 4.12 中相应走航路线的 eBC 浓度分布结果一致。此外,在武汉—咸宁和襄阳—武汉段的走航路线中,高速公路所经区域多为山地丘陵。与其他两段多为平原的走航路线相比,周围的排放源较少,工厂燃煤排放的碳气溶胶污染物对公路所经区域的影响较小,BC 浓度相对较低。梵文智等(2018)利用激光雷达在徐州市区进行城市范围走航,发现生态区域的消光系数均小于工业区域和商业区域的值,也证明了这一现象。

图中还有一个值得关注的点是各路线测得 eBC 浓度均呈偏态分布,即平均浓度高于中位值浓度(Chen et al.,2020)。特别是在襄阳—武汉段内,eBC 平均值比中位值高 37.1%,武汉—咸宁、咸宁—荆州和荆州—襄阳 3 条走航路线分别高出 36.7%、19.4% 和 32.6%。这说明在走航环境中,eBC 的本底浓度较低,但突然经过的高值浓度区(如重型柴油车集中路段或怠速柴油车较多的服务区内)会抬升 eBC 平均浓度。

为定量研究走航观测期间两种主要排放源对 eBC 浓度的贡献,本研究利用黑碳仪光学模型计算了不同走航路线上液体燃料燃烧(eBC$_{liquid}$,如机动车燃油或非道路移动机械燃油)和固体燃料燃烧(eBC$_{solid}$,如煤或生物质)的浓度值。由于观测环境为公路区域,因此假设液体燃料全为道路源(traffic)排放产生。两湖盆地各走航路线内 eBC$_{liquid}$ 和 eBC$_{solid}$ 的平均浓度如图 4.13b 和 c 所示。由图可知,eBC$_{liquid}$ 分布趋势与 eBC 浓度保持一致,在荆州—襄阳段内有最大值,为 1.72±0.97 μg·m^{-3},其他 3 段路线的浓度范围为 1.07~1.50 μg·m^{-3}。eBC$_{solid}$ 在 4 段走航路线内的浓度顺序也与 eBC 一致。

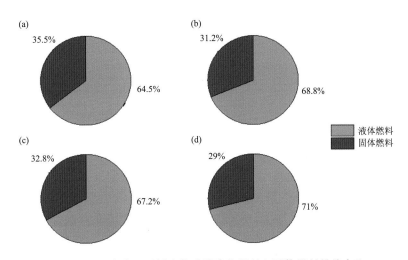

图 4.14 两湖盆地不同走航路线液体燃料和固体燃料排放占比
(a. 武汉—咸宁,b. 咸宁—荆州,c. 荆州—襄阳,d. 襄阳—武汉)

除计算不同排放源的贡献浓度外,本研究还计算了在两湖盆地走航期间的 FF,定义为液体燃料燃烧(traffic)产生 eBC 占总 eBC 浓度的百分比。图 4.14 给出了两湖盆地各走航路线 FF 的平均值。4 条路线的平均 FF 范围为 64.5%~71.0%,偏差范围较 eBC 的小(FF 的最大值比最小值多 10%,后者相差 63.1%),这说明 4 段路线上道路源的贡献程度相似。移动实验站走航经过了两湖盆地大、中型城市和偏远地区以及山地、丘陵和洞庭湖平原。因此,可以得出两湖盆地内道路环境机动车排放对 eBC 浓度产生的影响程度相似。FF 大于 64% 也说明道路源是走航路线上 eBC 的主要排放源。此前有多个研究通过实时观测发现,在夏季或清洁天时,当地道路源是黑碳的主要贡献源;而在冬季灰霾天时,黑碳排放来源复杂,除受道路源影响外,还含有居民取暖(生物质燃烧)、工厂燃煤燃烧以及从其他地区传输来的污染物(Liu et al.,2018;Wang et al.,2016)。Wu 等(2017)对冬季的北京通过单颗粒黑碳光度计观测到研究期间道路源对 BC 的贡献为 59%,而该占比在污染天下降。

4.1.11.3 定点观测 eBC 浓度比较及其排放源贡献

在两湖盆地两次走航期间,移动走航车分别在咸宁、荆州和襄阳 3 地名停留 1 d,以观察一个完整观测日周期内污染物浓度的变化情况,同时也研究不同排放源对其造成的影响。其中,荆州和襄阳有两次完整的日变化观测资料,咸宁仅 1 次。

图 4.15 给出了在 3 地观测的 eBC、eBC_{liquid} 和 eBC_{solid} 平均浓度。咸宁、荆州和襄阳的 eBC 平均浓度分别为 $0.92±0.46~\mu g \cdot m^{-3}$、$1.17±0.67~\mu g \cdot m^{-3}$ 和 $1.83±1.14~\mu g \cdot m^{-3}$,这一浓度排列顺序与观测点周边排放情况有关。由于咸宁观测点选在黑山气象站(万蓉 等,2011),位于黑山山顶,周边均为山林,仅在东侧山脚下 150 m 处有一条高速公路经过,较少受到道路源或其他排放源影响,因此该点作为城市背景站 eBC 浓度较低。相反,距襄阳观测点 50 m 左右有一处拆迁工地,第一次观测期间处于施工状态。同时,该点处于城市主干道旁,来往的机动车对观测结果影响较大。但与走航的 eBC 浓度相比,该点的 eBC 浓度仍较低($<2.02~\mu g \cdot m^{-3}$),这主要是因为除受施工颗粒物和非道路机械燃油影响外,在该主干道行驶的机动车主要是小型机动车,eBC 排放浓度较重型柴油车低(Imhof et al.,2005)。而荆州观测点处于住宅区域,eBC 浓度处于以上两个点观测浓度之间。值得注意的是,在襄阳点测位第二次定点观测时(2019 年 6 月 6—8 日)恰逢 2019 年高考,襄阳市城区在考试期间对机动车限行,同时为避免施工造成的噪声干扰,工地也处于停工状态。可由图知,襄阳测点的 eBC 浓度下降至 $1.15±0.36~\mu g \cdot m^{-3}$,降幅为 68%。众多关于大型活动对空气质量影响的研究发现,临时管控措施对于改善空气质量具有明显效果(陶俊 等,2013;Cai et al.,2011)。Chen 等(2016)对

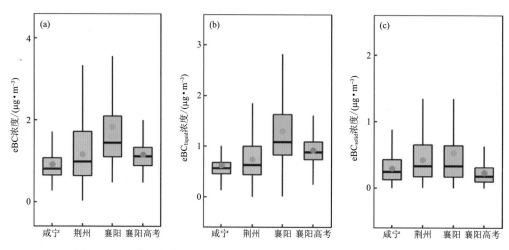

图 4.15　两湖盆地各定点观测(a)eBC、(b)eBC_{liquid} 和(c)eBC_{solid} 浓度平均值

2005—2013年连续9年北京城区范围的$PM_{2.5}$进行采样分析,发现由于北京奥运会期间的管控措施,2008年的$PM_{2.5}$浓度在9年间最低。这一现象也提醒需提高发动机减排技术并做好工地除尘降尘措施,这对于改善城市大气污染水平具有重要意义。3个观测点的eBC_{solid}和eBC_{liquid}浓度分布趋势与eBC一致,均为襄阳最高,咸宁最低。

图4.16是3个观测点的FF平均值,咸宁、荆州和襄阳的FF平均值分别为70.2%±15.4%、63.5%±15.9%和75.3%±14.3%。荆州点的FF值最小,其占比顺序与eBC浓度存在差异。这可能是因为荆州点所在的荆州区气象局距长江大学仅600 m,且周围存在较多老式居民楼。eBC浓度除来自道路机动车排放外,居民家中做饭使用的民用煤燃烧排放也可能影响其源类占比(刘玺 等,2019)。在高考时,由于工地停工,襄阳点的FF值增大至81.2%±12.6%(图中未显示),说明在此期间eBC浓度下降至较低水平的同时,机动车排放成为重要排放源。

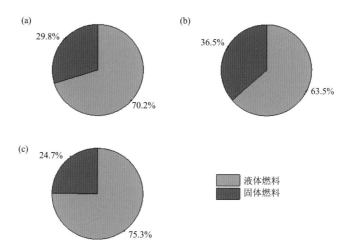

图4.16 两湖盆地不同定点观测站液体燃料和固体燃料排放贡献占比
(a.咸宁,b.荆州,c.襄阳)

4.1.11.4 eBC质量浓度、道路源贡献和AAE的日变化特征

Begum等(2016)指出,在大陆性站点实测的黑碳浓度存在明显的日变化特征。通常情况下,BC浓度的日变化特征与当地人类活动、近地层气象条件以及大气边界层的动力状况密切相关(Began et al.,2016;Prasad et al.,2018)。低温、低风速会导致形成稳定的大气温度层结,不利于污染物扩散(孙欢欢 等,2016)。图4.17a展示了不同观测站的eBC浓度日变化曲线。在咸宁和襄阳存在两个明显的高值时段,分别是06:00—08:00以及19:00—23:00左右,eBC浓度变化范围分别为0.40~1.30 $\mu g \cdot m^{-3}$和1.00~2.70 $\mu g \cdot m^{-3}$。其中,咸宁的早高峰比襄阳提前1 h。结合图4.17b、c及e,可以推测得出造成襄阳早高值和咸宁晚高值的主要排放源是道路源,均占76%左右。而在咸宁早高值时段(襄阳晚高值时段),eBC_{solid}浓度由之前的0.30 $\mu g \cdot m^{-3}$(0.30 $\mu g \cdot m^{-3}$)上升至0.50 $\mu g \cdot m^{-3}$(1.10 $\mu g \cdot m^{-3}$),增幅达66%(266%),而同时段的eBC_{liquid}相对较低。因此,推测造成这一时段浓度变化的主要原因为固体燃料燃烧。AAE值与FF值呈现相反的变化趋势,咸宁和襄阳的AAE日变化范围分别为0.95~1.32和1.12~1.34。在日间其他时段(11:00—18:00),eBC浓度的下降除与道路机动

车行驶量减少有关外,边界层完全形成后有利的气象条件也使得污染物易于扩散(Jing et al.,2019)。与冬季或污染天相比,由于污染物排放时段的集中和较少的逆温现象,夏季的eBC浓度日变化特征更为明显(Goyal et al.,2006)。

值得注意的是,由于咸宁测点位于黑山气象站,主要道路源污染来自150 m外的高速公路。可以从图4.17e观察出日间FF值(07:00—20:00,>70%)明显高于夜间,而在17:00前后FF值下降至52%。这可能跟高速机动车行驶特征有关:日间高速道路上机动车流量大,排放的尾气污染物较多;而在17:00前后机动车相继进入服务区休息,车流量减小,污染物排放量下降;同时站点居民做饭使用的固体燃料燃烧使得eBC中的液体燃料燃烧排放占比进一步下降(Liu et al.,2018;Jing et al.,2019);随后机动车流量回升,直至22:00。荆州测点的eBC日变化也存在两个明显的高值时段,但早高值相对较早(05:00前后),这可能与周围居民早起做饭使用固体燃料有关。同时,与此前两个测点相比,荆州eBC浓度的变化幅度相对较小(55.9%<71.4%<81.5%),这可能与该测点距交通干道较远有关,周期性的上、下班高峰未对其造成明显的日变化影响。但从FF值来看,在上、下班高峰时段(07:00—09:00和17:00—18:00),FF值为68%~72%,道路源仍是eBC的主要贡献者。

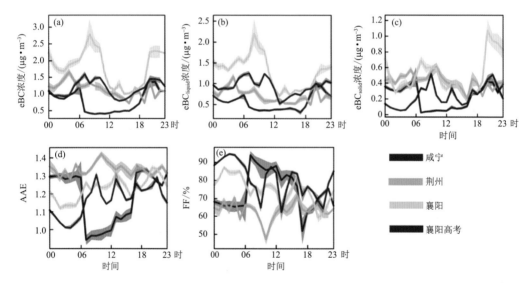

图4.17 两湖盆地各观测站点不同参数的日变化曲线
(a. eBC浓度,b. eBC_{liquid}浓度,c. eBC_{solid}浓度,d. AAE,e. FF)

将高考期间襄阳的eBC污染物与整个襄阳观测期对比,发现除浓度下降外(平均值由1.83±1.14 μg·m^{-3}下降至1.15±0.36 μg·m^{-3}),早高峰时段由单峰分布发展为双峰分布,这意味着由于高考交通管制,市民选择避开考生集中入场的08:00前后出行。同时,由于停止考点附近在建工地的施工作业,道路源排放占比(FF)在高值时段更大(最大超过90%)。

4.1.12 武汉—北京走航观测

4.1.12.1 eBC浓度

图4.18给出了在武汉—北京走航期间的eBC时间序列,eBC小时平均浓度为0.58~5.29 μg·m^{-3},总平均为1.81 μg·m^{-3}。由图可知,在离开或进入城市时(走航段开始或结束),会出现高值,特别是在6月15日由河北涿州至新乡时,eBC瞬时浓度最高上涨至

21.9 μg·m^{-3}。这提示由于大型城市(如北京)作为重型柴油卡车的集散地,在接近这一区域时,增多的重型柴油车数量会造成eBC的浓度上升,这也导致城市地区道路环境的空气质量比非城市地区差。Song等(2013)于2009年夏季分别在城区和偏远地区设点采样,发现城区BC浓度(8.1 μg·m^{-3})高于偏远地区(1.9 μg·m^{-3})。

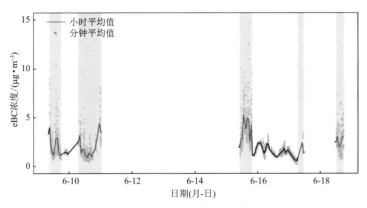

图4.18 武汉—北京eBC的时间序列(蓝色方框为走航时段)

图4.19是武汉—北京走航测的eBC浓度的空间分布。由于GPS数据丢失,仅绘出由河北涿州至武汉eBC的部分分布情况。由图可见,在京港澳高速上,大部分路段的黑碳浓度均在7.5 μg·m^{-3}以上,仅在进入湖北省后,在部分山区路段eBC下降至5.0 μg·m^{-3}。随后进入武汉市城市圈后,eBC浓度上升至10 μg·m^{-3}以上。这与之前在两湖盆地的走航情况类似,在山地丘陵地区由于工厂等排放源的减少,eBC浓度较低(樊文智等,2018)。同时,根据走航记录,道路上重型柴油车的减少也使得这一局部区域eBC浓度降低现象更加明显。

4.1.12.2 不同走航线路eBC浓度比较及其排放源贡献

图4.20给出了武汉—北京不同走航路线上的eBC、eBC$_{liquid}$和eBC$_{solid}$浓度,由于新乡至驻马店数据量较小(数据筛选后分钟平均值仅34条),故将新乡—驻马店和驻马店—武汉合并为新乡—武汉。由于需在06:00之前离开北京,故返程路线自临时休整地河北涿州开始,该点距北京约70 km。各路线上eBC平均浓度从高到低依次为涿州—新乡(3.83±2.22 μg·m^{-3})>新乡—武汉(2.49±1.23 μg·m^{-3})>武汉—开封(2.05±1.47 μg·m^{-3})>开封—北京(1.82±1.25 μg·m^{-3})。为区分不同高速路线上的车流量和重型柴油卡车占比对eBC浓度的影响,武汉—北京走航选取了两条不同的高速路线,分别是武汉—北京的大广高速(G45)和北京—武汉的京港澳高速(G4)。京港澳高速作为我国的南北交通

图4.19 武汉—北京走航eBC浓度空间分布

大动脉,同时也是华北、华中和华南联结首都的主动脉,在货物运输方面被业界称为"黄金大通道"(乔通 等,2012),其重型车占比明显高于大广高速。根据走航记录表,在G4上的单位时间平均对侧来车数量(NTO)是G45的两倍左右(分别为 15 辆·min^{-1}和 7 辆·min^{-1})。NTO的数量差异解释了涿州—武汉的eBC浓度高于武汉—北京的值。同时,由于北京作为重型柴油车的集散地,众多大型货车会进出此地,因此在涿州—新乡的eBC浓度是新乡—武汉的1.5倍左右。而去程中的eBC$_{武汉-开封}$小于eBC$_{开封-北京}$也跟高速公路上货车数量有关,前半程的NTO较后半程多2辆·min^{-1}。

北京重型柴油车仅在夜间(00:00—06:00)允许进入北京五环至二环范围内行驶,因此夜间北京的eBC浓度受道路源(重型柴油车)影响明显(Liu et al.,2018)。Song 等(2013)通过计算得到在北京四环上重型柴油车对BC的贡献占比由日间的<10%增大至夜间的50%~90%。由于本实验移动观测站所用车辆也属于限行车型,因此在凌晨进入北京前,选择距离北京市中心50 km的廊坊市固安县作为临时休整地。单独筛选出固安—北京段的eBC数据,以研究柴油车集中排放对道路eBC浓度的影响,计算得到其平均浓度为 3.15±1.67 μg·m^{-3},接近此前最高的涿州—新乡eBC浓度(3.83±2.22 μg·m^{-3})。这一结果表明,作为我国的经济和交通中心,北京地区除需对柴油车进行必要限行措施外,针对其排放标准和减排技术的提升也需引起重视。此外,也可合理引导柴油车错峰或由不同入口进入北京市区,避免造成局地集中时段的严重大气污染现象。

eBC$_{liquid}$(图 4.20b)的变化趋势与 eBC 一致,变化范围为 1.49~3.32 μg·m^{-3}。而eBC$_{solid}$(图 4.20c)浓度在 4 段走航路线上波动不大,为 0.37~0.51 μg·m^{-3}。结合 FF(图4.21),可以发现道路源是武汉—北京走航路线上主要的 eBC 贡献源(FF>75%),特别是在涿州—新乡段,FF 高达 84.9%。

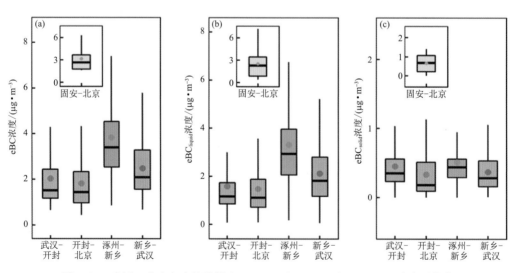

图 4.20 武汉—北京各走航路线中(a)eBC、(b)eBC$_{liquid}$和(c)eBC$_{solid}$浓度平均值

4.1.12.3 定点观测 eBC 浓度比较及其排放源贡献

武汉—北京走航期间,移动走航车在开封停留一夜,在新乡停留 1 d(>24 h),按照记录时间将其数据筛选出来以研究不同排放源对当地 eBC 的影响。图 4.22 给出了在两地观测的

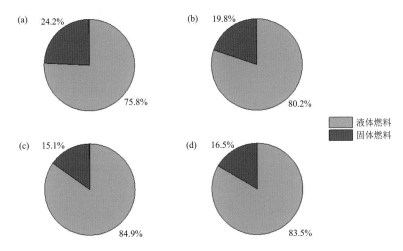

图 4.21 武汉—北京不同走航路线液体燃料和固体燃料排放占比
(a.武汉—开封,b.开封—北京,c.涿州—新乡,d.新乡—武汉)

eBC、eBC_{liquid} 和 eBC_{solid} 平均浓度。开封和新乡的 eBC 平均浓度接近,分别为 $1.42\pm0.16~\mu g \cdot m^{-3}$ 和 $1.48\pm0.54~\mu g \cdot m^{-3}$。两地的观测点均选取当地气象站,位于城区中心,周边为居民区,且位于主干道附近。相似的环境背景和相距不远的地理位置(均位于河南省,华北平原腹地)决定了两地浓度值相似。在 2019 年 6 月的河南省空气质量排名中,开封市和新乡市分列第三、四名。两测点的 eBC_{liquid} 平均浓度分别为 1.16 ± 0.16 和 $1.12\pm0.54~\mu g \cdot m^{-3}$,$eBC_{solid}$ 浓度平均分别为 0.26 ± 0.13 和 $0.35\pm0.17~\mu g \cdot m^{-3}$,开封的固体燃料排放浓度略低于新乡市。

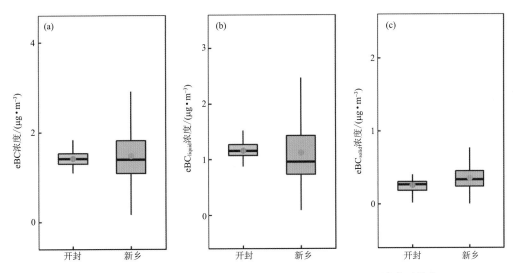

图 4.22 开封和新乡观测的(a)eBC、(b)eBC_{liquid} 和(c)eBC_{solid} 浓度平均值

图 4.23 是两个观测点的 FF 平均值,开封和新乡的 FF 平均值分别为 $81.8\pm8.86\%$ 和 $74.2\pm11.3\%$。由此可知,两市在观测期间 eBC 的主要贡献源均为道路源。同时,由于仅在 20:30 至次日 06:20 进行了开封市的实时监测,其 FF 值可能受到夜间重型柴油车入城的影响,抬高了液体燃料排放占比。城市限行政策对 eBC 浓度日变化的影响将在下一节讨论。

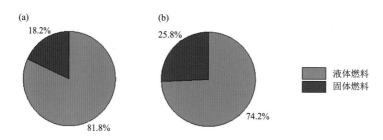

图 4.23 开封(a)和新乡(b)液体燃料和固体燃料排放占比

4.1.12.4 eBC 质量浓度、道路源贡献和 AAE 的日变化特征

由于时间原因,在开封定点观测的时间未满 24 h,因此在武汉—北京走航路线上仅选取新乡进行日变化特征分析。新乡观测点选取新乡市气象局,位于市中心且周围属于居民区,无明显工业源。图 4.24 给出了新乡观测期间,各参数的日变化情况。由图 4.24a 和 b 可知,在日间该点的 eBC 浓度变化存在两个明显高值时段,分别是 07:00—08:00 和 18:00—20:00,属于早、晚高峰时段。eBC 峰值浓度分别为 2.30 μg·m^{-3} 和 1.60 μg·m^{-3},eBC$_{liquid}$ 峰值浓度分别为 1.90 μg·m^{-3} 和 1.05 μg·m^{-3},早间浓度高于晚间浓度。这说明早、晚高峰时段的 eBC 高值主要是由于机动车流量增加导致,早、晚高峰期的 FF 值(分别为 85% 和 68%)也证明了这一点。eBC$_{solid}$ 的峰值浓度(0.68 μg·m^{-3} 左右)出现于 11:00 和 17:00,居民家中使用燃煤做饭导致了固体燃料排放 eBC 的增大。

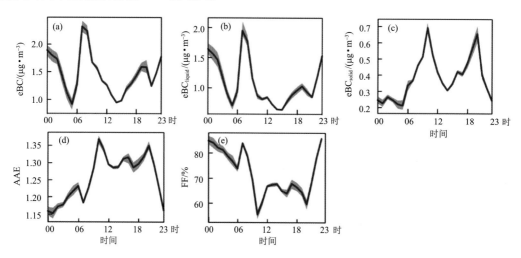

图 4.24 新乡点位各参数日变化曲线
(a. eBC 浓度,b. eBC$_{liquid}$ 浓度,c. eBC$_{solid}$ 浓度,d. AAE,e. FF)

eBC 浓度在 22:00 后存在明显增加的趋势(由 1.30 μg·m^{-3} 增大至 1.90 μg·m^{-3}),这除了边界层高度降低不利污染物扩散外,重型柴油车在此时段被允许进入城区行驶也导致 eBC 排放量增大。同时,FF 值在 22:00—06:00 期间也存在一个明显的峰值,最高在 23:00 前后达到 94.1%。这一现象已被北京进行的研究证实,Liu 等(2018)和 Song 等(2013)均发现由于重型柴油卡车可在夜间 00:00—06:00 进入北京城区,该时段的 BC 浓度存在高值现象。由于 AAE 值与 eBC$_{solid}$ 存在正相关关系,该测点的 AAE 日变化趋势与其相似,变化范围为

1.15～1.37。

4.1.13 两个走航区域间及与其他研究对比

4.1.13.1 两个走航区域之间对比

各走航路线和各定点观测的不同参数的平均值分别列于表4.10和4.11中。由表4.10可知，两湖盆地走航eBC浓度相对武汉—北京走航段较低，平均值分别为2.19±1.99和2.57±1.82 $\mu g \cdot m^{-3}$。主要原因是因为在武汉—北京高速上车流量相对较多且重型柴油车占比较大，更高的FF值(81.0%±14.7%)也证明了这一可能性。在定点观测中(表4.11)，同样是在武汉—北京走航上eBC浓度更高(平均值高8.9%左右)，这一区别主要是由于在两湖盆地中的观测点周围环境相差较大，作为城市背景站的咸宁站浓度仅为0.92±0.46 $\mu g \cdot m^{-3}$。

表4.10 各走航路线不同参数的平均值和标准偏差

走航路线	eBC/($\mu g \cdot m^{-3}$)	eBC$_{liquid}$/($\mu g \cdot m^{-3}$)	eBC$_{solid}$/($\mu g \cdot m^{-3}$)	FF/%
武汉—咸宁	1.49±1.25	1.07±1.16	0.43±0.24	64.5±16.7
咸宁—荆州	1.72±0.97	1.23±0.90	0.50±0.29	68.8±15.7
荆州—襄阳	2.43±2.03	1.72±1.74	0.71±0.53	67.2±15.6
襄阳—武汉	2.02±2.02	1.50±1.16	0.52±0.41	71.0±16.7
两湖盆地走航	2.19±1.99	1.58±1.72	0.61±0.47	69.0±16.3
武汉—开封	2.05±1.47	2.12±1.34	0.45±0.35	75.3±13.9
开封—北京	1.82±1.25	1.49±1.16	0.34±0.33	80.2±18.8
涿州—新乡	3.83±2.22	3.32±2.01	0.51±0.44	84.9±10.0
新乡—武汉	2.49±1.23	2.12±1.16	0.37±0.28	83.5±12.6
武汉—北京走航	2.57±1.82	2.14±1.67	0.42±0.37	81.0±14.7

表4.11 各定点观测站点不同参数的平均值和标准偏差

定点位置	eBC/($\mu g \cdot m^{-3}$)	eBC$_{ff}$/($\mu g \cdot m^{-3}$)	eBC$_{solid}$/($\mu g \cdot m^{-3}$)	FF/%
咸宁	0.92±0.46	0.62±0.30	0.30±0.22	70.2±15.4
荆州	1.17±0.67	0.74±0.46	0.43±0.30	63.5±15.9
襄阳	1.83±1.14	1.30±0.68	0.53±0.60	75.3±14.3
两湖盆地定点	1.35±0.88	0.95±0.58	0.41±0.42	72.0±16.0
开封	1.42±0.16	1.16±0.16	0.26±0.13	81.8±8.86
新乡	1.48±0.54	1.12±0.54	0.35±0.17	74.2±11.3
武汉—北京定点	1.47±0.53	1.13±0.52	0.35±0.17	74.8±11.3

在日变化特征中(图4.17和图4.24)，与其他测点相比，新乡和咸宁点位的eBC浓度在早、晚高峰的峰值更明显，在其他日间时段无峰值出现。这说明这两个测点日间的排放源以道路源为主，而其他测点的排放来源组成较复杂(Wu et al.,2017)。此外，由于重型柴油车仅允许在夜间进入城区，新乡在22:00—05:00时段内的eBC浓度较高。

4.1.13.2 与道路环境进行对比

表4.12列出了近10年在道路环境进行的BC浓度测算，包括路边采样、自行车、步行或

走航采样以及在隧道环境的采样。在道路环境中，BC 浓度为 0.28~10.5 μg·m^{-3}，最高值为 2013 年在上海徐汇测得，主要原因是采样点离城市主干道较近，同时柴油车尾气排放比例较高（王晓浩 等，2014）。国内其他站的 BC 浓度为 1.30~2.80 μg·m^{-3}，本研究的走航和定点观测的结果与之接近。国外道路旁测试结果相对较低，特别是在美国和德国，BC 浓度小于 0.7 μg·m^{-3}，这与其发达的机动车尾气处理技术和较严的尾气排放标准有关（Chen et al.，2020；Wu et al.，2017）。

表 4.12 道路环境 BC 浓度

研究站点名称	类型	观测时间	BC 浓度值/(μg·m^{-3})
道路环境采样			
西安（吴创 等，2020）	高峰期	2018-04-05	2.70~3.60
	非高峰期		1.30~3.60
上海徐汇（王晓浩 等，2014）	—	2013-08-12	5.05~10.5
中山（蒋争明 等，2018）	—	2015-01-12	2.40
香港（Wong et al.，2019）	50 m 停靠区	2017-05	1.98±1.24[a]
台北（Cheng et al.，2014）	—	2013-02-15—03-31	2.80
美国，圣地亚哥（Riddle et al.，2008）	18 m 下风向	2004-06	0.71[b]
德国（Sun et al.，2019）	37 m 下风向	2009—2014	0.67[b]
芬兰，赫尔辛基（Helin et al.，2018）	街道	2015-10—2017-05	1.69±1.52
美国，洛杉矶（Krasowsky et al.，2018）	30 m 下风向	2016-08-04-05 2016-09-12-14	0.67
	61 m 下风向		0.31
	91 m 下风向		0.28
自行车、步行或走航采样			
上海（Li et al.，2015）	步行	2014-08	5.77±0.94
上海（Liu et al.，2019b）	走航城区	2016-10—12	12.8±4.54
	走航城郊	2016-10—12	7.77±2.24
巴西，库里蒂巴（Krecl et al.，2019）	自行车暴露	2016-08	7.09
隧道环境			
葡萄牙，Liberdade 隧道（Blanco-Alegre et al.，2020）	隧道	2013-02-01—02-07	21±10

a：热/光碳测试；b：颗粒物粒径为 PM$_{1.8}$，热/光碳测试；其他粒径均为 PM$_{2.5}$。

在自行车或步行采样中，同为夏季，但上海和巴西的 BC 浓度均较本研究的结果高，这可能与在这两种采样方式中采样高度相对较低，更接近机动车尾气排放高度有关，同时巴西较低的排放标准也使得其 BC 浓度更高（Li et al.，2015；Krecl et al.，2019）。2016 年在上海的走航采样，由于是在秋、冬季，较多的居民供暖使得 eBC 浓度升高（Fujita et al.，2007）。在隧道环境中，BC 浓度为 21 μg·m^{-3} 左右，是本研究的近 10 倍，半密闭的道路环境和轮胎摩擦、刹车摩擦及再悬浮尘造成这一现象（Harrison et al.，2012）。

4.1.13.3 与其他区域进行对比

走航途径区域从空间上可分为两湖盆地和华北平原,表 4.13 总结了近 10 年走航途经区域关于 BC 浓度的研究。实验所处时间为 2019 年 5—6 月,初入夏季,Chen 等(2016)和 Ji 等(2017)在该季节对北京城区进行的采样与本研究结果接近(2~3.4 μg·m^{-3}),这也说明北京夏季的主要排放源为道路源。于丽萍等(2014)的观测结果相对较高,为 4.16 μg·m^{-3}。而在其他研究中,BC 浓度均大于 6 μg·m^{-3}。除受季节影响外(齐孟姚 等,2018),Xu 等(2020)的研究由于是长时间观测,早年未对大气污染物进行治理也拉高了 BC 的整体浓度。

表 4.13 走航途经区域 BC 浓度

研究站点名称	站点类型	观测时间	BC 浓度值/(μg·m^{-3})
华北平原			
北京(Chen et al.,2016)	城区	2005-夏季—2013-夏季	3.40
北京(Xu et al.,2020)	城区	2000—2016	7.40
邯郸(齐孟姚 等,2018)	城区	2013-03—2017-02	7.38
天津(蔡子颖 等,2011)	城区	2010-08—09	6.31
郑州(Xu et al.,2020)	城区	2000—2016	7.56
北京天通苑社区(Ji et al.,2017)	城郊	2014-夏季	2.00±1.60
北京(于丽萍 等,2014)	城郊	2012-06—08	4.16
河北,香河(黄超 等,2018)	农村	2013-04—2014-03	5.39±4.44
河南,平顶山(刘玺 等,202)	农村	2018-02-12—03-12	6.78±6.34
两湖地区			
武汉(Zheng et al.,2019)	城区	2018-01-08—25	3.91±1.86
武汉(Xu et al.,2020)	城区	2000—2016	4.84
武汉(张霞 等,2018)	城区	2015-09—2016-02	5.24±3.12
宜昌(Xu et al.,2020)	城区	2000—2016	3.14
襄阳(Zheng et al.,2019)	城郊	2018-01-10—25	7.35±3.45
河南漯河(Zheng et al.,2019)	城郊	2018-01-09—25	8.48±4.83
河南随县(Zheng et al.,2019)	农村	2018-01-10—25	4.47±2.90
湖北红安(Zheng et al.,2019)	农村	2018-01-08—25	5.54±2.59
神农架(Wu et al.,2013)	区域背景站	2015-01—12	0.30

* 注:粒径均为 PM$_{2.5}$。

将武汉和相对小型的城市宜昌及区域背景站神农架进行对比,可以发现,由于特大型城市人口众多、机动车保有量大以及工业企业较多,使得武汉的 BC 浓度在 3 地中最高(Wu et al.,2013;Zheng et al.,2019)。

表 4.14 列出了中国其他地区的黑碳浓度。城区的黑碳浓度为 2.11~8.86 μg·m^{-3},最低值为在南京夏季的采样结果,与本文结果接近。然而在广州番禺,采样时间也为夏季,造成其高值的原因是在观测期间发生了一次重污染事件,且其采样粒径为 PM$_{10}$(杜丽 等,2013)。

在城郊和农村站点的采样浓度范围为 $1.17\sim12.6~\mu g\cdot m^{-3}$，最低值为 2016 年夏季在南京北郊测得。各背景站的 BC 浓度均低于 $1~\mu g\cdot m^{-3}$，说明远离污染源，影响其的污染物主要为远距离传输(陈慧忠 等,2013;杜丽 等,2013;王月华 等,2014)。在城市山地本底站和城市背景站中(邓彦阁 等,2012;王月华 等,2014)，由于仍处于城市范围内，其受各种人类污染源影响较大，使得 BC 浓度较背景站高出 2~4 倍。

表 4.14 其他地区 BC 浓度

研究站点名称	站点类型	观测时间	BC 浓度值/$(\mu g\cdot m^{-3})$
苏州(杨晓旻 等,2020)	城区	2011-07—2012-04	3.40
南京(王洪强 等,2014)	城区	2018-07	2.63±1.71
上海(王绪鑫 等,2010)	城区	2008-01—2012-12	3.63±3.05
鞍山(徐昶 等,2014)	城区	2009-05-01—05-31	4.05
厦门(Deng et al.,2020)	城区	2014-06—08	3.77
杭州(张灿 等,2014)	城区	2011-07—2012-06	5.10±2.50
重庆(王璐 等,2020)	城区	2012-01-01—12-31	5.90±2.70
成都(王扬锋 等,2011)	城区	2018—夏季	3.28±1.39
沈阳(吴兑 等,2014)	城区	2008-03—2009-02	6.14
珠江三角洲(Yang et al.,2019)	城市群	2004—2012	6.50
南京(Verma et al.,2010)	城区	2014—夏季	2.11
澳门(Liu et al.,2019a)	城区	2016-09/11	3.50±2.30
徐州(Chen et al.,2020)	城区	2014-04—2016-08	2.31
广州番禺(杜丽 等,2013)	城区	2008-05—06	8.86[a]
广州(刘文彬 等,2014)	城区	2006-07	4.70±2.3
广州(李燕军 等,2014)	城区	2013-12	6.98±3.71
兰州(杜川利 等,2013)	城区	2010-09—2011-08	5.58
	城郊		2.27
南京(肖思晗 等,2018)	城郊	2015-01-01—12-31	2.65±1.36
东莞(杜丽 等,2013)	城郊	2008-05—06	5.57[a]
南京(Jing et al.,2019)	城郊	2016—夏季	1.17±0.94
西安泾河(夏芸洁 等,2017)	城郊	2011-06-01—08-31	6.07
江苏泰州(Cai et al.,2020)	城区—农村	2015-07—09 2015-11—2016-01	7.50±1.40
安徽淮南(魏夏潞 等,2019)	农村	2014-01—2015-12	3.10±2.30
广州新垦(杜丽 等,2013)	农村	2008-12—2009-01	12.6[a]
安徽寿县(Chen et al.,2018)	农村	2015—夏季—2018—夏季	1.36
瓦里关(陈慧忠 等,2013)	区域本底站	2006-01—2006-12	0.05~1.37
西沙永兴岛(赵玉成 等,2009)	海洋背景站	2012-05	0.6
广州帽峰山(邓彦阁 等,2012)	山地本底站	2009	2.43

续表

研究站点名称	站点类型	观测时间	BC 浓度值/($\mu g \cdot m^{-3}$)
深圳坝光(王月华 等,2014)	城市背景站	2019-10—12	2.30
珠穆朗玛峰北麓(Chen et al.,2018)	高山站	2015-05—2017-05	0.09~0.92
黄山(Pan et al.,2011)	高山站	2006-06—2009-05	1.00±0.90
西沙永兴岛(杜丽 等,2013)	海洋背景站	2008-05—06	0.54

* 注:a:PM_{10};其他粒径均为 $PM_{2.5}$。

4.1.14 不同道路环境 eBC 浓度比较及其排放源贡献

由于走航期间移动观测站经过了多种道路环境,包括高速公路、城区道路以及怠速工况重型柴油货车集中的高速服务区。因此,为研究以上 3 种道路环境中 eBC 的浓度特征及排放源贡献情况,本研究依据走航记录表,按照时间将走航观测期间的数据分为高速公路(未将服务区时段数据计入在内)、城区道路和服务区 3 种道路环境,并计算相应的参数值。

在全部走航路线中(图 4.25a),高速公路和城区道路的 eBC 平均浓度接近,均为 2.3 $\mu g \cdot m^{-3}$ 左右;服务区的 eBC 平均浓度较低,为 1.77±0.98 $\mu g \cdot m^{-3}$,这一分布趋势与预期设想不一致。由于时处夏季,天气炎热,机动车进入休息区后仍会处于怠速工况以确保车辆空调的制冷。在台架测试章节已讨论过,在怠速工况下机动车尾气中排放的碳气溶胶浓度是其他工况的 2~10 倍(Cui et al.,2017;Watson et al.,1994),这势必会导致局地黑碳浓度的升高。出现偏差的可能原因是移动实验站在一些小型服务区停靠时,其机动车数量较少,使得总体 eBC 浓度下降。箱线图中的 eBC 偏态分布(中位值小于平均值,且 95%分位数比 5%分位数与中位值相差更大,前者是后者 1.3 倍)也说明在某些服务区的 eBC 浓度较高。需要注意的是,尽管服务区浓度低于其他两种道路环境浓度,但仍较大部分城市站点 eBC 浓度高,仅低于位于施工工地旁的襄阳观测点浓度(1.83±1.14 $\mu g \cdot m^{-3}$)。因此,应避免长时间在高速服务区停留,以避免吸入过多高浓度黑碳颗粒物。

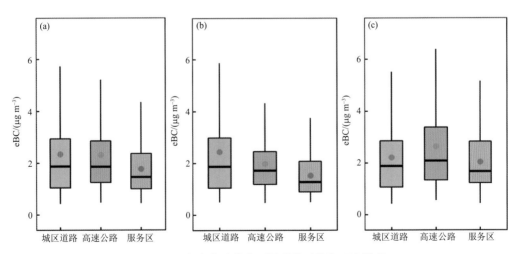

图 4.25 各走航路线中不同道路环境的 eBC 浓度
(a.全程,b.两湖盆地,c.武汉—北京)

在两湖盆地走航时(图 4.25b),高速公路的 eBC 浓度(1.98±1.17 μg·m^{-3})低于城区道路(2.44±2.01 μg·m^{-3})。这主要是因为在进出武汉城区时经过了正在施工的三环线,道路拥堵和较多的重型柴油车共同使得城区道路上的 eBC 浓度较高。除此之外,在荆州—襄阳段上高速前,由于需在早高峰时段穿过市中心,道路拥堵也对 eBC 浓度的升高有贡献。与之相反,在武汉—北京走航时(图 4.25c),由于高速上重型柴油车数量较多,且城区道路内未发生严重拥堵,使得高速道路 eBC 浓度(2.63±1.93 μg·m^{-3})高于城区道路(2.21±1.57 μg·m^{-3})。

不同走航段内各道路环境的 FF 值如图 4.26 所示。在全程走航中,3 种道路环境的 FF 值为 75% 左右,而高速公路上的 eBC 有 77.2%±15.8% 来自道路源,为所有道路环境中占比最大。将两湖盆地和武汉—北京走航 FF 值进行对比,可以发现,后者 3 种道路环境中的 FF 平均值均为 81.4% 左右,且高于前者的平均值(65.8%~73.0%)。这与前文分析的武汉—北京走航路线上机动车流量更大、重型柴油车占比更高的情况一致。

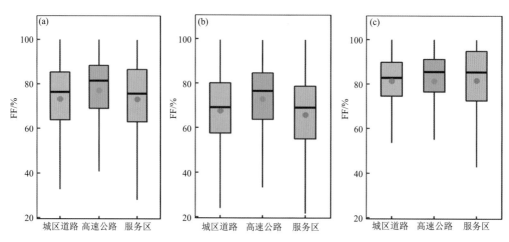

图 4.26 各走航路线中不同道路环境的液体燃料燃烧产生 eBC 的贡献占比
(a.全程,b.两湖盆地,c.武汉—北京)

4.1.15 eBC 潜在源区

气团的移动可以将远距离污染物输送至研究区域,造成当地 eBC 浓度变化。为得到影响观测点 eBC 的潜在源区及其相应贡献程度,采用了浓度权重轨迹分析法(CWT)。计算过程中,以 500 m 为研究地区大气边界层的平均流场高度,以不同定点观测地区 24 个时次(00:00—23:00)的 eBC 质量浓度为研究对象,得到了每日气团 72 h 后向轨迹来反映观测区域周围的气流和污染物运动特征。

图 4.27a、d、g 分别是咸宁、荆州和襄阳 eBC 的 CWT 计算结果。由图可知,不同研究站点气流轨迹变化和潜在源区及贡献均存在差异。影响咸宁的主要潜在源区除当地贡献源(0.8~1.0 μg·m^{-3})外,还包括湖南南部和内蒙古东北部,贡献值均超过 1.0 μg·m^{-3}。此外,来自安徽、江苏、辽宁及海上的气团的贡献也较高,达 0.8~1.0 μg·m^{-3} 左右。影响荆州黑碳浓度的污染气团主要来自湖南、广东和广西三地交界处,贡献值达 1.5~2.0 μg·m^{-3}。影响襄阳的污染气团传输距离较短,主要为襄阳和湖北地区,贡献值为 2.0~2.7 μg·m^{-3},河北南部也贡献较多黑碳污染物(1.4~1.7 μg·m^{-3})。图 4.27 中还包括 3 地 eBC$_{liquid}$ 和 eBC$_{solid}$ 的 CWT

分析结果。从空间分布上来看,其主要潜在源区与 eBC 结果一致;从浓度水平上来看,对 eBC_{liquid} 的贡献程度高于 eBC_{solid}(主要潜在源区前者浓度高于后者)。

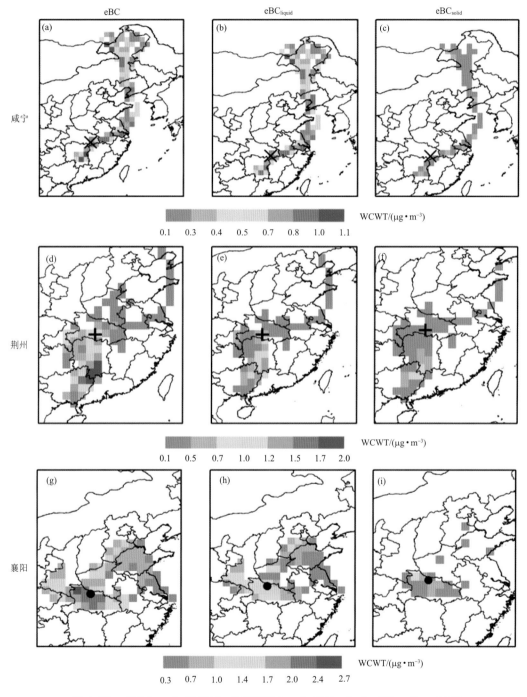

图 4.27　咸宁(a—c)、荆州(d—f)和襄阳(g—i)eBC(a、d、g)、eBC_{liquid}(b、e、h)和 eBC_{solid}(c、f、i)浓度权重轨迹分布

图 4.28 是新乡的黑碳浓度权重轨迹分析结果。影响观测时段新乡 eBC 浓度除当地污染物外，来自河南其他地区和湖北的污染气团贡献较大，为 $1.3\sim1.7\ \mu g\cdot m^{-3}$。此外，安徽、河北、山东和辽宁的气团也贡献了 $0.9\sim1.1\ \mu g\cdot m^{-3}$。影响新乡液体燃料燃烧排放 eBC 的潜在源区也主要为前述地区，但无明显影响 eBC_{solid} 的高值贡献区域。

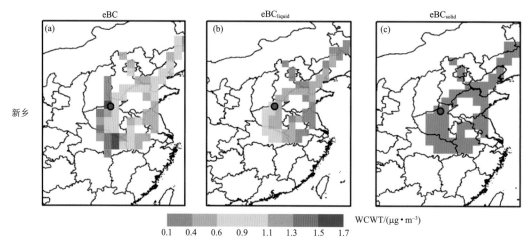

图 4.28　新乡 eBC(a)、eBC_{liquid}(b) 和 eBC_{solid}(c) 浓度权重轨迹分布

4.2　工程机械和农业机械排放

Evans 等（2015）根据欧洲环境署提供的柴油源 $PM_{2.5}$ 排放因子与 BC/PM 值，结合当地的活动水平数据，计算俄罗斯摩尔曼斯克 2012 年黑碳排放量，认为由于缺乏对非道路机械排放的控制，农业机械黑碳排放是俄罗斯重要的排放源。其结果表明，摩尔曼斯克 2012 年非道路机械黑碳排放总量为 9.7 t。摩尔曼斯克 90% 以上的地区位于北极圈内，农业发展水平不高。该地区农业机械大部分都是俄罗斯本地制造，一小部分是国外进口，并且 62% 的农业机械使用超过一年。根据统计结果，2012 年该地区农业机械柴油消耗量为 1344 t，黑碳排放量为 2.9 t。

Kholod 等（2016）同样根据欧洲环境署提供的柴油源 $PM_{2.5}$ 排放因子与 BC/PM 值，结合相关的统计资料，计算 2014 年俄罗斯非道路机械黑碳排放量。根据农业部统计，2014 年俄罗斯拥有 420000 辆农用拖拉机，153000 辆收割机，22000 辆其他机械，并且农机数量在减少。相较于 2013 年，2014 年拖拉机数量减少 15000 辆，2014 年拖拉机淘汰率为 5.1%，更换率为 3.2%。到 2016 年，俄罗斯对于农机排放依然没有规定的标准，因此 95% 的农机未进行排放控制，5% 的农机实行欧洲第二代标准，计算得到俄罗斯 2014 年农业机械黑碳排放量为 4200 t。2014 年俄罗斯有超过 226000 家建筑企业在营业，大约 30%—50% 的挖掘机、装载机、推土机和平地机已达到使用年限。尽管 60% 以上的建筑机械是根据车辆类型进口的，但是并未进行排放控制。因此，假设 90% 的建筑机械未进行排放控制，10% 的建筑机械进行相关的控制，计算得到 2014 年俄罗斯建筑机械黑碳排放量为 1200 t。

Zavala 等（2018）利用车载系统在墨西哥进行真实情况下各种非道路机械在工作、怠速和行进等工况下黑碳的排放因子测定,测试机械包括2辆反铲机(BH)、2辆推土机(BD)、2辆大型装载机(WL)、1辆挖掘机(EX)、1辆起重机(CR)和1辆拖拉机(TR)。表4.15为各种工况下各种非道路机械的BC排放因子。结果表明,拖拉机怠速状态下BC排放因子最小,为0.014 mg·s^{-1},大型装载机工作状态下BC排放因子最高,为117.2 mg·s^{-1}。6种机械怠速状态下BC排放因子普遍小于其他工况。

表4.15 不同工况下各种机械的BC排放因子(Zavala et al.,2018)

种类	工况	BC/(mg·s^{-1})	种类	工况	BC/(mg·s^{-1})
BH-1	怠速	0.038	BD-1	怠速	2.00
	大斗作业	11.9		工作	19.6
	小斗作业	2.2		行进	1.69
	行进	1.7	BD-2	怠速	0.082
BH-2	怠速	0.026		后退	5.4
	大斗作业	2.43		前进	18.5
	小斗作业	1.91		工作	13.4
WL-1	怠速	6.5	EX	怠速	0.070
	工作	117.2		工作	4.30
	行进	22.8	CR	怠速	0.08
WL-2	怠速	6.8		工作	7.56
	工作	92.3	TR	怠速	0.014
	装载	101.9		工作	0.54
	前进	43.0		前进	0.45

4.3 船舶排放

船舶排放是全球排放量最大的污染源之一,其排放的NO_2和SO_2分别占化石能源燃烧排放的14%和4%(Corbett et al.,1997,1999)。船舶排放BC为19~132 Gg·a^{-1},占人为源排放BC的0.2%~5.0%(Sinha et al.,2003;Bond et al.,2004;Eyring et al.,2005;Wang et al.,2008)。由于大约70%的远洋船舶排放发生在沿海400 km的范围内,因此船舶排放污染物会对沿岸地区空气质量及人体健康造成极大的影响(Corbett et al.,1999)。

4.3.1 排放因子及其影响因素

船舶排放污染物(如NO_2、SO_2和PM等)的排放因子自20世纪起就已有研究报道(Corbett et al.,1999),但关于船舶排放BC的排放因子(EF_{BC})最早出现在Sinha等(2003)的研究中。该研究基于2000年9月在南大西洋纳米比亚海岸附近测试一艘远洋邮轮排放的烟羽,最终计算得到该船的EF_{BC}为0.18±0.02 g·kg^{-1}。

船舶排放因子的测试方法可分为:①利用移动观测技术(观测船舶或飞机)追踪一艘船舶或多艘船舶的排放烟羽;②在固定位置(如港口或沿岸站点)定点观测多缕船舶排放烟羽;③在航行船舶上进行尾气排放特征研究;④利用台架实验装置测试发动机排放特征(Celik et al.,2020)。利用移动观测技术测定EF_{BC}的研究包括Lack等(2008,2009,2011)、Petzold等

(2008)、Buffaloe 等(2014)和 Cappa 等(2014)，其 EF_{BC} 范围为 $0.17\sim0.85\ g\cdot kg^{-1}$。通过固定点观测船舶排放烟羽从而计算 EF_{BC} 的研究目前仅有 Sinha 等(2003)和 Diesch 等(2013)。后者于 2011 年在德国易北河下游的沿岸排放控制区(emission control areas, ECAs)进行，共捕捉到 139 缕可计算烟羽，最终测得 EF_{BC} 为 $0.15\pm0.17\ g\cdot kg^{-1}$。在航行船舶进行的研究包括 Agrawal 等(2008)、Moldanová 等(2013)和 Gysel 等(2017)，其 EF_{BC} 为 $0.03\sim0.13\ g\cdot kg^{-1}$。Petzold 等(2011)、Anderson 等(2015b)、Mueller 等(2015)和 Zetterdahl 等(2016)研究采用发动机模拟实际航行状态，测得的 EF_{BC} 为 $0.01\sim0.24\ g\cdot kg^{-1}$。具体船舶 BC 排放因子见表 4.16。

表 4.16　船舶 BC 排放因子(单位: $g\cdot kg^{-1}$)

观测方法	船型/发动机类型	含硫率/工况/船舶吨位	BC	参考文献
固定位置测试烟羽	油轮	—	0.18 ± 0.02	Sinha et al., 2003
	集装箱船	—	0.18 ± 0.02	
航行船舶尾气实测 a	集装箱船	—	0.03	Agrawal et al., 2008
观测船舶测试烟羽	油轮	—	0.38 ± 0.27	Lack et al., 2008
	集装箱船	—	0.80 ± 0.23	
	货轮	—	0.40 ± 0.23	
	散装货轮	—	0.38 ± 0.16	
	拖船	—	0.97 ± 0.66	
	客轮	—	0.36 ± 0.23	
观测飞机测试烟羽	集装箱船	—	0.17 ± 0.04	Petzold et al., 2008
观测船舶测试烟羽	油轮	—	0.38 ± 0.27	Lack et al., 2009
	集装箱船	—	0.80 ± 0.23	
	货轮	—	0.40 ± 0.23	
	散装货轮	—	0.38 ± 0.16	
	拖船	—	0.97 ± 0.66	
	客轮	—	0.36 ± 0.23	
观测飞机测试烟羽	集装箱船	高硫油(Fs 3.15%)	0.22 ± 0.09	Lack et al., 2011
		低硫油(Fs 0.07%)	0.13 ± 0.05	
台架测试	400 kW 单冲程船用发动机	重油(Fs 2.17%)/100%负荷	0.02	Petzold et al., 2011
		重油(Fs 2.17%)/75%负荷	0.05	
		重油(Fs 2.17%)/25%负荷	0.08	
		重油(Fs 2.17%)/10%负荷	0.24	
		低硫油(Fs<0.1%)/100%负荷	0.00	
		低硫油(Fs<0.1%)/75%负荷	0.01	
		低硫油(Fs<0.1%)/25%负荷	0.02	
		低硫油(Fs<0.1%)/10%负荷	0.07	

续表

观测方法	船型/发动机类型	含硫率/工况/船舶吨位	BC	参考文献
航行船舶尾气实测	货船/客船	—	0.34	Moldanová et al.,2013
固定位置测试烟羽	—	<5000 t	0.21±0.23	Diesch et al.,2013
		5000~30000 t	0.14±0.16	
		>30000 t	0.12±0.08	
观测船舶测试烟羽	采样船		1.40±1.10	Buffaloe et al.,2014
	客轮		0.30±0.41	
	拖船		0.39±0.40	
	渔船		0.22±0.18	
	油轮		0.22±0.18	
	货船		0.28±0.29	
观测船舶测试烟羽	科考船	低硫油(Fs<0.1%)/100%负荷	0.41	Cappa et al.,2014
		低硫油(Fs<0.1%)/61%负荷	0.41	
		低硫油(Fs<0.1%)/19%负荷	0.18	
		低硫油(Fs<0.1%)/1.4%负荷	0.04	
台架测试	81 kW 4 冲程船用发动机	重油(Fs 0.12%)/35%负荷	0.11	Anderson et al.,2015b
		船用柴油(Fs 0.52%)/35%负荷	0.01	
台架测试 a	80 kW 4 冲程船用发动机	蒸馏油(Fs<0.1%)/25~100%负荷	0.24	Mueller et al.,2015
航行船舶尾气实测	—	重油(Fs 0.48%)/85%负荷	0.03	Zetterdahl et al.,2016
		残渣油(Fs 0.092%)/82%负荷	0.04	
		残渣油(Fs 0.092%)/38%负荷	0.06	
		残渣油(Fs 0.092%)/24%负荷	0.09	
航行船舶尾气实测 a	远洋超大型油轮	精馏油(Fs<0.01%)/10~100%负荷	0.05	Gysel et al.,2017

注:a 使用 4.7 作为基于功率和基于油耗的排放因子的转换系数

经对比,烟羽测算法得到的 EF_{BC}(0.15~0.85 g·kg^{-1})通常大于尾气测算法得到的 EF_{BC}(0.01~0.24 g·kg^{-1}),这可能是因为小粒径成核态(nucleation mode)的颗粒物在烟羽中通过凝结、凝聚等过程生成发展得更为充分,从而产生更多的大粒径 BC 污染物(Lack et al.,2009;Diesch et al.,2013)。除与测试方法有关外,船舶类型、运行工况、燃油品质及尾气洗涤装置均会影响 BC 排放浓度大小。

4.3.1.1 燃烧效率

通常燃烧效率越高越有利于燃油中碳元素的氧化,从而排放更少的 BC(Celik et al.,2020)。燃料的燃烧效率主要取决于燃烧空间内的空燃比(Jing et al.,2013),但升高的空气温度、湿度以及降低的大气压力都会降低燃烧效率,从而使得 BC 排放量增大(Chang et al.,2017)。另一个决定燃烧效率的因素是燃烧温度,燃烧效率随燃烧温度升高而增大。根据已有研究,更快的行船速度、发动机负载或发动机功率都会导致更高的燃烧温度,从而提高燃烧效率(Sinha et al.,2003;Cappa et al.,2014)。由于燃烧效率提高,BC 的排放因子将下降,航速为 10 m·s^{-1} 的 EF$_{BC}$ 下降为 0 m·s^{-1} 时的 1/3。多个实验(Agrawal et al.,2010;Petzold et al.,2011;Lack et al.,2012;Buffaloe et al.,2014;Cappa et al.,2014)通过对尾气排放实测或使用烟羽观测技术对使用不同油料、发动机型号的船舶研究各运行功率对 EF$_{BC}$ 的影响。结果显示,随着运行功率的增大,EF$_{BC}$ 逐渐减小,低功率时的 EF$_{BC}$ 可较高功率时的高出 1.3~35.1 倍。

燃烧效率与船舶大小(总吨位,GT)的关系更加复杂。Diesch 等(2013)总结为:对于小型船舶而言,燃烧效率随着吨位增大而升高(上限为 50000 GT,EF$_{BC}$ 随吨位增加而减小)。对于超大型船舶而言(GT>150000),燃烧效率将随着吨位增大重新减小。对于中等吨位的船舶而言,在燃烧效率最高时,其 EF$_{BC}$ 较小型船舶降低 50%。

4.3.1.2 燃油品质

不同品质燃油主要通过含硫率(F_s)的高低来区分。船舶使用的燃油一般可分为重油(heavy fuel oil,HFO)和 F_s 较低的其他燃油。由于经济原因,大型远洋船舶通常使用便宜的重油,这是一种含大量硫、灰分、沥青质和重金属等成分的燃油(Corbett et al.,1999;Buffaloe et al.,2014)。高质量但价格更高的船用轻柴油(marine gas oil,MGO)和船用柴油(marine diesel oil,MDO)通常仅被小型船舶或在近岸海域及 ECAs 内使用。

关于燃油质量与 EF$_{BC}$ 的研究最早出现在 Lack 等(2009)中。该研究利用一艘科考船在从美国加利福尼亚州查尔斯顿至得克萨斯州休斯敦的航道上进行了为期 37 d 的观测实验,期间测量了 211 缕船舶排放烟羽。结果显示,BC 排放浓度与燃油的 F_s 成反比:当 F_s<0.5 wt-%(weight-%,质量占比)时,EF$_{BC}$ 为 1.1±0.8 g·kg^{-1};当 F_s>0.5 wt-% 时,EF$_{BC}$ 为 0.5±0.5 g·kg^{-1}。但由于在研究燃油质量影响时未消除船舶运行工况对 BC 排放的协同影响,因此这一研究并不足以准确地反映 EF$_{BC}$ 与 F_s 的关系。

Lack 等(2011)在随后的单船研究中发现 EF$_{BC}$ 会随着燃油品质的提高而减小,降幅达 41%(由 0.22±0.09 g·kg^{-1} 降至 0.13±0.05 g·kg^{-1})。该实验是在一艘集装箱船由巡航转为靠港操作工况过程(航速由 22 节降至 12 节,燃油由含硫率 3.15% 的 HFO 变为 0.07% 的 MGO)下进行,利用飞机观测其烟羽排放特征。虽然转换前后工况也存在差异,但由 4.3.1.1 节可知航速降低时,EF$_{BC}$ 会随之增大,故 EF$_{BC}$ 与 F_s 呈正相关在该研究中成立,且其降幅可能大于观测值的 41%。造成这一现象的原因可能是相较于 HFO,高品质的 MGO 中含有更少的灰分、芳香烃和长链碳氢化合物,从而在燃烧过程中提高了燃烧效率并减少了生成 BC 的反应物,最终减少了 BC 的形成(Lack et al.,2011)。同样是研究单船或单台发动机,Petzold 等(2011)、Anderson 等(2015b)和 Gysel 等(2017)通过对比同一运行负荷下,分别使用 HFO、MGO 和生物质柴油(F_s 为<0.1~2.17 wt-%)或 HFO 和精馏油(F_s 为<0.1~0.52 wt-%)时的排放特征,也发现 EF$_{BC}$ 随 F_s 降低而减小,降幅为 13%~90%,并且在低负荷时的降幅更大。Buffaloe 等(2014)、Diesch 等(2013)和 Lack 等(2008)均通过测量船舶排放烟羽来计算 EF$_{BC}$,但前两个研究的实验区域为 ECAs(F_s 更低,为 0.4~0.55 wt-%),后者的研究区域为非控制区(F_s 为 1.6 wt-%)。利用船舶自动识别系统的数据可以将航速分为低、中、高 3 种(SSD、MSD、和 HSD)。通过对比不同研究所得的 EF$_{BC}$,发现同样在 SSD 航速下,ECAs 区内使用低硫油时的排放因子更小(0.15~0.21 g·kg^{-1}<0.33 g·kg^{-1}),证实了上述规律。

然而，也有文献通过对单台发动机或单船进行研究，发现燃油类型对 EF_{BC} 无明显影响。Mueller 等(2015)利用一台小功率(80 kW)船舶发动机测试了 HFO(F_s 为 1.6 wt－%)和船用柴油(F_s＜0.001 wt－%)对 BC 排放造成的影响，发现使用不同油品时的 EF_{BC} 均为 0.2 g·kg^{-1} 左右。Zetterdahl 等(2016)研究了一艘主机功率为 5850 kW 的海洋船舶分别使用 HFO(F_s 为 0.48 wt－%)和低硫残渣油(F_s＜0.1 wt－%)时的排放情况，发现 EF_{BC} 无较大变化。

鉴于此，尽管现有较多文献认为提高燃油品质可有效降低船舶的 EF_{BC}，但燃油品质对 EF_{BC} 造成影响的具体机制仍需要进一步研究。

4.3.1.3 尾气洗涤装置对 BC 排放的影响

船舶的尾气洗涤装置可有效过滤 PM，依据粒径大小的不同(PM_1、$PM_{2.5}$ 和 PM_{10})，PM 的去除率可达 25%～98%。目前，还未有文献通过实测研究洗涤器对船舶排放 BC 的影响，并且由于以下 3 个原因，洗涤器对小颗粒 BC 的去除率仍存在较大的不确定性：①船舶排放 BC 仅占含水合硫酸盐在内 PM 的 4%(Lack et al.，2009)；②船舶排放 BC 的粒径较小，其质量中值粒径一般 ≤ 0.2 μm(Lack et al.，2009，2011；Petzold et al.，2011)；③发动机排放的 BC 受混合状态及共排组分的吸水能力影响，其既可能是亲水的也可能是疏水的，这也导致 BC 的湿清除效率存在较大波动(Lack et al.，2012)。

Lack 等(2012)通过文献总结评估了船舶尾气洗涤器对 BC 的去除效率。Ritchie 等(2005)发现利用海水的湿式洗涤器对 $PM_{2.5}$ 清洗效率可达 75%±15%，其中，针对 PM_2、$PM_{1.5}$、PM_1 和 $PM_{0.05}$ 的清洗率分别为 98%、74%、59% 和 45%。考虑到 BC 的中值粒径通常为 0.2 μm 左右，所以 Lack 等(2012)推测该洗涤器对 BC 的过滤效率约为 45%～50%。

此外，由于在吸湿性颗粒态硫酸盐的形成过程中 BC 会以内混的形式参与成型，因此推测在使用高 F_s 的燃油时，洗涤器的 BC 去除效率将更大。Andersson 和 de Vries(2009)利用轻型柴油发动机进行相关测试发现，低硫油的 EC 去除率为 55%，而高硫油(F_s 为 1.5%)的 EC 去除率上升至 70%。Lack 和 Corbett(2012)推测尾气洗涤装置对使用不同含硫率燃油时排放的 BC 的去除率为 25%～70%。

4.3.2 北极地区船舶排放

随着过去几十年北极地区冰川加速消融，该地区的乘船旅游观光及自然资源开采活动日益增多(Peters et al.，2011)。更为重要的是，由于可大幅度缩短行船时间(最多可至 50%)(Khon et al.，2010)，越来越多往返于欧洲和北太平洋地区的远洋船舶改经北极地区通行，增大了这一区域的船舶行驶量，使得当地环境问题日发凸显(Corbett et al.，2010)。

大气中 BC 气溶胶可以吸收入射和地面反射阳光，而 BC 的吸光效应在北极或其他冰雪覆盖的地区更为明显，因此黑碳被视为导致北极冰雪加速融化的重要原因(Browse et al.，2013)。沉积在冰雪表面的 BC 可以减少地表的反射率，加速冰川融化。Hanse 等(2004)的研究表明，黑碳的附着会导致冰川表面的反射率降低 1.5%。由于黑碳具有强烈的光吸收作用，北极积雪对短波辐射的吸收比无黑碳时高 5%～10%。Ramanathan 等(2008)的研究指出，在近年来全球变暖的大背景下，北极升温速度是全球平均升温速度的 2 倍。虽然北极地区船舶排放 BC 仅占全球黑碳排放总量的 0.01%(Browse et al.，2013)，但随着北极航道开发的不断深入，船舶排放已成为北极地区黑碳的重要排放源之一。北极地区船舶排放的

BC占全球船舶排放的1%,但占该地区船舶排放后沉降BC的32%(其他为低纬度地区的传输沉降)。同时,由于船舶排放的高度较低,其排放的BC更易沉积在冰雪表面,增强BC的增温效应(白春江等,2016)。因此,船舶排放BC对于北极地区的影响近年来已引起广泛关注。

4.3.2.1 排放清单

许多学者利用排放因子和活动水平数据或模型,构建北极船舶排放BC的排放清单,供区域排放政策制定及气候模型模拟使用。

Corbett等(2010)利用排放因子和活动水平数据建立了以2004年为基准年的北极地区5×5 km船舶排放BC的排放清单,并基于此预测2030年和2050年的排放情况。结果发现,2004年北极过境船舶贡献的船舶排放BC(0.9 Gg)占全球船舶排放总量的不到1%,到2050年(2.7或4.7 Gg)可贡献全球船舶排放BC的2.3%。在常规和高增速两种情形下模拟,北极地区在2050年的船舶排放BC将增加3~5.3倍。该研究还分析了7种类型船舶排放BC的情况,发现排放贡献最大的是集装箱船,在2004年占比为21%,2050年在常规情形(高增速情形)下增长至50%(61%)。Peters等(2011)将北极地区油气运输船舶也纳入排放清单建立范围内,基于船舶性能工程模型和成本效益分析及全球能源市场模型(FRISBEE),同样以2004年为基准年估算了2030年和2050年在该地区航行的过境船舶和油气运输船的数量,建立了1°×1°船舶排放BC清单。模拟结果显示,北极地区的船舶排放BC在2030年为1.2 Gg,在2050年为1.8 Gg。Winther等(2014)在建立北极地区的船舶排放清单时,将渔船排放也纳入清单编制范围。基于卫星定位的船舶活动数据和排放因子及Corbett等(2010)提出的北极航运量增长假设,该研究最终建立了北极地区2012、2020、2030及2050年的船舶排放清单。结果显示,2012年北极船舶排放BC共0.88 Gg,到2050年增到1.8 Gg。3个清单的BC排放量在基准年份(2004和2012年)接近,而在2050年Corbett的清单与其他两个清单数据出现较大差异,主要是因为预测未来排放量时,会受到不同增长情形下模型假设的影响。

Browse等(2013)利用Corbett等(2010)建立的北极船舶排放清单及其他排放清单,并结合全球气溶胶过程及化学传输模型(GLOMAP-TOMCAT),来量化研究北极船舶排放对高纬度地区BC沉积的贡献。结果表明,2004年北极船舶排放BC占高纬度地区(60°N以北)BC总沉积量的0.3%,在高增速情形下2050年这一比例增大至0.7%。该地区沉降BC的主要来源为中纬度地区(如东亚)非船舶排放BC的传输迁移。

北冰洋海域最大的港口城市是俄罗斯摩尔曼斯克,Evans等(2015)基于燃油法和港口停靠次数建立了2012年该城市的船舶排放BC清单,该清单的船舶类型包括渔船、货船、油轮、客船及辅助船舶(如拖船)。计算结果表明,2012年该港口城市的船舶共排放黑碳$4.2×10^{-3}$ Gg,其中渔船排放占31.0%,其占2010年全俄罗斯渔船排放的1%。Winther等(2014)建立的排放清单中,也指明渔船是北极地区最大的船舶BC排放源,占所有类型船舶排放BC的45%。Mckuin等(2016)研究了全球和北极地区渔船排放的BC。其参考已有研究成果,考虑船舶的运行功率、发动机类型、燃油含硫率及区域燃油限硫政策,重新计算了排放因子以更新全球及北极地区渔船的BC排放量。结果显示,渔船排放的BC被严重低估,最多相差一个数量级。更新后的北极地区渔船排放BC量为1.7±0.9 Gg,占全球渔船排放量的4.6%。

4.3.2.2 浓度影响

上述多个排放清单数据结合模型模拟方法或定点观测用于研究船舶排放对整个北极地区或不同国家北极地区的 BC 浓度造成的影响。

Ødemark 等(2012)结合三维全球化学传输模型(OsloCTM2)和 Peters 等(2011)构建的船舶排放清单,估算了北极地区船舶排放 BC 的浓度影响。结果显示该地区船舶排放的 BC 使当地 BC 浓度升高 0.38 $\mu g \cdot m^{-3}$。Dalsøre 等(2013)基于 Corbett 等(2010)建立的船舶排放清单及 OsloCTM2 模型,估算了 2004—2030 年北极船舶排放 BC 的浓度变化。在常规增长情形下,夏季北极地区 BC 的浓度下降 10%;而在高增速增长情形下,夏季北极地区 BC 的浓度将上升 50%。Gong 等(2018)利用在线空气质量预测模型(GEM-MACH)模拟了基准年(2010 年)及未来(2030 年)船舶排放对加拿大北极地区夏季(7—9 月)空气质量的影响。模拟假设分为常规和减排控制情形。研究发现在 2010 年时,加拿大北极船舶排放的 BC 对当地大气 BC 平均贡献率小于 0.1%,最高为 2%。而在常规情形下的 2030 年,其最高贡献率为 15%;在减排控制情形的 2030 年,最高为 10%。研究还发现对于沉降 BC 而言,2010 年船舶排放贡献率为 0.1%~0.5%,2030 常规情形下平均为 0.3%~1.5%,在某些区域最高超过 30%。

Eckhardt 等(2013)基于 2003—2011 年在挪威北极地区的 Ny Ålesund 和 Zepelin 两地进行定点观测的资料,发现大、中型游船(游客数大于 50)经过时,BC 浓度较无船经过时提升 11%。Marelle 等(2016)于 2012 年利用飞机观测并结合 WRF-Chem 模型,指出船舶排放是挪威海岸重要的排放源之一,当地 BC 浓度被抬升约 40%。Aliabadi 等(2015)于 2013 年 1 月在加拿大北极地区进行定点观测,发现船舶排放对该地区的 BC 贡献率为 4.3%~9.8%,该地区船舶排放的 BC 占 $PM_{2.5}$ 的 1.3%~9.7%。

4.4 飞机排放

民用航空业排放 BC 颗粒物数浓度为 $(10.9\pm2.1)\times10^{25}\ a^{-1}$,占总人为源排放的 1.3%,占道路源排放的 3.6%(Zhang et al.,2019)。此外,民用航运活动水平增长迅速,根据 IPCC 模拟研究报告,全球民用航运活动水平将在 2020 至 2050 以每年 1.5%~4.1%的速率增长(Owen et al.,2010),将在接下来 20 年中增加 2 倍(Zhang et al.,2019)。

由于飞机在巡航工况下排放的黑碳是对流顶层以上区域唯一的直接人为排放源(Peck et al.,2013),同时 BC 气溶胶是太阳辐射强吸收源,并且有较对流层内的 BC 更长的生命周期,因此,其造成的正辐射强迫被认为是气候变化的第二大贡献(Bond et al.,2013)。此外,在巡航飞机高度排放的 BC 可作为冰晶核导致飞机凝结尾迹(Contrails)的形成,会有间接气候效应。Gettelman 等(2013)指出,飞机排放 BC 造成的温室效应被低估了。Stettler 等(2013)认为其贡献可占航空排放 CO_2 产生影响的 1/3。

飞机排放 BC 的几何平均直径(geometric mean diameter,GMD)为 32.0±0.8 nm,相较于机动车等其他源排放的碳气溶胶颗粒物(150 nm 左右)更小(Han et al.,2018)。因此,细小的粒径使得飞机排放 BC 颗粒物更易进入肺泡,甚至随血液进入内脏及脑部,使其成为心肺疾病的重要致病因素(Durdina et al.,2017)。

目前针对飞机排放 BC 的研究主要集中在飞机排放 BC 粒径特征、机场对周边环境影响及其排放因子的测量。

4.4.1 飞机排放 BC 粒径特征

飞机排放 BC 根据数浓度累积情况通常可分为两类,分别是一次 BC 和积聚态 BC。Petzold 等(1999a,1999b)基于 1996—1998 年对巡航飞机尾气采样测算发现,排放一次 BC 的峰值粒径为 35~45 nm,积聚态 BC 峰值粒径为 0.15~0.16 μm。随着发动机技术的发展,飞机排放 BC 颗粒物的粒径下降明显:Petzold 等(2011)实测飞机发动机的数据表明,两种模态的 BC 粒径分别减小至 14~15 nm 和 47~59 nm。

4.4.2 机场附近 BC 浓度

飞机排放 BC 可对机场附近大气环境造成污染。针对机场附近飞机排放 BC 浓度的测量通常采用固定点或移动观测平台测试。并且,飞机排放 BC 对地面周边大气环境的影响程度与观测点距机场距离及机场起降活动水平有关。

距机场较近的大气环境受飞机排放影响更加严重。Westerdahl 等(2008)利用移动实验台在 LAX 机场飞机起飞的上下风向处对 BC 浓度进行观测。该实验发现,较上风向(背景浓度)而言,飞机起飞排放颗粒物可使 BC 浓度从 0.8 $\mu g \cdot m^{-3}$ 上升至 9.6 $\mu g \cdot m^{-3}$,升高近 11 倍;而在美国圣莫妮卡机场(Santa Monica Airport)的实验发现,在距滑行跑道的 100 m 下风向处,飞机起飞排放使 BC 浓度升高近 100 倍,从 0.3 $\mu g \cdot m^{-3}$ 增至 30 $\mu g \cdot m^{-3}$(Hu et al.,2009)。Shirmohammadi 等(2017)基于 2016 年在洛杉矶国际机场(Los Angeles International Airport,LAX)飞行跑道下风向 150 m 处利用移动观测平台采集飞机排放 BC 污染物,分析结果显示飞机排放导致 BC 较背景浓度上升了 2.59 $\mu g \cdot m^{-3}$。并且,在该研究划定的 100 km^2 机场下风向影响区域内,飞机的 BC 日排放速率(6.09±0.41 $kg \cdot d^{-1}$)是高速公路排放(2.39±0.08 $kg \cdot d^{-1}$)的 2.5 倍。

距荷兰史基浦机场以东 7 km 的观测点结果显示,飞机排放未能使该处 BC 浓度产生明显变化,均为 0.6 $\mu g \cdot m^{-3}$ 左右(Keuken et al.,2015)。Riley 等(2016)在分别距 LAX 和 ATL 机场 5 km 和 10 km 的位置,利用移动实验台观测发现飞机起飞可使 BC 浓度升高 2~3 倍,但飞机源排放 BC 浓度(0.4~0.6 $\mu g \cdot m^{-3}$)仅为周围高速公路排放 BC 浓度(1~1.5 $\mu g \cdot m^{-3}$)的 1/3。距飞行活动水平为 LAX 一半的波士顿罗根机场 4~7.3 km 的地区,BC 浓度未受飞机排放影响(0.49~0.58 $\mu g \cdot m^{-3}$)。而距该机场较近的 1.3 km 处,飞机排放使得 BC 质量浓度上升了 1.3 倍(Hudda et al.,2016)。Dodson 等(2009)结合 5 个定点观测点的数据和回归方程模型,模拟得出美国罗德岛 T·F·格林国际机场的飞机起飞降落过程贡献了机场 0.16~3 km 范围内 BC 污染物的 0.05~0.1 $\mu g \cdot m^{-3}$(24%~28%),其他排放源包括道路源和机场地面操作机械排放源。

4.4.3 BC 排放因子

4.4.3.1 排放因子

飞机排放污染物排放因子的测量通常可通过对机场附近排放烟羽截取观测、飞机发动机台架实验或飞机排放尾气实测以实现(Herndon et al.,2008;Brem et al.,2015)。此外,非挥发性 PM(nvPM)主要由 BC 组成,因此部分飞机尾气排放实验也使用该参数表征 BC(Yu et al.,2017)。具体飞机 BC 排放因子见表 4.17。

表 4.17 飞机 BC 排放因子

观测方法	机型/发动机型号	工况/燃油类型	BC 数浓度排放因子 /(10^{14} kg^{-1})	BC 质量排放因子 /(g·kg^{-1})	参考文献
尾气排放采样	Concorde 超音速飞机	超音速巡航工况	—	0.07±0.05	Pueschel et al.,1997
尾气排放采样	ATTAS 飞机	巡航工况	17±3.5	0.10±0.02	Petzold et al.,1999a
	空客 A310-300	巡航工况	6.0±1.2	0.019±0.01	
	波音 B737-300	巡航工况	3.5±0.7	0.011±0.005	
尾气排放采样	ATTAS 飞机配备两台涡扇发动机	地面/74%负荷	—	0.333	Petzold et al.,1999b
		地面/69%负荷		0.272	
		地面/30%负荷		0.118~0.149	
		地面/19%负荷		0.047	
		地面/8%负荷		0.015	
		飞行/30%负荷		0.11~0.15	
尾气排放采样	波音 B707	巡航工况	17±3	0.5±0.1	Schumann et al.,2002
	空客 A340	巡航工况	1.8±0.5	0.01±0.003	
台架测试	PW308 喷气式发动机	85%负荷/<0.2%v/v 芳香烃燃油		0.67	Timko et al.,2010
		65%负荷/<0.2%v/v 芳香烃燃油		0.42	
		30%负荷/<0.2%v/v 芳香烃燃油		0.11	
		7%负荷/<0.2%v/v 芳香烃燃油		0.02	
台架测试	7 种涡扇发动机	18.8~31.1%负荷		0.021~0.098	Kinsey et al.,2011
台架测试	直升机发动机	急速/17.2%v/v 芳香烃燃油		0.057	Drozd et al.,2012
		急速/0.4%v/v 芳香烃燃油		0.002	
		巡航/17.2%v/v 芳香烃燃油		0.201	
		巡航/0.4%v/v 芳香烃燃油		0.046	
台架测试	CF34-3A1 涡扇发动机	100%负荷	5.7±2.0	0.106±0.014	Yu et al.,2017
		50%负荷	—	0.002±0.001	
		16%负荷	7.7±2.6	—	
台架测试	—	15 m% H 燃油	3.31	0.007	Durdina et al.,2017
		14.3 m% H 燃油	6.16	0.011	
		13.8 m% H 燃油	8.20	0.015	
机场烟羽测试		起飞	—	0.12±0.02	Shirmohammadi et al.,2017
		降落	—	0.11±0.01	

注：—表示无数据。

Herndon 等(2008)在美国亚特兰大国际机场利用移动平台观测技术采集了 376 缕飞机发动机排放烟羽，并计算其排放因子，发现起飞工况下较旧型号飞机排放的 BC 浓度更高(是其他型号或急速工况下的 3~10 倍)。不同型号飞机在起飞和急速工况下的 BC 排放因子为 0.27~0.50 g·kg^{-1}。Shirmohammadi 等(2016)在 LAX 利用移动观测平台的实验测算出飞机起飞和降落时的 BC 排放因子均为 0.11 g·kg^{-1}左右。Pueschel 等(1997)、Petzold 等(1999a,1999b)和 Schumann(2002)通过对巡航飞机排放尾气进行采样测量,得出不同机型飞机的 BC 质量浓度排放因子为 0.01~0.50 g·kg^{-1},数浓度排放因子为(1.8~17)×10^{14} kg^{-1}。Timko 等(2010)、Kinsey 等(2011)、Drozd(2012)、Yu 等(2017)和 Durdina 等(2017)对喷气式、直升机及涡扇等种类发动机进行台架测试,测得其 BC 质量排放因子为 0.002~0.33 g·kg^{-1},BC 数浓度排放因子为(3.3~8.2)×10^{14} kg^{-1}。

4.4.3.2 影响飞机 BC 排放因子的因素

(1) 芳香烃含量

飞机排放 BC 的浓度会随着航空燃油中芳香烃含量降低而降低(Corporan et al.,2007;Cain et al.,2013;Moore et al.,2015)。这主要是因为在高芳香烃航空燃油中,大量的芳香烃会被氧化成多环芳香烃(polycyclic aromatic hydrocarbons,PAH),最终在富油燃烧区经成核生成 BC(Brem et al.,2015;Speth et al.,2015)。这一过程会受芳香烃摩尔质量和发动机工况的影响(Speth et al.,2015)。

Drozd 等(2012)使用 T63 型号发动机测试了芳香烃含量分别为 17.2%V/V(体积占比)和 0.4%V/V 的两种燃油,发现使用高芳香烃含量燃油时的 BC 排放因子(0.06~0.20 g·kg^{-1})是低含量的 4.4~28.5 倍。Speth 等(2015)总结已有实验并利用解析模型研究芳香烃含量为 16.0~21.8%V/V 的燃油对 BC 排放的影响,也发现在同一发动机工况下,BC 质量浓度与芳香烃含量成正比。Brem 等(2015)通过向燃油中添加芳香烃溶剂,实验了芳香烃含量为 17.8~23.6%V/V 的 4 种燃油的 BC 排放情况。在发动机功率分别为 30%、65%、85% 和 100% 的工况下,5.8% 芳香烃含量的增加分别提升了 BC 质量浓度和数浓度达 1.12~1.59 倍和 1.06~1.51 倍,低发动机负荷下芳香烃含量上升的贡献更大。航空用油中氢(H)含量被证明与芳香烃有较好的负相关,并且用其预测 BC 排放表现更好(Bren et al.,2015;Abrahamson et al.,2016)。Durdina 等(2017)利用经验模型和 H 含量研究芳香烃含量对飞机排放 BC 数浓度的影响。结果显示,与 BC 质量浓度相似,高芳香烃(13.8 m% H,氢的质量占比)燃油排放的 BC 数浓度更高,其整个 LTO 过程的排放因子为 8.7×10^{14} kg^{-1}。

(2) 发动机工况

飞机排放 BC 同样会受到发动机工况(负荷)影响。飞机各运行状态的工况可分为:起飞(100%)、爬升(85%)、巡航(65%)、降落(30%)、滑行(7%)和低功耗息速(3%)工况(Brem et al.,2015)。

对于 BC 质量浓度而言,在低工况下(<10%),空燃比(Air-to-fuel ratios)较大,燃烧较为充分,并且燃烧温度和压力均较低,因此排放的 BC 质量浓度更低。飞机排放 BC 质量浓度随负荷增大而变高(Petzold et al.,1999b;Brem et al.,2015)。Petzold 等(1999b)在负荷为 8%~74% 的 5 种工况下测试喷气式发动机排放的 BC 颗粒物,指出质量浓度排放因子增大 20 倍左右(0.015~0.333 g·kg^{-1})。Drozd 等(2012)对比了一台直升机发动机在巡航工况和息速工况下的颗粒物排放情况,发现巡航工况的 BC 排放因子(0.05~0.20 g·kg^{-1})较息速工况高出 4~20 倍。Brem 等(2015)测试了一台涡轮发动机分别在息速、7%、65% 和 85% 4 种工况下 BC 的排放情况,发现 BC 质量排放因子可从 0 升至 0.55 g·kg^{-1}。

但 BC 数浓度随工况的变化特征呈 U 型分布,如图 4.29 所示。在低负荷下,空燃比较大,同时有较长的停留时间,燃料燃烧更充分,该工况下产生的 BC 颗粒物粒径更小。故虽然低工况下 BC 质量浓度较低,但仍有较大的 BC 数浓度。随着工况增加,空燃比降低,停留时间缩短,BC 颗粒物会因凝结增长导致粒径随之变大(Durdina et al.,2014;Moore et al.,2015)。

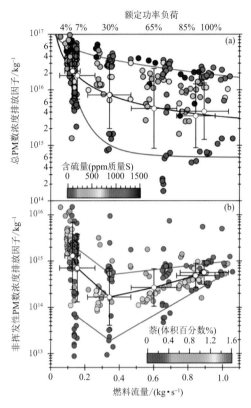

图 4.29　非挥发性气溶胶(nvPM,即 BC)数浓度排放因子与工况的关系(Moore et al.,2015)

Moore 等(2015)总结了多个飞机发动机的 BC 排放特征,其发动机负荷范围为 4%~100%。结果显示 BC 数浓度排放因子范围为 $2\times10^{14}\sim5\times10^{16}$ kg^{-1},在 30% 的工况下,BC 数浓度出现最低值。Brem 等(2015)实验指出,涡轮发动机在不同工况下的 BC 数浓度为 $6\times10^{13}\sim4.5\times10^{14}$ kg^{-1},并在负荷为 65% 时出现峰值。

4.4.4　飞机排放 BC 造成健康影响

目前关于飞机排放 BC 造成直接健康影响的文献较少。Barrett 等(2010)和 Yim 等(2015)指出,2006 年由于民用航空排放造成的全球死亡中位数达 9000~16000 人,占人为源排放导致室外空气恶化造成总死亡人数的 ≤2%。其中,航空 BC 排放造成的健康影响占这一人数的约 0.2%(Koo et al.,2013)。并且,在航运活动集中地区,这一影响可能更高(Kärcher et al.,1996)。Yim 等(2013)指出英国机场排放的 BC 每年大约造成 110 人死亡。

参考文献

白春江,李颖,姜政,等,2016.船舶黑碳的研究现状及对北极的影响[J].中国水运,16(12):152-154.
蔡子颖,韩素芹,黄鹤,等,2011.天津夏季黑碳气溶胶及其吸收特性的观测研究[J].中国环境科学,31(5):719-723.
陈慧忠,吴兑,廖碧婷,等,2013.东莞与帽峰山黑碳气溶胶浓度变化特征的对比[J].中国环境科学,33(4):

605-612.

程丁,吴晟,吴兑,等,2018.深圳市城区和郊区黑碳气溶胶对比研究[J].中国环境科学,38(5):1653-1662.

邓彦阁,孙天乐,曾立武,等,2012.华南沿海某大气背景点黑碳气溶胶污染特征[J].环境科学与技术,35(11):79-82.

杜川利,余兴,李星敏,等,2013.西安泾河夏季黑碳气溶胶及其吸收特性的观测研究[J].中国环境科学,33(4):613-622.

杜丽,孟晓艳,李钢,等,2013.西沙永兴岛黑碳浓度特征初探[J].中国环境监测,29(5):69-72.

樊文智,秦凯,韩旭,等,2018.基于移动激光雷达观测的徐州市区气溶胶分布特征[J].中国环境科学,38(8):2857-2864.

何立强,胡京南,祖雷,等,2015.国Ⅰ～国Ⅲ重型柴油车尾气$PM_{2.5}$及其碳质组分的排放特征[J].环境科学学报,35(3):656-662.

黄超,赵锦慧,何超,等,2018.2015年秋冬季武汉城区黑碳气溶胶的分布及源区分析[J].生态环境学报,27(3):542-549.

黄成,胡磬遥,鲁君,2018.轻型汽油车尾气OC和EC排放因子实测研究[J].环境科学,39(7):3110-3117.

蒋争明,2018.中山市路边交通点环境空气质量污染特征研究[J].广东化工,45(8):98-100,113.

李燕军,张镭,曹贤洁,等,2014.兰州城市和远郊区黑碳气溶胶浓度特征[J].中国环境科学,34(6):1397-1403.

梁云平,张大伟,林安国,等,2017.北京市民用燃煤烟气中气态污染物排放特征[J].环境科学,38(5):1775-1782.

刘川,黄晓锋,兰紫娟,等,2012.深圳市机动车$PM_{2.5}$排放因子隧道测试研究[J].环境科学与技术,35(12):150-153.

刘文彬,邝俊侠,刘叶新,等,2014.广州中心城区冬季大气气溶胶消光特性观测研究[J].现代科学仪器6(3):136-141.

刘玺,孔少飞,郑淑睿,等,2019.春节前后华北平原农村地区黑碳浓度及来源[J].中国环境科学,39(8):3169-3177.

齐孟姚,王丽涛,张城瑜,等,2018.邯郸市黑碳气溶胶浓度变化及影响因素分析[J].环境科学学报,38(5):1751-1758.

乔通,雷耀军,付元坤,等,2012.京港澳高速公路改扩建路线平面拟合方案及分析[J].中外公路,32(5):1-3.

沈国锋,2012.室内固体燃料燃烧产生的碳颗粒物和多环芳烃的排放因子及影响因素[D].北京:北京大学.

孙欢欢,倪长健,崔蕾,2016.成都市黑碳气溶胶污染特征及与气象因子的关系[J].环境工程,34(6):119-124.

陶俊,柴发合,高健,等,2013.16届亚运会期间广州城区$PM_{2.5}$化学组分特征及其对霾天气的影响[J].环境科学,34(2):409-415.

万蓉,周志敏,崔春光,等,2011.风廓线雷达资料与探空资料的对比分析[J].暴雨灾害,30(2):130-136.

王洪强,贺千山,陈勇航,等,2014.2008—2012年上海黑碳浓度变化特征分析[J].环境科学,35(4):1215-1222.

王璐,袁亮,张小玲,等,2020.成都地区黑碳气溶胶变化特征及其来源解析[J].环境科学,41(4):1561-1572.

王晓浩,2014.上海市交通路边站黑碳污染特征研究[C]//第11届长三角科技论坛环境保护分论坛暨上海市环境科学学会第18届学术年会.

王燕军,吉喆,尹航,等,2015a.2010—2013年我国柴油车黑碳排放状况分析[J].环境与可持续发展,40(1):19-21.

王燕军,吉喆,尹航,等,2015b.2013年我国柴油车黑碳排放特征研究[J].环境与可持续发展,40(2):45-47.

王扬锋,马雁军,陆忠艳,等,2011.辽宁地区大气黑碳气溶胶质量浓度在线连续观测[J].环境科学研究,24(10):1088-1096.

王月华,汤莉莉,邹强,等,2014.苏州地区黑碳气溶胶季节变化研究[J].环境工程,32(S1):544-547.

王绪鑫,马雁军,向旬,等,2010.鞍山黑碳气溶胶观测[J].环境化学,29(6):1091-1095.

魏夏潞,王成刚,凌新锋,等,2019.安徽寿县黑碳气溶胶浓度观测分析研究[J].环境科学学报,39(11):3630-3638.

毋波波,2016.北京市柴油车气态污染物和颗粒物化学组分排放特征研究[D].北京:北京工商大学.

吴创,谭志海,韩通,等,2020.西安市春季典型交通道路黑碳气溶胶的排放特征[J].西安工程大学学报,34(1):42-46.

吴兑,廖碧婷,陈慧忠,等,2014.珠江三角洲地区的灰霾天气研究进展[J].气候与环境研究,19(2):248-264.

夏芸洁,武云飞,郭振海,等,2017.华东乡村站点气溶胶吸收特性的观测研究[J].中国粉体技术,23(6):17-23.

肖思晗,于兴娜,朱彬,等,2018.南京北郊黑碳气溶胶的来源解析[J].环境科学,39(1):9-17.

徐昶,沈建东,叶辉,等,2014.杭州黑碳气溶胶污染特性及来源研究[J].中国环境科学,34(12):3026-3033.

徐伟嘉,马金玲,刘永红,等,2018.广东省机动车黑碳排放特征研究[J].交通节能与环保,14(5):12-16.

严晗,2014.北京典型道路机动车污染物排放与浓度特征研究[D].北京:清华大学环境学院.

严晗,吴烨,张少君,等,2014.北京典型道路交通环境机动车黑碳排放与浓度特征研究[J].环境科学学报,34(8),1891-1899.

杨丹丹,王体健,李树,等,2019.基于走航观测的长江三角洲地区大气污染特征及来源追踪[J].中国环境科学,39(9):3595-3603.

杨晓旻,施双双,张晨,等,2020.南京市黑碳气溶胶时间演变特征及其主要影响因素[J].环境科学,41(2):620-629.

于丽萍,李栋,杜传耀,等,2014.2013年北京黑碳气溶胶浓度特征及影响因素分析[C]//2014中国环境科学学会学术年会.

张灿,周志恩,翟崇治,等,2014.重庆市黑碳气溶胶特征及影响因素初探[J].环境科学学报,34(4):812-818.

张霞,余益军,解淑艳,等,2018.全国大气背景地区黑碳浓度特征[J].中国环境监测,34(1):32-40.

赵玉成,2009.西宁地区大气中黑碳气溶胶浓度的观测研究[C]//第26届中国气象学会年会大气成分与天气气候及环境变化分会场,中国浙江杭州.

郑轩,2016.基于车载测试的重型柴油车黑碳与多环芳烃排放特征研究[D].北京:清华大学环境学院.

中国国家标准化管理委员会,2016a.车用汽油[EB/OL].http://www.gb688.cn/bzgk/gb/newGbInfo?hcno=C45A3554980A86E41F5AA4C6F3D48DC1.

中国国家标准化管理委员会,2016b.车用柴油[EB/OL].http://www.gb688.cn/bzgk/gb/newGbInfo?hcno=88F31AEECC7F7AE17C5A99496E532D2A.

ABRAHAMSON J P, ZELINA J, ANDAC M G, et al, 2016. Predictive model development for aviation black carbon mass emissions from alternative and conventional fuels at ground and cruise[J]. Environ Sci Technol, 50(21):12048-12055.

AGRAWAL H, MALLOY Q G J, WELCH W A, et al, 2008. In-use gaseous and particulate matter emissions from a modern ocean going container vessel[J]. Atmos Environ, 42(21):5504-5510.

AGRAWAL H, WELCH W A, HENNINGSEN S, et al, 2010. Emissions from main propulsion engine on container ship at sea[J]. J Geophys Res, 115(D23):D23205.

ALIABADI A A, STAEBLER R M, SHARMA S, et al, 2015. Air quality monitoring in communities of the Canadian Arctic during the high shipping season with a focus on local and marine pollution[J]. Atmos Chem Phys, 15(5):2651-2673.

ALLEN J O, MAYO P R, HUGHES L S, et al, 2001. Emissions of size-segregated aerosols from on-road vehicles in the Caldecott tunnel[J]. Environ Sci Technol, 35(21):4189-4197.

ANCELET T,DAVY P K,TROMPETTER W J,et al,2011. Carbonaceous aerosols in an urban tunnel[J]. Atmos Environ,45(26):4463-4469.

ANDERSSON J,DE VRIES S,2009. Results of the evaluation of an exhaust scrubber:A screening report for sustainable maritime solutions[J]. Ricardo,UK,33.

ANDERSON M,SALO K,HALLQUIST Å,et al,2015. Characterization of particles from a marine engine operating at low loads[J]. Atmos Environ,101:65-71.

BAN-WEISS G A,LUNDEN M M,KIRCHSTETTER T W,et al,2009. Measurement of black carbon and particle number emission factors from individual heavy-duty trucks[J]. Environ Sci Technol,43(5):1419-1424.

BARRETT S R,BRITTER R E,WAITZ I A,2010. Global mortality attributable to aircraft cruise emissions [J]. Environ Sci Technol,44(19):7736-7742.

BEGAM G R,VACHASPATI C V,AHAMMED Y N,et al,2016. Measurement and analysis of black carbon aerosols over a tropical semi-arid station in Kadapa,India[J]. Atmos Res,171:77-91.

BISHOP G A,HOTTOR-RAGUINDIN R,STEDMAN D H,et al,20115. On-road heavy-duty vehicle emissions monitoring system[J]. Environ Sci Technol,49(3):1639-1645.

BLANCO-ALEGRE C,CALVO A I,ALVES C,et al,2020. Aethalometer measurements in a road tunnel:A step forward in the characterization of black carbon emissions from traffic [J]. Sci Total Environ,703:135483.

BOND,T C,2004. A technology-based global inventory of black and organic carbon emissions from combustion [J]. J Geophys Res:Atmos,109(D14):D14203.

BOND T C,2007. Can warming particles enter global climate discussions[J]. Environ Res Let,2(4):045030.

BOND T C,DOHERTY SJ,FAHEY DW,et al,2013. Bounding the role of black carbon in the climate system:A scientific assessment[J]. J Geophys Res:Atmos,118(11):5380-5552.

BREM B T,DURDINA L,SIEGERIST F,et al,2015. Effects of fuel aromatic content on nonvolatile particulate emissions of an in-production aircraft gas turbine[J]. Environ Sci Technol,49(22):13149-13157.

BROWSE J,CARSLAW K S,CARSLAW K S,et al,2013. Impact of future Arctic shipping on high-latitude black carbon deposition:BC deposition from arctic shipping[J]. Geophys Res Let,40(16):4459-4463.

BUFFALOE G M,LACK D A,WILLIAMS E J,et al,2014. Black carbon emissions from in-use ships:A California regional assessment[J]. Atmos Chem Phys,14(4):1881-1896.

CAI H,XIE S,2011. Traffic-related air pollution modeling during the 2008 Beijing Olympic Games:The effects of an odd-even day traffic restriction scheme[J]. Sci Total Environ,409(10):1935-1948.

CAI J,GE Y H,LI H C,et al,2020. Application of land use regression to assess exposure and identify potential sources in $PM_{2.5}$,BC,NO_2 concentrations[J]. Atmos Environ,223:117267.

CAIN J,DEWITT M J,BLUNCK D,et al,2013. Characterization of gaseous and particulate emissions from a turboshaft engine burning conventional,alternative,and surrogate fuels[J]. Energy Fuels,27(4):2290-2302.

CAPPA C D,WILLIAMS E J,LACK D A,et al,2014. A case study into the measurement of ship emissions from plume intercepts of the NOAA ship Miller Freeman[J]. Atmos Chem Phys,14(3):1337-1352.

CELIK S,DREWNICK F,FACHINGER F,et al,2020. Influence of vessel characteristics and atmospheric processes on the gas and particle phase of ship emission plumes:in situ measurements in the Mediterranean Sea and around the Arabian Peninsula[J]. Atmos Chem Phys,20(8):4713-4734.

CHAN C C,CHUANG K J,SHIAO G M,et al,2004. Personal exposure to submicrometer particles and heart rate variability in human subjects[J]. Environ Health Perspect,112(10):1063-1067.

CHANG Y,MENDREA B,STERNIAK J,et al,2017. Effect of ambient temperature and humidity on combustion and emissions of a spark-assisted compression ignition engine[J]. J Engineering for Gas Turbines and

Power,139(5):051501.

CHEN Y,ZHI G,FENG Y,et al,2006. Measurements of emission factors for primary carbonaceous particles from residential raw-coal combustion in China[J]. Geophys Res Let,33(20):L20815.

CHEN S C,TSAI C J,HUANG C Y,et al,2010. Chemical mass closure and chemical characteristics of ambient ultrafine particles and other PM fractions[J]. Aerosol Sci Tech,44(9):713-723.

CHEN Y J,TIAN C G,FENG Y,et al,2015. Measurements of emission factors of $PM_{2.5}$,OC,EC,and BC for household stoves of coal combustion in China[J]. Atmos Environ,109:190-196.

CHEN Y,SCHLEICHER N,FRICKER M,et al,2016. Long-term variation of black carbon and $PM_{2.5}$ in Beijing,China with respect to meteorological conditions and governmental measures[J]. Environ Pollut,212:269-278.

CHEN X,KANG S,CONG Z,et al,2018. Concentration,temporal variation,and sources of black carbon in the Mt. Everest region retrieved by real-time observation and simulation[J]. Atmos Chem Phys,18(17):12859-12875.

CHEN W,TIAN H,ZHAO H,et al,2020. Multichannel characteristics of absorbing aerosols in Xuzhou and implication of black carbon[J]. Sci Total Environ,714:136820.

CHENG M,CHEN H,YOUNG L,et al,2015. Carbonaceous composition changes of heavy-duty diesel engine particles in relation to biodiesels,aftertreatments and engine loads[J]. J Hazardous Materials,297:234-240.

CHENG Y,LEE S C,HO K F,et al,2010. Chemically-speciated on-road $PM_{2.5}$ motor vehicle emission factors in Hong Kong[J]. Sci Total Environ,408(7):1621-1627.

CHENG Y H,LIAO C W,LIU Z S,et al,2014. A size-segregation method for monitoring the diurnal characteristics of atmospheric black carbon size distribution at urban traffic sites[J]. Atmos Environ,90:78-86.

CHEUNG K L,POLODORI A,NTZIACHRISTOS L,et al,2009. Chemical characteristics and oxidative potential of particulate matter emissions from gasoline,diesel,and biodiesel cars[J]. Environ Sci Technol,43(16):6334-6340.

CHIANG H,HUANG Y,2009. Particulate matter emissions from on-road vehicles in a freeway tunnel study [J]. Atmos Environ,43(26):4014-4022.

CHOI Y,LEE J,JANG J,et al,2019. Effects of fuel-injection systems on particle emission characteristics of gasoline vehicles[J]. Atmos Environ,217:116941.

CHOW J C,WATSON J G,CROW D,et al,2001. Comparison of IMPROVE and NIOSH carbon measurements [J]. Aerosol Sci Tech,34(1):23-34.

CHOW J C,WATSON J G,KUHNS H,et al,2004. Source profiles for industrial,mobile,and area sources in the big bend regional aerosol visibility and observational study[J]. Chemosphere,54(2):185-208.

CORBETT J J,FISCHBECK P,1997. Emissions from ships[J]. Science,278(5339):823-824.

CORBETT J J,FISCHBECK P,PANDIS,S. N,et al,1999. Global nitrogen and sulfur inventories for oceangoing ships[J]. J Geophys Res:Atmos,104(D3):3457-3470.

CORBETT J J,LACK D A,WINEBRAKE J A,et al,2010. Arctic shipping emissions inventories and future scenarios[J]. Atmos Chem Phys,10(19):9689-9704.

CORPORAN E,DEWITT M J,BELOVICH V,et al,2007. Emissions characteristics of a turbine engine and research combustor burning a Fischer-Tropsch jet fuel[J]. Energy Fuels,21(5):2615-2626.

CUI M,CHEN Y,TIAN C,et al,2016. Chemical composition of $PM_{2.5}$ from two tunnels with different vehicular fleet characteristics[J]. Sci Total Environ,550:123-132.

CUI M,CHEN Y,FENG Y,et al,2017. Measurement of PM and its chemical composition in real-world emissions from non-road and on-road diesel vehicles[J]. Atmos Chem Phys,17(11):6779-6795.

DAI S,BI X,CHAN L Y,et al,2015. Chemical and stable carbon isotopic composition of $PM_{2.5}$ from on-road vehicle emissions in the PRD region and implications for vehicle emission control policy[J]. Atmos Chem Phys,15(6):3097-3108.

DALSØREN S B,SAMSET B H,MYHRE G,et al,2013. Environmental impacts of shipping in 2030 with a particular focus on the Arctic region[J]. Atmos Chem Phys,13(4):941-1955.

DENG J,ZHAO W,WU L,et al,2020. Black carbon in Xiamen,China:Temporal variations,transport pathways and impacts of synoptic circulation[J]. Chemosphere,241:125133.

DENG W,FANG Z,WANG Z,et al,2020. Primary emissions and secondary organic aerosol formation from in-use diesel vehicle exhaust:Comparison between idling and cruise mode[J]. Sci Total Environ,699:134357.

DIESCH J M,DREWNICK F,KLIMACH T,et al,2013. Investigation of gaseous and particulate emissions from various marine vessel types measured on the banks of the Elbe in Northern Germany[J]. Atmos Chem Phys,13(7):3603-3618.

DODSON R E,ANDRES H E,MORIN B,et al,2009. An analysis of continuous black carbon concentrations in proximity to an airport and major roadways[J]. Atmos Environ,43(24):3764-3773.

DROZD G T,MIRACOLO M A,PRESTO A A,et al,2012. Particulate matter and organic vapor emissions from a helicopter eEngine operating on petroleum and Fischer-Tropsch Fuels[J]. Energy Fuels,26(8):4756-4766.

DU X A,FU L X,GE W H,et al,2011. Exposure of taxi drivers and office workers to traffic-related pollutants in Beijing:A note[J]. Transportation Res Part D:Transport and Environ,16(1):78-81.

DURDINA L,BREM B T,SETYAN A,et al,2017. Assessment of particle pollution from jetliners:From smoke visibility to nanoparticle counting[J]. Environ Sci Technol,51(6):3534-3541.

ECKHARDT S,HERMANSEN O,GRYTHE H,et al,2013. The influence of cruise ship emissions on air pollution in Svalbard-a harbinger of a more polluted Arctic? [J]. Atmos Chem Phys,13(16):8401-8409.

ELSER M,BREM B T,DURDINA L,et al,2019. Chemical composition and radiative properties of nascent particulate matter emitted by an aircraft turbofan burning conventional and alternative fuels[J]. Atmos Chem Phys,19(10):6809-6820.

EVANS M,KHOLOD N,BARINOV A,et al,2015. Black carbon emissions from Russian diesel sources:Case study of Murmansk[J]. Atmos Chem Phys,15(14):8349-8359.

EYRING V,KOHLER H W,VAN A J,et al,2005. Emissions from international shipping:1. The last 50 years [J]. J Geophys Res:Atmos,110(D17).

FORESTIERI S D,COLLIER S,KUWAYAMA T,et al,2013. Real-time black carbon emission factor measurements from light duty vehicles[J]. Environ Sci Technol,47(22):13104-13112.

FUJITA E M,ZIELINSKA B,CAMPBELL D E,et al,2007. Variations in speciated emissions from spark-ignition and compression-ignition motor vehicles in California's South coast air basin[J]. J Air Waste Manage.

GAGA E O,ARI A,AKYOL N,et al,2018. Determination of real-world emission factors of trace metals,EC,OC,BTEX,and semivolatile organic compounds(PAHs,PCBs and PCNs) in a rural tunnel in Bilecik,Turkey [J]. Sci Total Environ,643:1285-1296.

GEISER M,ROTHEN-RUTISHAUSER B,KAPP N,et al,2005. Ultrafine particles cross cellular membranes by nonphagocytic mechanisms in lungs and in cultured cells[J]. Environ Health Perspect,113(11):1555-1560.

GELLER M D,SATYA BRATA S,HARISH P,et al,2005. Measurements of particle number and mass concentrations and size distributions in a tunnel environment[J]. Environ Sci Technol,39(22):8653-8663.

GETTELMAN A,CHEN C,2013. The climate impact of aviation aerosols:Aviation aerosols[J]. Geophys Res

Lett,40(11):2785-2789.

GILLIES J A,GERTLER A W,SAGEBIEL J C,et al,2001. On-road particulate matter(PM$_{2.5}$ and PM$_{10}$)emissions in the Sepulveda tunnel,Los Angeles,California[J]. Environ Sci Technol,35(6):1054-1063.

GONG W,BEAGLEY S R,COUSINEAU S,et al,2018. Assessing the impact of shipping emissions on air pollution in the Canadian Arctic and northern regions:current and future modelled scenarios[J]. Atmos Chem Phys,18(22):16653-16687.

GORDON T D,PRESTO A A,NGUYEN N T,et al,2014a. Secondary organic aerosol production from diesel vehicle exhaust:impact of aftertreatment,fuel chemistry and driving cycle[J]. Atmos Chem Phys,14(9):4643-4659.

GORDON T D,PRESTO A A,MAY A A,et al,2014b. Secondary organic aerosol formation exceeds primary particulate matter emissions for light-duty gasoline vehicles[J]. Atmos Chem Phys,14(9):4661-4678.

GOYAL P,ANAND S,GERA B S,2006. Assimilative capacity and pollutant dispersion studies for Gangtok city[J]. Atmos Environ,40(9):1671-1682.

GRAY H A,CASS G R,HUNTZICKER J J,et al,1986. Characteristics of atmospheric organic and elemental carbon particle concentrations in Los Angeles[J]. Environ Sci Technol,20(6):580-589.

GRIESHOP A P,LIPSKY E M,PEKNEY N J,et al,2006. Fine particle emission factors from vehicles in a highway tunnel:Effects of fleet composition and season[J]. Atmos Environ,40(2):287-298.

GUO M,LYU Y,XU T,et al,2018. Particle size distribution and respiratory deposition estimates of airborne perfluoroalkyl acids during the haze period in the megacity of Shanghai[J]. Environ Pollut,234:9-19.

GYSEL N R,WELCH W A,JOHNSON K,et al,2017. Detailed analysis of criteria and particle emissions from a very large crude carrier using a novel ECA fuel[J]. Environ Sci Technol,51(3):1868-1875.

HAN Y,CAO J,CHOW J C,et al,2007. Evaluation of the thermal/optical reflectance method for discrimination between char-and soot-EC[J]. Chemosphere,69(4):569-574.

HAN Y,ZHU T,GUAN T,et al,2016. Association between size-segregated particles in ambient air and acute respiratory inflammation[J]. Sci Total Environ,565:412-419.

HAN Y,CHEN Y,AHMAD S,et al,2018. High time-and size-resolved measurements of PM and chemical composition from coal combustion:implications for the EC formation process[J]. Environ Sci Technol,52(11):6676-6685.

HAN Y,CHEN Y,FENG Y,et al,2019. Different formation mechanisms of PAH during wood and coal combustion under different temperatures[J]. Atmos Environ,117084.

HANDLER M,PULS C,ZBIRAL J,et al,2008. Size and composition of particulate emissions from motor vehicles in the Kaisermühlen-Tunnel,Vienna[J]. Atmos Environ,42(9):2173-2186.

HANSEN J,NAZARENKO J,2004. Soot climate forcing via snow and ice albedo[J]. Proc Nat Acad Sci,101(2):423-428.

HAO Y Z,GAO C J,DENG S X,et al,2019. Chemical characterization of PM$_{2.5}$ emitted from motor vehicles powered by diesel,gasoline,natural gas and methanol fuel[J]. Sci Total Environ,674:128-139.

HARRISON R M,YIN J,2008. Sources and processes affecting carbonaceous aerosol in central England[J]. Atmos Environ,42(7):1413-1423.

HARRISON R M,JONES A M,GIETL J,et al,2012. Estimation of the contributions of brake dust,tire wear, and resuspension to nonexhaust traffic particles derived from atmospheric measurements[J]. Environ Sci Technol,46(12):6523-6529.

HAYS M D,PRESTON W,GEORGE B J,et al,2013. Carbonaceous aerosols emitted from light-duty vehicles operating on gasoline and ethanol fuel blends[J]. Environ Sci Technol,47(24):14502-14509.

HAYS M D,PRESTON W,GEORGE B J,et al,2017. Temperature and driving cycle significantly affect carbonaceous gas and particle matter emissions from diesel trucks[J]. Energy Fuels,31(10):11034-11042.

HE L,HU M,ZHANG Y,et al,2008. Fine particle emissions from on-road vehicles in the Zhujiang tunnel,China[J]. Environ Sci Technol,42(12):4461-4466.

HELIN A,NIEMI J V,VIRKKULA A,et al,2018. Characteristics and source apportionment of black carbon in the Helsinki metropolitan area,Finland[J]. Atmos Environ,190:87-98.

HERDON S C,JAYNE J T,LONO,P,et al,2008. Commercial aircraft engine emissions characterization of in-use aircraft at Hartsfield-Jackson Atlanta International Airport[J]. Environ Sci Technol,42(6):1877-1883.

HINDS W C,1999. Aerosol technology:properties,behavior,and measurement of airborne particles[M]. John Wiley & Sons,USA.

HODGSON J,JONES R,1985. A mortality study of carbon black workers employed at five United Kingdom factories between 1947 and 1980[J]. Archives of Environ Health:An International J,40(5):261-268.

HOLMEN B A,AYALA A,2002. Ultrafine PM emissions from natural gas,oxidation-catalyst diesel,and particle-trap diesel heavy-duty transit buses[J]. Environ Sci Technol,36(23):5041-5050.

HU S,FRUIN S,KOZAWA K,et al,2009. Aircraft emission impacts in a neighborhood adjacent to a general aviation airport in southern California[J]. Environ Sci Technol,43(21):8039-8045.

HU X,ZHANG Y,DING Z,et al,2012. Bioaccessibility and health risk of arsenic and heavy metals(Cd,Co,Cr,Cu,Ni,Pb,Zn and Mn)in TSP and $PM_{2.5}$ in Nanjing,China[J]. Atmos Environ,57:146-152.

HUDDA N,SIMON M C,ZAMORE W,et al,2016. Aviation emissions impact ambient ultrafine particle concentrations in the Greater Boston Area[J]. Environ Sci Technol,50(16):8514-8521.

ICRP,1994. Human respiratory tract model for radiological protection. A report of a task group of the international commission on radiological protection[J]. Annals ICRP,24(1-3):1-482.

IMHOF D,WEINGARTNER E,ORDONEZ C,et al,2005. Real-world emission factors of fine and ultrafine aerosol particles for different traffic situations in Switzerland[J]. Environ Sci Technol,39(21):8341-8350.

JACOBSON M Z,2002. Control of fossil-fuel particulate black carbon plus organic matter,possibly the most effective method of slowing global warming[J]. J Geophys Res,107(D19).

JAIPRAKASH,HABIB G,2017. Chemical and optical properties of $PM_{2.5}$ from on-road operation of light duty vehicles in Delhi city[J]. Sci Total Environ,586:900-916.

JEŽEK I,DRINOVEC L,FERRERO L,et al,2015. Determination of car on-road black carbon and particle number emission factors and comparison between mobile and stationary measurements[J]. Atmos Meas Tech,8(1):43-55.

JI D,LI L,PANG B,et al,2017. Characterization of black carbon in an urban-rural fringe area of Beijing[J]. Environ Pollut,223:524-534.

JING W,ROBERTS W L,FANG T,2013. Effects of ambient temperature and oxygen concentration on diesel spray combustion using a single-nozzle injector in a constant volume combustion chamber[J]. Combust Sci Technol,185(9):1378-1399.

JING A,ZHU B,WANG H,et al,2019. Source apportionment of black carbon in different seasons in the northern suburb of Nanjing,China[J]. Atmos Environ,201:190-200.

KAM W,LIACOS J W,SCHAUER J J,et al,2012. On-road emission factors of PM pollutants for light-duty vehicles(LDVs)based on urban street driving conditions[J]. Atmos Environ,61:378-386.

KÄRCHER B,PETER T,BIERMAN U M,et al,1996. The initial composition of jet condensation trails[J]. J Atmos Sci,53(21):3066-3083.

KARJALAINEN P,PIRJOLA L,HEIKKILA J,et al,2014. Exhaust particles of modern gasoline vehicles:A laboratory and an on-road study[J]. Atmos Environ,97:262-270.

KERMINEN V,MAKELA T E,OJANEN C H,et al,1997. Characterization of the particulate phase in the exhaust from a diesel car[J]. Environ Sci Technol,31(7):1883-1889.

KEUKEN M P,MOERMAN M,ZANDVELD P,et al,2015. Total and size-resolved particle number and black carbon concentrations in urban areas near Schiphol Airport(the Netherlands)[J]. Atmos Environ,104:132-142.

KHAN M F,HAMID A H,BARI M A,et al,2019. Airborne particles in the city center of Kuala Lumpur:Origin,potential driving factors,and deposition flux in human respiratory airways[J]. Sci Total Environ,650:1195-1206.

KHOLOD N,EVANS M,KUKLINSKI,et al,2016. Russia's black carbon emissions:focus on diesel sources[J]. Atmos Chem Phys,16(17).

KHON V C,MOKHOV I I,LATIF M,et al,2010. Perspectives of northern sea route and northwest passage in the twenty-first century[J]. Clim Change,100(3):757-768.

KIM OANH N T,THIANSATHIT W,BOND T C,et al,2010. Compositional characterization of $PM_{2.5}$ emitted from in-use diesel vehicles[J]. Atmos Environ,44(1):15-22.

KINSEY J S,HAYS M D,DONG Y,et al,2011. Chemical characterization of the fine particle emissions from commercial aircraft engines during the aircraft particle emissions experiment(APEX)1 to 3[J]. Environ Sci Technol,45(8):3415-3421.

KITTELSON D B,1998. Engines and nanoparticles:a review[J]. J Aerosol Sci,29(5):575-588.

KOO J,WANG Q,HENZE D,et al,2013. Spatial sensitivities of human health risk to intercontinental and high-altitude pollution[J]. Atmos Environ,71:140-147.

KRASOWSKY T S,MCMEEKING G R,SIOUTAS C,et al,2018. Characterizing the evolution of physical properties and mixing state of black carbon particles:from near a major highway to the broader urban plume in Los Angeles[J]. Atmos Chem Phys,18(16):11991-12010.

KRECL P,CIPOLI Y A,TARGINO A C,et al,2019. Modelling urban cyclists' exposure to black carbon particles using high spatiotemporal data:A statistical approach[J]. Sci Total Environ,679:115-125.

KUMAR P,KETZEL M,VARDOULAKIS S,et al,2011. Dynamics and dispersion modelling of nanoparticles from road traffic in the urban atmospheric environment:A review[J]. J Aerosol Sci,42(9):580-603.

LACK D A,LERNER B,GRANIER C,et al,2008. Light absorbing carbon emissions from commercial shipping[J]. Geophys Res Let,35(13):L13815.

LACK D A,CORBETT J J,ONASCH T,et al,2009. Particulate emissions from commercial shipping:Chemical,physical,and optical properties[J]. J Geophys Res,114:D00F04.

LACK D A,CAPPA C D,LANGRIDGE J,et al,2011. Impact of fuel quality regulation and speed reductions on shipping emissions:Implications for climate and air quality[J]. Environ Sci Technol,45(20):9052-9060.

LACK D A,CORBETT J J,2012. Black carbon from ships:a review of the effects of ship speed,fuel quality and exhaust gas scrubbing[J]. Atmos Chem Phys,12(9):3985-4000.

LAPUERTA M,MARTOS F J,HERREROS J M,2007. Effect of engine operating conditions on the size of primary particles composing diesel soot agglomerates[J]. J Aerosol Sci,38(4):455-466.

LI W Q,LIU N,LIU W Y,2017. Study on the effect of technological change of turbocharger on vehicle emissions and engine performance:2017 3rd international conference on green materials and environmental engineering(GMEE 2017),2017. DEStech Transactions on Environment,Energy and Earth Sciences.

LI X,WANG S,DUAN L,et al,2009. Carbonaceous Aerosol Emissions from Household Biofuel Combustion in China[J]. Environ Sci Technol,43(15):6076-6081.

LI X,XU Z,GUAN C,et al,2014. Particle size distributions and OC,EC emissions from a diesel engine with the application of in-cylinder emission control strategies[J]. Fuel,121:20-26.

LI B,LEI X,XIU G,et al,2015. Personal exposure to black carbon during commuting in peak and off-peak hours in Shanghai[J]. Sci Total Environ,524-525:237-245.

LIU Z,LU M,BIRCH M E,et al,2005. Variations of the particulate carbon distribution from a nonroad diesel generator[J]. Environ Sci Technol,39(20):7840-7844.

LIU Y,YAN C,ZHENG M,2018. Source apportionment of black carbon during winter in Beijing[J]. Sci Total Environ,618:531-541.

LIU B,HE M M,WU C,et al,2019a. Potential exposure to fine particulate matter $PM_{2.5}$ and black carbon on jogging trails in Macau[J]. Atmos Environ,198:23-33.

LIU M,PENG X,MENG Z,et al,2019b. Spatial characteristics and determinants of in-traffic black carbon in Shanghai,China:Combination of mobile monitoring and land use regression model[J]. Sci Total Environ,658:51-61.

LU T,HUANG Z,CHEUNG C S,et al,2012. Size distribution of EC,OC and particle-phase PAHs emissions from a diesel engine fueled with three fuels[J]. Sci Total Environ,438:33-41.

LUO P,BAO L,WU F,et al,2014. Health risk characterization for resident inhalation exposure to particle-bound halogenated flame retardants in a typical e-waste recycling zone[J]. Environ Sci Technol,48(15):8815-8822.

LUO P,BAO L,GUO Y,et al,2016. Size-dependent atmospheric deposition and inhalation exposure of particle-bound organophosphate flame retardants[J]. J Hazard Mater,301:504-511.

LV Y,LI X,XU T T,et al,2016. Size distributions of polycyclic aromatic hydrocarbons in urban atmosphere: sorption mechanism and source contributions to respiratory deposition[J]. Atmos Chem Phys,16(5):2971-2983.

MA X,WU J,ZHANG Y,et al,2016. Size-classified variations in carbonaceous aerosols from real coal-fired boilers[J]. Energy Fuels,30(1):39-46.

MA X,LIU H,LIU J J,et al,2017. Sensitivity of climate effects of black carbon in China to its size distributions[J]. Atmos Res,185:118-130.

MANCILLA Y,MENDOZA A,2009. A tunnel study to characterize $PM_{2.5}$ emissions from gasoline-powered vehicles in Monterrey,Mexico[J]. Atmos Environ,59:449-460.

MANIGRASSO M,VITALI M,PROTANO C,et al,2018. Ultrafine particles in domestic environments: Regional doses deposited in the human respiratory system[J]. Environ Int,118:134-145.

MARELLE L,THOMAS J L,RAUT J C,et al,2016. Air quality and radiative impacts of Arctic shipping emissions in the summertime in northern Norway:From the local to the regional scale[J]. Atmos Chem Phys,16(4):2359-2379.

MARICQ M M,2007. Chemical characterization of particulate emissions from diesel engines:A review[J]. J Aerosol Sci,38(11):1079-1118.

MAY A A,NGUYEN N T,PRESTO A A,et al,2014. Gas-and particle-phase primary emissions from in-use, on-road gasoline and diesel vehicles[J]. Atmos Environ,88:247-260.

MCLKUIN B,CAMPBELL,J E,2016. Emissions and climate forcing from global and Arctic fishing vessels: SLCFS OF FISHERIES[J]. J Geophys Res:Atmos,121(4):1844-1858.

MEHTA A J,ZANOBETTI A,BIND M C,et al,2016. Long-term exposure to ambient fine Particulate matter and renal function in older men:The VA normative aging study[J]. Environ Health Perspect,124(9):1353-1360.

MEYER N K, RISTOVSKI Z D, 2007. Ternary nucleation as a mechanism for the production of diesel nanoparticles: Experimental analysis of the volatile and hygroscopic properties of diesel exhaust using the volatilization and humidification tandem differential mobility analyzer[J]. Environ Sci Technol, 41(21): 7309-7314.

MOLDANOVÁ J, FRIDELL E, POPOVICHEVA O, et al, 2009. Characterisation of particulate matter and gaseous emissions from a large ship diesel engine[J]. Atmos Environ, 43(16): 2632-2641.

MOLDANOVÁ J, FRIDELL E, WINNES H, et al, 2013. Physical and chemical characterisation of PM emissions from two ships operating in European Emission Control Areas[J]. Atmos Meas Tech, 6(12): 3577-3596.

MOORE R H, SHOOK M, BEYERSDORF A, et al, 2015. Influence of jet fuel composition on aircraft engine emissions: A synthesis of aerosol emissions data from the NASA APEX, AAFEX, and ACCESS Missions[J]. Energy Fuels, 29(4): 2591-2600.

MUELLER L, JAKOBI G, CZECH H, et al, 2015. Characteristics and temporal evolution of particulate emissions from a ship diesel engine[J]. App Energy, 155: 204-217.

NING Z, POLIDORI A, SCHAUER J J, et al, 2008. Emission factors of PM species based on freeway measurements and comparison with tunnel and dynamometer studies[J]. Atmos Environ, 42(13): 3099-3114.

NORRIS G, YOUNGPONG S N, KOENIG J Q, et al, 1999. An association between fine particles and asthma emergency department visits for children in Seattle[J]. Environ Health Perspect, 107(6): 489-493.

ØDEMARK K, DALSØREN S B, SAMSET B H, et al, 2012. Short-lived climate forcers from current shipping and petroleum activities in the Arctic[J]. Atmos Chem Phys, 12(4): 1979-1993.

OLIN M, ALANEN J, PALMROTH M R T, et al, 2019. Inversely modeling homogeneous $H_2SO_4 - H_2O$ nucleation rate in exhaust-related conditions[J]. Atmos Chem Phys, 19(9): 6367-6388.

OWEN B, LEE D S, LIM L, et al, 2010. Flying into the Future: Aviation Emissions Scenarios to 2050[J]. Environ Sci Technol, 44(7): 2255-2260.

PAN X L, KANAYA Y, WANG Z F, et al, 2011. Correlation of black carbon aerosol and carbon monoxide in the high-altitude environment of Mt. Huang in Eastern China[J]. Atmos Chem Phys, 11(18): 9735-9747.

PECK J, OLUWOLE O O, WONG H, et al, 2013. An algorithm to estimate aircraft cruise black carbon emissions for use in developing a cruise emissions inventory[J]. J Air Waste Manage, 63(3): 367-375.

PETERS G P, NILSSEN T B, LINDHOLT L, et al, 2011. Future emissions from shipping and petroleum activities in the Arctic[J]. Atmos Chem Phys, 11(11): 5305-5320.

PETZOLD A, STROM J, SCHRODER F P, et al, 1999a. Carbonaceous aerosol in jet engine exhaust: emission characteristics and implications for heterogeneous chemical reactions[J]. Atmos Environ, 33(17): 2689-2698.

PETZOLD A, DOPELHEUER A, BROCK C A, et al, 1999b. In situ observations and model calculations of black carbon emission by aircraft at cruise altitude[J]. J Geophys Res: Atmos, 104(D18): 22171-22181.

PETZOLD A, HASSELBACH J, LAUER P, et al, 2008. Experimental studies on particle emissions from cruising ship, their characteristic properties, transformation and atmospheric lifetime in the marine boundary layer[J]. Atmos Chem Phys, 8(17).

PETZOLD A, LAUER P, FRITSCHE U, et al, 2011. Evaluation of methods for measuring particulate matter emissions from gas turbines[J]. Environ Sci Technol, 45(8): 3562-3568.

PETZOLD A, OGREN J A, FIEBIG M, et al, 2013. Recommendations for reporting "black carbon" measurements[J]. Atmos Chem Phys, 13(16): 8365-8379.

PIO C, 2011. OC/EC ratio observations in Europe: Re-thinking the approach for apportionment between primary and secondary organic carbon[J]. Atmos Environ, 45(34): 6121-6132.

PIO C, MIRANTE F, OLIVEIRA C, et al, 2013. Size-segregated chemical composition of aerosol emissions in an urban road tunnel in Portugal[J]. Atmos Environ,71:15-25.

PRASAD P,ROJA RAMAN M,VENKAT RATNAM M,et al,2018. Characterization of atmospheric Black Carbon over a semi-urban site of Southeast India:Local sources and long-range transport[J]. Atmos Res, 213:411-421.

PUESCHEL R F,BOERING K A,VERMA S,et al,1997. Soot aerosol in the lower stratosphere:Pole-to-pole variability and contributions by aircraft[J]. J Geophys Res:Atmos,102(D11):13113-13118.

PUNTONI R,CEPPI M,REGGIARDO G,et al,2001. Occupational exposure to carbon black and risk of bladder cancer[J]. The Lancet,358(9281):562.

RAMANATHAN V,CARMICHAEL G,2008. Global and regional climate changes due to black carbon[J]. Nat Geosci,1(4):221-227.

RIDDLE S G,ROBERT M A,JAKOBER C A,et al,2008. Size-resolved source apportionment of airborne particle mass in a roadside environment[J]. Environ Sci Technol,42(17):6580-6586.

RILEY E A,GOULD T,HARTIN K,et al,2016. Ultrafine particle size as a tracer for aircraft turbine emissions[J]. Atmos Environ,139:20-29.

RITCHIE A,DE JONGE E,HUGI C,et al,2005. European commission directorate general environment, service contract on ship emissions:Assignment, abatement, and market-based instruments[R]. Task 2c-SO_2 abatement,Entec UK Limited,Cheshire,Northwich,UK.

RISTOVSKI Z D,JAYARANTNE E R,LIM M,et al,2006. Influence of diesel fuel sulfur on nanoparticle emissions from city buses[J]. Environ Sci Technol,40(4):1314-1320.

ROBINSON A L,DONAHUE N M,SHRIVASTAVA M K,et al,2007. Rethinking organic aerosols:Semivolatile emissions and photochemical aging[J]. Science,2007,315(5816):1259-1262.

SCHAUER J J,CHRISTENSEN C G,KITTELSON D B,et al,2008. Impact of ambient temperatures and driving conditions on the chemical composition of particulate after emissions from non-smoking gasoline-powered motor vehicles[J]. Aerosol Sci Techn,42(3):210-223.

SCHWARZ J,STARK H,SPACKMAN J R,et al,2009. Heating rates and surface dimming due to black carbon aerosol absorption associated with a major US city[J]. Geophys Res Lett,36(15):401-412.

SCHUMANN U,2002. Influence of fuel sulfur on the composition of aircraft exhaust plumes:The experiments SULFUR 1-7[J]. J Geophys Res,107(D15):4247.

SCWARTZ J,COULL B,LADEN F,et al,2008. The effect of dose and timing of dose on the association between airborne particles and survival[J]. Environ Health Perspect,116(1):64-69.

SEGALIN B,KUMAR P,MICADEI K,et al,2017. Size-segregated particulate matter inside residences of elderly in the Metropolitan Area of São Paulo,Brazil[J]. Atmos Environ,148:139-151.

SHAH S D,COCKER D R,MILLER J W,et al,2004. Emission rates of particulate matter and elemental and organic carbon from in-use diesel engines[J]. Environ Sci Technol,38(9):2544-2550.

SHI J P,HARRISON R M,1999. Investigation of ultrafine particle formation during diesel exhaust dilution [J]. Environ Sci Technol,33(21):3730-3736.

SHIRMOHAMMADI F,SOWLAT M H,HASHEMINASSAB S,et al,2017. Emission rates of particle number, mass and black carbon by the Los Angeles International Airport(LAX) and its impact on air quality in Los Angeles[J]. Atmos Environ,151:82-93.

SINHA P,HOBBS P V,YOKELSON R J,et al,2003. Emissions of trace gases and particles from two ships in the southern Atlantic Ocean[J]. Atmos Environ:10.

SONG W W,HE K B,LEI Y,2012. Black carbon emissions from on-road vehicles in China,1990-2030[J]. Atmos Environ,51:320-328.

SONG S,WU Y,XU J,et al,2013. Black carbon at a roadside site in Beijing:Temporal variations and relationships with carbon monoxide and particle number size distribution[J]. Atmos Environ,77:213-221.

SPETH R L,ROHO C,MALINA R,et al,2015. Black carbon emissions reductions from combustion of alternative jet fuels[J]. Atmos Environ,105:37-42.

STETTLER M E J,SWANSON J J,BARRETT S R H,et al,2013. Updated correlation between aircraft smoke number and black carbon concentration[J]. Aerosol Sci Tech,47(11):1205-1214.

STUART B O,1976. Deposition and clearance of inhaled particles[J]. Environ Health Perspect,55:369-390.

SUN J,BIRMILI W,HERMANN M,et al,2019. Variability of black carbon mass concentrations,sub-micrometer particle number concentrations and size distributions:Results of the German ultrafine aerosol network ranging from city street to high alpine locations[J]. Atmos Environ,202:256-268.

TIMKO M T,Yu Z,ONASCH T B,et al,2010. Particulate emissions of gas turbine engine combustion of a fischer-tropsch synthetic fuel[J]. Energy Fuels,24(11):5883-5896.

TURPIN B J,SAXENA P,ANDREWS E,2000. Measuring and simulating particulate organics in the atmosphere:problems and prospects[J]. Atmos Environ,34(18):2983-3013.

VERMA R L,SAHU L K,KONDO Y,et al,2010. Temporal variations of black carbon in Guangzhou,China,in summer 2006[J]. Atmos Chem Phys,10(14):6471-6485.

WANG C,CORBETT J J,FIRESTONE J,2008. Improving spatial representation of global ship emissions inventories[J]. Environ Sci Technol,42(1):193-199.

WANG X,WESTERDAHL D,WU Y,et al,2011. On-road emission factor distributions of individual diesel vehicles in and around Beijing,China[J]. Atmos Environ,45(2):503-513.

WANG Q,HUANG R,CAO J,et al,2016. Contribution of regional transport to the black carbon aerosol during winter haze period in Beijing[J]. Atmos Environ,132:11-18.

WATSON J G,CHOW J C,LOWENTHAL D H,et al,1994. Differences in the carbon composition of source profiles for diesel-and gasoline-powered vehicles[J]. Atmos Environ,28(15):2493-2505.

WEINGARTNER E,BURTSCHER H,BALTENSPERGER U,1997. Hygroscopic properties of carbon and diesel soot particles[J]. Atmos Environ,31(15):2311-2327.

WESTERDAHL D,FRUIN S,FINE P,et al,2008. The Los Angeles International Airport as a source of ultrafine particles and other pollutants to nearby communities[J]. Atmos Environ,42(13):3143-3155.

WHITEY K T,2007. The physical characteristics of sulfur aerosols[J]. Atmos Environ,41:25-49.

WINTHER M,CHRISTENSEN J H,PLEJDRUP M S,et al,2014. Emission inventories for ships in the arctic based on satellite sampled AIS data[J]. Atmos Environ:1-14.

WONG Y K,HUANG X H H,CHENG Y Y,et al,2019. Estimating contributions of vehicular emissions to $PM_{2.5}$ in a roadside environment:A multiple approach study[J]. Sci Total Environ,672:776-788.

WU D,WU C,LIAO B,et al,2013. Black carbon over the South China Sea and in various continental locations in South China[J]. Atmos Chem Phys,13(24):12257-12270.

WU Y,WANG X,TAO J,et al,2017. Size distribution and source of black carbon aerosol in urban Beijing during winter haze episodes[J]. Atmos Chem Phys,17(12):7965-7975.

XU X,YANG X,ZHU B,et al,2020. Characteristics of MERRA-2 black carbon variation in east China during 2000-2016[J]. Atmos Environ,222:117140.

YAN C,ZHENG M,SHEN G,et al,2019. Characterization of carbon fractions in carbonaceous aerosols from typical fossil fuel combustion sources[J]. Fuel,254:115620.

YANG Y,XU X,ZHANG Y,et al,2019. Seasonal size distribution and mixing state of black carbon aerosols in a polluted urban environment of the Yangtze River Delta region,China[J]. Sci Total Environ,654:300-310.

YIM S H L, STETTLER M E J, BARRETT S R H, 2013. Air quality and public health impacts of UK airports. Part Ⅱ: Impacts and policy assessment[J]. Atmos Environ, 67: 184-192.

YIM S H L, LEE G L, LEE I, et al, 2015. Global, regional and local health impacts of civil aviation emissions[J]. Environ Res Let, 10(3): 034001.

YU S, DENNIS R L, BHAVE P V, et al, 2004. Primary and secondary organic aerosols over the United States: estimates on the basis of observed organic carbon(OC) and elemental carbon(EC), and air quality modeled primary OC/EC ratios[J]. Atmos Environ, 38(31): 5257-5268.

YU Z, LISCINSKY D S, FORTNER E C, et al, 2017. Evaluation of PM emissions from two in-service gas turbine general aviation aircraft engines[J]. Atmos Environ, 160: 9-18.

ZAVALA M, HUERTAS J I, PRATO D, et al, 2018. Real-world emissions of in-use off-road vehicles in Mexico[J]. J Air Waste Manage, 67(9), 958-972.

ZETTERDAHL M, MOLDANOVÁ J, PEI X, et al, 2016. Impact of the 0.1% fuel sulfur content limit in SECA on particle and gaseous emissions from marine vessels[J]. Atmos Environ, 145: 338-345.

ZHANG J, HE K B, GE Y S, et al, 2009. Influence of fuel sulfur on the characterization of PM_{10} from a diesel engine[J]. Fuel, 88(3), 504-510.

ZHANG F, WANG Z, CHENG H, et al, 2015a. Seasonal variations and chemical characteristics of $PM_{2.5}$ in Wuhan, central China[J]. Sci Total Environ, 518-519: 97-105.

ZHANG H, WANG S, HAO J, et al, 2015b. Chemical and size characterization of particles emitted from the burning of coal and wood in rural households in Guizhou, China[J]. Atmos Environ, 51: 94-99.

ZHANG Y, WANG X, LI G, et al, 2015c. Emission factors of fine particles, carbonaceous aerosols and traces gases from road vehicles: Recent tests in an urban tunnel in the Pearl River Delta, China[J]. Atmos Environ, 122: 876-884.

ZHANG Y Z, YAO Z L, SHEN X, et al, 2015d. Chemical characterization of $PM_{2.5}$ emitted from on-road heavy-duty diesel trucks in China[J]. Atmos Environ, 122: 885-891.

ZHANG J, EWA D Z, LIGGIO J, et al, 2016a. Use of the integrated organic gas and particle sampler to improve the characterization of carbonaceous aerosol in the near-road environment[J]. Atmos Environ, 126: 192-199.

ZHANG J, YANG L, MELLOUKI A, et al, 2016b. Chemical characteristics and influence of continental outflow on $PM_{1.0}$, $PM_{2.5}$ and PM_{10} measured at Tuoji Island in the Bohai Sea[J]. Sci Total Environ, 573: 699-706.

ZHANG X, CHEN X, WANG J, 2019. A number-based inventory of size-resolved black carbon particle emissions by global civil aviation[J]. Nat Commun, 10(1): 534.

ZHENG H, KONG S, WU F, et al, 2019. Intra-regional transport of black carbon between the south edge of the North China Plain and central China during winter haze episodes[J]. Atmos Chem Phys, 19(7): 4499-4516.

ZHI G, CHEN Y, FENG Y, et al, 2008. Emission characteristics of carbonaceous particles from various residential coal-stoves in China[J]. Environ Sci Technol, 42(9): 3310-3315.

ZHU C, CHEN C, CAO J, et al, 2010. Characterization of carbon fractions for atmospheric fine particles and nanoparticles in a highway tunnel[J]. Atmos Environ, 44(23): 2668-2673.

第 5 章 民用源黑碳气溶胶排放特征

5.1 民用燃煤排放

我国是化石燃料消耗大国,2020 年煤炭消耗量为 3.96×10^9 t(中国能源统计年鉴,2021)。2020 年,煤炭消费在一次能源消费中占比为 57%(中国能源统计年鉴,2021)。中国有 79%的农村居民以及 14%的城市居民仍在使用煤炭(Yun et al.,2020)。民用煤燃烧是气态污染物(CO、CO_2、CH_4 和 SO_2 等)和颗粒污染物(颗粒物及载带组分)的重要来源,对全球气候、大气环境和生态系统具有重要影响(Ma et al.,2017;Liu et al.,2016)。民用煤对北京冬季有机气溶胶和黑碳(BC)的贡献分别为 20%~30%和 60%(Liu et al.,2016)。民用煤的燃烧条件比工业煤燃烧条件差,缺少污染控制措施,导致民用煤污染物排放因子高于工业煤排放因子(Zhi et al.,2008)。民用煤燃烧排放的 BC 以及一部分有机碳(棕碳,BrC)在可见光波段有强吸光性,影响大气能见度(Bond,2001)。

开展对民用煤排放组分动态排放清单构建,定量分析污染物排放特征,有利于制定减排政策。民用煤活动水平、排放因子、燃烧条件、炉型和燃煤种类等是构建民用燃煤污染物排放清单的重要基础。总结国内排放清单文献发现,民用煤排放清单的研究还存在较大的不确定性。民用燃煤污染物排放因子的不完善是排放清单不确定性的主要原因之一。在构建清单过程中,如果排放因子测量有误或者使用国外的排放因子,其结果无法反映我国本土民用燃煤真实的排放情况。在偏离实际的排放情景下制定的减排政策,可能导致错误的减排结果,给地区经济发展和人民生活水平提高带来不利影响。

排放因子是描述各类大气污染源排放的重要指标之一。构建我国典型地区民用煤燃烧污染物排放因子库,能够反映符合当地人民生活习惯的排放特征,对计算民用煤排放清单具有重要意义。由于我国各地燃煤类型、炉型设置和燃烧状态等存在差异,我国关于民用煤排放因子的研究较为零散,且部分采用国外研究结果进行推算(Li et al.,2020)。国外报道的民用煤污染物排放因子并不能反映国内各地区的真实排放水平,且相关研究只考虑单一燃烧状态下污染物的排放因子,与我国居民实际的使用状态存在较大差异(Deng et al.,2018;Li et al.,2020;Roden et al.,2009)。居民生活方式导致一天中煤炉存在多种燃烧状态。居民在操作煤炉时(包括但不限于切换煤炉燃烧状态),会根据燃煤消耗和使用需求适量更新燃料并且清理煤炉。这些操作,会改变炉膛中的燃烧状态,影响燃煤消耗和污染物的排放。煤炉在不同能耗状态下,燃煤消耗量和污染物排放速率存在差异。

构建中国民用燃煤典型地区污染物小时分辨率排放因子库,反映我国民用煤燃烧污染物排放的实际情况,有助于降低清单的不确定性。当前,对民用煤排放污染物 24 小时排放因子鲜有报道。为获得不同地区、不同燃煤和不同燃烧状态下的动态排放因子,亟需开展燃烧排放监测实验。在实测民用煤燃烧排放污染物小时排放因子的过程中,需要借助先进的监测设备,获得的数据能实时反映民用煤燃烧排放污染物对大气环境的真实影响。为此,基于在线监测设备自主搭建了燃烧实验平台,对我国不同地区燃煤排放的黑碳浓度进行测量,计算其动态排放因子。

5.1.1 燃料样品采集与工业分析

本研究蜂窝煤和块煤样品来自于 17 个省(市),包括 11 种块煤和 9 种蜂窝煤。民用煤样品类型及所在地区信息如表 5.1 所示。蜂窝煤为 10~12 孔结构,高 8 cm,直径 9.5 cm。块煤用锤子敲至可以放入炉具的尺寸。燃煤炉灶为全国常用的民用煤炉,从当地市场购买。

表 5.1 民用煤燃料类型

地区	类别	地区	类别
新疆昌吉	块煤	云南昆明	块煤
江苏无锡	块煤	湖南长沙	蜂窝煤
陕西西安	块煤	河南新乡	蜂窝煤
山西晋城	块煤	安徽滁州	蜂窝煤
宁夏银川	块煤	浙江杭州	蜂窝煤
山东济南	块煤	湖南郴州	蜂窝煤
贵州遵义	块煤	福建福州	蜂窝煤
甘肃天水	块煤	山东济南	蜂窝煤
山西大同	块煤	河南济源	蜂窝煤
黑龙江哈尔滨	块煤	湖北武汉	蜂窝煤
重庆	块煤	四川	蜂窝煤

采用煤质分析系统、元素分析仪等设备对煤样煤质组成等进行分析。将搜集到的煤样进行研磨过筛,用于元素分析的样品过筛细度为 120 目,用于煤质分析的样品过筛细度为 30 目。元素分析采用德国 Elementar 公司生产的 Elemental Analyzer Vario EL III 元素分析仪。测定民用煤样品中 C、H、N、S 4 种元素的含量,样品量为 0.02 mg~1 g,测量精度为 C、H、N、S<0.1% abs。测定煤样水分时,称取一定质量的煤样(1±0.1 g)平摊在称量瓶中,将称量瓶放置在 105~110 ℃的干燥箱中,干燥时间为 1.5~2 h。根据煤样的质量损失计算水分的质量分数。测定煤样灰分时,称取一定质量的煤样(1±0.1 g)平摊在样品舟(灰皿)中,放入马弗炉内,保持炉温<100 ℃。关上炉门并留 15 mm 的缝隙。将炉温缓慢升至 500 ℃并保持 30 min。继续升温到 815±10 ℃,并在此温度下灼烧 1 h。将煤样灰化灼烧到质量恒定,以残留物质量分数作为煤样的灰分。测定煤样挥发分时,称取一定质量的煤样(1±0.1 g)放入坩埚中,在 900±10 ℃下隔绝空气加热 7 min。以减少的质量占煤样质量的质量分数与煤样水分的差值作为煤样的挥发分。

分析结果如表 5.2 和 5.3 所示,得到 11 种块煤和 9 种蜂窝煤质组分数据。11 种块煤水分为 1.0%~10.4%;各地区块煤挥发分为 2.3%~16.3%;各地区块煤灰分除山西、江苏和贵州低于 10.0%外,其余均在 20.8%~30.5%。9 种蜂窝煤水分为 0.7%~2.3%;各地区蜂窝煤挥发分为 6.8%~11.2%;各地区蜂窝煤灰分为 35.5%~53.1%。

表 5.2 块煤煤质分析(%)

省份	N_{daf}	C_{daf}	S_{daf}	H_{daf}	M_{ad}	A_{ad}	V_{ad}	FC_{ad}
甘肃	0.9	80.0	0.5	6.2	8.2	24.8	2.3	64.7
黑龙江	1.2	80.9	0.5	5.6	5.1	24.5	10.8	59.6
陕西	0.8	78.7	0.5	6.1	8.9	25.7	4.9	60.5
山西	1.0	91.8	0.7	3.3	2.8	5.8	9.7	81.7
江苏	1.0	80.7	0.8	3.7	3.5	7.0	8.9	80.6
宁夏	1.0	78.8	0.5	6.0	10.4	22.6	5.4	61.7
新疆	1.0	81.8	0.7	5.9	9.1	24.4	1.6	64.9
贵州	1.2	90.9	0.9	4.3	2.7	5.9	11.3	80.0
云南	0.8	78.6	1.1	5.4	5.0	30.5	6.1	58.4
重庆	1.2	85.4	1.3	5.4	1.2	21.0	16.3	61.4
山东	1.6	89.3	0.9	4.9	1.0	20.8	7.1	71.1

注:M_{ad}:分析煤样水分(空气干燥基),A_{ad}:分析煤样灰分(空气干燥基),V_{ad}:分析煤样挥发分(空气干燥基),FC_{ad}:固定碳(空气干燥基)

表 5.3 蜂窝煤煤质分析(%)

省份	N_{daf}	C_{daf}	S_{daf}	H_{daf}	M_{ad}	A_{ad}	V_{ad}	FC_{ad}
湖北	0.7	48.6	0.9	2.0	1.4	41.3	11.2	46.2
河南	0.7	50.6	0.5	2.1	1.4	37.7	10.1	50.8
山东	0.6	48.0	1.0	1.7	1.7	41.7	10.9	45.7
浙江	0.7	50.3	1.1	2.1	1.5	39.3	9.1	50.2
广西	0.8	59.0	0.8	2.4	1.3	35.5	7.8	55.5
四川	0.4	38.9	0.4	1.6	0.7	53.1	9.8	36.5
河北	0.6	58.0	1.0	1.4	1.7	35.5	7.7	55.2
湖南	0.5	55.7	0.8	1.2	2.3	36.7	6.8	54.3
福建	0.6	47.3	0.6	2.0	1.8	42.2	9.5	46.6

注:M_{ad}:分析煤样水分(空气干燥基),A_{ad}:分析煤样灰分(空气干燥基),V_{ad}:分析煤样挥发分(空气干燥基),FC_{ad}:固定碳(空气干燥基)

5.1.2 燃烧实验过程与动态排放因子计算

室内模拟燃烧实验平台如图 2.1 所示。民用煤炉放置在烟尘罩下。烟尘罩可调节高度,适应不同炉型。外接的抽风机通过烟气管道将多余废气抽出,并保持烟道内烟气流速稳定。在距离地面 1.2 m 处设有烟气测量口,稀释通道采样探头放置于测量口内部,探头方向与烟气流向平行。空气经过压缩机后,通过干燥净化器得到冷却的干洁空气。通过芬兰 DEKATI 公司研发的 FPS-4000 稀释系统,采集并分析民用煤燃烧排放的污染物。稀释系统中一级稀释为热稀释。一级稀释装置设有加热装置,将干洁空气加热至高于烟气温度(+15 ℃),确保烟气充分混合,防止挥发性组分凝结。二级稀释装置在接口处设有喷嘴,接口收窄使得二级稀释装置在出口处形成负压,冷却的干洁空气在此处(不小于 4000 hPa)将一级稀释装置中的混合烟气吸入至小型腔体中进行冷却稀释。稀释参数如温度、压力等通过系统实时监测,样品以可控的方式从高温高浓度转换成正常大气水平,稀释倍数设定为 30 倍。高温烟气与稀释系统中干洁空气充分稀释、混合、冷却凝结后,被导入停留仓中停留 40~60 s,再通入在线采样仪器进行分析。

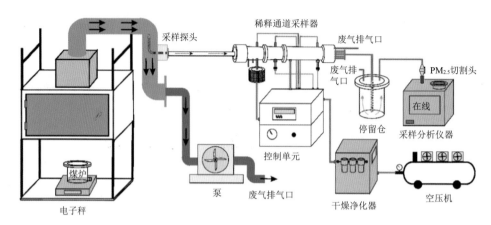

图 5.1　燃烧实验结构流程

黑碳(BC)浓度和棕碳吸光性由 Aethalometer Model AE33(Magee scientific,USA)分析,时间分辨率设为 1 min,采样流量为 5 L·min^{-1}。该仪器将样品收集在纸带上,基于光学滤光光度计测量其透射率和反射率,计算出衰减系数及吸收系数。将吸收系数除以 BC 的质量吸收截面,最终得到 BC 的浓度(Bond et al.,2013)。基于滤纸带采样的光学法也存在一定缺陷,当滤纸带上的采样点负载接近饱和时,滤纸带的光学特性将受到一定影响,仪器将低估 BC 的浓度(Drinovec et al.,2015)。

燃烧实验前,先通过电炉点燃木炭,待充分燃烧后,木炭表层通体发白(无黑色),在没有明显烟气时,将木炭放置在煤炉底部,将提前称重的民用煤(0.3~0.8 kg)放置在木炭上方。对块煤进行处理时,将其敲碎至能放入到煤炉中(边长为 5~8 cm),块煤不宜太碎,防止堵塞煤炉底部进气口。所有蜂窝煤均可放入煤炉中,蜂窝煤有 10~12 个通孔(不同地区通孔数不同),将 3 块蜂窝煤气孔对齐叠放在煤炉中,确保从上往下能观察到底部火焰。稀释系统和采样器同时开始工作,直至燃煤完全燃尽,停止采样。通过煤炉底部进气口控制燃烧状态,进气口打开为明烧状态,进气口关闭为闷烧状态。蜂窝煤在明烧过程中,调整气孔使气孔对齐,在闷烧过程中调整气孔位置,使气孔错位。

本研究参考民用煤排放清单编制指南(MEE,2016),依照典型地区居民燃煤使用习惯,模拟加煤、旺火和封火等过程,循环 2~3 个周期。本研究基于文献调研,将 07:00、12:00 和 17:00 设定为明烧主导阶段,该阶段主要是为了烹饪和提高室内温度(Li et al.,2020)。之后添加燃煤,封火切换成闷烧保温状态,维持室内温度。持续到下一烹饪阶段,添加新燃煤后再次切换为明烧状态。每次添加燃煤时,清理炉膛,模拟真实的居民生活习惯。明烧状态持续约 1 h,闷烧状态持续 3~4 h(Carter et al.,2016;Li et al.,2020;Liu et al.,2018;Wang et al.,2005)。明烧、闷烧状态切换方式每天持续 3 次,以一天 24 小时为一个循环,持续 3 组民用煤 24 小时平行采样(Yan et al.,2022)。

光吸收系数(b_{abs})是测量气溶胶吸收的有效参数(Tian et al.,2019)。根据以下公式计算黑碳和棕碳的 b_{abs}:

图 5.2　民用燃煤样品与实验现场图

$$b_{abs}(\lambda) = BC(\lambda) \times MAC(\lambda) \tag{5.1}$$

$$b_{abs}(\lambda, BC) = b_{abs}(880) \times \left(\frac{\lambda}{880}\right)^{-AAE_{BC}} \tag{5.2}$$

$$b_{abs}(\lambda, BrC) = b_{abs}(\lambda) - b_{abs}(\lambda, BC) \tag{5.3}$$

$b_{abs}(\lambda)$表示与对应波长的光吸收系数;$b_{abs}(\lambda, BC)$表示黑碳在相应波长下的光吸收系数;$b_{abs}(\lambda, BrC)$表示棕碳在相应波长下的光吸收系数;$MAC(\lambda)$表示相应波长下的质量吸收截面。MAC 值在 370 nm、470 nm、520 nm、590 nm、660 nm、880 nm 和 950 nm 分别为 18.47、14.54、13.14、11.5、10.35、7.77 和 7.19 $m^2 \cdot g^{-1}$。根据已有的研究AAE_{BC}取值为 1.0。在 880 nm 波段 $b_{abs}(\lambda)$吸收认为全部来自黑碳。基于式(5.2)和(5.3)计算其他波段的吸光性。黑碳和棕碳在每个波段的吸收系数总和得到每个波长的总 $b_{abs}(\lambda)$。

黑碳和棕碳吸光性排放因子(AEF)如下:

$$AEF = \frac{v \times t \times b_{abs} \times n}{m_{sum}} \tag{5.4}$$

AEF 的单位为 $m^2 \cdot kg^{-1}$,n 为稀释倍数,v 为烟道中烟气流速,t 表示采样时间,b_{abs}表示采样期间总光吸收系数,m_{sum}燃料消耗量。

典型地区民用煤明烧平均污染物排放因子如下:

$$\mathrm{EF}_{kh} = \frac{v \times t \times c_{kh} \times n}{m_{\mathrm{sum}}} \tag{5.5}$$

式中，h 表示打开进气口明烧状态阶段，EF_{kh} 表示 k 地区民用煤明烧阶段污染物排放因子，v 表示烟气流速，c_{kh} 表示 k 地区民用煤明烧阶段浓度总和，t 表示采样时间，n 为稀释倍数，m_{sum} 表示燃烧过程燃煤消耗量。

民用煤小时污染物排放因子如下：

$$\mathrm{EF}_{hi} = \frac{v \times t \times c_{hi} \times n}{m_i} \tag{5.6}$$

$$\mathrm{EF}_{lj} = \frac{v \times t \times c_{lj} \times n}{m_j} \tag{5.7}$$

式中，h 表示明烧状态阶段，l 表示闷烧状态，EF_{hi} 表示污染物在明烧阶段第 i 小时的排放因子，EF_{lj} 表示污染物在闷烧阶段第 j 小时的排放因子，c_{lj} 表示污染物在闷烧阶段第 j 小时的浓度，m_i 表示明烧阶段第 i 小时燃煤消耗量，m_j 表示闷烧阶段第 j 小时燃煤消耗量。i 表示 07:00、12:00 和 17:00 3 个明烧阶段；j 表示其他 21 个时段。

24 小时模拟燃煤燃烧实验过程中，污染物排放因子在明烧和闷烧状态下平均排放因子如下：

$$\mathrm{EF}_h = \frac{\sum_{i=1}^{3}(\mathrm{EF}_{hi} \times m_i)}{\sum_{i=1}^{3} m_i} \tag{5.8}$$

$$\mathrm{EF}_l = \frac{\sum_{j=1}^{21}(\mathrm{EF}_{lj} \times m_j)}{\sum_{j=1}^{21} m_j} \tag{5.9}$$

式中，EF_h 表示 24 小时民用煤明烧阶段污染物排放因子，EF_l 表示 24 小时民用煤闷烧阶段污染物排放因子。

民用煤小时污染物百分比以及典型地区民用煤闷烧污染物平均排放因子如下：

$$k_{hi} = \frac{\mathrm{EF}_{hi} \times m_i}{\mathrm{EF}_h \times \sum_{i=1}^{3} m_i} \tag{5.10}$$

$$k_{lj} = \frac{\mathrm{EF}_{lj} \times m_j}{\mathrm{EF}_l \times \sum_{j=1}^{21} m_j} \tag{5.11}$$

$$r_{\mathrm{kind}} = \frac{\mathrm{EF}_l}{\mathrm{EF}_h} \tag{5.12}$$

$$\mathrm{EF}_{kl} = \mathrm{EF}_{kh} \times r_{\mathrm{kind}} \tag{5.13}$$

式中，k_{hi} 表示第 i 小时污染物排放量占总明烧阶段比值，k_{lj} 表示第 j 小时污染物排放量占总闷烧阶段比值，r_{kind} 表示闷烧和明烧染物排放因子的比值，kind 为污染物种类，EF_{kl} 表示 k 地区民用煤闷烧阶段污染物排放因子。

5.1.2 民用煤燃烧效率

根据实地调研结果，居民一般在 07:00、12:00 和 17:00 使用煤炉，用于提高室内温度和烹饪食物(打开炉盖),燃烧状态为明烧;其他时段关上炉盖,仅保持室内温度以及维持燃烧,燃烧状态为闷烧。居民通常在19:00后重新加入燃料,确保第2天有充足的燃料对新的煤进行引燃。实测得到块煤和蜂窝煤全天燃烧效率(MCE)变化趋势如图5.3和图5.4。研究结果发现在07:00、12:00和17:00 MCE主要集中在75%～100%,燃烧前期以引燃为主,后期为旺烧阶段,主要为混合燃烧状态。在其他时段,尤其是闷烧后期,MCE可以达到90%～95%,此时燃烧状态为旺烧。因此,闷烧后期可能会释放大量污染物。相关研究表明,切换煤炉燃烧状态以及添加燃料等操作会产生飞灰,可能导致污染物大量释放(Liu et al.,2018)。Li等(2020)研究发现,在更换燃料后,由于不完全燃烧、较低的炉膛温度以及挥发分物质等会导致$PM_{2.5}$和CO浓度升高。

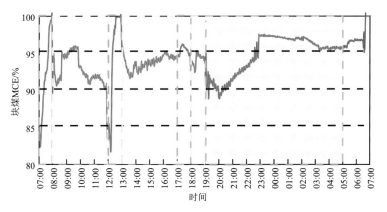

图5.3　块煤燃烧效率24小时变化趋势

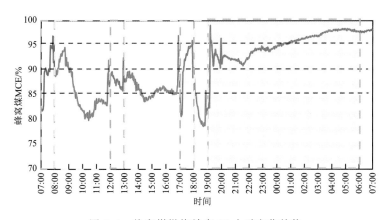

图5.4　蜂窝煤燃烧效率24小时变化趋势

5.1.3　煤质组分对BC排放因子的影响

本研究利用SPSS软件进行逐步多元线性回归分析,以确定影响污染物排放因子的因素。计算排放因子与燃料组分的相关系数,建立适用于民用燃料BC排放因子的参数化方程,如表5.4所示。受样本量限值,部分燃料的BC和颗粒物排放因子与煤质组分不存在相关,未列入表格中。

表 5.4 煤球污染物排放因子与燃料特性的参数化方程

物质	公式	单位	r	标准误差	p 值
煤球污染物排放因子					
$PM_{2.5}$	$EF=0.414 \times V_{ad}+1.404$	$g \cdot kg^{-1}$	0.98	0.42	<0.05
BC	$EF=-110.404 \times FC+9438.911$	$mg \cdot kg^{-1}$	0.953	244.071	<0.05
蜂窝煤污染物排放因子					
$PM_{2.5}$	$EF=-0.086 \times V_{ad}+1.393$	$g \cdot kg^{-1}$	0.78	0.353	<0.05
无烟煤污染物排放因子					
BC	$EF=114.335 \times C+165.773$	$mg \cdot kg^{-1}$	0.952	400.213	<0.01

本研究结果表明,BC 排放因子与燃煤碳含量呈正相关(图 5.5)。已有研究表明,民用煤煤质组分含量影响污染物排放因子(Shen et al.,2010),例如挥发分影响民用煤颗粒物排放因子(Chen et al.,2005,2006,2015;Bond et al.,2002;Zhang et al.,2012),烟煤和无烟煤中挥发分含量与颗粒物、OC 和 EC 排放因子呈正相关;当挥发分含量高于 35% 时,颗粒物、OC 和 EC 排放因子与挥发分含量呈负相关(Chen et al.,2015;刘源等,2007)。研究表明,民用燃料中挥发分的含量影响燃烧速率(Li et al.,2016;Yilgin et al.,2009)。Chen 等(2006)研究表明,挥发分≤30%,PM、OC 和 BC 排放因子与挥发分呈正相关;当挥发分为 30%~40% 时,PM、OC 和 BC 排放因子与挥发分呈负相关。在已有的研究中,民用煤中水分可以导致燃烧温度降低从而使污染物排放因子升高,多环芳烃的排放因子和水分含量呈正相关($p<0.05$)(Wang et al.,2016)。燃煤在闷烧状态下,固定碳与燃烧速率成正比(Dunnigan et al.,2018)。燃煤灰分对其他污染物有吸附作用,可以降低挥发性组分的排放(Li et al.,2016)。本研究基于燃煤工

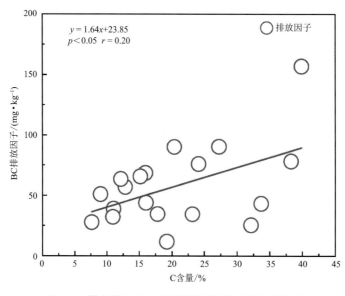

图 5.5 煤中碳含量与民用燃煤 BC 排放因子的关系

业分析,构建煤球、蜂窝煤、无烟煤和烟煤的 BC 排放因子与燃料特性参数化方程,如图 5.5 所示,整体可以看出 BC 的排放浓度与燃料的含碳量呈现显著正相关。

5.1.4 黑碳和棕碳小时分辨率排放因子

民用煤黑碳和棕碳吸光性小时分辨率排放因子如图 5.6 所示。在 07:00、12:00 和 17:00,黑碳和棕碳吸光性排放因子较低,这 3 个时间段与烹饪期重合,为明烧主导阶段。明烧阶段,块煤和蜂窝煤黑碳小时平均排放因子分别为 402.3±120.1 和 132.1±55.6 mg·kg^{-1}。闷烧阶段,块煤和蜂窝煤黑碳小时平均排放因子分别为 3040.4±919.7 和 1808.8±760.8 mg·kg^{-1},是块煤和蜂窝煤明烧阶段黑碳排放因子的 14.0 和 13.7 倍。本研究 24 小时 MCE 分布结果表明,由于更新燃料,导致明烧阶段处于混合燃烧状态,因此黑碳排放量较少;而在闷烧中后期,MCE 值可以达到 90%~95%,燃烧状态判定为旺烧状态,可以排放大量黑碳。因此,在明烧主导阶段黑碳小时排放因子较小,而在闷烧保温阶段黑碳小时排放因子较高。

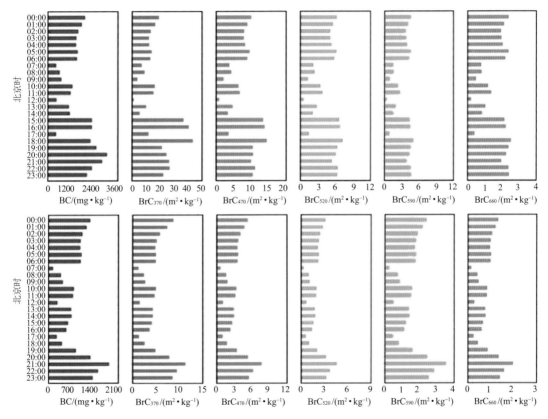

图 5.6 块煤(上行)与蜂窝(下行)煤燃烧排放 PM$_{2.5}$ 中黑碳小时排放因子以及棕碳小时吸光性排放因子

5.1.5 黑碳和棕碳吸光性明烧和闷烧排放因子

民用煤黑碳和棕碳在不同波段下吸光性排放因子如图 5.7 和图 5.8 所示,370 nm 波段棕碳吸光性排放因子最高。随着波长增大,棕碳吸光性排放因子(AEF$_{BrC}$)明显减小。块煤明烧和闷烧时,AEF$_{BrC}$(370 nm 波段)分别为 6.9±6.5 和 15.9±15.1 m^2·kg^{-1}。蜂窝煤明烧和闷烧时,AEF$_{BrC}$(370 nm 波段)分别为 1.4±0.81 和 4.5±2.6 m^2·kg^{-1}。Tian 等(2019)研究结果表明,民用煤的 AEF_{BrC} 为 $1.5\sim21\ m^2\cdot kg^{-1}$,与本研究结果相似。实地监测中,块煤明烧吸光性排放因子为 $10\pm0.8\ m^2\cdot kg^{-1}$(Deng et al.,2018;Zhang et al.,2021a),是本研究的 1.4 倍。

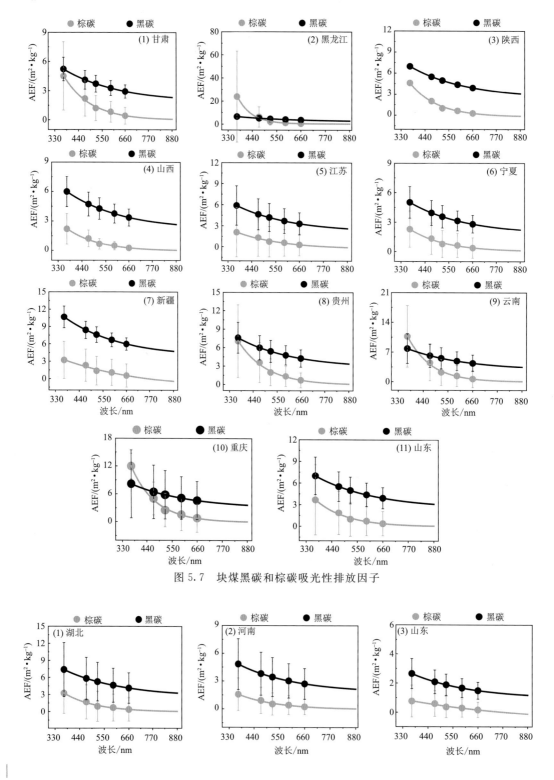

图 5.7 块煤黑碳和棕碳吸光性排放因子

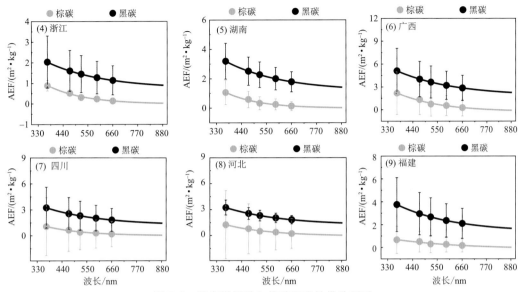

图 5.8 蜂窝煤黑碳和棕碳吸光性排放因子

如图 5.9 和图 5.10 为中国民用煤在明烧和闷烧两种状态下,黑碳和棕碳的吸光性排放因子。块煤明烧和闷烧黑碳平均排放因子分别为 416.9 ± 124.5 和 1413.5 ± 422.1 mg·kg^{-1}。蜂窝煤明烧和闷烧黑碳平均排放因子分别为 194.4 ± 81.7 和 717.3 ± 301.7 mg·kg^{-1}。块煤黑碳排放因子分别是蜂窝煤的 2.1 和 1.9 倍。研究表明,将块煤制成蜂窝煤能在产生相同热量条件下,可有效减少二氧化硫、颗粒物和碳组分等污染物的排放(Álvarez et al.,1997;Ge et al.,2004;Singh et al.,2005)。民用煤燃烧排放因子随着煤炉温度、燃料类型和挥发分含量等差异而变化(Li et al.,2016c;Tian et al.,2019)。Oros 等(2000)研究表明,民用煤在闷烧状态下 PAHs 排放因子高于明烧状态下排放因子两个量级。Han 等(2021)研究表明,民用煤在较低温度下生成的 PAHs 可以导致 EC 排放量升高。与实地测量结果相比,本研究基于实验室监测得到的排放因子在可接受范围内。Sun 等(2017)研究结果表明,块煤和蜂窝煤燃烧时,黑碳排放因子分别为 $0.43\sim7.85$ 和 $0.21\sim0.56$ g·kg^{-1}。上述研究差异主要是由于使用不同测量方法导致的。

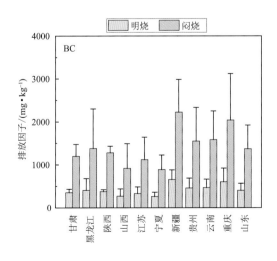
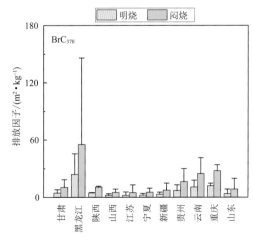

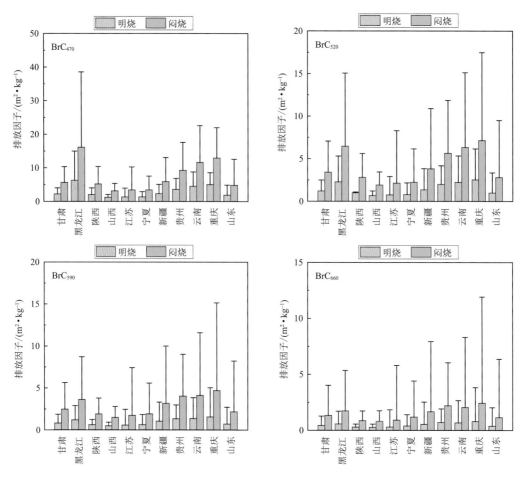

图 5.9 典型地区块煤明烧和闷烧状态下黑碳和棕碳及吸光性排放因子

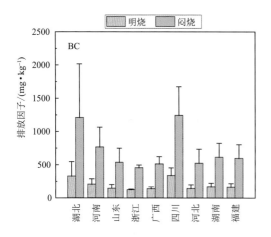
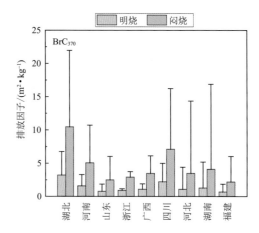

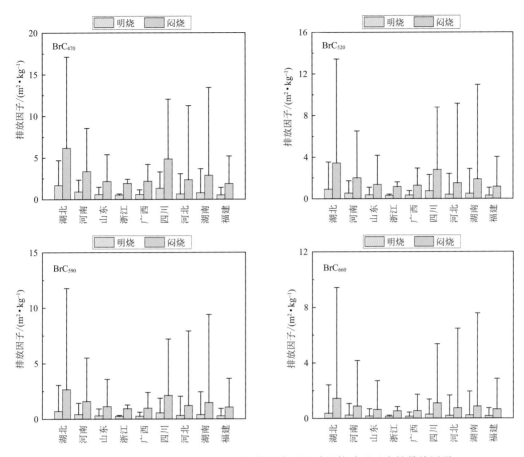

图 5.10 典型地区蜂窝煤明烧和闷烧状态下黑碳和棕碳及吸光性排放因子

5.1.6 本书作者实测 BC 排放因子与文献中报道值的对比

本研究得到中国民用煤在明烧和闷烧两种状态下,黑碳和棕碳吸光性排放因子。块煤明烧和闷烧黑碳平均排放因子分别为 416.9 ± 124.5 和 1413.5 ± 422.1 mg·kg^{-1}。蜂窝煤明烧和闷烧黑碳平均排放因子分别为 194.4 ± 81.7 和 717.3 ± 301.7 mg·kg^{-1}。块煤明烧和闷烧时,AEF$_{BrC}$(370 nm 波段)分别为 6.9 ± 6.5 和 15.9 ± 15.1 m^2·kg^{-1}。蜂窝煤明烧和闷烧时,AEF$_{BrC}$(370 nm 波段)分别为 1.4 ± 0.81 和 4.5 ± 2.6 m^2·kg^{-1}。与我国民用煤黑碳排放因子对比可知,相关研究结果在可接受范围内,具有较高的可信度。

表 5.5 民用燃煤黑碳和棕碳及其吸光性排放因子

参考文献	燃煤类型	EC(BC)	参考文献	燃煤类型	EC(BC)
		g·kg^{-1}			g·kg^{-1}
Shen et al., 2010	蜂窝煤	0.006	Zhang et al., 2021	块煤(烟煤)	2.975
	蜂窝煤	0.004		块煤(无烟煤)	0.47
	块煤	0.825		煤球	2.265
	块煤	0.31		无烟煤	0.41
	块煤	0.006		烟煤	0.63

续表

参考文献	燃煤类型	EC(BC)	参考文献	燃煤类型	EC(BC)
Li et al., 2016		μg·kg⁻¹	Sun et al., 2020		g·kg⁻¹
	块煤	16		烟煤	0.01
	蜂窝煤	27		烟煤(型煤)	0.01~0.02
	块煤	678		无烟煤	0.17
	蜂窝煤	647		无烟煤(型煤)	0.08~0.46
Chen et al., 2016		g·kg⁻¹	Tian et al., 2017		g·kg⁻¹
	蜂窝煤	0.27		烟煤	0.45~10.6
	块煤	0.11		无烟煤	0.02
Qian et al., 2021		mg·kg⁻¹	Chen et al., 2015		g·kg⁻¹
	块煤(砖炉)	6.7		块煤(烟煤)	0.61~3.46
	块煤(传统铁炉子)	1.78		蜂窝煤(烟煤)	0.07~1.30
	块煤(升级铁炉)	0.65		块煤(无烟煤)	0.02
Zhang et al., 2008		mg·kg⁻¹		蜂窝煤(无烟煤)	0.06
	无烟煤	28	Zhi et al., 2008		g·kg⁻¹
	烟煤	2750		蜂窝煤(烟煤)	0.009~0.18
	型煤	95		蜂窝煤(半焦煤)	0.001~0.012
杨国威 等, 2018		mg·kg⁻¹		块煤(烟煤)	0.13~28.5
	块煤	3.76~68.7		块煤(半焦煤)	0.005~0.035
	蜂窝煤	1.2~2.4	参考文献	燃煤类型	BrC
	蜂窝煤	1.1~1.5			mg·kg⁻¹
孔少飞 等, 2014		g·kg⁻¹	Shen et al., 2013	蜂窝煤(无烟煤)	0.14~0.69
	蜂窝煤(无烟煤)	0.003		块煤(无烟煤)	0.18~0.56
	块煤(烟煤)	0.915		蜂窝煤(烟煤)	0.16~0.57
刘亚男 等, 2019		g·kg⁻¹		块煤(烟煤)	0.24~0.55
	烟煤	0.31	Tian et al., 2019		mg²·kg⁻¹
	蜂窝煤	0.1		烟煤	2~13
刘源, 2007		g·kg⁻¹	Sun et al., 2017		g·kg⁻¹
	蜂窝煤	0.03~0.32		烟煤	0.51~1.65
	块煤	0.02~3.51		无烟煤	5.51~11.49
Dai et al., 2019		kg·t⁻¹	Shen et al., 2011		mg·kg⁻¹
	块煤	0.279		块煤	0.00052~0.22
	蜂窝煤	0.0076		蜂窝煤	0.019~4.0
Shen et al., 2013		g·kg⁻¹	Shen et al., 2013		mg·kg⁻¹
	蜂窝煤	0.0040—0.0041		块煤	0.16~223
	煤饼	0.022—0.052		蜂窝煤	0.64~16
Chen et al., 2005		g·kg⁻¹			
	半烟煤	0.096			
	烟煤	0.064~0.675			

5.2 民用生物质燃烧排放

生物质包括木本植物、草本植物和农作物残留3种主要类型,是全球重要能源之一,约占世界能源消费量的8%~14%(Williams et al.,2012),其中约90%被用作发展中国家取暖和烹饪的燃料(Zelikoff et al.,2011)。生物质燃烧分为自然燃烧(森林火灾、草原火灾等)和人为燃烧(林地/草地受控燃烧、农作物残留露天焚烧、室内生物燃料燃烧等),是大气中一次和二次污染物的一类重要贡献源(Gilardonia et al.,2016)。生物质燃烧排放对全球不同区域$PM_{2.5}$和PM_{10}的贡献分别为0.6%~44.0%和0.7%~36.8%(Vicente et al.,2018),对中国不同城市有机气溶胶(OA)的贡献为4%~64%(Wu et al.,2018)。生物质燃烧排放气态污染物和颗粒物的浓度及化学组成(Zielinska et al.,2019;Yo et al.,2020)可以降低大气能见度(Saffari et al.,2013)、影响云的形成(Noziere et al.,2015;Wu et al.,2017),并对区域空气质量(Lee et al.,2012;Yadav et al.,2017)、气候变化(Robert et al.,2016;Lacey et al.,2017)、生态系统(Xu et al.,2018)和人体健康(Zelikoff et al.,2011;Lacey et al.,2017)等均产生重要影响。识别不同类型生物质燃烧污染物排放特征,精准解析其对大气污染物的贡献,对制定和完善控制政策具有重要意义。

生物质由于价格低廉、容易获得,在农村地区使用广泛,是中国农村地区的主要能源之一(Yun et al.,2020)。常用的民用生物质包括农作物秸秆、薪柴和牲畜粪便等(图5.11)(罗碧珍 等,2018)。其中,民用秸秆、玉米棒和薪柴等生物质是中国农村地区的主要能源,占据了农村地区做饭和取暖能源供应的34%和35.2%(Tao et al.,2018)。牲畜粪便主要在西藏、内蒙古、甘肃、新疆和青海等省、自治区的牧区和半牧区作为燃料使用。这些地区经济较为落后、海拔高,秸秆和薪柴等生物质的产量较低。因此,牲畜粪便是该地区重要的能源补充(Zhou et al.,2017)。

图5.11 中国农村地区常用生物质燃料

农民在使用生物质时,燃烧过程中通常缺乏空气污染控制措施,且燃料燃烧效率较低(Shen et al.,2012)。因此,民用生物质燃烧会排放大量的污染物,并导致较为严重的大气环境污染(Deng et al.,2020)。相关报道表明,中国民用生物质燃烧对生物质燃烧的各类污染物(SO_2、NO_x、CO、CO_2、CH_4、NMVOCs、EC、OC、NH_3、$PM_{2.5}$和PM_{10}等)的排放量贡献很大,占比为55%~88%(Zhou et al.,2017)。民用生物质燃烧产生$PM_{2.5}$、BC和OC的排放量甚至超过了燃煤(Ma et al.,2017)。与露天生物质燃烧相比,民用生物质燃烧不仅对空气质量(Li et al.,2017b)和气候(Healy et al.,2015)有负面影响,更会对室内居民的健康产生直接的影响(Chen et al.,2017;Das et al.,2017)。Zhang等(2000)就已意识到民用生物质燃烧在空气质量、气候变化和人体健康方面的负面效应,并通过多种分析手段得到了TSP以及多种气态污染物的排放浓度,并采用碳平衡方法建立了完整的排放因子数据库。研究还对炉灶和燃料的各项参数进行分析,并对全球变暖和辐射强迫的影响进行了探讨,这在当时具有很强的前瞻性与创新性。随后,关于民用生物质燃烧排放的相关研究在全球特别是发展中国家逐渐展开。

关于民用生物质燃烧黑碳排放特征的研究在我国是民用生物质燃烧的热点问题之一。从排放因子测试的角度,国内先后开展了很多生物质燃烧黑碳排放因子的本地化实测,测试方法包括实验室模拟和入户测试。唐喜斌等(2014)基于稀释通道采样系统,在实验室模拟了小麦、水稻、油菜和大豆秸秆的露天燃烧过程,测定了EC等污染物的排放因子。Du等(2020)开展入户测试捕捉了生物质燃烧的真实情况,测定了民用生物质燃烧EC等污染物的排放因子。外场测试和入户测试可以获得更为真实的排放因子(Du et al.,2018;Li et al.,2019b)。然而由于测试过程中会引入更多的不确定因素,相较可控条件下的实验室模拟,排放因子通常显示更大的变化,数据可用性相对较差(Mugica-Álvarez et al.,2018)。从生物质类型的角度,大部分现有研究均为秸秆燃烧排放因子的测试,其中以玉米、水稻和小麦秸秆的研究最为丰富(Cao et al.,2008;Ni et al.,2015)。这3种秸秆为全国产量最高,燃烧量最大的秸秆类型。部分研究开展了薪柴燃烧的排放因子测试(韦思业 等,2013;Zhang et al.,2013a)。少量研究进行了牛粪和玉米棒等的排放因子的测试(Sun et al.,2018;Weyant et al.,2019)。

针对现有国内民用生物质燃烧黑碳排放因子数据较不完整的问题,本书作者在全国各个农业区采集民用生物质燃料样品,基于实验室稀释通道采样系统测定了不同地区民用生物质燃烧BC的排放因子。

在全国10个省份收集采集民用生物质燃料,用于测定不同区域民用生物质燃烧BC的排放因子。民用秸秆和玉米棒来自于不同的农业产区。牛粪在西藏和青海等地是一种常用的生物质燃料,本研究采集了西藏和青海地区的典型牛粪燃料样品。薪柴样品选择了不同农业区最普遍的薪柴类型。所有生物质燃料在自然状态下晾干后保存在整理箱内备用。所选生物质燃料包括5种薪柴、5种玉米秆、3种玉米棒、3种花生秆、2种水稻秆、1种小麦秆、1种大豆秆、1种芝麻秆、1种棉花秆、1种青稞秆和2种牛粪,共11类生物质25种燃料。生物质燃烧炉灶选择了一种全国常用的生物质燃烧炉灶类型,从武汉市场购得。

表5.6 民用生物质燃料类型

地区	类别	地区	类别
湖北宜昌	柑橘枝	辽宁沈阳	松木
湖北黄冈	杉木	山西运城	松木
江苏苏州	杨木	湖北仙桃	玉米秆

续表

地区	类别	地区	类别
河南济源	玉米秆	河南新乡	玉米秆
辽宁沈阳	玉米秆	山西运城	玉米秆
山东济南	玉米棒	河南新乡	玉米棒
辽宁沈阳	玉米棒	湖北宜昌	花生秆
河南新乡	花生秆	广东韶关	花生秆
广东韶关	水稻秆	吉林吉林	水稻秆
河南平顶山	小麦秆	湖北仙桃	黄豆秆
湖北仙桃	芝麻秆	湖北宜昌	棉花秆
青海西宁	青稞秆	青海西宁	牛粪
西藏拉萨	牛粪		

在中国地质大学（武汉）资源学院煤田地质实验室进行了生物质的工业组成分析，包括水分、灰分、挥发分、固定碳、C、H、N 和 S 含量。具体分析流程和民用燃煤相同。相关工业分析结果见表 5.7。

表 5.7 民用生物质燃料样品工业分析数据（%）

燃料	N_{daf}	C_{daf}	S_{daf}	H_{daf}	M_{ad}	A_{ad}	V_{ad}	FC_{Cad}
玉米棒	0.53	43.8	0.26	2.88	6.04	2.48	73.8	17.7
玉米秆	0.32	44.1	1.09	6.41	5.4	2.11	77.2	15.3
小麦秆	0.43	25.6	1.24	3.68	4.46	40.1	45.6	9.77
大豆秆	0.71	42.7	0.12	3.31	7.45	4.57	69.9	18.1
水稻秆	0.57	41.5	0.16	2.38	7.13	8.06	67.5	17.3
油菜秆	0.46	46.2	0.1	6.12	1.05	4.65	76.5	17.8
花生秆	1.22	38.8	0.29	2.63	7.91	7.17	68.9	16.1
芝麻秆	0.97	42.2	0.07	2.82	7.41	1.13	69.1	22.4
甘蔗叶	0.15	45.5	—	5.96	—	3.2	83.7	13.2
棉花秆	1.79	47	0.19	5.96		6.61	72.8	20.6
木柴	0.73	44.7	1.39	6.53	8.64	1.75	70.9	18.7
牛粪	1.64	31.7	1.54	4.51	27.6	13.5	46.9	12

注：M_{ad}：分析生物质样水分（空气干燥基），A_{ad}：分析生物质样灰分（空气干燥基），V_{ad}：分析生物质样挥发分（空气干燥基），FC_{ad}：固定碳。

采用芬兰 DEKATI 公司研发的 Fine Particle Sampler（FPS）稀释系统。具体燃烧实验结构与民用燃煤相同。燃烧实验开始前，将生物质样品在室外晾晒数天进行自然干燥。样品在生物质燃烧炉灶内进行燃烧，每种生物质燃烧 3 次，每次约 2 kg。将电子秤置于燃烧室下方记录样品燃烧前后的质量。燃烧室内产生的烟气使用采样枪等速采样至稀释通道中。采样枪置于烟囱内，比火焰高约 1.5 m。进入稀释通道中的烟气通过除湿器进行干燥，并被空气过滤系统预净化的洁净空气稀释约 30 倍。烟气和洁净空气充分混合，在停留仓中停留 30 s。在燃烧初期、中期和燃尽期,分别对每种样品燃烧的烟气流量进行测试。烟气完全冷却至环境温度后,收集烟气。BC浓度由Aethalometer Model AE33(Magee scientific,USA)在线分析。

根据烟气流量和BC质量浓度计算得到了不同源类黑碳的排放因子。排放因子由式(5.14)进行计算(Chen et al.,2005):

$$EF_i = \frac{v \times m_i \times n}{w \times M_i} \tag{5.14}$$

式中,i为不同的生物质类型,EF_i为BC排放因子,v为烟气流量;m_i为样品燃烧产生的BC质量,n为稀释倍数,w为采样流量,M_i表示样品的燃烧消耗量。

本书作者实测得到生物质燃烧的BC排放因子如图5.12所示。全国不同地区民用生物质BC排放因子的平均值为10.77 mg·kg^{-1}。其中民用秸秆燃烧的BC排放最高,其排放因子为12.77 mg·kg^{-1}。薪柴和牛粪燃烧的BC排放因子分别为3.93 mg·kg^{-1}和9.86 mg·kg^{-1}。从不同的生物质类型来看,河南花生秆、吉林水稻秆、河南玉米棒和河南小麦秆的BC排放均较高,其排放因子分别为59.87、33.37、33.01和31.29 mg·kg^{-1},其余生物质的BC排放因子均较低,为0.37~16.86 mg·kg^{-1}。

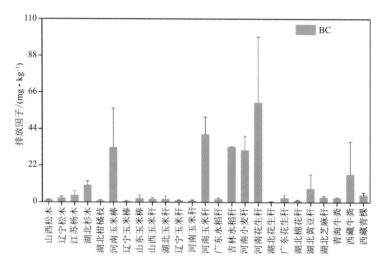

图5.12 不同地区民用生物质燃烧BC排放因子

从民用炉灶使用的角度看,各地居民经济水平、生活习惯、环保意识都会对炉灶选择产生影响。大部分农村地区的用户经济条件差,环保意识薄弱,对炉具的安全性、燃烧效率、污染排放方面的考虑较少。目前我国农村地区有2300万户使用生物质及其他类型的采暖炉灶(Zhang et al.,2008),其中70%是传统的低效炉具(Liu et al.,2018)。Wei等(2014)现场实测得到了民用炉灶秸秆燃烧的PM、OC、EC及PAHs排放因子并进行了相关性分析,结果表明在炉型相同的情况下,与新建炉灶相比旧炉灶的碳质颗粒物排放量大约2.5倍,说明炉灶的老化对其排放性能的影响不容忽视。Sun等(2018)对我国北方冬季常用的取暖炉灶燃烧生物质燃料的排放特征进行了研究,建立了华北地区民用炉灶EC等污染物的排放因子数据库。

从燃烧状态的角度,现有研究部分考虑了生物质的明烧和闷烧过程。Zhang等(2013b)利用稀释通道采样系统,通过实验室模拟测量了水稻秸秆明烧和闷烧状态下的EC等污染物的排放因子。Hong等(2017)在明烧和闷烧状态下测试了作物秸秆燃烧产生的EC等污染物的排放因子,并且比较了不同条件下 EC、OC 和水溶性离子的相关。王文杰等(2019)针对生物质燃烧过程中的实时排放因子开展研究,通过实验室模拟,利用稀释系统与黑碳浓度监测仪测定了小麦、水稻、玉米和大豆秸秆燃烧过程中 BC 的实时排放因子。相关研究还考虑了生物质含水率等对排放因子的影响。Ni 等(2015)基于稀释通道采样系统,在实验室模拟了不同含水率条件下的露天小麦、水稻和玉米秸秆燃烧的 EC 排放因子。研究发现含水率和 EC 排放因子呈正相关。本书作者也针对民用生物质不同燃烧状态下的 BC 排放特征开展了研究。研究结果表明,在不同燃烧状态下生物质燃烧的一次排放具有显著差异。通过研究,提出可以用 BC 浓度作为区分明烧和闷烧状态的一个指标(Liu et al.,2021),图 5.13 显示了一个燃烧循环内根据排放气溶胶成分和火焰状态界定的燃烧阶段划分。有火焰的明烧阶段,燃烧温度高,有大量的 BC 排放;没有明显火焰的闷烧阶段,燃烧温度较低,基本没有 BC 排放,有机物占主导。不同燃烧阶段产生的一次排放颗粒物和气体有显著不同,对其后续在大气中的演化过程有重要影响。

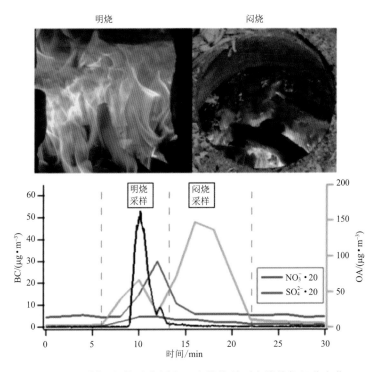

图 5.13　明烧、闷烧示意图和一个燃烧循环内排放物组分变化

从生物质能源利用的角度,目前我国利用生物质能技术转化的部分仍然较低。2017 年,国家能源局和国家发展改革委联合印发了《促进生物质能供热发展指导意见的通知》。通知中指出,我国农作物秸秆及各种农林废弃物资源丰富,每年可利用的生物质能源折合标准煤约 4 亿 t;鼓励积极推进生物质能源供热,探索生物质能集约化处理的产业升级道路,避免资源浪费。加工成型燃料是生物质能源利用的重要手段。生物质成型燃料结构致密而均匀,因此在燃烧过程中挥发性物质溢出速度慢,传热速度低。相比未加工的生物质原料,生物质成型燃料可以延长燃烧时间,放慢燃烧速度,以免燃烧过快导致供氧不足,燃烧不充分,从而产生大量颗粒物(胡谢利 等,2016)。此外,成型燃料中的挥发性物质析出燃烧之后,在一定的空气流动强

度中仍然可以保持炭骨架的稳定,保持层燃状态,从而降低颗粒物的产生(Zheng et al.,2011)。总体而言,相比未加工的生物质,生物质成型燃料燃烧性能比较稳定,能够有效抑制黑碳的产生,并降低灰渣中的碳含量。Shen 等(2014)将生物质颗粒燃料与农作物秸秆和薪柴等民用生物质燃料进行比较,发现生物质颗粒燃料具有较高的热效率,可以有效降低烟气中 BC 等污染物的排放因子。

5.3　民用液化石油气/天然气燃烧排放

在 2010 年至 2017 年间,中国的 BC 排放量保持相对平稳。2017 年,全球 BC 的排放量为 6 Tg,其中 58% 的 BC 来自住宅(70%:生物燃料)和公路(100%:石油+天然气)部门。BC 的短期排放具有高度不确定性,石油和天然气燃烧排放的 BC 量也可能被低估(Arif et al.,2018;Mcduffie et al.,2020)。

2010 年以前,天然气燃烧未被列入 BC 的排放源,与传统的燃烧排放形式相比,对天然气燃烧产生的 BC 排放测量研究也相对较少。国家统计局数据显示,2010—2019 年,我国城镇居民用气量由 2.27×10^{10} m^3 提升至 4.88×10^{10} m^3,未来居民用气量仍将稳定增长(国家统计局能源统计司,2011—2020)。2020 年底北方地区清洁取暖率达到约 65%,天然气取暖仍有较大的发展空间(Zhao et al.,2020b)。

近年来,中国政府一直在推动"煤改气"的政策,因为"煤改气"可以有效减少空气污染和温室气体(GHG)的排放(Huang et al.,2016b;Xiao et al.,2020)。天然气被描述为向低碳经济转型过程中取代煤炭的"过渡燃料"。从 2000 年到 2016 年,中国天然气产量从 2.40×10^{10} m^3 增加到 1.37×10^{11} m^3。2020 年,尽管受到新冠肺炎疫情的影响,中国天然气消费量仍增长了约 7.6%,达到 3.25×10^{11} m^3,约占一次能源消费量的 8.6%,其中城市燃气消费占 28%(Nie et al.,2020)。目前国内天然气的产量仍不能满足需求,所以不得不进口天然气。仅在 2016 年,中国就进口了 3.43×10^{11} m^3 液化天然气(LNG),占全球液化天然气进口量的 10%。有研究表明,加拿大液化天然气向中国出口,用于发电和供热产生的温室气体排放量分别为 427~556 g CO_2 当量·$(kW \cdot h)^{-1}$ 和 81~92 g CO_2 当量·MJ^{-1}。与中国燃煤发电的方式相比,使用加拿大液化天然气每千瓦时发电可减少 291-687 g CO_2 当量(34%~62%)(Nie et al.,2020)。在不列颠哥伦比亚省的研究结果显示,通过用天然气替代传统煤炭,中国纺织和化工行业可分别实现约 40%~45% 和 26%~32% 的减排。当用天然气代替煤炭进行区域供暖时,可观测到约 60% 的最高减排量。用不列颠哥伦比亚省的液化天然气供应替代中国的煤炭使用,有可能在加拿大和中国之间建立国际转让缓解成果(ITMOs),同时满足《巴黎协定》第 6.2 条下要求的生成国际转让缓解成果(ITMOs)的环境完整性(Sharafian et al.,2019;Kotagodahetti et al.,2022)。

对尼日尔三角洲地区 49 年(1965—2013 年)通过天然气燃烧释放到大气中的 BC 量提供基线排放清单的研究结果表明,55% 的天然气被燃烧,向环境中释放了大约 4.56×10^5 t(4.11×10^8 t CO_2 当量)的 BC。从天然气燃烧的第 1 个 10 年(1965—1974 年)到第 4 个 10 年(1995—2004 年),排放到环境中的 BC 量逐渐增加(5.06×10^4 ~ 1.27×10^5 t),第 5 个 10 年(2005—2013 年)的 BC 排放量显著减少(8.74×10^4 t)。在当地,将天然气用作运输燃料(压缩天然气和液化天然气)来使用,是减少大气中 BC 排放的有效方案之一(Johnston et al.,

2021)。2014 年,加拿大以液化天然气为燃料的重型车辆产生的温室气体排放量低于以柴油为燃料的重型车辆排放量,重型车辆的燃料使用从柴油改为压缩天然气和液化天然气时,温室气体的排放量可分别减少 4.8% 和 8.1%(Sharafian et al.,2019)。此外,当发动机负荷高于 25% 时,使用天然气燃料作为动力的船舶排放的 PM 和 BC 相对于以柴油为动力的船舶分别减少到原来的 1/8 和 1/37(Corbin et al.,2020)。2010—2015 年,拥有针对液化天然气的蒸发气体管理系统的加油站数量在中国和美国分别增加了 32 倍和 3 倍,可见将液化天然气作为替代燃料已成为一种节能趋势。

家用液化石油气炉灶也因其高效率和低排放的优势而被广泛使用。国际能源署 2017 年的报告显示,液化石油气是目前使用最广泛的清洁燃料。液化石油气在 20 世纪 90 年代一直是进口增长最快的油气产品。2009 年以后,天然气的市场扩张使得液化石油气在关键的城市燃气领域受到越来越大的冲击,液化石油气不得不降低价格以诱使民用需求回升。珠江三角洲和长江三角洲是进口液化石油气的消费中心,广东省是国内最大的进口液化石油气市场,华东地区则是进口液化石油气市场的另一个中心(田春荣,2010;王晓庆 等,2021)。

有研究表明,国内某液化石油气是 19% 丁烷、27% 丙烷、43% 丁烯和 11% 其他碳氢化合物的混合物,液化石油气炉灶的平均热效率为 51%±6%,符合国际标准化组织《国际研讨会协议》规定的最高等级(第 4 级)指南(Shen et al.,2020b)。相对于典型的固体燃料炉灶,采用液化石油气炉灶有望显著减少空气污染物排放,并明显改善室内空气质量。家庭空气污染是全世界发病和死亡的主要原因。研究发现,使用固体燃料炉具的房屋内 BC 浓度(349 $\mu g \cdot m^{-3}$)明显高于使用液化石油气炉具的房屋(6.27 $\mu g \cdot m^{-3}$)和室外空气(5.36 $\mu g \cdot m^{-3}$),且使用固体燃料炉具房屋内的氯、钾元素分别是使用液化石油气炉具房屋内的 34 倍和 4 倍(Islam et al.,2021)。在 4 个中低收入国家(印度、危地马拉、秘鲁和卢旺达)进行的使用液化石油气(LPG)炉灶的环境风险评价结果表明,将传统炉灶和生物质炉灶替换为液化石油气炉灶时,血压和心血管疾病确实得到了潜在改善(Clasen et al.,2020)。

中国部分城市已经将压缩天然气(CNG)作为机动车的替代燃料,并量化了使用不同燃料的机动车在相同驾驶条件下的污染物排放情况。结果表明,CNG 为燃料车辆的 BC 排放因子随速度增大,加速条件下会产生更多的 BC 排放。如果使用 CNG 而不是汽油作为燃料,试验车辆可以减少 54%~83% 的 BC 排放。可见,压缩天然气是一种更环保的机动车燃料(Wang et al.,2016)。自从煤改清洁能源计划实施以来,改用天然气的中国京津冀农村地区的 $PM_{2.5}$ 浓度明显下降,有机碳的年平均浓度从 19.1 $\mu g \cdot m^{-3}$ 下降到 12.3 $\mu g \cdot m^{-3}$,而 BC 的浓度从 4.7 $\mu g \cdot m^{-3}$ 下降到 3.0 $\mu g \cdot m^{-3}$。在 2016 和 2017 年里,此项举措对 BC 浓度下降的贡献率分别为 26% 和 45%(Ji et al.,2022)。

俄罗斯是全球天然气燃烧产生 BC 排放的最大贡献者。在乌拉尔地区,天然气燃烧产生的 BC 排放量占不列颠哥伦比亚总排放量的 90% 以上(Huang et al.,2016a)。在孟加拉国,城市地区的中等收入和高收入家庭通常使用液化石油气或天然气作为电力来源或烹饪燃料,农村地区使用开放式或通风良好的厨房比更换昂贵的清洁燃料(液化石油气/天然气)更具有可操作性(Begum et al.,2009)。在越南,液化石油气为城市地区贡献了最大份额的烹饪能源,将住宅所需的燃料转换为液化石油气将使得 BC 排放大幅度减少,室内/室外空气质量得到改善,健康和气候效应得到缓解(Le et al.,2019)。在秘鲁,对使用传统生物质燃料烹饪的厨房进行 48 h 采样显示,BC 的个人暴露估计平均值为 16 $\mu g \cdot m^{-3}$,将燃料换成液化石油气后,参与者的个人暴露降低 30% 左右 (Fandino-Del-Rio et al., 2020)。在印度的农村地区,民用液化石油气是 BC 的典型污染因子中含量最低的,它还比大多数生物质燃料具有更好的热效率 (Islam et al., 2021)。

参考文献

国家统计局能源统计司, 2011—2020. 中国能源统计年鉴 [M]. 北京: 中国统计出版社.

胡谢利, 云斯宁, 尚建丽, 2016. 生物质燃料压缩成型技术研究进展 [J]. 化工新型材料, 44(9): 42-44.

孔少飞, 白志鹏, 陆炳, 2014. 民用燃料燃烧排放 $PM_{2.5}$ 和 PM_{10} 中碳组分排放因子对比 [J]. 中国环境科学, 34(11): 2749-2756.

刘亚男, 钟连红, 闫静, 等, 2019. 民用燃料燃烧碳质组分及 VOCs 排放特征 [J]. 中国环境科学, 39(4): 1412-1418.

刘源, 张元勋, 魏永杰, 等, 2007. 民用燃煤含碳颗粒物的排放因子测量 [J]. 环境科学学报, 27(9): 1409-1416.

罗碧珍, 罗斯生, 魏书精, 等, 2018. 生物质燃烧排放物研究进展 [J]. 南京林业大学学报: 自然科学版, 42(6): 191-196.

唐喜斌, 黄成, 楼晟荣, 等, 2014. 长三角地区秸秆燃烧排放因子与颗粒物成分谱研究 [J]. 环境科学, 35(5): 1623-1632.

田春荣, 2010. 中国液化石油气生产与进出口现状及展望 [J]. 天然气工业, 30(10): 95-99.

王文杰, 田杰, 张勇, 等, 2019. 我国典型秸秆露天燃烧黑碳的高时间分辨率排放特征及其排放清单 [J]. 地球环境学报, 10(2): 190-200.

王晓庆, 刘伟, 罗慧慧, 2021. "双碳"目标下中国天然气行业发展机遇与挑战 [J]. 国际石油经济, 29(6): 35-42.

韦思业, 苏玉红, 沈国锋, 等, 2013. 农村室内薪柴燃烧的颗粒物和炭黑排放因子 [J]. 生态毒理学报, 8(1): 29-36.

杨国威, 孔少飞, 郑淑睿, 等, 2018. 民用燃煤排放分级颗粒物中碳组分排放因子 [J]. 环境科学, 39(8): 3524-3534.

BOND T, 2001. Spectral dependence of visible light absorption by carbonaceous particles emitted from coal combustion [J]. Geophys Res Lett, 28(21): 4075-4078.

BOND T, COVERT D, KRAMLICH J, et al, 2002. Primary particle emissions from residential coal burning: Optical properties and size distributions: Particles emitted from residential coal burning [J]. J Geophys Res: Atmos, 107(D21): 8347.

BOND T, DOHERTY S, FAHEY D, et al, 2013. Bounding the role of black carbon in the climate system: A scientific assessment [J]. J Geophys Res: Atmos, 118(11): 5380-5552.

CARTER E, ARCHER-NICHOLLS S, NI K, et al, 2016. Seasonal and diurnal air pollution from residential cooking and space heating in the eastern Tibetan plateau [J]. Environ Sci Technol, 50(15): 8353-8361.

CHEN Y, SHEN G, LIU W, et al, 2016. Field measurement and estimate of gaseous and particle pollutant emissions from cooking and space heating processes in rural households, Northern China [J]. Atmos Environ, 125: 265-271.

CHEN Y, SHENG G, BI X, et al, 2005. Emission factors for carbonaceous particles and polycyclic aromatic hydrocarbons from residential coal combustion in China [J]. Environ Sci Technol, 39(6): 1861-1867.

CHEN Y, TIAN C, FENG Y, et al, 2015. Measurements of emission factors of $PM_{2.5}$, OC, EC, and BC for household stoves of coal combustion in China [J]. Atmos Environ, 109: 190-196.

CHEN Y, ZHI G, FENG Y, et al, 2006. Measurements of emission factors for primary carbonaceous particles from residential raw-coal combustion in China [J]. Geophys Res Lett, 33(20): 382-385.

DAI Q, BI X, SONG W, et al, 2019. Residential coal combustion as a source of primary sulfate in Xi'an, China [J]. Atmos Environ, 196: 66-76.

DENG M, ZHANG S, SHAN M, et al, 2018. The impact of cookstove operation on $PM_{2.5}$ and CO emissions: A comparison of laboratory and field measurements[J]. Environ Pollut, 243: 1087-1095.

DRINOVEC L, MOČNIK G, ZOTTER P, et al, 2015. The dual-spot aethalometer: An improved measurement of aerosol black carbon with real-time loading compensation[J]. Atmos Meas Tech, 8(5): 1965-1979.

DUNNIGAN L, ASHMAN P, ZHANG X, et al, 2018. Production of biochar from rice husk: Particulate emissions from the combustion of raw pyrolysis volatiles[J]. J Clean Prod, 172: 1639-1645.

LI C, YE K, MAWUSI S, et al, 2020. A 24-h real-time emissions assessment of 41 uncontrolled household raw coal combustion stoves in four provinces of northern China[J]. Atmos Environ, 235: 117588.

LI Q, JIANG J, ZHANG Q, et al, 2016. Influences of coal size, volatile matter content, and additive on primary particulate matter emissions from household stove combustion[J]. Fuel, 182: 780-787.

LI Q, LI X, JIANG J, et al, 2016. Semi-coke briquettes: towards reducing emissions of primary $PM_{2.5}$, particulate carbon and carbon monoxide from household coal combustion in China[J]. Sci Rep, 6(1): 19306.

LIU J, MAUZERALL D, CHEN Q, et al, 2016. Air pollutant emissions from Chinese households: A major and underappreciated ambient pollution source[J]. Proc Natl Acad Sci, 113(28): 7756-7761.

LIU Y, ZHANG Y, LI C, et al, 2018. Air pollutant emissions and mitigation potential through the adoption of semi-coke coals and improved heating stoves: Field evaluation of a pilot intervention program in rural China [J]. Environ Pollut, 240: 661-669.

MA Q, CAI S, WANG S, et al, 2017. Impacts of coal burning on ambient $PM_{2.5}$ pollution in China[J]. Atmos Chem Phys, 17(7): 4477-4491.

NIE Y, ZHANG S, LIU R, et al, 2020. Greenhouse-gas emissions of Canadian liquefied natural gas for use in China: comparison and synthesis of three independent life cycle assessments [J]. J Clean Prod, 258: 120701.

QIAN Z, CHEN Y, LIU Z, et al, 2021. Intermediate volatile organic compound emissions from residential solid fuel combustion based on field measurements in rural China[J]. Environ Sci Technol, 55(9): 5689-5700.

RODEN C, BOND T, CONWAY S, et al, 2009. Laboratory and field investigations of particulate and carbon monoxide emissions from traditional and improved cookstoves[J]. Atmos Environ, 43(6): 1170-1181.

SHEN G, TAO S, CHEN Y, et al, 2013. Emission characteristics for polycyclic aromatic hydrocarbons from solid fuels burned in domestic stoves in rural China[J]. Environ Sci Technol, 47(24): 14485-14494.

SHEN G, TAO S, WANG W, et al, 2011. Emission of oxygenated polycyclic aromatic hydrocarbons from indoor solid fuel combustion[J]. Environ Sci Technol, 45(8): 3459-3465.

SHEN G, TAO S, WEI S, et al, 2013. Field measurement of emission factors of PM, EC, OC, parent, nitro-, and oxy-polycyclic aromatic hydrocarbons for residential briquette, coal cake, and wood in rural Shanxi, China[J]. Environ Sci Technol, 47(6): 2998-3005.

SHEN G, WANG W, YANG Y, et al, 2010. Emission factors and particulate matter size distribution of polycyclic aromatic hydrocarbons from residential coal combustions in rural northern China[J]. Atmos Environ, 44(39): 5237-5243.

SHEN G, YANG Y, WANG W, et al, 2010. Emission factors of particulate matter and elemental carbon for crop residues and coals burned in typical household stoves in China[J]. Environ Sci Technol, 44(18): 7157-7162.

SUN J, SHEN Z, NIU X, et al, 2020. Cytotoxicity and potential pathway to vascular smooth muscle cells induced by PM2.5 emitted from raw coal chunks and clean coal combustion[J]. Environ Sci Technol, 54(22):

14482-14493.

SUN J,ZHI G,HITZENBERGER R,et al,2017. Emission factors and light absorption properties of brown carbon from household coal combustion in China[J]. Atmos Chem Phys,17(7):4769-4780.

TIAN J,NI H,CAO J,et al,2017. Characteristics of carbonaceous particles from residential coal combustion and agricultural biomass burning in China[J]. Atmos Pollut Res,8(3):521-527.

TIAN J,WANG Q,NI H,et al,2019. Emission characteristics of primary brown carbon absorption from biomass and coal burning: Development of an optical emission inventory for China[J]. J Geophys Res: Atmos,2018JD029352.

WANG X,MAUZERALL D,HU Y,et al,2005. A high-resolution emission inventory for eastern China in 2000 and three scenarios for 2020[J]. Atmos Environ,39(32):5917-5933.

WANG Y,XU Y,CHEN Y,et al,2016. Influence of different types of coals and stoves on the emissions of parent and oxygenated PAHs from residential coal combustion in China[J]. Environ Pollut,212:1-8.

YAN Q,KONG S,YAN Y,et al,2022. Emission and spatialized health risks for trace elements from domestic coal burning in China[J]. Environ Int,158:107001.

YILGIN M,PEHLIVAN D,2009. Volatiles and char combustion rates of demineralized lignite and wood blends [J]. Appl Energy,86(7):1179-1186.

YUN X,SHEN G,SHEN H,et al,2020. Residential solid fuel emissions contribute significantly to air pollution and associated health impacts in China[J]. Sci Adv,6(44):eaba7621.

ZHANG L,LUO Z,XIONG R,et al,2021. Mass absorption efficiency of black carbon from residential solid fuel combustion and its association with carbonaceous fractions[J]. Environ Sci Technol,55(15):10662-10671.

ZHANG Y,SCHAUER J,ZHANG Y,et al,2008. Characteristics of particulate carbon emissions from real-world Chinese coal combustion[J]. Environ Sci Technol,42(14):5068-5073.

ZHANG Y,WANG X,BLAKE D,et al,2012. Aromatic hydrocarbons as ozone precursors before and after outbreak of the 2008 financial crisis in the Pearl River Delta region,south China[J]. J Geophys Res:Atmos,117: D15306.

ZHI G,CHEN Y,FENG Y,et al,2008. Emission characteristics of carbonaceous particles from various residential coal-stoves in China[J]. Environ Sci Technol,42(9):3310-3315.

第6章 生物质开放燃烧黑碳气溶胶排放特征

6.1 农作物残留燃烧

我国的现实国情决定了未来经济发展必须遵循资源节约、环境友好的经济增长模式。不断提高可再生资源的利用效率,缓解经济发展与资源和环境之间的矛盾,是促进能源和经济社会可持续发展的路径之一。农作物残留资源作为一种可再生资源,分布广,蕴藏量丰富,开发利用潜力巨大。随着农作物残留资源潜力分析及多样化利用实践的展开,相关的理论研究也开始逐步深入。贺仁飞(2013)对我国秸秆资源量进行估算,并在此基础上分析了农作物残留资源的时间演变和空间分布特征。经估算,1994年、1999年、2004年和2009年我国农作物残留资源可利用量分别为6.446亿t、7.452亿t、7.284亿t和8.257亿t。崔蜜蜜等(2016)估算了2012年全国各地区作物残留资源化利用潜力,并分析了各地区农作物残留资源化利用潜力的差异,表明2012年我国秸秆资源总量为8.486亿t,可收集利用的秸秆资源量为6.486亿t,除用于就地还田、直接燃烧等传统途径之外,可资源化利用潜力达1.515亿t。此外,中国农作物残留资源分布较不均匀,集中分布于长江中下游、华北和东北区域,青藏高原、西南地区及黄土高原的秸秆资源潜力较低。石祖梁等(2018)以全国各区域为研究对象,对我国秸秆资源的分布及主要利用途径进行研究,结果表明,2016年我国秸秆资源总量为9.840亿t,其中玉米、小麦、水稻3种粮食作物秸秆量占比83.51%。

根据《中国生物质资源可获得性评价》,1995年我国以秸秆为代表的农作物残留总产量为6.04亿t,其中直接还田部分(含收集损耗)占15.0%,燃料化和能源化利用占比31.5%,饲料化利用占比24.0%,原料化利用占比2.3%,总利用率达到70%左右。2003年我国秸秆资源产量约7亿t,其中15.2%被废弃或焚烧,39.6%用于生活燃料,27.5%用于畜牧饲料,15%用于还田(含收集损耗),2.7%用于工业原料(翁伟等,2004)。据农业部统计,2009年全国以秸秆为代表的农作物残留产出量为8.2亿t,其中饲料和还田分别占30.7%和14.8%,作为能源燃烧和露地焚烧分别占18.7%和31.3%。从已有资料可以发现,自20世纪90年代以来至今,我国农作物残留资源总产量呈上升趋势,从1995年的6亿t左右上升到2017年的9亿t左右。秸秆资源的总利用率基本呈上升趋势,从1995年的70%左右上升到2017年的83%左右;秸秆资源的各种主要用途中,肥料化和饲料化占比最大,且所占比例呈上升趋势,从1995年的不足40%上升到2017年的70%左右,能源化、基料化及原料化利用具有一定发展潜力。

近几十年来,我国秸秆资源由无法满足农民炊事需求的绝对短缺到相对过剩的态势转变。一方面我国的人均秸秆占有量低于世界平均水平,有限的秸秆资源无法满足逐渐扩张的燃用及饲用等需求;另一方面由于秸秆资源分布散、难收集等特点,出现了地区性、季节性和阶段性的相对过剩(高春雨等,2010)。农作物残留资源的过剩主要表现在以下几个方面。一是地区性相对过剩。目前东北区、蒙新区和华北区的人均秸秆资源可利用量高于全国人均水平,显示出地区性的相对过剩,特别是东北区和蒙新区以秸秆为代表的人均农作物残留可利用量达 1191.42 kg 和 1412.49 kg,约为全国人均水平的 2.5 倍和 3 倍。二是季节性相对过剩。农作物收获的季节这种残留资源往往过于充足,导致秸秆废弃和焚烧现象的产生,对环境危害很大。三是阶段性相对过剩。在传统农业中,秸秆等残留物是重要的生产和生活能源要素,被广泛用于燃烧供热、饲养家畜、建筑等,基本不存在秸秆资源过剩的问题。随着传统农业的现代化发展,农户逐渐使用煤炭替代秸秆燃料,以合成饲料代替传统秸秆饲料,以化肥代替农家肥,以现代建材代替稻草、秸秆等农作物残留建材,这些农产品残留物的使用量和需求量大幅度减少,导致阶段性过剩问题。

资源过剩直接导致了农作物残留的废弃和焚烧。京津冀地区每年因焚烧秸秆而排放数十万吨颗粒物,区域内 $PM_{2.5}$ 浓度升高 $60.6\ \mu g \cdot m^{-3} \sim 127\ \mu g \cdot m^{-3}$(吴文景 等,2017)。根据生态环境部卫星环境应用中心的数据统计,2017 年 12 月,全国范围内卫星共监测到 87 个疑似秸秆焚烧着火点,涉及 15 个省 41 个市,严重危害居民的健康状况和财产安全。每年全国主要作物秸秆有近 20% 得不到有效利用,被废弃或者焚烧,给环境造成危害。秸秆的废弃不仅造成资源的废置,也污染了农村的人居环境。秸秆的焚烧导致大量有害气体和温室气体的排放,从而引起空气污染和温室效应,对人体健康和生态环境造成危害(Chen et al.,2017)。除此之外,秸秆燃烧产生大量气溶胶颗粒,包括粗尘埃颗粒(PM_{10})和细颗粒($PM_{2.5}$),影响空气质量并降低能见度,从而易于引发安全事故。农作物残留等生物质燃烧产生的约 50% 的氮可以以 NH_3 和 NO_x 的形式释放出来,形成颗粒 NH_4^+ 和 NO_3^-,贡献生物质烟羽颗粒中总含氮种类物质的 80% 以上,从而影响云的光学和化学性质,与云凝结和湿沉降直接相关(Chang et al.,2019)。秸秆燃烧的另一个环境问题是造成土壤中主要营养素如氮、钾、硫元素的损失,导致土壤钾元素含量枯竭。同时破坏土壤生态系统,导致大量有益微生物的死亡(Boy et al.,2008;Han et al.,2017)。

我国是一个农业大国,年均秸秆产量也在不断增多,从 2005 年的约 6 亿 t(王亚静 等,2010;曹志宏 等,2018)增加到 2017 的约 8.27 亿 t(从宏斌 等,2019)。随着农作物秸秆总量的增加和不少农民为减少商品能源的使用,部分地区的农作物收割之后,其残留物会以田间防火焚烧或者民用炉灶焚烧的方式处理。在东北地区,这类小规模的农作物残留私人化处理不可忽略,其生物质燃烧对有机碳和元素碳的贡献可达 50%(Cheng et al.,2013),且难以有效地通过政策管控(Cheng et al.,2021,2022)。秸秆资源的无效利用,在浪费大量农业资源的同时,还排放了包括黑碳在内的大量污染物,给大气环境带来巨大危害。

Yan 等(2006)根据政府提供的生物燃料消费统计数据估算,23.7% 的秸秆作为燃料焚烧,19.4% 的秸秆在田间焚烧,秸秆焚烧的比例可占到生物质燃烧总量的 26.8%;其利用卫星数据和统计数据估算了 2000 年生物质残留露天燃烧排放的黑碳约为 84.2 Tg。在 Qie 和 Xie(2011)的研究中,秸秆露天焚烧产生的黑碳排放量随时间呈现一个逐渐增长的趋势,从 1990 年的 13.56 Gg 增加到 2005 年的 66.46 Gg,增加了 390.09%,在估算期内平均占生物质露天焚烧总排放量的 95.17%。且在这一时段内,玉米秸秆、水稻秸秆和小麦秸秆对温室气体排放贡献最大,分别占总排放量的 37.62%、28.36% 和 11.23%;小麦秸秆和水稻秸秆的贡献在 15 年内呈下降趋势,而玉米秸秆的贡献在 15 年内呈持续上升趋势。芝麻、甘蔗对黑碳排放量的贡献最小,总贡献率均小于 1.0%。Qin 和 Xie(2011)通过地理信息系统(GIS)方法建立了 1990~2005 年中国生物质露天燃烧碳气溶胶的高空间分辨率(0.5°×0.5°)多年排放清单,黑碳排放量以年均 25.54% 的增长率从 1990 年的 14.05 Gg 增长到 2005 年的 67.87 Gg，共增长 383.03%。Huang 等(2012b)利用中国政府发布的各省份具体统计数据和文献报道的结果，估计了 2006 年基准年的总排放量，并通过使用中分辨率成像光谱仪(MODIS)热异常/火灾产品(Thermal Anomalies/Fire Daily Level3 Global Product (MOD/MYD14Al))，建立了一个高时空分辨率的中国农作物残留燃烧排放清单，其估算的黑碳年排放量为 0.03(0.01~0.05) Tg。而在 Shon(2015)的研究中，利用两种卫星数据估算了东北亚地区生物质露天燃烧的 $PM_{2.5}$ 排放量，研究期间东北亚的生物质露天燃烧 $PM_{2.5}$ 年平均排放量为 660 Gg，存在较大的年际变化；且其值随着时间的推移先增加后减少，在 2003 年达到极值 814 Gg(GFASv 1.0)和 584 Gg(GFED3)，黑碳、有机碳之和与露天生物质燃烧排放颗粒物的比值也在 2003 达到峰值 0.216。Li 等(2016)基于 MOD/MYD14A1，以 2012 年为基准年建立了空间分辨率为 0.25°× 0.25°，时间分辨率为 1 个月的作物秸秆明火排放清单，其中估计的黑碳排放量为 0.06 Tg。Qiu 等(2016)利用 MODIS 燃烧面积产品 MCD64Al 和主动燃烧产品 MCD14ML，以及高分辨率土地覆盖数据集，建立了 2013 年中国露天生物质燃烧高分辨率排放清单，得出黑碳排放量为 137 Gg。曹国良等(2018)根据有关政府部门对 2000—2003 年全国粮食作物和经济作物产量的县级统计资料，结合谷草比和各污染物的排放因子，估算秸秆年产量约 6 亿 t，其中水稻、小麦、玉米秸秆共占 76% 左右。Yin 等(2019)采用基于火辐射能(FRE)的方法结合 MODIS 相应产品，编制了 2003—2017 年中国 1 km 分辨率生物质燃烧排放清单，其估计黑碳的年排放量均值为 0.04(0.01~0.08) Tg；相比于传统方法，该方法可以更合理地估算小型火点的排放，其估算的作物残留露天燃烧是除森林火灾之外 CO_2 排放第二的途径，占 39%(平均 35.3 Tg·a^{-1})。Li 等(2019a)采用自下而上的方法建立了江苏省 2015 年 1 km 分辨率秸秆露天焚烧排放清单，其中黑碳的年排放量为 2.08 Gg；同时结合农村源活动水平等基础资料，得到了秸秆被露天焚烧每年约 1.4 亿 t，年均排放黑碳约 10.6 万 t。Zhang 等(2019)采用自下而上的方法，对 2014 年中国农作物残留焚烧过程中主要大气污染物的排放情况进行了估算，得出黑碳总排放量为 0.13 Tg。Shi 等(2021)利用燃烧面积、卫星和观测生物量数据、植被指数衍生的时空可变燃烧效率和排放因子，建立了东北地区生物质开发燃烧相关的高分辨率(1 km× 1 km)、多年(2001—2017 年)和月排放量清单；利用实测数据和 MODIS 火灾辐射功率(FRP)数据，计算出 2001 年至 2017 年东北地区年均黑碳排放量为 23.4 Gg。

总体来说，中国各地区间的黑碳排放分布极不均衡，单位面积排放量较高的地区主要在东部和东北地区，例如河北、山东、江苏等省，且这些区域也是我国粮食的主要产区，秸秆露天焚烧的现象更为严重。单位面积排放量较低的地区主要为西部和西北部地区，主要因为这些地区的农村人口密度较低，经济发展水平也较低。全国单位面积排放量较高的地区从东北至华东呈带状分布。

可以看出，农作物秸秆露天燃烧是我国黑碳排放主要的人为源之一，也是一个持续的研究热点。在对黑碳排放量估算上，各研究存在一定的差异。原因主要来自以下两个方面：一是排放因子的影响。部分研究采用的是实验所得数据，部分研究则是通过收集文献和相应资料的数据进行统计学处理；二是统计数据获取方式不同造成活动水平的差异。部分基于中国统计年鉴产量估算秸秆产量，而部分研究中秸秆露天燃烧量则是通过中国农业统计年鉴计算得出，不同统计年鉴之间的统计数据存在差异。因此，针对不同区域的农作物秸秆残留燃烧源开展黑碳排放特征的研究非常必要。

大量文献通过不同方法收集获得了各种不同生物质露天燃烧的黑碳或者元素碳的排放因子。Andreae 和 Merlet(2001)通过测量,得出多种生物质燃料露天燃烧的黑碳排放因子均值为 0.69 ± 0.13 g·kg^{-1}。Li 等(2007a)通过露天燃烧实验的方式测得小麦和玉米秸秆的元素碳排放因子分别为(0.49 ± 0.12) g·kg^{-1}和(0.35 ± 0.10) g·kg^{-1}。Li 等(2007b)通过野外测量,确定了中国两种主要农业秸秆麦秸和玉米秸秆露天燃烧的颗粒物和微量气体排放,其中元素碳的排放因子分别为 0.49 ± 0.12 g·kg^{-1}和 0.35 ± 0.10 g·kg^{-1}。陆炳等(2011)通过收集国内学者实测数据和国外发达国家的已有数据估算了中国大陆地区生物质燃烧排放污染物清单,其中秸秆露天燃烧排放的元素碳排放因子选择为 0.42 g·kg^{-1}。Akagi 等(2011)通过碳平衡法,在实验室中对多种植被类型的燃烧后排放的污染物进行了测量,得出作物残留的黑碳排放因子为 0.75 g·kg^{-1}。唐喜斌等(2014)利用自行设计开发的开放式燃烧源排放测试系统,选取小麦、水稻、油菜、豆秸和薪柴等 5 类典型作物秸秆,分别采用露天焚烧和炉灶燃烧两种燃烧方式,实测其气态污染物和颗粒物排放特征,其中小麦、水稻、油菜、大豆的元素碳露天燃烧排放因子分别为 0.12 ± 0.02 g·kg^{-1}、0.11 ± 0.03 g·kg^{-1}、0.23 ± 0.09 g·kg^{-1} 和 0.13 g·kg^{-1}。Ni 等(2015)测定了小麦秸秆、水稻秸秆和玉米秸秆的污染物排放因子,其中元素碳排放因子分别为 0.24 ± 0.12 g·kg^{-1}、0.21 ± 0.13 g·kg^{-1} 和 0.28 ± 0.09 g·kg^{-1},并发现元素碳的排放因子随着秸秆含水率升高而增大。在 Guan 等(2017)的研究中,总结了多篇文献,得出水稻、小麦、玉米、棉花等作物秸秆燃烧的黑碳排放因子分别为 $0.11\sim0.69$ g·kg^{-1}、$0.12\sim0.52$ g·kg^{-1}、$0.35\sim1.55$ g·kg^{-1} 和 $0.46\sim0.82$ g·kg^{-1}。Zhou 等(2017)基于中国大陆地区县级活动数据、卫星观测数据和更新的源特定排放因子,于 2012 年编制了包括家庭和野外秸秆焚烧在内的生物质燃烧排放清单;同时利用地理信息系统(GIS)技术,以基于源的空间代理为基础,生成 1 km×1 km 分辨率网格内的排放清单,其中 2012 年元素碳和有机碳的排放量分别为 369.7 Gg 和 1189.5 Gg。

曹国良等(2018)等设计了一种燃烧塔,在实验室内模拟秸秆露天燃烧状况,测得水稻秸秆、小麦秸秆、玉米秸秆和棉花秸秆的黑碳排放因子分别为 0.52 g·kg^{-1}、0.52 g·kg^{-1}、0.78 g·kg^{-1} 和 0.82 g·kg^{-1}。Zhang 等(2019)也通过总结文献给出了不同种类的生物质通过露天燃烧排放污染物的排放因子,其中水稻、小麦、玉米、豆科植物、棉花、甘蔗、其他生物质的黑碳排放因子分别为 0.50 g·kg^{-1}、0.47 g·kg^{-1}、0.56 g·kg^{-1}、0.64 g·kg^{-1}、0.73 g·kg^{-1}、0.69 g·kg^{-1} 和 0.64 g·kg^{-1}。Wu 等(2020)通过实测和总结他人文献得出玉米、水稻、小麦、油菜、大豆、土豆、花生、棉花、甘蔗、芝麻、甜菜、烟草、大麻的污染物排放因子,其中元素碳的排放因子分别为 0.3 g·kg^{-1}、0.52 g·kg^{-1}、0.49 g·kg^{-1}、0.23 g·kg^{-1}、0.13 g·kg^{-1}、0.41 g·kg^{-1}、0.41 g·kg^{-1}、0.57 g·kg^{-1}、0.41 g·kg^{-1}、0.41 g·kg^{-1}、0.41 g·kg^{-1}、0.41 g·kg^{-1} 和 0.41 g·kg^{-1}。Wang 等(2020)针对东北地区以水稻和玉米秸秆为主的生物质残留露天燃烧的野外燃烧实验,对碳质气溶胶的一系列性质进行了表征,其中生物质燃烧贡献最高的组分分别为有机碳和元素碳,占 64.6%±10.8%/55.7%±9.7% 和 8.3%±2.2%/7.3%±1.3%。在整个燃烧过程中,碳质气溶胶的平均吸收 Ångström 指数为 2.1 ± 0.3,棕碳的平均吸收 Ångström 指数为 4.7 ± 0.4。在 375 nm 和 625 nm 处,棕碳平均贡献了 63% 和 20% 的总光吸收。

针对农作物残留露天直接燃烧的排放测试实验受场地、仪器设备等的限制以及火点监控等问题的制约,在我国开展的此类实测研究仍很缺乏。后续研究需要予以多方协调和合作,实测和丰富农作物残留露天直接燃烧的污染物排放因子,以反映其真实燃烧状态下的排放特征。

6.2 林业火灾排放

林业火灾是一种突发性强、破坏性大、随机性高的人为或自然灾害,主要包括森林和草类火灾等(唐伟 等,2012)。世界范围内每年平均发生林火火灾20余万次(舒立福 等,1998)。随着全球气候变暖,厄尔尼诺现象的影响,森林火灾在全球呈多发态势,发生频率和强度也在增大。2018年11月,美国加利福尼亚州发生历史上最为严重的森林大火,这场自然灾害至少已经导致84人死亡,700人左右失踪(王宏伟 等,2018)。澳大利亚2019—2020年也发生了大规模的森林火灾,在6个月的时间内烧毁了超过800万 hm^2 的桉树林(田永丽 等,2021)。

我国是世界上林业火灾最严重的国家之一(Yang et al.,2011)。据统计,2008—2018年全国范围内共发生森林火灾58545起,过火面积843452 hm^2,森林损失面积多达278172 hm^2,人员伤亡818人·次,经济损失151841.2万元(向临川 等,2020)。2019年3月和2020年3月,四川省凉山州西昌市发生森林大火,分别导致30和19名灭火人员牺牲(白夜 等,2020)。林业火灾会产生大量的烟雾及有毒物质,并释放到大气中,对全球变暖、生物地球化学循环、空气质量和人体健康都会产生严重的负面影响。相关报道表明,森林火灾排放物每年平均造成全球约33.9万人的过早死亡(Johnston et al.,2012),其已成为日益严重的全球性公共卫生问题(Wayne et al.,2018)。

关于林业火灾黑碳排放的研究始于20世纪60年代(胡海清 等,2012)。随着遥感等新技术的应用,研究的内容和尺度不断深入。林业火灾的黑碳排放会受到气象条件、燃烧条件、可燃物载量等的影响。从气象条件的角度,风是一种极为重要的气象因素,显著影响森林火灾的发生和蔓延(Viegas et al.,2004)。风速在一定范围内会促进森林燃烧,并增加黑碳的释放量。但每种森林可燃物都有相应的风速阈值,风速大于该阈值时将不再促进植被燃烧,甚至产生阻滞作用(Sun et al.,2018)。有关森林燃烧释放颗粒物的研究也表明,颗粒物浓度会随着风速的增大而降低(Zhang et al.,2018)。气温和相对湿度也会对黑碳的生成产生影响。较高的温度一定程度促进森林燃烧,进而影响黑碳的释放。相对湿度较高的条件可以促进植被的光合作用,加速空气中水分与氧气的置换(Balachandran et al.,2017),也会影响黑碳的释放。与此同时,温度和相对湿度也会在一定程度上影响黑碳的扩散和分布。

从燃烧强度和燃烧条件看,中等强度火灾会导致单位面积碳释放量更大(孙龙 等,2009)。同时,燃烧排放产物中的黑碳受燃烧状态影响较大,在不同条件下具有显著差异。众多研究表明,不同的生态环境中不同森林类型的燃烧效率不同(杨国福 等,2009),不同的火灾面积燃烧效率也不同(单延龙 等,2010),不同的燃烧程度燃烧效率不同(胡海清 等,2007),不连续燃烧面积的燃烧效率比连续燃烧面积的燃烧效率低(Lambin et al.,2003),北方林中树叶和小枝的燃烧效率比树干高(殷阴 等,2009)等,这些都会对黑碳排放产生影响。

可燃物载量是指单位面积可燃物的绝对干物质质量,由于森林生态系统其本身的多样性和复杂性,加上地域差异和火行为差异,导致各植被类型可燃物载量处在不断变化的状态中(赵凤君 等,2012)。可燃物载量的增大会提高林火行为中的火线强度,进而增加可燃物的消耗量,并导致黑碳浓度的升高(Johnson et al.,2013)。与此同时,可燃物的明燃增多,又会对黑碳的释放产生负效应。因此,当在可燃物载量增加到一定程度后,黑碳的增幅随可燃物载量的增加会相应减小(张吉利 等,2013)。可燃物载量对于燃烧效率也具有一定的影响,进而影响燃烧排放黑碳的浓度。此外,可燃物的含水量也会对黑碳排放产生影响。当可燃物含水率较小时,可燃物燃烧状态主要以明燃为主,产生的黑碳较少,随着含水率的增加,燃烧状态逐渐转变为阴燃,进而增大黑碳的释放量(Ni et al.,2015)。对于每种可燃物而言均有一个对应的含水率阈值,可燃物的含水率低于10%时,对于易燃可燃物的引燃概率为100%,含水率大于40%的易燃可燃物引燃概率为0。在含水率10%～40%范围内,随着可燃物含水率的增大,火强度呈抛物线型降低,其截止点含水率为38%(张景群 等,1992;宁吉彬,2019)。

林业火灾的黑碳排放清单也是当前的重要研究内容。中国露天生物质燃烧以露天秸秆焚烧为主,贡献比例在60%以上;而森林和草原火灾的贡献比例则相对较小,尤其是草类火灾,排放占比不足4%(Zhou et al.,2017)。然而,森林和草类火灾排放对中国生物质燃烧排放的贡献仍然不可忽视(徐媛倩,2020)。由于发生时间和位置具有较大的随机性,林业火灾排放的大气污染物会受当年火灾发生频次和范围影响,排放量的年际变化表现出显著的波动性(Mehmood et al.,2018)。在某些年份会对区域大气产生严重影响。相关研究表明,2004年的露天生物质燃烧污染物排放量下降主要是由于森林火灾的火场面积减少所致(徐媛倩,2020)。同时,由于森林和草原植被连续性强,火灾一旦发生即可能造成大范围燃烧。以森林火为例,由于其火势较大,排放的烟气可以达到较高的高度,从而导致长距离传输(Vadrevu et al.,2013)。

从排放因子的角度看,燃烧类型(明火或闷烧)、燃烧条件(风速、氧气含量)、生物质类型、火灾大小和取样偏差等均会导致排放因子的不确定,而最大的差异在于生物质和生物群落类型(Akagi et al.,2011)。现有的森林和草类等的排放因子在很大程度上依赖于Andreae和Merlet(2001)以及Akagi等(2011)的两篇论文。Akagi等(2011)基于生物群落将排放因子划分为14种不同的生物质燃烧类型。全球火灾排放数据库GFED4.1s(Global Fire Emissions Database)是目前使用最广泛的全球火灾排放清单(Zhang et al.,2018)。GFED4.1s新版本具有更高的空间分辨率,并且加入了对小火灾的估算,其排放因子组主要使用Akagi等(2011)基于生物群落划分的排放因子。考虑到生物质类型和燃烧方式等的全球可变性,国外的排放因子数据用于计算中国本地的排放时会产生较大偏差,不能反映中国实际的燃烧情况和排放状况。到目前为止,国内此类燃烧实验缺乏,仍需开展大量的模拟实验来获得不同地区不同森林和草类等的黑碳排放因子。

从活动水平数据上看,早期黑碳排放清单的构建主要参考中国统计年鉴中可获取的林火燃烧面积数据(徐媛倩,2020)。以森林燃烧面积数据为例,2003—2017年中国森林火火场面积整体呈下降趋势。黑龙江的森林火火场面积占比最大,对全国森林火火场面积的贡献比例超过一半,其次是内蒙古,贡献比例为13%,其他省份的贡献比例相对较小,均不足5%。近年来,借助卫星遥感技术可以对林业火灾以自上而下的角度开展相对全面的、实时的监测。因此,卫星监测火点/过火面积产品被广泛应用于林业火灾排放研究。以MODIS监测的森林火点为例,从火点分布来看,2003—2017年中国的森林火点主要分布在东北地区和华南地区。东北地区,尤其是黑龙江的森林火点分布密度相对较大。华南地区的火点数目在近年来有减少的趋势。对比东北地区和华南地区的火点密度,虽然东北地区的森林火火场面积对全国范围森林火火场面积的贡献比例较大,但其火点密度和数目小于华南地区,其可能的原因是华南地区的火点尺寸相对较小。

目前,关于林业火灾黑碳排放的研究已引起广泛关注。如Song等(2009)对全国的林业火灾排放进行了研究,估算了 2000—2007 年中国林业燃烧 BC 的年均排放量为 6 万 t。研究表明,中国林业火灾排放具有明显的空间分布和季节变化,东北(黑龙江、内蒙古和吉林)和西南(四川)经常发生更频繁的火灾事件和更高的排放量。靳全峰等(2017)评估了中国福建省 2000—2010 年林火 EC 的排放量为 689.59 t。同时,研究表明森林火灾导致的颗粒物排放对大气环境影响呈逐年增长趋势。徐媛倩(2020)结合中国统计年鉴的森林燃烧面积数据和 MODIS 捕捉的火点数据评估了中国 2003—2017 年森林火灾黑碳等污染物的排放量。研究表明,2003—2017 年中国森林火灾 BC 的排放量为 9.72 万 t,其中 2003 年排放量最大(2.79 万 t),2016 年排放量最小(0.07 万 t)。从 2003 到 2017 年,中国森林火大气污染物排放量整体下降,与近年来我国在加强森林火防范方面做的工作和努力息息相关。

6.3 受控林地燃烧排放

林地的受控燃烧结合机械疏伐是一种合理的减少森林地面负荷的方法,从而降低发生灾难性野火的风险。Radke 等(2001)指出,有计划或按照规定对林地进行燃烧是空气污染控制和气候变化研究的必不可少的环节,但这往往与管理者环境保护的需求存在冲突。即使成熟详细的控制策略和指导方针能够将燃烧对空气质量的影响降到最低,但各种污染物和其他温室气体的排放仍然不可避免。受控林地燃烧是为了实现明确定义的管理目标而故意进行的,其污染物的排放量理应低于自然发生的林地火灾。

根据美国环保局的国家排放清单(NEI),2008 年美国 $PM_{2.5}$ 排放的 12% 和 17% 分别来自于规定的森林燃烧和野火,使森林燃烧成为美国 $PM_{2.5}$ 排放的最大来源。然而,受控林地的排放因子数据有限且多变。Ferek 等(1998)在巴西 SCAR-B 观测烟雾时获得了巴西森林、Cerrado 生态区和牧场牧草燃烧排放的气体和颗粒的测量数据,其中受控林地明火燃烧和闷烧的黑碳排放因子分别为 1.1 $g \cdot kg^{-1}$ 和 0.9 $g \cdot kg^{-1}$。Andreae 等(1998)调查了非洲地区受控林地燃烧,测得亚热带林地受控燃烧黑碳的排放因子为 0.26~0.28 $g \cdot kg^{-1}$,而热带稀树草原燃烧的黑碳排放因子为 0.41~0.91 $g \cdot kg^{-1}$。Akagi 等(2011)基于碳平衡法提出了一份多物种的排放因子列表,其中温带森林燃烧黑碳的排放因子为 0.56±0.19 $g \cdot kg^{-1}$。Kondo 等(2011)在 NASA ARCTAS 受控林地燃烧观测期间,通过 DC-8 飞机飞行观测,于 2008 年夏天对北美(加拿大和加利福尼亚州)和 2008 年春天来自亚洲的气流进行了取样观测,得出北美和亚洲的黑碳与一氧化碳平均排放比(BC/CO)为 2.3±2.2 $ng \cdot m^{-3}$/ppbv 和 8.5±5.4 $ng \cdot m^{-3}$/ppbv,黑碳与二氧化碳的平均排放比为 180±269 $ng \cdot m^{-3}$/ppbv 和 129±67 $ng \cdot m^{-3}$/ppbv。Aurell 和 Gullett(2013)在美国东南部的一次地、空协同观测中测得黑碳的排放因子为 1.0~1.4 $g \cdot kg^{-1}$,地面植物主要以长叶松(Pinus palustris)、土耳其栎、沙活栎(Sand Live Oak,geminata)、火花松(Pinus taeda)、红湾(Persea borbonia)、墨莓(Ilex glabra)和红枫(Acer rubrum)组成,且此次现场观测和实验室测量的 BC、BrC 和 VOCs 平均排放因子没有明显的差异。Strand 等(2016)通过地面、飞机和系留气艇平台上部署的设备,同步测量了受控林地燃烧排放污染物及其光学特性来描述烟羽特性;其中黑碳的排放因子在地面和空中分别为 0.89 $g \cdot kg^{-1}$ 和 1.4 $g \cdot kg^{-1}$。Holder 等(2017)通过多种观测方法对受控林地燃烧排放的污染物进行了地、空同步测量,其中肯塔基蓝草和小麦的黑碳排放因子通过探空气球、地面、飞机和开放燃烧测试的结果分别为 0.76±0.33 $g \cdot kg^{-1}$、0.93±0.073 $g \cdot kg^{-1}$、未检出和 1.3±

0.28 g·kg^{-1};小麦的黑碳排放因子通过探空气球、地面、飞机和开放燃烧测试的结果分别为 0.6±0.1 g·kg^{-1}、0.5±0.1 g·kg^{-1}、未检出和 0.73±0.26 g·kg^{-1}。

通过测量污染物排放因子，可以预测其暴露情况以及可能对人类健康和环境造成的危害，并可用于排放清单的计算。然而，从野火和规定的森林燃烧中获取排放因子相对困难。为了人员和设备的安全，必须保持适当的距离；同时采样设备必须离源足够近，以获得可检测的排放水平，这也带来了代表性的问题。因为火灾中相对安全的阴燃阶段可能会不成比例地被取样，特别是通过近距离地面实验。这些挑战，加上测量野外森林燃烧排放的相对较高的成本，突出了开展实验室燃烧模拟排放测试的优势。然而，实验室燃烧可能存在代表性问题，因为与野外燃烧和其底层燃料床的差异相比，只有一部分生物质可以燃烧。国内此类的相关研究较少，目前尚未找到有关受控林地燃烧排放黑碳的记录。

参考文献

白夜,王博,武英达,等,2020.凉山州森林火灾形成的火环境研究[J].林业资源管理,5:8.
丛宏斌,姚宗路,赵立欣,等,2019.中国农作物秸秆资源分布及其产业体系与利用路径[J].农业工程学报,35(22):132-140.
曹国良,张小曳,王亚强,等,2007.中国区域农田秸秆露天焚烧排放量的估算[J].科学通报(15):1826-1831.
曹志宏,黄艳丽,郝晋珉,2018.中国作物秸秆资源利用潜力的多适宜性综合评价[J].环境科学研究,31(1):179-186.
崔蜜蜜,蒋琳莉,颜廷武,2016.基于资源密度的作物秸秆资源化利用潜力测算与市场评估[J],中国农业大学学报,21(6):117-131.
高春雨,王亚静,李宝玉,等,2010.我国秸秆资源短缺与过剩问题探讨[J].农机化研究,32(4):209-212.
贺仁飞,2013.中国生物质能的地区分布及开发利用评价[D].兰州:兰州大学.
胡海清,孙龙,国庆喜,等,2007.大兴安岭 1980—1999 年乔木燃烧释放碳量研究[J].林业科学,43(11):82-88.
胡海清,魏书精,金森,2012.森林火灾碳排放计量模型研究进展[J].应用生态学报,23(5):1423-1434.
陆炳,孔少飞,韩斌,等,2011.2007 年中国大陆地区生物质燃烧排放污染物清单[J].中国环境科学,31(2):186-194.
宁吉彬,2019.基于室内模拟的兴安落叶松林飞火引燃试验研究[D].哈尔滨:东北林业大学.
靳全锋,王文辉,马祥庆,等,2017.福建省 2000—2010 年林火排放污染物时空动态变化[J].中国环境科学,37(2):476-485.
单延龙,曾超,翟成刚,等,2010.延边地区森林火灾释放碳量的估算[J].浙江林业科技,30(5):1-4.
舒立福,田晓瑞,李红,1998.世界森林火灾状况综述[J].世界林业研究,6:41-47.
石祖梁,2018.中国秸秆资源化利用现状及对策建议[J].世界环境(5):16-18.
石祖梁,贾涛,王亚静,等,2017.我国农作物秸秆综合利用现状及焚烧碳排放估算[J].中国农业资源与区划,38(9):32-37.
孙龙,张瑶,国庆喜,等,2009.1987 年大兴安岭林火碳释放及火后 NPP 恢复[J].林业科学,45(12):100-104.
唐喜斌,黄成,楼晟荣,等,2014.长三角地区秸秆燃烧排放因子与颗粒物成分谱研究[J].环境科学,35(5):1623-1632.
唐伟,2012.北京西山林场生物防火隔离带规划与布局[D].北京:中国林业科学研究院.
田永丽,彭启洋,黎文懋,等,2021.2019 年澳大利亚森林火灾期间亚澳季风特征分析[J].灾害学,36(4):6.
王宏伟,2018.提高"21 世纪灾害"应急管理能力——对美国加州森林大火的思考[J].中国应急管理,11:4.

王亚静,毕于运,高春雨,2010.中国秸秆资源可收集利用量及其适宜性评价[J].中国农业科学,43(9): 1852-1859.

翁伟,杨继涛,赵青玲,等,2004.我国秸秆资源化技术现状及其发展方向[J].中国资源综合利用(7):18-21.

吴文景,常兴,邢佳,等,2017.京津冀地区主要排放源减排对 $PM_{2.5}$ 污染改善贡献评估[J].环境科学,38(3): 867-875.

向临川,王秋华,龙腾腾,等,2020.森林火灾燃烧产物研究概述[J].森林防火,9(3):28-33.

徐媛倩,2020.中国生物质开放燃烧排放演变特征及其动态表征研究[D].广州:华南理工大学.

杨国福,江洪,余树全,等,2009.浙江省1991—2006森林火灾直接碳释放量的估算[J].应用生态学报,20(5): 1038-1043.

殷阴,田晓瑞,康磊,等,2009,林火碳排放研究进展[J].世界林业研究,22(3):46-51.

张吉利,刘礴霏,邸雪颖,2013.平地无风条件下蒙古栎阔叶床层的火行为:火线强度、可燃物消耗和燃烧效率分析及预测模型[J].应用生态学报,24(12):3381-3390.

张景群,王得祥,1992.可燃物含水率与林火行为的关系[J].森林防火,3:9-11.

赵风君,舒立福,姚树人,2012.森林火灾碳排放估算方法与研究进展[J].森林防火,1:25-29.

AKAGI S K, YOKELSON R J, WIEDINMYER C, et al, 2011. Emission factors for open and domestic biomass burning for use in atmospheric models[J]. Atmos Chem Phys,11(9):4039-4072.

ANDREAE M O, ANDREAE T W, ANNEGARN H, et al, 1998. Airborne studies of aerosol emissions from savanna fires in southern Africa: 2. Aerosol chemical composition[J]. J Geophys Res: Atmos,103(D24): 32119-32128.

ANDREAE M O, and MERLET P, 2001. Emission of trace gases and aerosols from biomass burning[J]. Global Biogeochem CY,15(4):955-966.

AURELL J, GULLETT B K, 2013. Emission factors from aerial and ground measurements of field and laboratory forest burns in the southeastern U. S.: $PM_{2.5}$, black and brown carbon, VOC, and PCDD/PCDF[J]. Environ Sci Technol,47(15):8443-8452.

BALACHANDRAN S, BAUMANN K, PACHON J E, 2017. Evaluation of fire weather forecasts using $PM_{2.5}$ sensitivity analysis[J]. Atmos Environ,148:128-138.

Boy J, Rollenbeck R, Valarezo C, et al, 2008. Amazonian biomass burning-derived acid and nutrient deposition in the north Andean montane forest of Ecuador: Acid and nutrient deoosition in ecuador[J]. Global Biogeochem CY,22(4):GB4011.

Chen J, Li C, Ristovski Z, et al, 2017. A review of biomass burning: Emissions and impacts on air quality, health and climate in China. Sci Total Environ,579:1000-1034.

Chang Y, Zhang Y L., Li J, et al, 2019. Isotopic constraints on the atmospheric sources and formation of nitrogenous species in clouds influenced by biomass burning[J], Atmos Chem Phys,19(19):12221-12234.

FEREK R J, REID J S, HOBBS P V, et al, 1998. Emission factors of hydrocarbons, halocarbons, trace gases and particles from biomass burning in Brazil[J]. J Geophys Res: Atmos,103(D24):32107-32118.

GUAN Y, CHEN G, CHENG Z, et al, 2017. Air pollutant emissions from straw open burning: A case study in Tianjin[J]. Atmos Environ,171:155-164.

Han J, Tangdamrongsub N, Hwang C, et al, 2017. Intensified water storage loss by biomass burning in Kalimantan: Detection by GRACE: Kalimantan Water Storage Loss by GRACE[J], J Geophys Res-Sol Ea,122(3):2409-2430.

HOLDER A L, GULLETT B K, URBANSKI S P, et al, 2017. Emissions from prescribed burning of agricultural fields in the Pacific Northwest[J]. Atmos Environ,166:22-33.

HUANG X, LI M, LI J, et al, 2012. A high-resolution emission inventory of crop burning in fields in China based on MODIS Thermal Anomalies/Fire products[J]. Atmos Environ,50:9-15.

JOHNSTON F H,HENDERSON S B,CHEN Y,2012. Estimated global mortality attributable to smoke from landscape fires[J]. Environ Health Perspect,120(5):695-701.

JOHNSON M C,HALOFSKY J E,PETERSON D L,2013. Effects of salvage logging and pile-and-burn on fuel loading,potential fire behavior,fuel consumption and emissions[J]. Int J Wildland Fire,22(6):757-769.

KONDO Y,MATSUI H,MOTEKI N,et al,2011. Emissions of black carbon,organic,and inorganic aerosols from biomass burning in North America and Asia in 2008[J]. J Geophys Res,116(D8):D08204.

LAMBIN E F,GOYVAERTS K,PETI C T,2003. Remotely-sensed indicators of burning efficiency of savannah and forest fires[J]. Int J Remote Sens,24(15):3105-3118.

LI J,BO Y,XIE S,2016. Estimating emissions from crop residue open burning in China based on statistics and MODIS fire products[J]. J Environ Sci,44:158-170.

LI L,ZHAO Q,ZHANG J,et al,2019. Bottom-up emission inventories of multiple air pollutants from open straw burning:A case study of Jiangsu Province,Eastern China[J]. Atmos Pollu Res,10(2):501-507.

LI X,DUAN L,WANG S,et al,2007a. Emission characteristics of particulate matter from rural household biofuel combustion in China[J]. Energ Fuel,21(2):845-851.

LI X,WANG S,DUAN L,et al,2007b. Particulate and Trace Gas Emissions from Open Burning of Wheat Straw and Corn Stover in China[J]. Environ Sci Technol,41(17):6052-6058.

NI H,HAN Y,CAO J,et al,2015. Emission characteristics of carbonaceous particles and trace gases from open burning of crop residues in China[J]. Atmos Environ,123:399-406.

SONG Y,LIU B,MIAO W,et al,2009. Spatiotemporal variation in nonagricultural open fire emissions in China from 2000 to 2007:Open fire emissions in China[J]. Global Biogeochem CY,DOI:10.1029/2008GB003344.

QIN Y,XIE S D,2011. Historical estimation of carbonaceous aerosol emissions from biomass open burning in China for the period 1990-2005[J]. Environ Pollut,159(12):3316-3323.

QIU X,DUAN L,CHAI F,et al,2016. Deriving High-Resolution Emission Inventory of Open Biomass Burning in China based on Satellite Observations[J]. Environ Sci Technol,50(21):11779-11786.

RADKE L F,WARD D E,RIGGAN P J,2001. A prescription for controlling the air pollution resulting from the use of prescribed biomass fire:Clouds[J]. Int J Wildland Fire,10(2):103-111.

SHI Y,GONG S,ZANG S,et al,2021. High-resolution and multi-year estimation of emissions from open biomass burning in Northeast China during 2001-2017[J]. J Cleaner Prod,310:127496.

SHON Z H,2015. Long-term variations in $PM_{2.5}$ emission from open biomass burning in Northeast Asia derived from satellite-derived data for 2000-2013[J]. Atmos Environ,107:342-350.

SUN P,ZHANG Y,SUN L,et al,2018. Influence of fuel moisture content,packing ratio and wind velocity on the ignition probability of fuel beds composed of mongolian oak leaves via cigarette butts[J]. Forests,9:507.

VADREVU K P,GIGLIO L,JUSTICE C,2013. Satellite based analysis of fire-carbon monoxide relationships from forest and agricultural residue burning(2003-2011)[J]. Atmos Environ,64(1):79-91.

VIEGAS D X,2004. Slope and wind effects on fire propagation[J]. Int J Wildland Fire,13(2):143-156.

Wang Q,Wang L,Li X,et al,2020. Emission characteristics of size distribution,chemical composition and light absorption of particles from field-scale crop residue burning in Northeast China[J],Sci Total Environ,710:136304.

WAYNE E C,2018. Wildland fire smoke and human health[J]. Sci Total Environ,624:586-595.

WU J,KONG S,WU F,et al,2020. The moving of high emission for biomass burning in China:View from multi-year emission estimation and human-driven forces[J]. Environ Int,142:105812.

YANG G,DI X Y,Guo Q,et al,2011. The impact of climate change on forest fire danger rating in China's boreal forest[J]. J Forest Res,22(2):249-257.

YAN X,OHARA T,AKIMOTO H,2006. Bottom-up estimate of biomass burning in mainland China[J]. Atmos Environ,40(27):5262-5273.

YIN L,DU P,ZHANG M,et al,2019. Estimation of emissions from biomass burning in China(2003-2017) based on MODIS fire radiative energy data[J]. Biogeosciences,16(7):1629-1640.

ZHANG B,JIAO L,XU G,et al,2018. Influences of wind and precipitation on different-sized particulate matter concentrations($PM_{2.5}$,PM_{10},$PM_{2.5-10}$)[J]. Meteorol Atmos Phys,130(3):383-392.

ZHANG T R,WOOSTER M J,DE JONG M C,et al,2018. How well does the "small fire boost" methodology used within the GFED4.1s fire emissions database represent the timing, location and magnitude of agriculture burning? [J]. Remote Sens,10:823.

ZHANG X,LU Y,WANG Q,et al,2019. A high-resolution inventory of air pollutant emissions from crop residue burning in China[J]. Atmos Environ,213(15):207-214.

ZHOU Y,XING X,LANG J,et al,2017. A comprehensive biomass burning emission inventory with high spatial and temporal resolution in China[J]. Atmos Chem Phys,17(4):2839-2864.

第7章 特色生活源黑碳气溶胶排放特征

2013年,为整治大气污染,国家和地方政府出台了一系列措施控制主要大气污染源的排放。如燃煤、生物质、道路移动源、工业源等常见污染源具有污染强度大、排放影响时间长和空间尺度较大等特点,2013年后,其排放得到了较大力度的控制。至2017年,这一系列措施的实施,使得我国人口加权年平均$PM_{2.5}$浓度降低32%,同时有效降低了空气污染造成的过早死亡人数(Zhang et al.,2019a;Geng et al.,2021)。

我国还存在一些与传统生活习俗有关的污染源,如祭祀活动中常见的焚香和纸钱的燃烧,传统的木签和铁签烧烤,春节、婚庆等场景下烟花爆竹的燃放。这些污染源的排放时间和区域较为集中,在特定时段和特定区域对空气质量的影响不容忽视。特色生活源的活动与居民生活密切相关。祭祀焚香、祭祀烧纸钱和烟花爆竹的活动多与传统习俗或节假日有关。祭祀焚香和祭祀纸钱的大量使用可以严重影响室内空气质量及区域大气环境(Lin et al.,2008;Yang et al.,2005;Cui et al.,2018)。春节期间我国多地污染物浓度激增,烟花爆竹燃放是春节期间大气污染的主要来源(马莹 等,2016;石琳琳 等,2017;Yao et al.,2019)。餐饮油烟是室内空气污染的主要来源之一,烧烤是污染物产生速率最高的饮食烹饪方式之一(Xiang et al.,2017)。露天烧烤分布广泛,烟气低空排放,对食客造成的潜在健康风险不容忽视(邵华,2009)。

焚香及烧纸钱等祭祀活动产生的污染物可以危害小尺度大气环境。焚香是亚洲地区祭祖和拜佛等祭祀习俗的主要活动方式之一。寺庙是祭祀焚香产生污染最严重的区域。近年来,我国旅游业蓬勃发展,各地寺庙香火兴旺。清明节、中元节、春节等传统节日,祭祖文化导致大量香烛和纸钱的消耗,也带来了严重的空气污染。某些寺庙内的甲醛浓度超出国家限值的24倍(张金萍 等,2010)。台湾省(Fang et al.,2002;Lin et al.,2002)、香港特别行政区(Wang et al.,2007a)也进行了类似的观测实验,表明寺庙中的焚香是环境污染物的主要来源。此外,张金萍等(2017)还研究了焚香颗粒物排放特征,得出$PM_{2.5}$排放因子为6.9~34.60 g·kg^{-1},环保无烟香产生的$PM_{2.5}$排放低于传统的红线香。焚香产生的颗粒物中,$PM_{2.5}$占PM_{10}的比例可达87.4%(Fang et al.,2002),焚香产生的绝大多数颗粒物都可以深入肺部组织。Jetter 等(2002)对全球范围内多种焚香污染物排放特征进行了研究,其主要研究对象为$PM_{2.5}$与PM_{10};研究中采用了包括产自日本的祭祀焚香,得出的$PM_{2.5}$和PM_{10}排放因子分别为5.0~55.7 g·kg^{-1}和5.4~59.4 g·kg^{-1}。中国香港有关学者也进行了类似的研究。Lee 等(2004)利用燃烧室研究了包括我国香港、澳门等地的多种焚香产生的PM_{10}、$PM_{2.5}$、挥发性有机物、CO、NO_X和CH_4等多种污染物的排放因子,焚香产生的$PM_{2.5}$和PM_{10}排放因子分别为7.0~205.4 g·kg^{-1}和8.5~241.2 g·kg^{-1}。秸秆燃烧的$PM_{2.5}$排放因子仅为0.56~7.01 g·kg^{-1}(叶巡 等,2019),超低排放电厂的细颗粒物排放因子仅为4.1~5.4 mg·kg^{-1}(Chen et al.,2019)。可见,相较于其他常见源的$PM_{2.5}$排放,祭祀焚香$PM_{2.5}$排放因子更高。

祭祀纸钱燃烧排放特征的研究相较焚香更加缺乏。纸钱的燃烧过程不充分,这导致祭祀活动中纸钱燃烧成为一类高浓度的污染物排放源(Yang et al.,2005)。Hsueh 等(2012)测量了祭祀纸钱颗粒物排放速率:将纸钱燃烧速率控制在 30 g·min^{-1},利用分级撞击采样器采集颗粒物,发现粒径 1~10 μm 颗粒物排放速率最高,纸钱燃烧产生颗粒物的几何平均直径为 1~2 μm。此外,该研究还测量了颗粒物中金属元素的含量,Na、Al、Pb 和 Cu 的排放因子较高,分别为 163.6 μg·g^{-1}、317.5 μg·g^{-1}、49.9 μg·g^{-1} 和 219.1 μg·g^{-1}。Shen 等(2017)利用一个 2 m^3 的燃烧室模拟燃烧纸钱,研究表明燃烧纸钱产生的气态元素汞的浓度为 4.07~11.62 μg·m^{-3},是焚香的 14.0 倍。纸钱燃烧产生的 PAHs 也以 Nap(58.1%)、Phe(11.7%)和 Flu(7.5%)等低分子量多环芳烃为主(Yang et al.,2005)。祭祀纸钱燃烧产生的 PAHs 成分谱与先前研究中民用燃煤 PAHs 成分谱存在较大不同,民用燃煤排放 PAHs 以 BbFA(23.8%)、Chr(18.8%)和 BeP(10.6%)等为主(Cheng et al.,2019)。生物质燃料燃烧产生的 PAHs 以 Nap 等低环 PAHs 为主,占总量的 78%(Shen et al.,2011)。祭祀纸钱原材料主要为木材纸浆和植物纤维等生物质材料,可以说纸钱也是生物质燃料的一种特殊形式,使得祭祀纸钱燃烧产生的多环芳烃成分谱特征与生物质类似。焚香导致寺庙内颗粒物浓度显著上升,PM$_1$ 和 PM$_{10}$ 的浓度分别可达 125.11 μg·m^{-3} 和 211.36 μg·m^{-3}(Chiang et al.,2006)。燃烧纸钱也会影响空气质量。室内模拟实验表明,燃烧 50 g 纸钱产生的汞浓度可以达到 11620 ng·m^{-3}(Shen et al.,2017)。台北市区 PCDD/Fs(多氯代二苯并二噁英/呋喃)产生的吸入性肺癌风险贡献率最高的 3 个污染源分别为交通源、垃圾焚烧及纸钱燃烧,其中纸钱燃烧贡献率为 6.3%(Ho et al.,2016)。由此可见,大量燃烧祭祀香和祭祀纸钱对特定区域空气质量和室内空气质量产生很大影响,对特定人群的健康危害不容忽视。

餐饮油烟对人体产生严重的健康危害,致癌风险超出可接受水平 4 个数量级,非致癌风险高出安全水平的 5~20 倍(Gorjinezhad et al.,2017)。中式餐饮中,油基烹饪方式产生的污染物排放高于水基烹饪;烹饪用油的品种、烹饪过程中的油温都影响污染物的排放(Zhao et al.,2018)。烧烤是我国特色餐饮文化之一,烧烤工艺使食物具有不同于其他饮食烹饪方式的独特风味,深受大众喜爱,同时也导致极高的污染物排放。露天烧烤在我国分布广泛,污染物排放无规律可循。仓伟贺(2015)研究了烧烤肉类中苯并(a)芘(BaP)的含量,当肉类脂肪含量增大时,烧烤产生的 BaP 会显著提升。劳嘉泳(2018)指出,烟气中高分子质量多环芳烃(PAHs)的浓度会随着与烤炉距离的增大而显著减小,2 m 处 BaP 的浓度为 6.3 ng·m^{-3},10 m 处快速降低到 0.16 ng·m^{-3}。烧烤产生的颗粒态 PAHs 可沉降在肺部深处,在气管、支气管和肺泡的沉降比例分别为 60%~87%、3.7%~6.9% 和 8.6%~33%(Lao et al.,2018a)。当暴露时长为 1 h·d^{-1} 时,烧烤油烟对成人、青少年和儿童造成的癌症风险为 6.1×10^{-8}~1.2×10^{-5}、7.2×10^{-9}~1.5×10^{-6} 和 2.4×10^{-8}~3.2×10^{-6}(Wu et al.,2015)。Wang 等(2015)测得烧烤产生的 PM$_{2.5}$ 浓度高达 1841.9 μg·m^{-3},使得周边环境空气中 PM$_{2.5}$ 浓度超标数十倍。Song 等(2018)在济南测得某烧烤店内空气 PM$_{2.5}$ 浓度为 1083 μg·m^{-3},远高于当地日平均 PM$_{2.5}$ 浓度。蛋白质和脂肪经高温加热会产生多种有毒有害化合物,如氰化氢、异氰酸甲酯、异氰酸等,对人体健康危害很大(Leanderson,2019)。膳食暴露和呼吸暴露是烧烤产生的 PAHs 进入人体的重要途径。除此之外,有证据表明烧烤产生的 PAHs 可以通过皮肤进入人体。皮肤暴露对烧烤排放的低分子质量多环芳烃的平均暴露量为 560~2750 ng,呼吸暴露为 362~1790 ng,皮肤暴露的贡献率甚至超过呼吸暴露(劳嘉泳,2018)。烧烤排放的高分子质量多环芳烃易富集于空气动力学直径为 0.18～1.8 μm 的颗粒物上,负载的毒性强的大分子多环芳烃容易通过呼吸途径进入人体(Lao et al.,2018b)。王红丽等(2019)模拟了包括烧烤在内的 4 种烹饪方式产生的有机颗粒物排放特征;烧烤产生的有机颗粒物排放因子最高,为 0.0229 g·kg^{-1}。Wang 等(2015)利用稀释通道模拟了多种烹饪方式的污染物排放,包括家常菜、鲁菜、湘菜以及烧烤;4 种烹饪方式的 $PM_{2.5}$ 排放因子分别为 0.039 g·kg^{-1}、0.019 g·kg^{-1}、0.027 g·kg^{-1} 和 0.021 g·kg^{-1};OC 和 EC 的质量占比为 36.2%～42.9% 和 0.8%～18.4%。此外,烧烤过程也会产生大量挥发性有机物(刘芃岩 等,2019)。Xiang 等(2017)研究了烧烤、铁板烧、煎和炒等 4 类烹饪方式产生羟基化合物的排放量,4 种烹饪方式产生的羟基化合物排放因子分别为 1.596±0.389 μg·kg^{-1}、1.229±0.360 μg·kg^{-1}、1.530±0.418 μg·kg^{-1} 和 0.699±0.154 μg·kg^{-1},其中 C1—C3 羟基化合物的排放占到总量的 85%。

我国是烟花爆竹生产和消费大国,2016 年春节期间仅北京地区就销售了 16.9 万余箱烟花爆竹,烟花爆竹的出口额达到 7.3 亿美元,产量占全球的 90%(林俊 等,2015;王世成,2017)。烟花爆竹的燃放过程存在巨大的安全隐患。烟花爆竹的大量燃放导致短时内严重的大气污染,已有大量研究表明节假日内烟花爆竹的燃放是大气污染的主要来源(金军 等,2007;Sarkar et al.,2010;周变红 等,2013;林瑜 等,2019)。关于烟花爆竹对环境空气质量影响的研究充分表明,烟花爆竹的大量燃放会使得空气质量迅速恶化(Pervez et al.,2016;杨志文等,2017;Yao et al.,2019)。烟花爆竹释放的污染物可以扩散到 450 m 的高空,停留数小时才会消散(Han et al.,2014)。泉州市在 2017 年春节前后监测到一次 $PM_{2.5}$ 的浓度高值,小时浓度的最高值达到了全年均值的 21 倍,烟花爆竹的贡献率高达 58.2%(谢瑞加 等,2018)。某些 $PM_{2.5}$ 成分也会在燃放烟花爆竹后激增。Kg^+、Mg^{2+} 的浓度会激增至非燃放期的 3122% 和 572%(Wang et al.,2019),OC 和 EC 浓度也有数量级的增大(Liu et al.,2016)。大量燃放烟花爆竹会导致大气能见度降低,北京(Wang et al.,2007b;Zhang et al.,2017)、上海(Huang et al.,2012)等地烟花爆竹燃放期间均出现了能见度小于 10 km 的霾天气。Kong 等(2015)的研究指出,春节期间烟花爆竹的大量燃放可以解释 60.1% 的 $PM_{2.5}$ 来源。2015 年春节期间,北京市大气中 $PM_{2.5}$ 浓度最高值达 430 μg·m^{-3},而均值也达到了 115 μg·m^{-3}(Ji et al.,2018);武汉市 $PM_{2.5}$ 浓度在春节期间也观测到 526.5 μg·m^{-3} 的高值(Han et al.,2014)。除 $PM_{2.5}$ 外,烟花爆竹的燃放也可使其他的污染物浓度激增。烟花爆竹燃放产生的紫外光可以光解氧分子,进而导致臭氧污染(Caballero et al.,2015)。除了黑火药等主要成分外,某些金属盐也是烟花爆竹的组成成分,金属盐可充当燃烧过程中的氧化剂,还可作为焰色增强剂产生焰色反应(饶美香,2006)。这些金属成分会随着烟花爆竹的燃放释放到大气中,使得大气中金属元素浓度超标。南京市大气中 Sr 和 Ba 的浓度在除夕激增 79.4 倍和 99.1 倍(Kong et al.,2015)。

目前关于实测烟花爆竹排放特征的研究鲜见报道。国外学者在一个体积为 41.2 m^3 的燃烧室中测试了 7 种烟花的排放,并计算了金属元素和多环芳烃的排放因子(Croteau et al.,2010)。还有学者利用 24 m^3 的燃烧室测试了 8 种烟花产生的 PM_{10} 和重金属的排放特征(Camilleri et al,2016)。在保证良好的密闭性和足够的氧气供应的情况下,利用大型燃烧室进行烟花爆竹燃放污染物排放实测是一种较为安全的实验方法,也是上述两项研究中采用的实验方法。由于烟花爆竹的燃放速度极快,而采样时间较长,实际操作过程中,烟花爆竹产生的大量气溶胶极易老化,导致采集到的气溶胶中存在部分二次气溶胶。此外,若在实验过程中不能迅速采集烟气,部分较大粒径的颗粒物会迅速沉降,使得实验存在一定误差,这是采用大型燃烧室进行实验的弊端。

由此可见,相比于常见污染源,特色生活源是一类较为特殊的污染源,其活动时间相对集中。例如,春节、除夕等传统节日是烟花爆竹燃放的主要时段。其活动区域也相对集中,例如烧烤摊位、墓地、寺庙等,这些区域是烧烤、焚香或者纸钱燃烧等排放的集中区域。这些特性导致特色生活源的排放更加容易富集,在短时间内形成严重的区域大气污染。同时,由于排放量较低等局限性,特色生活源造成的污染也更容易被忽视,也更加难以管控。这些污染源成为"隐形"的"环境杀手"和"健康杀手",其对环境和健康的影响不容忽视。定量研究特色生活源碳质气溶胶排放是亟需解决的科学问题。目前关于特色生活源的研究主要集中在对环境大气的观测和影响上,而定量测量其污染物排放的相关研究非常有限。

本书作者基于长期的积累,在已有研究的基础上对采样系统进行改进(Cheng et al.,2019),基于自主研发的燃烧源排放测量装置,开展特色生活源排放实验,测量特色生活源 BC 排放因子。采样系统由燃烧室、稀释通道、停留仓及配套设备组成。实验中采用的燃烧室具备防爆功能(专利号:CN201711171369.9),可以保证燃烧室的气密性和安全性。小股烟气经过稀释后,经由停留仓老化 30 s,由 AE33 在线分析 BC 浓度,依此获得其排放特征。

7.1 排放因子的测试

本研究模拟祭祀焚香、祭祀纸钱燃烧、烧烤油烟和烟花爆竹等 4 类特色生活源碳质气溶胶排放过程。所有实验材料均购置于本地市场。具体如下:(1)祭祀焚香包括红线香、环保香和高香,共计 3 种。红线香是较为常见的祭祀用香,香体呈粉红色,价格便宜,长 30 cm,直径 0.8 cm。环保香价格较高,外表呈金黄色,长 25 cm,直径 0.5 cm。高香为寺庙常用香,香体为粉红色,长 1.2 m,直径 4 cm。(2)祭祀纸钱包括红印黄纸、大表纸及小纸钱,共计 3 种。红印黄纸单张面积较大,长 20 cm,宽 18 cm。大表纸单张纸张较大,约 25 cm×20 cm,由十数张纸折叠而成。小纸钱较小,长 12 cm,宽 8 cm,上有多个小孔。(3)烧烤油烟包括烧烤鸡肉、烧烤牛肉、烧烤羊肉及烧烤猪肉,共计 4 种,切成小块后,串入铁签烤制。(4)烟花爆竹包括鞭炮、喷花烟花、手持烟花、手持喷泉和旋转烟花,共计 5 种。根据《国家标准GB/T 35756—2017:烟花爆竹 规格与命名》将烟花爆竹分类。鞭炮属于爆竹类黑药炮,单颗鞭炮直径 10 mm,长 30 mm。喷花烟花属于喷花类地面喷花,烟花呈锥形,底座直径约 8 cm,高 30 cm。手持烟花属于玩具类线香型,直径约 15 mm,长 400 mm。手持喷泉属于玩具类线香型,直径 5 mm,长 400 mm。旋转烟花属于升空类旋转升空烟花,单个烟花由 3 颗大小不一的烟花捆绑而成,直径分别为 8 mm、15 mm、25 mm,长为 20 mm、50 mm、80 mm。所有肉类均购置于武汉本地市场。祭祀焚香和祭祀纸钱购置于武汉、黄冈等地区。烟花爆竹购置于武汉、鄂州、宜昌等地区。

本研究采用稀释通道采样方法采样。该设备可以用于模拟燃烧源排放的高温烟气在大气中稀释冷凝等过程。本研究采用的稀释通道采样系统(Dekati FPS-4000,Finland)已被用于多类燃烧源采样研究,包括生物质、民用燃煤等多种民用源(Cheng et al.,2019;Yan et al.,2020;Wu et al.,2021;Zhang et al.,2021b),该设备以固定速率采集烟气,稀释过程中以一定稀释比例通入经过滤的干洁空气,经过两级稀释,烟气在稀释仓内混合并冷却至环境温度后供各类采样器及仪器采样。该系统收集到的烟气可以认为是一次固态颗粒物和一次凝结颗粒物。

图 7.1 本研究采用的烟花爆竹和祭祀活动材料(1:鞭炮,2:喷花烟花,3:手持烟花,4:手持喷泉,5:旋转烟花,6:红线香,7:环保香,8:高香,9:红印黄纸,10:大表纸,11:小纸钱)

稀释后烟气中的 BC 浓度由 Aethalometer Model AE33(Magee scientific,USA)在线分析,时间分辨率设为 1 min,采样流量为 5 L·min^{-1}。仪器以光学法测量 BC 浓度。该方法的主要原理为:将采样气体通过滤纸带,颗粒物被滤纸带拦截,以光学滤光光度计测量其透射率和反射率,并根据衰减随时间的变化率计算出衰减系数及吸收系数,将吸收系数除以 BC 的质量吸收截面,最终得到 BC 的质量当量浓度。基于滤纸带采样的光学法也存在一定缺陷,当滤纸带上的采样点负载接近饱和时,滤纸带的光学特性将受到一定影响,仪器将低估 BC 的浓度。AE33 采用双点位(Dual-spot)采样方法,联立不同负载点位方程,计算负载补偿系数 k,通过 k 值补偿计算出零载时的 BC 浓度(Drinovec et al.,2015)。

BC 排放因子根据式(7.1)计算:

$$\text{EF}_{ij} = \frac{v \times m_{ij} \times n}{v_1 \times M_j} \quad (7.1)$$

式中,EF_{ij} 为第 j 种实验材料产生的第 i 类污染物的排放因子(mg·kg^{-1}),v 为烟道中的烟气流速(L·min^{-1}),v_1 为仪器的采样速率(L·min^{-1}),m_{ij} 为仪器分析得的第 j 种实验材料产生第 i 类污染物的质量(g),n 为稀释比,M_j 为实验材料在实验过程中的消耗量(kg)(严沁 等,2018)。

吸收性 Ångström 指数(Absorption Ångström exponents,AAEs)的详细计算方法参见文献(Drinovec et al.,2015),此处仅简要介绍。AAEs 根据公式(7.2)计算得到(Zotter et al.,2017;Zheng et al.,2019)。

$$\frac{b_{\text{abs}}(\lambda_1)}{b_{\text{abs}}(\lambda_2)} = \left(\frac{\lambda_1}{\lambda_2}\right)^{-\text{AAEs}} \quad (7.2)$$

式中,λ 为 AE33 测量的 7 个波段,分别为 370 nm、470 nm、520 nm、590 nm、660 nm、880 nm 和 950 nm;b_{abs} 为对应波段气溶胶的光吸收系数(Light absorption coefficients)。b_{abs} 为衡量气

溶胶吸光性的有效参数,其计算公式(Zhu et al.,2017)。

$$b_{abs}(\lambda) = BC(\lambda) \times MAC(\lambda) \tag{7.3}$$

MAC 为质量吸收截面(Mass absorption cross-section),对于 AE33,其 7 波段的 MAC 取常数。在波长为 370 nm、470 nm、520 nm、590 nm、660 nm、880 nm 和 950 nm 下,MAC 分别取值 18.47 m²·g⁻¹、14.54 m²·g⁻¹、13.14 m²·g⁻¹、11.58 m²·g⁻¹、10.35 m²·g⁻¹、7.77 m²·g⁻¹ 和 7.19 m²·g⁻¹。

此外,根据 Tian 等(2019)的研究,将 AAEs 取值为 1 时,可计算特色源棕碳的吸收性排放因子(Absorption emission factors of BrC, AEF_{BrC}),其计算公式如下:

$$AEF_{BrC} = \frac{\sum_{t_0}^{t_{sample}} b_{abs}(\lambda, BrC) \times n \times v}{M} \tag{7.4}$$

$$b_{abs}(\lambda) = b_{abs}(\lambda, BC) + b_{abs}(\lambda, BrC) \tag{7.5}$$

$$b_{abs}(\lambda, BC) = b_{abs}(880) \times \left(\frac{\lambda}{880}\right)^{-AAE_{BC}} \tag{7.6}$$

7.2 烟花爆竹燃放排放

本书作者实测了 5 类烟花爆竹的排放因子,分别为鞭炮、喷花烟花、手持烟花、手持喷泉和旋转烟花(图 7.1),烟花爆竹的 BC 排放因子如图 7.2 所示。5 种烟花爆竹的 BC 排放因子分别为 3.56±0.32 mg·kg⁻¹、2.89±0.88 mg·kg⁻¹、23.0±8.63 mg·kg⁻¹、7.49±0.20 mg·kg⁻¹ 和 37.3±22.8 mg·kg⁻¹。烟花爆竹的平均 BC 排放因子约为 14.8 mg·kg⁻¹。黑火药是烟花爆竹的主要成分,黑火药主要成分为"一硝二磺三木炭"。有研究认为,改进黑火药中的某些成分可以提高燃烧效率,并减少烟雾的产生(任慧 等,2007)。此外,某些生产厂家会向鞭炮中添加一定含量的蔗糖,以此达到增加响度的目的(邹强 等,2014),这也可能是 BC 产生的原因之一。

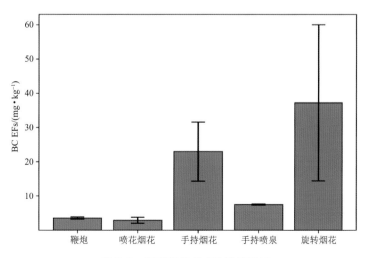

图 7.2 烟花爆竹的 BC 排放因子

BC 颗粒对不同波段光的吸收效应存在细微差异,吸收性 Ångström 指数(AAE)是表征这一特性的有效参数(Zotter et al.,2017)。根据 AE33 的 7 波段黑碳光吸收系数,计算了烟花爆竹的 AAEs,如图 7.3 所示。烟花爆竹产生的 AAEs 为 2~3,最小为手持烟花的 1.66±0.08,最大为喷花烟花的 2.34±0.22。鞭炮、手持喷泉和旋转烟花的 AAEs 分别为 1.78±0.51、2.46±0.95 和 2.27±0.12。已有的关于 AAEs 的研究多集中在生物质燃烧源和机动车排放源上。大部分研究是对大气环境的观测研究,少数排放特征研究计算了生物质和机动车排放气溶胶的 AAEs。相较于大气环境,烟花爆竹产生烟气的 AAEs 更高。

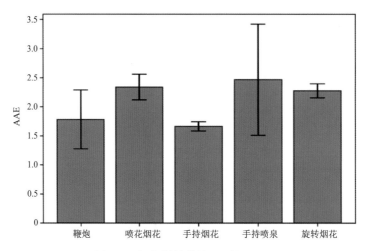

图 7.3　烟花爆竹排放 BC 的 AAEs

7.3　餐饮油烟排放

图 7.4 给出了本书作者实验中得到的餐饮油烟的 BC 排放因子。由于 4 次炒菜实验中 BC 排放因子较低,图中炒菜的排放因子已被放大 10 倍。本次实验涉及 4 种烧烤和 4 类炒菜的排放,烧烤油烟的 BC 排放因子为 1.66~191 mg·kg^{-1},其中烧烤猪肉的排放因子高达

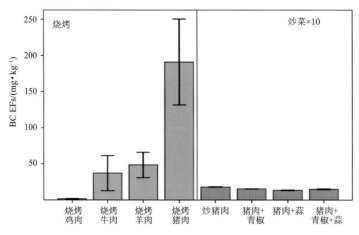

图 7.4　餐饮油烟的 BC 排放因子

191 mg·kg^{-1},是本次特色生活源实验得到的最高排放因子。餐饮油烟的排放因子为1.34～1.79 mg·kg^{-1},可见餐饮油烟的BC排放量相对较低。

如图7.5所示,餐饮活动的AAEs相较于烟花爆竹低。例如,烧烤油烟实验中得到的AAEs为1.30～1.52,餐饮油烟实验中得到的AAEs为1.30～1.47。烧烤鸡肉、烧烤羊肉、烧烤牛肉和烧烤猪肉的AAEs分别为1.37±0.01、1.40±0.12、1.37±0.01和1.30±0.05。而炒菜实验中得到的AAEs分别为1.47±0.01、1.43±0.06、1.31±0.06和1.35±0.05。餐饮活动的AAEs与大气环境中AAEs相近。

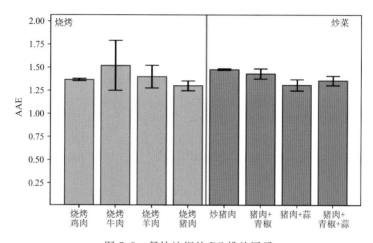

图7.5 餐饮油烟的BC排放因子

7.4 祭祀活动排放

本书作者测量了3种祭祀焚香和3种祭祀纸钱燃烧排放BC的排放因子,如图7.6和图7.7所示。祭祀焚香中的高香排放最低,排放因子仅为1.067 mg·kg^{-1}。红线香和环保香的排放因子分别为3.085 mg·kg^{-1}和1.243 mg·kg^{-1},分别是高香的2.9倍和1.2倍。3种祭祀纸钱的BC排放因子均值为3.793±2.233 mg·kg^{-1},是祭祀焚香的2.1倍。红印黄纸的BC排放因子最高,为6.275±1.593 mg·kg^{-1};大表纸和小纸钱的BC排放因子分别为3.454±1.177 mg·kg^{-1}和1.649±0.411 mg·kg^{-1}。张金萍等(2017)的研究也有类似的结论,7类祭祀用香中劣质的粗线香PM$_{2.5}$排放因子是环保香的1.6倍,焚香燃烧速度最快,燃烧过程不充分。高香较低的排放因子可能是由于其体积较大,香料疏松,燃烧过程相对充分。环保香的芳香味浓厚,Lee等(2004)研究了不同地区的10种焚香,指出芳香类型的香VOCs排放高于其他类型的焚香,而PM$_{2.5}$和PM$_{10}$的排放因子则要低于其他焚香,其颗粒物排放特征与本研究相似。Liu等(2016)研究也发现,环境亲和的焚香产生的PM$_{2.5}$排放因子低于其他类型的香。因此,加强市场中劣质香的管理、禁止劣质香的使用,可以有效减小焚香对人体健康的危害。实际生活中,居民通常不会将纸钱逐张打开燃烧,而是将几摞纸钱简单地堆积燃烧,这种燃烧方式可能是导致大表纸高OC和EC排放因子的原因。Zhang等(2019b)指出,纸钱燃烧产生颗粒物中碳质组分的质量占比为34.7%～57.7%。此外,燃烧纸钱产生的颗粒物中56.9%～99.9%为PM$_{2.5}$(Hsueh et al.,2012)。在大型寺庙中,大量纸钱集中燃烧产生的颗粒物可以通过与工业除尘类似的方法去除,布袋除尘器和湿式除尘器对寺庙的纸钱燃烧炉的除尘效率分别达到了99%和70%(Lo et al.,2011)。

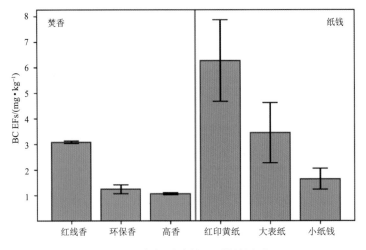

图7.6 祭祀活动的BC排放因子

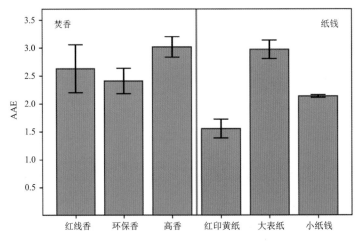

图7.7 祭祀活动排放BC的AAEs

祭祀活动的AAEs相较于餐饮油烟和烟花爆竹都较高。餐饮油烟的AAEs均值为1.39,烟花爆竹为2.10,而祭祀活动为2.45。焚香的AAEs均值为2.69,红线香、环保香和高香的AAEs分别为2.64±0.43、2.41±0.23和3.01±0.18。纸钱燃烧的AAEs均值为2.22,红印黄纸、大表纸和小纸钱的AAEs分别为1.56±0.17、2.14±0.02和2.97±0.16。

生物质的AAEs为0.9~3.5,机动车为0.8~1.1(Schnaiter et al.,2003,2005;Kirchstetter et al.,2004;Lewis et al.,2008;Saleh et al.,2013)。大气环境观测研究得出的AAEs也在1左右。Zhu等(2017)对青藏高原大气气溶胶的观测结果显示其370~950 nm波段的AAEs为0.8~1.7。Zheng等(2019)对华中地区多点位大气进行了同步观测,其测得的AAEs多在1.0~1.8。对比已有的研究,特色生活源的AAEs多高于2,其吸光性气溶胶排放特征与常见污染源存在较大差异。

第7章 特色生活源黑碳气溶胶排放特征

关于特色源排放因子的研究对象多为 $PM_{2.5}$、VOCs、PAHs。目前，文献库中鲜见关于特色源 BC 排放因子的研究。相较于文献中各类污染物排放因子（表7.1），本研究得到的特色源 BC 排放因子较低。实验和检测方法可能是导致差异的主要原因。例如，Jilla 等（2017）和 Lee 等（2004）对祭祀活动的颗粒物采样方法为燃烧室采样，而 Shen 等（2017）和 Yang 等（2005）则是在寺庙的现场采样，其采样方式均与本研究不同。此外，烟花爆竹的主要成分除黑火药、木屑、纸张外，还有多种金属盐成分，金属盐的氧化反应不可能产生含碳的黑碳颗粒，但却会产生大量 $PM_{2.5}$ 成分，也使其黑碳排放因子显著低于 $PM_{2.5}$ 排放因子。对于餐饮油烟，不同研究衡量排放因子的方式也存在差异。例如，Wang 等（2018a）研究中得出的排放因子为某家餐馆每小时产生的污染物排放量，其计算方式与本研究基于消耗质量的排放因子存在差异，因此可比性也较低。未来仍需加强对特色源排放因子的研究，尤其是规范其测试方法。

表 7.1 文献中特色源污染物排放因子

污染源	污染物	排放因子	参考文献
烟花爆竹	TSP	$67\sim140$ g·kg^{-1}	Croteau et al., 2010
	K	$23\sim45$ g·kg^{-1}	
	Mg	$1.3\sim6.8$ g·kg^{-1}	
烟花爆竹	PM_{10}	$54\sim429$ g·kg^{-1}	Camilleri et al., 2016
	$PM_{2.5}$	$200\sim325$ g·kg^{-1}	Keller et al., 2021
	PM_{10}	$134\sim281$ g·kg^{-1}	
	BC	$2.89\sim37.3$ mg·kg^{-1}	本书
餐饮油烟	$PM_{2.5}$	$2.06\sim15.5$ mg·min^{-1}	Zhao et al., 2018
	VOCs	$12\sim41$ mg·kg^{-1}	Cheng et al., 2016
	VOCs	$11.15\sim189.8$ g·h^{-1}	Wang et al., 2018a
	PM	$16.8\sim22.3$ mg·min^{-1}	Wang et al., 2018b
	PAHs	$79.9\sim270.6$ ng·min^{-1}	Zhao et al., 2019
	$PM_{2.5}$	$19\sim39$ mg·kg^{-1}	Wang et al., 2015
	$PM_{2.5}$	$0.1\sim9.2$ g·kg^{-1}	Lin et al., 2019
	PM_1	$8.5\sim270$ mg·min^{-1}	Amouei et al., 2018
	BC	$1.34\sim191$ mg·kg^{-1}	本书
祭祀活动	$PM_{2.5}$	$2.5\sim3$ g·kg^{-1}	Jilla et al., 2017
	$PM_{2.5}$	$7.7\sim205.4$ g·kg^{-1}	Lee et al., 2004
	$PM_{2.5}$	$11.09\sim23.38$ g·kg^{-1}	Kuo et al., 2016
	$PM_{2.5}$	$5.0\sim55.7$ g·kg^{-1}	Jetter et al., 2002
	EC	$0.26\sim29.5$ g·kg^{-1}	See et al., 2011
	汞	$4.67\sim13.82$ ng·g^{-1}	Shen et al., 2017
	PAHs	$8.81\sim9.14$ mg·kg^{-1}	Yang et al., 2013
	$PM_{2.5}$	4.23 ± 0.71 g·kg^{-1}	Zhang et al., 2019
	BC	$1.07\sim6.27$ mg·kg^{-1}	本书

7.5 特色源棕碳吸收性排放因子

如图7.8所示,在370 nm波段,所有特色生活源的AEF_{BrC}均高于其他波段,是BrC吸光性最强的波段,本研究重点关注370 nm下的AEF_{BrC}。370 nm波段,红线香、环保香和高香的AEF_{BrC}分别为0.27 ± 0.06 $m^2 \cdot kg^{-1}$、0.07 ± 0.01 $m^2 \cdot kg^{-1}$和0.12 ± 0.01 $m^2 \cdot kg^{-1}$。与OC、EC和BC的排放特征相似,红线香的AEF_{BrC}大于环保香和高香,产生的气溶胶中BrC的吸光性为祭祀焚香中最高。3种祭祀纸钱中,大表纸产生的AEF_{BrC}值最大,红印黄纸、大表纸和小纸钱在370 nm波段的AEF_{BrC}分别为0.08 ± 0.04 $m^2 \cdot kg^{-1}$、0.45 ± 0.10 $m^2 \cdot kg^{-1}$和0.04 ± 0.001 $m^2 \cdot kg^{-1}$。

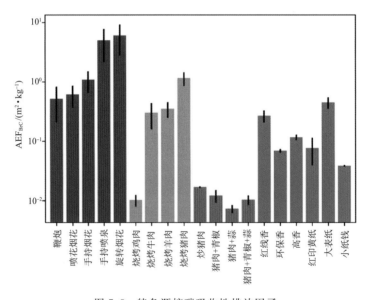

图7.8 特色源棕碳吸收性排放因子

烧烤油烟实验中,鸡肉的AEF_{BrC}最低,在370 nm下,鸡肉的AEF_{BrC}仅为0.01 ± 0.002 $m^2 \cdot kg^{-1}$;烧烤猪肉的AEF_{BrC}为烧烤油烟实验中最高,其AEF_{BrC}在370 nm波段为1.15 ± 0.30 $m^2 \cdot kg^{-1}$;烧烤牛肉和烧烤羊肉的AEF_{BrC}分别为0.30 ± 0.14 $m^2 \cdot kg^{-1}$和0.35 ± 0.10 $m^2 \cdot kg^{-1}$;炒菜实验中得到的AEF_{BrC}分别为0.017 ± 0.001 $m^2 \cdot kg^{-1}$、0.012 ± 0.001 $m^2 \cdot kg^{-1}$、0.007 ± 0.003 $m^2 \cdot kg^{-1}$和0.010 ± 0.002 $m^2 \cdot kg^{-1}$。

烟花爆竹的平均AEF_{BrC}为2.65 $m^2 \cdot kg^{-1}$,是4类特色生活源中最高的。鞭炮、喷花烟花、手持烟花、手持喷泉和旋转烟花的AEF_{BrC}分别为0.52 ± 0.31 $m^2 \cdot kg^{-1}$、0.62 ± 0.25 $m^2 \cdot kg^{-1}$、1.09 ± 0.47 $m^2 \cdot kg^{-1}$、4.99 ± 2.84 $m^2 \cdot kg^{-1}$和6.05 ± 3.26 $m^2 \cdot kg^{-1}$。

Tian等(2019)的研究中,370 nm波段生物质的AEF_{BrC}普遍高于15 $m^2 \cdot kg^{-1}$,而民用燃煤的AEF_{BrC}也在$1.5\sim21$ $m^2 \cdot kg^{-1}$之间。Martinsso等(2015)根据实测实验计算了简易炉具中桦木燃烧排放烟气中的AEF_{BrC},370 nm下AEF_{BrC}为$5\sim30$ $m^2 \cdot kg^{-1}$。特色生活源的AEF_{BrC}仅为$0.007\sim6.05$ $m^2 \cdot kg^{-1}$,对比民用燃料产生的AEF_{BrC},特色生活源的BrC吸收截面排放较低。

7.6 牛羊粪燃烧排放

秸秆、木材和牲畜粪便等生物质是农村地区做饭和取暖最重要的燃料之一,现有研究对秸秆类和木质类燃料燃烧排放污染物关注较多,但对青藏高原、南亚等地区广泛使用的牛羊粪燃烧排放特征却鲜见报道。2017年中国西藏、青海、新疆、内蒙古及甘肃等畜牧业发达地区,牛粪作为燃料直接燃烧量为764万t,占西部生物质燃烧总量的29.7%(张颖 等,2020)。青藏高原牧区由于居民特有的生活方式和燃料来源单一等特点,区域内的主要燃料为干燥的牛粪。牛粪被收集并制成粪饼,风干后堆积存放,使用时多在铸铁炉灶内燃烧,其释放的黑碳类颗粒物是广大牧区除了机动车外重要的黑碳气溶胶排放源。

牛粪中常见元素 N、P、S、Cl、K 和 Ca 的含量高于其他常见固体生物质燃料,而对人体健康有害的微量元素(Cr、Mn、Ni 等)成分含量低(高翔,2008)。相较于秸秆、木材等常见生物质燃料,牛粪热值较低,燃烧时放热量少,燃烧温度低。牛粪燃料中挥发分含量较秸秆类生物质和木材低 20.6%~36.8%(张颖,2021),挥发分燃烧阶段时间短。此外,牛粪灰分含量高出秸秆类生物质 5.4%~12.4%,难以完全燃烧,灰分对热量的储存也降低了其热能利用效率(张颖,2021)。牛粪燃烧一般经历预热干燥、挥发分析出、挥发分燃烧、固定碳燃烧和燃尽等 5 个阶段(高翔,2008)。

牛粪燃烧污染物排放特征,如颗粒物、CO、BC、PAHs 和 VOCs 已被广泛关注(Kang et al.,2009;Deka et al.,2015;Fleming et al.,2018;Stone et al.,2018;张颖 等,2020;Arora et al.,2020;Arif et al.,2021;Panicker et al.,2021)。有研究指出牛粪燃烧产生的颗粒物、苯、CO 和 BC 高于其他燃料燃烧的相应排放(Kandpal et al.,1995;Sinha et al.,2006;Arif et al.,2021)。牛粪燃烧颗粒物的 PAHs 特征值与玉米秸秆最为接近,同时显著区别于其他各类木材、化石燃料和其他农作物秸秆(高翔,2008)。牛粪燃烧 VOCs 排放因子低于秸秆类生物质和木材燃烧的相应排放因子 0.1~15.2 mg·g^{-1},这可能与牛粪的孔隙结构、内部挥发分分布不均有关(张颖,2021)。牛粪燃烧造成的室内污染及其引发的人体肺部和呼吸道疾病已有报道,其燃烧排放的 PAHs 特征谱不同于其他生物质燃料,具有较强的致癌风险;另外,会导致室内空气中重金属如镉、砷、铅的浓度高出室外 104~106 倍,BC 浓度达 24.3 μg·m^{-3},高出室外 270 倍(顾庆平,2009;Xiao et al.,2015;Arif et al.,2021)。

综合已有研究成果,牛粪燃烧排放污染物具有以下特征:①牛粪的灰分含量高,从而导致牛粪燃烧的热值低于一般秸秆类生物质燃料;②牛粪的总热值是常见秸秆类和木质类燃料的 50%左右,原因在于燃烧时其表面上的可燃物质燃尽后形成的灰分外壳隔绝了空气与内层可燃物的接触,使得牛粪难以燃烧完全,降低了热传递效率;③牛粪燃烧时需要相对更多的氧气供应,易发生燃烧不充分现象,从而排放更多的黑碳气溶胶;④燃烧牛粪会产生室内污染,牧区使用火塘的帐篷内 PM$_{2.5}$ 和 PM$_{10}$ 严重超标,其中 PM$_{10}$ 浓度是国家标准的 20.1 倍;BC 浓度高达 59.9 μg·m^{-3},高出秸秆和木材燃烧排放 BC 浓度(18.4~31.7 μg·m^{-3})。

本书作者测量了青海牛粪和西藏牛粪燃烧 BC 的排放因子,并与已有的研究结果进行了对比(表 7.2)。目前,文献库中关于牛粪燃烧 BC 排放因子的报道较少。BC 和 EC 是根据光学和热学性质来测量与表征的,文献中二者经常互换使用,因此本书统称为 BC 排放因子。与报道值相比,本书中牛粪燃烧 BC 排放因子相对较高(13.7±10.9 g·kg^{-1}),但与 Chen 等

(2015)(23.4~43.4 g·kg^{-1})和 Deka 和 Hoque(2015)(28.7±2.5 g·kg^{-1})较为接近,这可能与氧气供应不足、燃烧不充分有关(Sun et al.,2021)。Sun 等(2021)和 Chen 等(2015)报道的牛粪燃烧 BC 排放因子均在青藏高原测得,其采样方法和环境条件几乎相同,但数值存在数量级的差异,这可能与当地使用的炉具有关。对比中国和印度报道的 BC 排放因子,其一致性较差,这可能与实验条件和检测方法等有关。鉴于青藏高原特殊的地理位置、生态环境,未来仍需加强对牛粪燃烧排放 BC 的研究,尤其是探讨控制 BC 排放的因素。

表 7.2 文献中牛羊粪燃烧污染物排放因子

生物质燃料	产地	OC 排放因子/(g·kg^{-1})	BC/EC 排放因子/(g·kg^{-1})	参考文献
牛粪	中国	—	13.7±10.9^a	本书
牛粪	中国	0.6—3.3	0.1—0.2	Sun et al.,2021
羊粪	中国	1.6—4.3	0.3	Sun et al.,2021
牛粪	中国	453.9—613.5	23.4—43.4	Chen et al.,2015
牛粪	印度	3.54±0.75	0.21±0.11	Mandal et al.,2022
牛粪	印度	4.2—15.01	0.4—2.0	Pandey et al.,2017
牛粪	印度	3.20±0.34	0.26±0.02	Saxena et al.,2016
牛粪	印度	1.23±0.44	0.18±0.05	Sen et al.,2014
牛粪	印度	3.87±1.09	0.49±0.25	Saud et al.,2012
牛粪	南亚	—	0.12	Habib et al.,2008
牛粪	印度	12.6±4.5	4.4±2.2^a	Parashar et al.,2005
牛粪	南亚	0.25	0.12—0.17^a	Venkataraman et al.,2005
牛粪	印度	1.8	0.53^a	Bond et al.,2004
牛粪	印度	7.07±3.32	2.33±1.36	Pervez et al.,2019
牛粪	印度	3.93±0.40	0.53±0.13	Saud et al.,2013
牛粪	印度	171.8±35	28.7±2.5	Deka et al.,2015
牛粪	尼泊尔	63±6	2.77±1.22	Jayarathne et al.,2018

注:a 表示 BC,其余为 EC。—表示无数据。

牛粪燃烧排放污染物具有独特性,对其研究为科学界进一步分析室内污染对人体健康的影响提供了独特的材料,也为制定相应的控制对策提供了依据,同时为全球生物质能利用的研究补充了数据。

参考文献

高翔,2008.西藏农牧区民居室内空气污染及其对策研究[D].上海:复旦大学.
顾庆平,2009.西藏室内多环芳烃污染特征及其致癌风险[D].上海:复旦大学.
劳嘉泳,2018.烧烤烟气中多环芳烃及其在不同途径下人体内外暴露特征[D].广州:暨南大学.
金军,王英,李令军,等,2007.北京春节期间大气颗粒物污染及影响[J].环境污染与防治(3):229-232.
刘芃岩,马傲娟,邱鹏,等,2019.保定市餐饮源排放 $PM_{2.5}$ 中有机污染物特征及来源分析[J].环境化学,38(4):770-776.
林俊,王胜芝,2015.我国烟花爆竹产业现状分析及推进产业转型的五点建议[J].花炮科技与市场(3):27-28.
林瑜,叶芝祥,杨怀金,等,2019.2015 年春节成都市郊大气 PM_1 污染特征分析[J].环境化学,38(4):721-728.

马莹,吴兑,刘建,2016.珠三角春节期间 $PM_{2.5}$ 及水溶性离子成分的变化——以2012年为例[J].中国环境科学,36(10):2890-2895.

饶美香,2006.烟火药剂的焰色效应[J].火工品(5):54-56.

任慧,崔庆忠,焦清介,2007.黑火药的热分解过程与反应动力学参数研究[J].含能材料,15(1):29-32.

邵华,2009.烧烤餐厅污染物控制研究[D].天津:天津大学.

石琳琳,李令军,李倩,等,2017.2016年北京市春节大气颗粒物污染特征激光雷达监测分析[J].环境科学,38(10):4092-4099.

王世成,2017.中国轻工业年鉴[M].北京:中国轻工业年鉴社.

王红丽,景盛翱,乔利平,2019.餐饮排放有机颗粒物的质量浓度、化学组成及排放因子特征[J].环境科学,40(5):2010-2018.

谢瑞加,侯红霞,陈永山,2018.烟花爆竹集中燃放的大气细颗粒($PM_{2.5}$)成分图谱[J].环境科学,39(4):1484-1492.

严沁,孔少飞,刘海彪,等,2018.民用燃煤排放分级颗粒物中重金属排放因子[J].环境科学,39(4):1502-1511.

杨志文,吴琳,元洁,等,2017.2015年春节期间天津烟花爆竹燃放对空气质量的影响[J].中国环境科学,37(1):69-75.

叶巡,程晋俊,陈莎,等,2019.秸秆燃烧 $PM_{2.5}$ 及其碳组分排放特征研究[J].农业环境科学学报,38(5):1165-1175.

张金萍,张寅平,赵彬,2010.北京寺庙燃香空气污染研究[J].建筑科学,26(4):28-47.

张金萍,于水静,陈文军,2017.室内燃香颗粒物的排放特征[J].建筑科学,33(2):1-7.

张颖,孔少飞,郑煌,等,2020.牛粪燃烧实时排放挥发性有机物特征研究[J].中国环境科学,40(5):1932-1939.

张颖,2021.典型民用燃料燃烧挥发性有机物实时排放及影响因素研究[D].武汉:中国地质大学.

周变红,张承中,王格慧,2013.春节期间西安城区碳气溶胶污染特征研究[J].环境科学,34(2):448-454.

邹强,姚玉刚,2014.春节烟花爆竹燃放期间苏州市区 $PM_{2.5}$ 组分特征分析[J].中国环境监测,30(4):100-106.

AMOUEI T M,OSPANOVA S,BAIBATYROVA A,et al,2018. Contributions of burner, pan, meat and salt to PM emission during grilling[J]. Environ Res,164:11-17.

ARIF M,PARVEEN S,2021. Carcinogenic effects of indoor black carbon and particulate matters ($PM_{2.5}$ and PM_{10}) in rural households of India[J]. Environ Sci Pollut Res,28:2082-2096.

ARORA P,SHARMA D,KUMAR P,et al,2020. Assessment of clean cooking technologies under different fuel use conditions in rural areas of Northern India[J]. Chemosphere,257:127315.

BOND T C,STREETS D G,YARBER K F,et al,2004. A technology-based global inventory of black and organic carbon emissions from combustion[J]. J Geophys Res,109,D14203.

CABALLERO S,GALINDO N,CASTANER R,et al,2015. Real-time measurements of ozone and UV radiation during pyrotechnic displays[J]. Aerosol and Air Qual Res,15(5):2150-2157.

CAMILLERI R,& VELLA A J,2016. Emission factors for aerial pyrotechnics and use in assessing environmental impact of firework displays: Case study from Malta[J]. Propellants Explos Pyrotech,41(2):273-280.

CHEN X,LIU Q,YUAN C,et al,2019. Emission characteristics of fine particulate matter from ultra-low emission power plants[J]. Environ Pollut,DOI:10.1016/j.envpol.2019.113157.

CHEN P F,KANG S C,BAI J K,et al,2015. Yak dung combustion aerosols in the Tibetan Plateau: Chemical characteristics and influence on the local atmospheric environment[J]. Atmos Res,156:58-66.

CHENG S,WANG G,LANG J,et al,2016. Characterization of volatile organic compounds from different cooking emissions[J]. Atmos Environ,145:299-307.

CHENG Y, KONG S, YAN Q, et al, 2019. Size-segregated emission factors and health risks of PAHs from residential coal flaming/smoldering combustion[J]. Environ Sci Pollut Res, 26: 31793-31803.

CHIANG K C, & LIAO C M, 2016. Heavy incense burning in temples promotes exposure risk from airborne PMs and carcinogenic PAHs[J]. Sci Total Environ, 372(1): 64-75.

CROTEAU G, DILLS R, BEAUDREAU M, et al, 2010. Emission factors and exposures from ground-level pyrotechnics[J]. Atmos Environ, 44(27): 3295-3303.

CUI L, DUO B, ZHANG F, et al, 2018. Physiochemical characteristics of aerosol particles collected from the Jokhang Temple indoors and the implication to human exposure[J]. Environ Pollut, 236: 992-1003.

DEKA P, HOQUE R R, 2015. Chemical characterization of biomass fuel smoke particles of rural kitchens of South Asia[J]. Atmos Environ, 108: 125-132.

DRINOVEC L, MOCNIK G, ZOTTER P, et al, 2015. The "dual-spot" Aethalometer: An improved measurement of aerosol black carbon with real-time loading compensation[J]. Atmos Measure Techn, 8(5): 1965-1979.

FANG G C, CHANG C N, WU Y S, et al, 2002. Suspended particulate variations and mass size distributions of incense burning at Tzu Yun Yen temple in Taiwan, Taichung[J]. Sci Total Environ, 299(1-3): 79-87.

FLEMING L T, PENG L, LASKIN A, et al, 2018. Molecular composition of particulate matter emissions from dung and brushwood burning household cookstoves in Haryana, India[J]. Atmos Chem Phys, 18: 2461-2480.

GENG G, ZHENG Y, ZHANG Q, et al, 2021. Drivers of $PM_{2.5}$ air pollution deaths in China 2002-2017[J]. Nat Geosci, 14(9): 645-650.

GORJINEZHAD S, KERIMRAY A, AMOUEI M, et al, 2017. Quantifying trace elements in the emitted particulate matter during cooking and health risk assessment[J]. Environ Sci Pollut Res, 24(10): 9515-9529.

HABIB G, VENKATARAMAN C, BOND T, et al, 2008. Chemical, microphysical and optical properties of primary particles from the combustion of biomass fuels[J]. Environ Sci Techn, 42: 8829-8834.

HAN G, GONG W, QUAN J, et al, 2014. Spatial and temporal distributions of contaminants emitted because of Chinese New Year's Eve celebrations in Wuhan[J]. Environ Sci Process Impacts, 16(4): 916-923.

HO C, CHAN C, CHIO C, et al, 2016. Source apportionment of mass concentration and inhalation risk with long-term ambient PCDD/Fs measurements in an urban area[J]. J Hazard Mater, 317: 180-187.

HSUEH H, KO T, CHOU W, et al, 2012. Health risk of aerosols and toxic metals from incense and joss paper burning[J]. Environ Chem Let, 10: 79-87.

HUANG K, ZHUANG G, LIN Y, et al, 2012. Impact of anthropogenic emission on air quality over a megacity-revealed from an intensive atmospheric campaign during the Chinese Spring Festival[J]. Atmos Chem Phys, 12(23): 11631-11645.

JAYARATHNE T, STOCKWELL C E, BHAVE P V, et al, 2018. Nepal Ambient Monitoring and Source Testing Experiment(NAMaSTE): emissions of particulate matter from wood-and dung-fueled cooking fires, garbage and crop residue burning, brick kilns, and other sources[J]. Atmos Chem Phys, 18: 2259-2286.

JETTER J, GUO Z, MCBRIAN J, et al, 2002. Characterization of emissions from burning incense[J]. Sci Total Environ, 295(1-3): 51-67.

JI D, CUI Y, LI L, et al, 2018. Characterization and source identification of fine particulate matter in urban Beijing during the 2015 Spring Festival[J]. Sci Total Environ, 628: 430-440.

JILLA A, KURA B, 2017. Particulate matter and carbon monoxide emission factors from incense burning[J]. Environ Pollut Clim Change, DOI: 10.4172/2573-458X.1000140.

KANDPAL J B, MAHESHWARI R C, KANDPAL T C, 1995. Indoor air pollution from combustion of wood and dung cake and their processed fuels in domestic cookstoves[J]. Energy Convers Manag, 36(11):

1073-1079.

KANG S,LI C,WANG F,et al,2009. Total suspended particulate matter and toxic elements indoors during cooking with yak dung[J]. Atmos Environ,43(27):4243-4246.

KELLER F,SCHRAGEN C,2021. Determination of particulate matter emission factors of common pyrotechnic articles[J]. Propellants Explos Pyrotech,46(5):825-842.

KONG S,LI L,LI X,et al,2015. The impacts of firework burning at the Chinese Spring Festival on air quality: Insights of tracers,source evolution and aging processes[J]. Atmos Chem Phys,15(4):2167-2184.

KUO S,TSAI Y,SOPAJAREE K,2016. Emission characteristics of carboxylates in $PM_{2.5}$ from incense burning with the effect of light on acetate[J]. Atmos Environ,138:125-134.

LAO J,XIE S,WU C,BAO L,et al,2018a. Importance of dermal absorption of polycyclic aromatic hydrocarbons derived from barbecue fumes[J]. Environ Sci Techn,52(15):8330-8338.

LAO J,WU C,BAO L,et al,2018b. Size distribution and clothing-air partitioning of polycyclic aromatic hydrocarbons generated by barbecue[J]. Sci Total Environ,639:1283-1289.

LEANDERSON P,2019. Isocyanates and hydrogen cyanide in fumes from heated proteins and protein-rich foods[J]. Indoor Air,29(2):291-298.

LEE S,WANG B,2004. Characteristics of emissions of air pollutants from burning of incense in a large environmental chamber[J]. Atmos Environ,38(7):941-951.

LIN M,RAU J,TSENG H,et al,2008. Characterizing PAH emission concentrations in ambient air during a large-scale joss paper open-burning event[J]. J Hazard Mater,156:223-229.

LIN P,HE W,NIE L,et al,2019. Comparison of $PM_{2.5}$ emission rates and source profiles for traditional Chinese cooking styles[J]. Environ Sci Pollut Res,26:21239-21252.

LIN T,CHANG F,HSIEH J,et al,2002. Characteristics of polycyclic aromatic hydrocarbons and total suspended particulate in indoor and outdoor atmosphere of a Taiwanese temple[J]. J Hazard Mater,95(1-2):1-12.

LIU B,BI X,FENG Y,et al,2016. Fine carbonaceous aerosol characteristics at a megacity during the Chinese Spring Festival as given by OC/EC online measurements[J]. Atmos Res,181:20-28.

LO Y Y,WANG I C,LEE M L,et al,2011. Removal of particulates from emissions of joss paper furnaces[J]. Aerosol Air Qual Res,11(4):429-436.

MARTINSSON J,ERIKSSON A,NIELSEN I,et al,2015. Impacts of combustion conditions and photochemical processing on the light absorption of biomass combustion aerosol[J]. Environ Sci Techn,49:14663-14671.

MANDAL K T,YADAV L,SHARMA S K,et al,2022. Chemical properties of emissions from solid residential fuels used for energy in the rural sector of the southern region of India[J]. Res Article,29:37930-37953.

PANICKER A S,KUMAR V A,RAJU M P,et al,2021. CCN activation of carbonaceous aerosols from different combustion emissions sources:A laboratory study[J]. Atmos Res,248(1):105252.

PANDEY A,PATEL S,PERVEZ S,et al,2017. Aerosol emissions factors from traditional biomass cookstoves in India:insights from field measurements[J]. Atmos Chem Phys,17:13721-13729.

PARASHAR D C,GADI R,MANDAL T K,et al,2005. Carbonaceous aerosol emissions from India[J]. Atmos Environ,39:7861-7871.

PERVEZ S,CHAKRABARTY R,DEWANGAN S,et al,2016. Chemical speciation of aerosols and air quality degradation during the festival of lights(Diwali)[J]. Atmos Pollut Res,7(1):92-99.

PERVEZ S,VERMA M,TIWARI S,et al,2019. Household solid fuel burning emission characterization and activity[J]. Sci Total Environ,654:493-504.

SARKAR S,KHILLARE P,JYETHI D,et al,2010. Chemical speciation of respirable suspended particulate matter during a major firework festival in India[J]. J Hazard Mater,184(1-3):321-330.

SAUD T, GAUTAM R, MANDAL T K, et al, 2012. Emission estimates of organic and elemental carbon from household biomass fuel used over the Indo-Gangetic Plain(IGP), India[J]. Atmos Environ, 61:212-220.

SAUD T, SAXENA M, SINGH D P, et al, 2013. Spatial variation of chemical constituents from the burning of commonly used biomass fuels in rural areas of the Indo-Gangetic Plain(IGP), India[J]. Atmos Environ, 71: 158-169.

SAXENA M, SHARMA S K, TOMAR N, et al, 2016. Residential Biomass Burning Emissions over Northwestern Himalayan Region of India: Chemical Characterization and Budget Estimation[J]. Aerosol Air Qual Res, 16:504-518.

SEE S, BALASUBRAMANIAN R, 2011. Characterization of fine particle emissions from incense burning[J]. Build Environ, 46:1074-1080.

SEN A, MANDAL T K, SHARMA S K, et al, 2014. Chemical properties of emission from biomass fuels used in the rural sector of the western region of India[J]. Atmos Environ, 99:411-424.

SHEN G, WANG W, YANG Y, et al, 2011. Emissions of PAHs from indoor crop residue burning in a typical rural stove: Emission factors, size distributions, and gas-particle partitioning[J]. Environ Sci Techn, 45(4): 1206-1212.

SHEN H, TSAI C, YUAN C, et al, 2017. How incense and joss paper burning during the worship activities influences ambient mercury concentrations in indoor and outdoor environments of an Asian temple? [J]. Chemosphere, 167:530-540.

SINHA S N, KULLKARNI P K, SHAH S H, et al, 2006. Environmental monitoring of benzene and toluene produced in indoor air due to combustion of solid biomass fuels[J]. Sci Total Environ, 357(1):280-287.

STONE E, JAYARATHNE T, STOCKWELL C, et al, 2018. Nepal Ambient Monitoring and Source Testing Experiment(NAMSTE): Emissions of particulate matter from wood and dung cooking fires, brick kilns, generators, trash and crop residue burning[J]. Atmos Chem Phys, 18:1-51.

SONG Y, SUN L, WANG X, et al, 2018. Pollution characteristics of particulate matters emitted from outdoor barbecue cooking in urban Jinan in eastern China[J]. Front Environ Sci, 12(2):14.

SUN J, SHEN Z X, ZHANG B, et al, 2021. Chemical source profiles of particulate matter and gases emitted from solid fuels for residential cooking and heating scenarios in Qinghai-Tibetan Plateau[J]. Environ Pollut, DOI:10.1016/j.envpol.2021.117503.

TIAN J, WANG Q, NI H, et al, 2019. Emission characteristics of primary brown carbon absorption from biomass and coal burning: Development of an optical emission inventory for China[J]. J Geophys Res Atmos, 124:1879-1893.

VENKATARAMAN C, HABIB G, FERNANDEZ A, et al, 2005. Residential biofuels in South Asia: Carbonaceous aerosol emissions and climate impacts[J]. Science, 307(5714):1454-1456.

WANG B, LEE S, HO K, et al, 2007a. Characteristics of emissions of air pollutants from burning of incense in temples, Hong Kong[J]. Sci Total Environ, 377(1):52-60.

WANG Y, ZHUANG G, XU C, et al, 2007b. The air pollution caused by the burning of fireworks during the lantern festival in Beijing[J]. Atmos Environ, 41(2):417-431.

WANG G, CHENG S, WEI W, et al, 2015. Chemical characteristics of fine particles emitted from different Chinese cooking styles[J]. Aerosol Air Qual Res, 15(6):2357-2366.

WANG H, XIANG Z, WANG L, et al, 2018a. Emissions of volatile organic compounds (VOCs) from cooking and their speciation: A case study for Shanghai with implications for China[J]. Sci Total Environ, 621:1300-1309.

WANG L, ZHENG X, STEVANOVIC S, et al, 2018b. Characterization particulate matter from several Chinese cooking dishes and implications in health effects[J]. J Environ Sci,72:98-106.

WANG S,YU R,SHEN H,et al,2019. Chemical characteristics, sources, and formation mechanisms of $PM_{2.5}$ before and during the Spring Festival in a coastal city in Southeast China[J]. Environ Pollut,251:442-452.

WU C,BAO L,GUO Y,et al,2015. Barbecue fumes: An overlooked source of health hazards in outdoor settings[J]. Environ Sci Techn,49(17):10607-10615.

XIANG Z,WANG H,STEVANOVIC S,et al,2017. Assessing impacts of factors on carbonyl compounds emissions produced from several typical Chinese cooking[J]. Build Environ,125:348-355.

XIAI Q,SAIKAWA E,YOKELSON R,et al,2015. Indoor air pollution from burning yak dung as a household fuel in Tibet[J]. Atmos Environ,102:406-412.

YANG C,KO T,LIN Y,et al,2013. Oyster shell reduces PAHs and particulate matter from incense burning[J]. Environ Chem Lett,11(1):33-40.

YANG H,JUNG R,WANG Y,et al,2005. Polycyclic aromatic hydrocarbon emissions from joss paper furnaces[J]. Atmos Environ,39(18):3305-3312.

YAO L,WANG D,FU Q,et al,2019. The effects of firework regulation on air quality and public health during the Chinese Spring Festival from 2013 to 2017 in a Chinese megacity[J]. Environ Int,126:96-106.

ZHANG Q,ZHENG Y,TONG D,et al,2019a. Drivers of improved $PM_{2.5}$ air quality in China from 2013 to 2017[J]. Proceedings National Academy of Sci,116(49):24463-24469.

ZHANG S,ZHONG L,CHEN X,et al,2019b. Emissions characteristics of hazardous air pollutants from the incineration of sacrificial offerings[J]. Atmosphere,10(6):332.

ZHANG Y,WEI J,TANG A,et al,2017. Chemical characteristics of $PM_{2.5}$ during 2015 spring festival in Beijing,China[J]. Aerosol Air Qual Res,17(5):1169-1180.

ZHAO Y,ZHAO B,2018. Emissions of air pollutants from Chinese cooking: A literature review[J]. Build Simul,11(5):977-995.

ZHAO Y,CHEN C,ZHAO B,2018. Is oil temperature a key factor influencing air pollutant emissions from Chinese cooking[J]. Atmos Environ,193:190-197.

ZHAO Y,CHEN C,ZHAO B,2019. Emission characteristics of $PM_{2.5}$-bound chemicals from residential Chinese cooking[J]. Build Environ,149:623-629.

ZHENG H,KONG S,YAN Q,et al,2019. The impacts of pollution control measures on $PM_{2.5}$ reduction: Insights of chemical composition, source variation and health risk[J]. Atmos Environ,197:103-117.

ZHU C,CAO J,HU T,et al,2017. Spectral dependence of aerosol light absorption at an urban and a remote site over the Tibetan Plateau[J]. Sci Total Environ,590:14-21.

ZOTTER P,HERICH H,GYSEL M,et al,2017. Evaluation of the absorption Ångström exponents for traffic and wood burning in the Aethalometer-based source apportionment using radiocarbon measurements of ambient aerosol[J]. Atmos Chem Phys,17(6):4229-4249.

第8章 中国黑碳气溶胶排放清单和减排路径

20世纪90年代,国际上已有科学家开始着手于全球碳质气溶胶排放清单的构建。Penner等(1993)于发表了第一个基于不同源、恒定排放因子、并覆盖大部分大气排放源的全球尺度黑碳排放清单。Liousse(1996)及Cooke(1999)先后建立了全球尺度上的碳质气溶胶排放清单。21世纪初,Bond等(2004)根据1996年能源利用数据构建了包括化石燃料、生物燃料、生物质开放燃烧、城市废物燃烧等多个部门"自下而上"的OC和BC排放清单,这也是后续研究中广泛使用的清单。Bond等(2004)计算出的1996年全球OC和BC的排放总量分别为33.9 Tg和8.0 Tg,其中生物质开放燃烧分别贡献了74%和42%。随后,Bond对化石燃料及生物燃料的排放清单进行了补充和更新,根据重新计算的燃料消耗总量及更新技术后得到的排放因子计算排放清单;OC和BC在1850—2000年的排放量几乎以线性方式增长,BC的排放量从1850年的1000 Gg增加到了2000年的4400 Gg,OC排放量也从4100 Gg增加到8700 Gg(Bond et al.,2007)。此后的全球和区域排放清单建立所使用的主要方法和排放因子数据库都是基于Penner等(1993)和Bond等(2004)的清单。Wang等(2014)基于64个不同排放源建立了全球元素碳排放清单,自1960年至2007年EC年排放量由5.3 Tg增长至9.1 Tg,全球各区域尤其是中国与印度EC相对排放(单位能源生产EC排放量)下降,燃烧技术改进和燃料成分变化使燃煤电厂、民用源EC相对排放下降,发展中国家低效产业的发展和柴油的使用量扩大使得工业与农业EC相对排放上升。

我国碳质气溶胶排放清单构建的工作起步较晚。2001年,国外学者根据更新的BC排放因子及去除效率等,构建了我国早期的BC排放清单(Streets et al.,2001)。该研究在细分了能源类型,综述文献颗粒物的排放因子(基于几何均值或最高值估算最不理想的排放情况)以及颗粒物中元素碳的组分基础上估算了中国在1995年的总EC排放为1.34 Tg,其中民用燃煤、生物质燃料、工业煤炭和柴油、交通源的排放分别是605.4 Gg、512 Gg、82.5 Gg和36.9 Gg。考虑技术工艺升级、清洁技术推广和推广蜂窝煤使用等多方面因素带来的影响,到2020年,中国的元素碳排放将减少至1.22 Tg,但其中民用生物质和燃煤燃烧仍是重要的碳排放源,分别贡献了535 Gg和387 Gg。Cao等(2006)构建了我国2000年高分辨率的BC和OC排放清单;其研究采用了我国能源统计年鉴等政府部门统计数据及本土化的排放因子数据,并将排放量分配到0.2°×0.2°网格中,得到了我国BC和OC排放的高分辨率空间分布特征,是我国早期较为系统的碳质气溶胶排放清单研究。该研究获得了2000年中国有机碳与元素碳的排放量,其中有机碳排放量为4200 Gg,民用燃料排放2650 Gg;元素碳排放量为1500 Gg,民用燃料排放817 Gg。该研究表明,由于在以往的清单研究中低估了工业与民用燃煤的排放,因此该研究中清单排放量高于已有研究结果。同时指出碳气溶胶排放具有明显的季节变化特性;5月和10月出现高值,4月和7月排放较低,这种季节性变化主要是由于居民供暖和农业作物秸秆露天焚烧引起的。Lu等(2011)计算了我国和印度1996—2010年电厂源、工业源、民用源、交通源及开放燃烧源等5个主要源产生的碳质气溶胶排放,其研究指出我国OC及BC的排放在1996—2000年有下降趋势,在2000年到2006年存在明显的增长趋势,2006年之后则开始放缓。近年来排放清单更新的研究工作逐渐开始着重于更高空间分辨率和时间分辨率上。更高分辨率的清单可以显示精确的污染特征。Zhang等(2019)构建了我国1 km×1 km高分辨率的秸秆焚烧污染物排放清单,清单的空间分辨率远高于早期,并指出我国2014年由秸秆焚烧导致的OC和BC排放量分别达到了0.71 Tg和0.13 Tg。高分辨率的排放清单在应用过程中能够准确模拟大气污染物实际的排放特征及传输过程,可以为空气质量模型和政府管理措施制定提供更有效的数据支撑。

下面将针对不同源类黑碳气溶胶排放清单的构建方法,以及本书作者针对重点源类黑碳气溶胶排放清单的构建实践展开描述。

8.1 黑碳气溶胶排放清单构建方法

不同源类的黑碳气溶胶排放清单主要结合"自下而上"和"自上而下"两种形式进行构建。主要源类的构建方法具体如下。

8.1.1 固定源

(1)热力生产和供应业

热力生产和供应业排放源按照点源处理,结合各种燃料消耗量、燃料含硫率、燃煤灰分、污染物控制措施和去除效率等信息,选择《城市大气污染排放清单编制技术手册》或文献中对应燃烧技术、控制措施等的排放因子进行估算。黑碳的排放基于锅炉燃煤、燃气的灰分、去除率及某粒径范围颗粒物占总颗粒物比例等信息采用物料衡算法计算,公式如下:

$$E = A \times \mathrm{EF} \times (1-\eta) \tag{8.1}$$

式中,E为黑碳排放量,A为逐个排污设备燃料消耗量,EF为黑碳产生系数;η为污染控制措施对污染物的去除效率。

(2)采矿业和制造业

采矿业和制造业全部按点源处理,点源主要包括化学原料和化学制品制造业、家具制造业、汽车制造业、造纸和纸制品业、有色金属冶炼和压延加工业、农副食品加工业、食品制造业和专用设备制造业等行业。燃料类型主要为煤炭、天然气、柴油、焦炭、成型生物质和其他燃料。按照第4级排放源燃料消耗量进行计算,公式如式(8.1)。

(3)工艺过程源

在工业生产过程中,由于原料发生物理或化学变化而向大气排放污染物。相比其他排放源,工艺过程源涉及面广,种类繁多,排放量大,排放特征极为复杂,不同的经济行业由于原料类型和工艺技术的差异,其排放强度存在差异。

各工艺过程源均按点源处理,该排放源的黑碳排放不仅与原辅材料类型、生产工艺技术、控制措施和管理水平密切相关。工艺过程源清单按照第4级排放源所对应产品产量,基于如下公式进行计算:

$$E = A \times Y \times \mathrm{EF} \times (1-\eta) \tag{8.2}$$

式中,A为排放源对应的其他工艺过程源产量,EF为黑碳的产生系数,η为污染控制技术的去除效率,Y为某类燃烧技术的应用比例。

8.1.2 移动源

(1) 道路移动源

道路移动源按照面源处理,结合城市分车型机动车保有量、年均行驶里程等信息进行估算,计算公式如下:

$$E = \sum P_i \times \mathrm{VKT}_i \times \mathrm{EF}_i \tag{8.3}$$

式中,E 为机动车黑碳年排放总量,i 为车型分类;P_i 为 i 型车的机动车保有量,VKT_i 为 i 型车的年平均行驶里程(Vehicle Kilometers Traveled,VKT),EF_i 为 i 型车的黑碳排放因子。

(2) 非道路移动源

非道路移动源按面源处理,污染物排放量计算公式如下:

$$E = Y_i \times \mathrm{EF}_i \times (1-\eta) \tag{8.4}$$

式中,E 为非道路移动源黑碳排放量,i 为非道路移动源分类,对于非道路移动源,Y 为燃油消耗量,EF_i 为 i 类黑碳排放系数;η 为污染控制措施对污染物的去除效率。

对于农用运输车,可按如下公式计算:

$$E = P \times \mathrm{EF} \times \mathrm{VKT} \tag{8.5}$$

式中,E 为黑碳排放量,P 为农用运输车保有量,EF 为基于行驶里程的黑碳排放因子;VKT 为年均行驶里程。

对于工程机械、农业机械和小型通用机械,可采用如下计算公式:

$$E = \sum (P_n \times G_n \times \mathrm{LF}_n \times \mathrm{hr}_n \times \mathrm{EF}_n) \tag{8.6}$$

式中,n 为功率段,P 为保有量,G 为平均额定净功率,LF 为负载因子,hr 为年使用小时数,EF 为黑碳排放因子。

8.1.3 农业生活源

(1) 生物质燃烧源

生物质燃烧源中,露天生物质燃烧的黑碳排放主要基于过火面积数据、生物量活动水平数据和排放因子数据等进行估算。基于如下公式进行计算:

$$E_i = \sum_{j=1}^{n} \mathrm{BA}_{x,t} \times \mathrm{CE} \times \mathrm{BL}_x \times \mathrm{EF}_i \tag{8.7}$$

式中,i 为不同的露天植被类型,E_i 为不同露天生物质的黑碳排放量,$\mathrm{BA}_{x,t}$ 为 x 位置和时间 t 处植被的总过火面积,CE_x 为 x 位置处露天生物质燃烧的燃烧效率,BL_x 为 x 位置处的植被生物量,EF_i 为不同露天生物质的黑碳排放因子。

由于难以被卫星观测捕捉到,民用生物质燃烧黑碳排放量基于统计数据,结合排放因子数据进行估算。民用秸秆燃烧的黑碳排放量使用的统计数据包括农作物产量、谷草比、秸秆焚烧比例、干物质比和燃烧效率等。基于如下公式进行计算:

$$E_i = \sum_{i=1}^{n} P_i \times N_i \times R_i \times \delta_i \times \mathrm{CE}_i \times \mathrm{EF}_i \tag{8.8}$$

式中,i 为不同的农作物类型,E_i 为不同民用秸秆燃烧的黑碳排放量,P_i 为农作物产量,N_i 为不同农作物和秸秆的谷草比,R_i 为秸秆的燃烧比例,δ_i 为秸秆的干物质比,CE_i 为秸秆的燃烧效率,EF_i 为不同农作物秸秆的黑碳排放因子。

薪柴燃烧的黑碳排放量使用的统计数据为全国不同地区的薪柴使用量。基于以下公式进

行计算:

$$E = A \times \mathrm{EF} \tag{8.9}$$

式中,E 为薪柴燃烧的黑碳排放量,A 为全国不同地区的薪柴使用量,EF 为薪柴的黑碳排放因子。

牲畜粪便燃烧的黑碳排放量使用的统计数据包括单位牲畜粪便产量、牲畜头数、干物质比例和牲畜粪便燃烧比例等。基于以下公式进行计算:

$$E = S \times Y \times C \times R \times \mathrm{EF} \tag{8.10}$$

式中,E 为牲畜粪便燃烧的黑碳排放量,S 为半牧区和牧区每年不同牲畜数量,Y 为单头牲畜的年粪便产量,C 为牲畜粪便干物质比例,R 为牲畜粪便燃烧比例,EF 为牲畜粪便的黑碳排放因子。

(2) 民用燃煤

基于中国能源统计年鉴、调研得到的燃煤小时消耗比值以及全年月份燃煤消耗比值,结合本研究得到小时排放因子,获得民用煤燃烧小时分辨率排放量。基于以下公式进行计算:

$$E_{khi} = \mathrm{EF}_{kh} \times k_{hi} \times \sum_{i=1}^{n=3} m_i \tag{8.11}$$

$$E_{klj} = \mathrm{EF}_{kl} \times k_{lj} \times \sum_{j=1}^{n=21} m_j \tag{8.12}$$

式中,E_{khi} 表示在 24 小时燃烧实验中民用燃煤在高能耗阶段中第 i 小时的黑碳排放量,E_{klj} 表示 24 小时燃烧实验中民用燃煤在低能耗阶段中第 j 小时的黑碳排放量。

典型地区黑碳小时排放量通过以下公式计算得到:

$$\mathrm{EI}_{khi} = \mathrm{EF}_{khi} \times A_{khi} \tag{8.13}$$

$$\mathrm{EI}_{klj} = \mathrm{EF}_{klj} \times A_{klj} \tag{8.14}$$

式中,EF_{khi} 表示 k 地区民用燃煤在高能耗阶段中第 i 小时的黑碳排放因子,EF_{klj} 表示 k 地区民用燃煤在低能耗阶段中第 j 小时的黑碳排放因子,A_{khi} 表示 k 地区民用燃煤在高能耗阶段中第 i 小时的活动水平,A_{klj} 表示 k 地区民用燃煤在低能耗阶段中第 j 小时的活动水平,EI_{khi} 表示 k 地区民用燃煤在高能耗阶段中第 i 小时的黑碳排放量,EI_{klj} 表示 k 地区民用燃煤在低能耗阶段中第 j 小时的黑碳排放量。

全国总排放量由以下公式计算:

$$\mathrm{EI}_{nation} = \sum_{p=1}^{n=30} \left(\sum_{i=1}^{n=3} \mathrm{EI}_{khi} + \sum_{j=1}^{n=21} \mathrm{EI}_{klj} \right) \tag{8.15}$$

式中,EI_{nation} 表示全国排放清单,p 表示 30 个省市自治区(其中,香港、澳门、台湾和西藏缺少数据)。

(3) 特色生活源

祭祀焚香、祭祀纸钱的黑碳排放量基于以下公式进行计算。

$$E = \sum \left(P_{\mathrm{urban},k} \times SC_{\mathrm{urban},k} + P_{\mathrm{non-urban},k} \times SC_{\mathrm{non-urban},k} \right) \times \mathrm{EF} \tag{8.16}$$

式中,E 为祭祀焚香、祭祀纸钱的黑碳排放量,k 代表不同省市,urban 和 non-urban 分别代表城镇地区和农村地区,P 代表人口,SC 代表祭祀焚香或祭祀纸钱的单人消耗量,EF 为祭祀焚香、祭祀纸钱的黑碳排放因子。

烧烤油烟、餐饮油烟的排放根据以下两个公式计算得到。

$$E = \sum (P_{\text{urban},k} \times \text{MC}_{\text{urban},k} + P_{\text{urban},k} \times \text{MC}_{\text{urban},k}) \times \frac{T_{BBQ,k}}{T_{\text{total},k}} \times \text{EF} \quad (8.17)$$

$$E = \sum (P_{\text{urban},k} \times \text{MC}_{\text{urban},k} + P_{\text{urban},k} \times \text{MC}_{\text{urban},k}) \times (1 - \frac{T_{BBQ,k}}{T_{\text{total},k}}) \times \text{EF} \quad (8.18)$$

式中,E 为烧烤油烟、餐饮油烟的黑碳排放量,MC 为各省市人均肉类消耗量,T_{BBQ} 为各省市烧烤店铺数量,T_{total} 为各省市餐饮店铺数量,EF 为烧烤油烟、餐饮油烟的黑碳排放因子。

烟花爆竹的黑碳排放量根据以下公式计算得出。

$$E = \sum (P_{\text{urban},k} \times \text{FC}_{\text{urban},k} \times \text{FB} + P_{\text{un-urban},k} \times \text{FC}_{\text{un-urban},k}) \times \text{EF} \quad (8.19)$$

式中,E 为烟花爆竹的黑碳排放量,FC 为单人烟花爆竹消耗量,FB 为城市地区受控排放的系数,EF 为烟花爆竹的黑碳排放因子。

8.1.4 不确定性分析

排放源清单不确定性分析是通过对排放源清单建立过程中各种不确定性来源的定性或定量分析,以确定排放源清单的不确定性大小或可能范围,并识别导致清单不确定性的关键来源,从而指导排放源清单改进与提高的手段和过程,是清单结果的重要分析评估内容。

排放清单的构建过程中,由于活动水平和排放因子等数据的测量误差会导致构建的排放清单出现偏差。通过对排放源清单编制过程中影响估算结果的可能因素进行识别,评价排放源清单估算的不确定性大小。排放源清单的定性不确定性分析工作可按照以下流程来展开:①数据收集过程中,活动水平数据的获取途径,可靠性及准确性如何。②排放因子的来源及能否代表估算对象的排放特征和水平。③排放源清单估算模型的适用性、代表性如何,相关参数数据的确定和来源。④与其他相关排放源清单的可比性如何。根据清单建立过程,识别每个排放源的不确定性可能来源,包括所使用的关键参数、活动水平数据、排放因子以及估算方法等,逐一评估。

在确定活动水平和排放因子数据不确定性的基础上,采用蒙特卡洛模拟对各污染物排放量的不确定性开展定量评估。使用 20000 次的蒙特卡洛模拟进行估算,置信区间为 95%。

8.2 中国典型源黑碳气溶胶排放清单

基于上述黑碳排放清单的构建方法,得到了中国生物质燃烧源、燃煤源和特色生活源不同年份的黑碳排放清单,并进行了详细分析。

8.2.1 2017 年中国生物质燃烧 BC 排放清单

8.2.1.1 生物质燃烧 BC 排放量

2017 年全国和不同区域的生物质燃烧 BC 排放量如图 8.1 所示。全国生物质燃烧的 BC 排放量为 120.97 t。其中露天生物质燃烧的 BC 排放量为 44.01 t,民用生物质燃烧的黑碳排放量为 76.96 t。对于不同的生物质类型,民用秸秆、露天秸秆、玉米棒和薪柴是主要的生物质燃烧源,对 BC 排放的贡献分别为 31.0%、24.2%、17.6% 和 13.7%。森林和草类的燃烧排放量也较高,分别占到总排放的 6.3% 和 5.2%。

2017 年不同地区的生物质燃烧 BC 排放量结果表明,黑龙江是生物质燃烧 BC 排放量最高的省份,占全国总排放量的 19.1%。此外,吉林、山东、河北、河南和内蒙古的 BC 排放量也较高,分别占全国总排放量的 6.4%、6.1%、5.9%、5.9% 和 5.4%。对于不同的秸秆类型,露

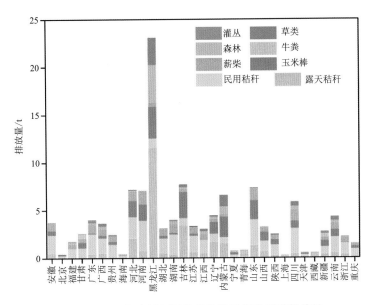

图 8.1　2017 年全国不同省份生物质燃烧黑碳排放量

天秸秆燃烧主要集中在黑龙江、吉林、河北、辽宁和内蒙古等省（区），排放量分别为 11.58 t、3.42 t、2.03 t、1.67 t 和 1.53 t，排放量占各省（区）总排放量的 50.2%、44.4%、28.4%、37.5% 和 23.3%。民用秸秆燃烧主要集中在河南、山东、四川和河北等省，排放量分别占各省总排放量的 44.9%、37.0%、46.0% 和 32.2%。此外，黑龙江和内蒙古地区的森林燃烧 BC 排放也较高，排放量分别为 3.94 t 和 0.79 t，占各省份总排放量的 17.1% 和 12.1%。此外牛粪燃烧是青海和西藏等省份最重要的排放源，排放量分别为 0.48 t 和 0.33 t，占各省份总排放量的 60.5% 和 50.8%。

8.2.1.2　生物质燃烧 BC 排放时空分布

2017 年中国生物质燃烧 BC 排放的空间分布如图 8.2 所示。中国生物质燃烧 BC 排放的高排放区主要集中在黑龙江、吉林、辽宁、河北、河南和山东等省，并分散在主要农业区，呈带状分布。这些地区农村农业活动量大，耕地面积丰富，树木资源丰富。黑龙江、吉林和辽宁的空间排放高值主要归因于该地区丰富的露天生物质燃烧活动以及在相对较小的区域内进行集中燃烧。在某些网格中，露天生物质 BC 的排放强度甚至超过 $1\ t\cdot km^{-2}$。河北、河南和山东的高排放强度则主要与民用生物质燃烧有关。

生物质燃烧的 BC 排放具有明显的月变化特征，如图 8.3 所示。BC 的月排放高值主要集中在 3 月、4 月、6 月和 10 月，排放量分别为 13.27 t、19.78 t 和 11.91 t。露天生物质燃烧是最主要的贡献者，分别占 3 月、4 月和 10 月排放总量的 28.9%、46.9% 和 28.1%。4 月露天生物质燃烧的 BC 排放高值与祭祀活动有关。清明祭祀活动的烟花爆竹燃烧或祭祀用品燃烧等通常为露天燃烧活动，容易导致露天生物质燃烧的发生。同时，4 月和 10 月的 BC 排放高值与中国农作物的播种和收获季节有关。农民习惯于在播种和收获季节进行露天秸秆燃烧，为后续作物的种植做准备。短时间内的大量秸秆燃烧显著增大了 4 月和 10 月的 BC 排放量。

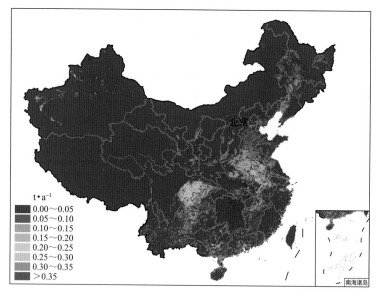

图 8.2 2017 年中国生物质燃烧 BC 排放空间分布

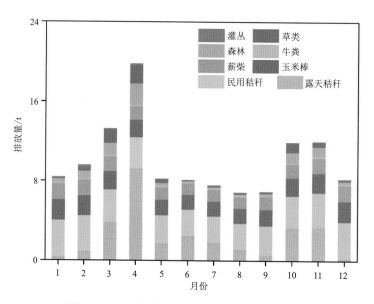

图 8.3 2017 年中国生物质燃烧 BC 月排放量

8.2.1.3 不确定性分析

采用蒙特卡罗方法分析了 2017 年生物质燃烧 BC 排放的不确定性。排放清单的不确定性取决于生物质燃烧源类的活动水平和排放因子数据。实测的排放因子和详细的活动水平数据相结合,确保了排放清单的准确度。基于已有研究,本书确定了火辐射功率数据和转化系数的不确定性分别为 31% 和 10%。民用生物质燃烧活动水平数据的不确定性为 ±20%。通过 20000 次置信度为 95% 的蒙特卡洛模拟分析得到了排放的不确定性结果。2017 年中国露天生物质燃烧和民用生物质燃烧 BC 排放的不确定性分别为 -38%~+173% 和 -22%~+39%。

8.2.2 民用燃煤黑碳排放清单

8.2.2.1 2017年全国黑碳和棕碳吸光截面排放量

表8.1给出了2017年全国黑碳和棕碳吸光截面排放量。中国民用煤2017年黑碳和棕碳吸光截面(370、470、520、590和660 nm波段)总排放量分别为110.7 Gg、1930.2 Gm^2、701.7 Gm^2、342.9 Gm^2、228.8 Gm^{2}和117.0 Gm^2。其中民用煤黑碳和棕碳吸光截面排放量最多的地区是华北平原、河西走廊、两湖平原和东北平原等地,这些地区共贡献了全国64.4%和79.7%排放。

与已有研究相比,本研究清单结果相对较小。Wang等(2012)构建2012年民用燃料黑碳排放清单,黑碳排放量为988 Gg。Cao等(2006)构建了2000年民用煤排放清单,中国黑碳排放量为520.8 Gg。Ohara等(2007)构建了2003年亚洲多种污染物排放清单,中国黑碳排放量为465 Gg。Zhang等(2009c)构建了2006年中国民用燃料黑碳排放清单,黑碳排放量为1002 Gg。本研究表明,基于实验室测试得到的黑碳和棕碳吸光性排放因子均低于外场实地测量结果。Shen等(2020a)研究表明,煤炉泄露导致的无组织排放在实验室中无法测量,导致实验结果相对较低。此外,本研究中在线仪器滤纸带上的采样点负载接近饱和时,可能低估BC的浓度(Drinovec et al.,2015),从而导致排放因子偏低。此外,在排放清单构建过程中,虽然已有研究得到了闷烧状态下的黑碳排放因子,但是相关结果是基于BC/PM$_{2.5}$和PM$_{2.5}$排放因子计算的,不能反映典型地区黑碳吸光截面等真实的排放情况。Tian等(2019)构建了2017年民用煤棕碳吸光截面排放清单,2017年中国民用煤棕碳(370 nm)总吸光截面为615 Gm^2。本研究棕碳吸光截面排放量(370 nm)是上述研究的3.1倍。本研究闷烧状态下棕碳吸光性排放因子(370 nm)为16.0 m^2·kg^{-1},是Tian等(2019)研究的1.2～8.0倍(2～13 m^2·kg^{-1}),导致本研究棕碳吸光截面排放量高于已有研究。

表8.1 2017年中国各省份民用燃煤黑碳(Gg)和棕碳吸光截面(Gm^2)排放量

地点	BC	BrC$_{370}$	BrC$_{470}$	BrC$_{520}$	BrC$_{590}$	BrC$_{660}$
北京	2.44	80.79	23.73	9.91	5.85	2.89
天津	0.84	27.83	8.17	3.41	2.02	0.99
河北	20.21	652.69	193.44	81.47	48.5	24.08
内蒙古	5.4	179.07	52.59	21.96	12.97	6.4
辽宁	2.4	79.61	23.38	9.76	5.77	2.85
吉林	2.62	86	25.33	10.6	6.28	3.1
黑龙江	4.97	215.65	59.01	22.89	12.74	6.11
甘肃	4.23	38.37	20.13	11.98	8.72	4.72
山东	4.65	27.5	17.43	10.35	8.2	4.45
山西	5.23	31.29	18.33	10.82	8.49	4.57
青海	1.15	7.13	4	2.3	1.77	0.91
宁夏	0.5	3.21	1.94	1.23	1.05	0.64
新疆	12.92	47.02	35.14	21.98	18.12	9.5
上海	0.04	0.27	0.15	0.09	0.07	0.03
湖北	5.87	36.96	20.85	11.97	9.19	4.74

续表

地点	BC	BrC$_{370}$	BrC$_{470}$	BrC$_{520}$	BrC$_{590}$	BrC$_{660}$
河南	1.71	16.04	8.17	4.61	3.45	1.83
陕西	2.86	17.5	9.71	5.5	4.13	2
安徽	1.66	9.89	6.01	3.53	2.75	1.46
湖南	5.48	33.97	19.18	11.05	8.48	4.37
浙江	0.29	1.78	1.06	0.62	0.48	0.26
广东	0.57	2.33	1.69	1.01	0.84	0.48
广西	0.05	0.14	0.11	0.07	0.07	0.04
福建	0.15	0.41	0.33	0.21	0.2	0.12
江西	1.66	7.97	5.61	3.3	2.61	1.41
重庆	0.9	13.37	5.83	3.13	2.04	1.05
四川	1.78	24.23	11.48	6.42	4.35	2.28
贵州	14.77	193.46	91.1	50.43	33.64	16.41
云南	5.33	95.74	37.8	22.34	16.01	9.33

注：江苏、海南、台湾、西藏、香港、澳门无数据。

8.2.2.2 民用煤黑碳排放历年变化趋势

根据2003—2017年城乡民用煤活动水平(中国能源统计年鉴,2019),得到中国2003年至2017年城乡民用煤燃烧排放黑碳和棕碳吸光截面(370 nm)的总量,如图8.4所示。历年城乡排放量表明,2008年BC和ACS$_{BrC}$(370 nm)排放量最低,分别为90.7 Gg和1314.8 Gm^2。2008年排放量最低主要原因可能是2008年煤价过高。2008年动力煤9月价格高达578.3元/吨,比2007年增长78.5%。此外,2008年发生的金融危机、南方暴雪和汶川地震等,对能源供应造成影响,最终导致煤价升高,燃煤活动水平降低。2008年后,城乡排放量逐渐升高。2005年,民用煤黑碳排放量达到最高,为120.0 Gg。2012年,民用煤排放棕碳吸光截面最高,为1747 Gm^2。黑碳和棕碳吸光截面排放量主要集中在闷烧阶段(低功耗阶段),可能是由于闷烧阶段民用煤(块煤和蜂窝煤)排放因子均高于明烧阶段(高功耗阶段)。此外,实地调研结果表明,消耗量也主要集中在闷烧阶段,闷烧阶段民用煤消耗量约占总消耗量的80.3%,而明烧阶段消耗量占总消耗量的19.7%。因此,闷烧阶段排放量是明烧阶段排放量的4.1倍。

本研究表明,2005—2008年,城区民用煤排放黑碳和棕碳吸光截面(370 nm)每年以3.8%~19.6%和1.3%~25.5%递减。2013年城区民用煤排放黑碳和棕碳吸光截面递减率最高,分别为26.7%和31.8%。可能与2013年国务院颁布并实施的《大气污染防治行动计划》对城区民用煤进行严格管控有关。对于乡村地区而言,2009—2016年黑碳和棕碳吸光截面排放量呈现逐年增长的情况,增长率为1.9%~6.8%(2014年除外,递减率为0.91%)。可能是由于乡村民用煤消费增长,导致2016年黑碳和棕碳吸光截面排放量呈现持续增长。2017年城区和乡村地区都呈现下降趋势,黑碳和棕碳吸光截面(370 nm)排放量递减率分别为6.6%和5.6%。

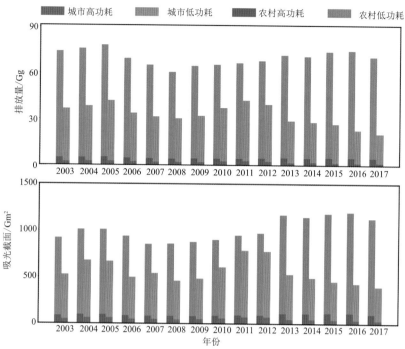

图 8.4 2003—2017 年城乡民用煤燃烧 BC 和 ACSBrC 排放量

8.2.2.3 黑碳月份排放变化趋势

图 8.5 给出了民用煤燃烧排放黑碳、棕碳吸光截面逐月变化。冬季供暖政策以秦岭—淮河线为界,淮河以北实行冬季集中供暖,淮河以南不实施集中供暖(Chen et al.,2013)。集中供暖只存在于北方地区,该政策影响全国污染物排放量季节性变化(Wang et al.,2021)。以此为根据,本研究分南、北两个区域进行分析。

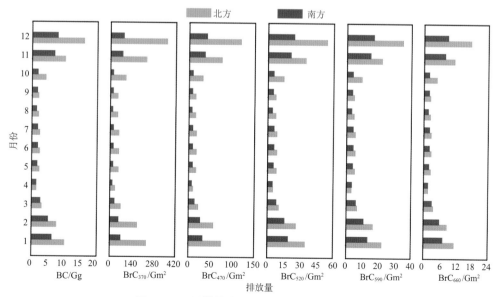

图 8.5 民用煤排放 BC 和 ACSBrC 的月变化

研究发现,冬季民用煤燃烧排放黑碳、棕碳吸光截面(以 370 nm 为例)的量远高于其他季节,分别为 60.1 Gg 和 1064.1 Gm²,约占全年总排放量的 54.3% 和 55.1%。已有研究表明,中国黑碳和棕碳浓度全年高值出现在冬季,SO_2 排放量的月变化趋势和 $PM_{2.5}$ 模拟变化趋势结果与本研究结果相似(Xue et al.,2016;Ma et al.,2017)。因此,对冬季固体燃料使用进行管控能够有效降低黑碳浓度(Zhao et al.,2015;Jing et al.,2019;Wang et al.,2021)。

在其他季节,当供暖需求降低后,较低的民用煤消耗量导致黑碳、棕碳吸光截面排放量降低。以夏季为例,民用煤燃烧排放 BC 和 ACS_{BrC} 排放量分别为 13.6 Gg 和 229.6 Gm²,约占全年总排放量的 12.2% 和 11.9%。北方地区月变化幅度高于南方地区,北方地区和南方区域黑碳排放量全年最高值与最低值分别相差 10.7 和 5.3 倍。北方地区是南方地区排放量的 3.4 倍。夏季,由于两个地区的供暖需求均减少,排放差距缩小到 2.6 倍(Liu et al.,2013;Schleicher et al.,2015)。

8.2.2.4 黑碳和棕碳吸光截面小时分辨率排放清单

全国黑碳和棕碳吸光截面小时分辨率排放量如图 8.6 所示。民用煤黑碳和棕碳吸光截面排放量,全天的峰值位于 19:00—23:00。夜间添加燃煤导致在 19:00 后小时消耗量相对增加。该时间段中后期,燃料燃烧效率可以达到 90%~95%,对应小时分辨率黑碳排放因子处于峰值。这一时段民用煤燃烧排放黑碳和棕碳吸光截面排放量分别为 47.6 Gg 和 796.8 Gm²,约占总排放量的 43.0% 和 41.5%,是其他时段排放量的 2.3 和 2.1 倍。

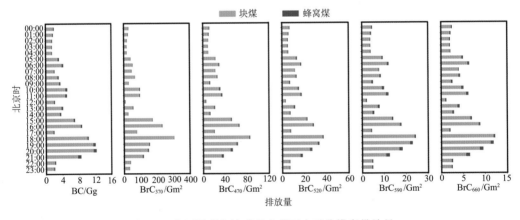

图 8.6 全国黑碳和棕碳吸光截面小时分辨率排放量

民用煤黑碳小时排放量低值时段分别是 00:00—04:00、07:00、12:00 和 17:00。07:00、12:00 和 17:00 处于烹饪时间,该阶段燃料燃烧效率范围为 80%~100%,属于混合燃烧状态。在放入新燃料后属于引燃状态,小时燃料消耗量和排放因子较低,黑碳排放量偏低。00:00—04:00 为闷烧状态,民用煤即将燃尽,黑碳排放因子和燃煤消耗量都相对较低。在明烧状态下,民用煤黑碳和棕碳吸光截面排放量为 2.1 Gg 和 45.7 Gm²,约占全天排放量的 1.8% 和 2.3%。同日均排放量相比,夜间闷烧主导阶段黑碳和棕碳吸光截面排放量是日均排放量的 9.3 倍。已有研究观测到类似结果,在冬季供暖期间,华北平原地区在 17:00—19:00 存在较高的微量元素和 VOCs 浓度(Zhou et al.,2021)。因此,夜间民用煤闷烧可能是导致黑碳和棕碳吸光截面排放量升高的重要原因。

本研究表明，19:00—23:00，民用煤燃烧排放黑碳和棕碳吸光截面排放量被低估9.3和9.0倍。而在烹饪期间，民用煤燃烧排放黑碳和棕碳吸光截面排放量被高估2.2和1.8倍。因此，构建民用煤小时排放清单有助于节能减排的精细化管理。Wang等（2021）研究表明，棕碳浓度在夜间可能通过二次反应进一步增大。夜间民用煤排放大量棕碳，应受到更多关注。

8.2.2.5 民用煤黑碳气溶胶排放空间分布

本研究基于ArcGIS软件的空间分析模块，将2017年中国民用燃煤BC排放量以中国土地利用类型和全国1 km×1 km分辨率的人口密度分布数据为权重因子，进行分配，得到中国民用煤排放黑碳和棕碳吸光截面1 km×1 km空间分布，如图8.7所示。

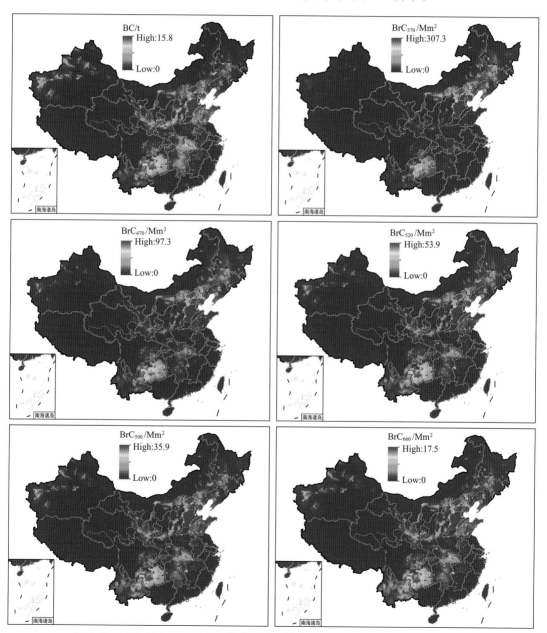

图8.7　2017年中国民用燃煤排放黑碳和棕碳吸光截面空间分布（1 km×1 km）

民用煤黑碳排放量在华北平原、东北平原、汾渭平原、河套地区、河西走廊、两湖平原和赣抚灌溉区分别为 1.7～9.5 t·km^{-2}、1.2～2.2 t·km^{-2}、2.5～5.0 t·km^{-2}、4.4 t·km^{-2}、1.7 t·km^{-2}、2.2～4.1 t·km^{-2} 和 2.2 t·km^{-2}。较低的黑碳和棕碳吸光截面(<1.7 Mm^2·km^{-2})主要集中在上海、江苏和广东等南方地区。可能是由于这些地区经济较为发达，有多种途径替代燃煤进行取暖和做饭，导致民用煤消耗量较少。此外，这些地区实行严格的民用煤减排政策，部分地区甚至设置禁煤区，导致民用煤燃烧排放 BC 偏低(DEE,2013;GOJ,2017)。

平原地区存在 7 个高值区域，分别是华北平原、东北平原、汾渭平原、河套地区、河西走廊、两湖平原和赣抚灌溉区。盆地区域存在 4 个高值区域，分别是四川盆地、西宁盆地、准噶尔盆地(边缘绿洲)和塔里木盆地(边缘绿洲)。2017 年统计年鉴表明，华北地区共消耗 28831 Gg 煤炭，约占全国全年的 32.4%。因而华北平原广泛存在 BC 排放的高值区域(Zhang et al.,2017)。汾渭平原、河套地区、塔里木盆地(绿洲区域)和准噶尔盆地(绿洲区域)是主要的产煤地区，居民可以以较低的价格购买到散煤，导致较多的煤炭消耗。贵州高原地区存在高值区域，原因在于贵州是煤炭消耗大省，民用煤消耗量约占全国总量的 10.8%。贵州省特殊的地理环境导致污染物相对集中(Yan et al.,2020)。由此可见，地区经济发展程度、地区能源结构、人口分布以及当地地理环境影响民用煤燃烧 BC 的排放分布(Cao et al.,2021;Tian et al.,2010)。在制定减排政策过程中，应充分考虑地理环境和人口分布，也不能忽视因经济发展导致能源结构转型(Yan et al.,2020)。

使用 100000 次蒙特卡罗模拟在 95% 置信区间下进行定量估算。不确定性结果见表 8.2。民用煤黑碳排放清单不确定性为(−28.6%～28.5%)，BrC$_{370}$ 总吸光排放的不确定性为 ±57.6。采用小时分辨率和小时排放因子过程中引入过多的参数可能导致本研究不确定性与已有研究结果存在差异。本研究考虑了居民的不同生活习惯、不同燃烧阶段的黑碳排放因子，研究结果有助于完善中国民用煤污染物排放因子库。

表 8.2 不确定性分析(%)

BC	BrC$_{370}$	BrC$_{470}$	BrC$_{520}$	BrC$_{590}$	BrC$_{660}$
(−28.6,28.5)	(−57.6,57.6)	(−91.8,92.4)	(−81.4,81.4)	(−88.4,88.1)	(−135.0,135.9)

8.2.3 特色生活源 BC 排放清单

8.2.3.1 中国 2000—2018 年特色生活源 BC 排放量

相较于民用燃煤、工业燃煤等常见污染源，特色生活源统计资料匮乏，资料完整性较差，活动水平数据难以获取。本研究中采用多种调查方式和数据来源，包括入户调研数据、中国林业统计年鉴、各省统计年鉴、经济普查数据、中国轻工业统计年鉴、中国供销合作社年鉴及高德地图兴趣点(Point of interest,POI)数据等，计算得到 2000—2018 年我国特色生活源的消耗总量。

特色生活源的 BC 排放量从 2000 年的 147.1 t 增长至 2018 年的 271.5 t，增长率为 84.5%(图 8.8)。其中祭祀焚香的 BC 排放量从 0.044 t 增长至 0.049 t，是排放量最小的一类源，祭祀焚香的排放量增长率为 11.6%。2000—2018 年，祭祀纸钱的 BC 排放量从 5.47 t 增长至 6.02 t，增长率为 10.1%。2000 年到 2018 年，烟花爆竹的 BC 排放量从 59.8 t 减少至 41.8 t，减少了 30.0%。由于烟花爆竹禁令实施逐渐严格，我国烟花爆竹的排放量逐年下降。

第 8 章 中国黑碳气溶胶排放清单和减排路径

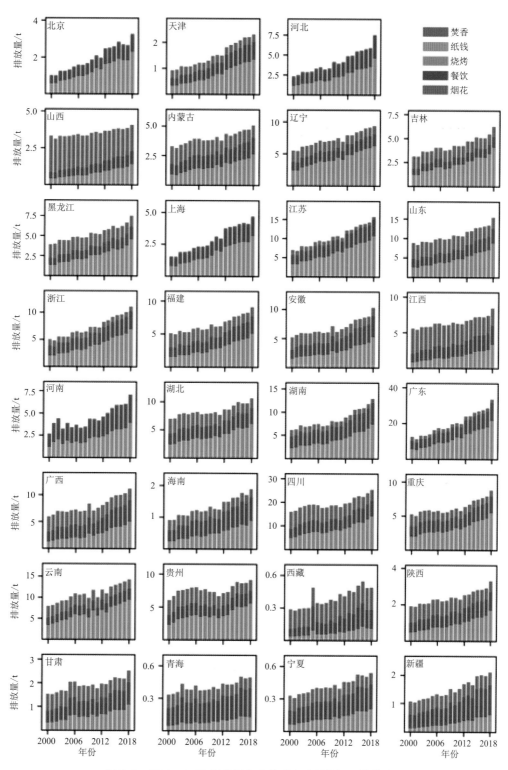

图 8.8 2000—2018 年我国各省份特色生活源 BC 排放总量

烧烤油烟的 BC 排放量从 42.9 t 增长至 149.5 t,增长率为 249%。随着人民生活水平的提高,烧烤这一富有风味的餐饮烹饪方式越来越受人们的青睐,导致其 BC 排放量逐年上升。餐饮油烟的 BC 排放量也从 39.0 t 上升至 74.1 t,增长率为 89.8%。虽然大部分肉类都由非烧烤的餐饮方式消耗,但餐饮油烟的 BC 排放因子远低于烧烤油烟。因此,餐饮油烟的 BC 排放量增长率低于烧烤油烟,但其排放量仍仅次于烧烤油烟,是排放量较高的一类源。

各地区特色生活源 BC 排放主要由烧烤油烟、餐饮油烟和烟花爆竹贡献。烧烤油烟是大部分省市特色生活源 BC 排放的主要贡献者。这也证明了烧烤作为一种颇具风味的饮食制作方式,备受人民的青睐,但其大气污染物排放不容忽视。上海市在 20 世纪末就颁布了烟花爆竹的燃放禁令,因此其特色生活源 BC 排放的主要贡献源为烧烤和餐饮。2000 年,烧烤和餐饮分别贡献了 48.9% 和 42.8% 的上海特色生活源 BC 排放。2018 年,烧烤和餐饮分别贡献了 66.1% 和 29.9% 的上海特色生活源 BC 排放。北京也在 20 世纪末禁止了城区烟花爆竹的燃放,其特色生活源 BC 排放主要贡献源也是烧烤油烟和餐饮油烟。2000 年,烧烤和餐饮分别贡献了 46.2% 和 38.3% 的北京特色生活源 BC 排放。2018 年,烧烤和餐饮分别贡献了 66.2% 和 27.4% 的北京特色生活源 BC 排放。广东省的广州市、深圳市也于 20 世纪末颁布了烟花爆竹燃放禁令,其余城市也先后禁止了城区烟花爆竹的燃放。广东省的烟花爆竹贡献率也较低,烧烤油烟和餐饮油烟贡献率较高,2000 年和 2018 年的贡献率分别为 42.4%、35.9% 和 63.4%、29.1%。河北、山西、江西等省烟花爆竹的贡献率较高。2000 年,河北省烟花爆竹的燃放贡献了 71.7% 的特色生活源 BC 排放;2018 年,河北省烟花爆竹的燃放贡献了 33.1% 的特色生活源 BC 排放。2000 年,山西省烟花爆竹的燃放贡献了 75.1% 的特色生活源 BC 排放;2018 年,山西省烟花爆竹的燃放贡献了 44.2% 的特色生活源 BC 排放。2000 年,江西省烟花爆竹的燃放贡献了 63.5% 的特色生活源 BC 排放;2018 年,江西省烟花爆竹的燃放贡献了 28.7% 的特色生活源 BC 排放。

2000 年,四川省的特色生活源 BC 排放量最高,为 16.0 t;广东省其次,为 12.52 t。2018 年,广东省排放量最高,广东省的特色生活源排放 BC 为 33.7 t,占全国总量的 12.4%;其次为四川省,四川省的特色生活源 BC 排放为 25.5 t,占全国总量的 9.4%。特色生活源 BC 排放量最低的 3 个省份分别为西藏、宁夏和青海。2000 年,西藏、宁夏和青海的特色生活源 BC 排放量分别为 0.29 t、0.33 t 和 0.33 t;2018 年,西藏、宁夏和青海的排放量分别为 0.49 t、0.54 t 和 0.50 t。从 2000 到 2018 年,北京的特色生活源 BC 排放量增长率最高,从 2000 年的 1.02 t 增长至 2018 年的 3.3 t,增长率为 221%。其次为上海和广东,增长率分别为 204% 和 169%。2000 年,城镇地区仅贡献了特色生活源 BC 排放的 26.5%。随后,城镇地区的贡献率逐年上升。2018 年,城镇地区贡献了 51.9% 的特色生活源 BC 排放。2018 年,北京、上海和天津的城镇贡献率最高,分别为 83.4%、82.4% 和 72.5%;西藏、云南和河北的农村贡献率最高,分别为 69.3%、64.7% 和 64.3%。

2000 年,华东 7 省份的 BC 排放量占全国特色生活源 BC 排放总量的 26.1%;到 2018 年,略微增长至 27.6%。华东地区 2000 年排放总量为 38.4 t,2018 年为 75.0 t,排放量上升了 95.3%。2000 年,西南地区的排放量占全国的 24.2%;到 2018 年,降低至 21.5%,排放总量分别为 35.6 和 58.2 t。2000 年,华中地区和华南地区排放量接近,分别为 19.7 t 和 19.4 t。2018 年,华中地区的排放量为 33.3 t,而华南地区的排放量为 46.8 t,华南地区的增长率为 141%,而华中地区的增长率仅为 69.3%。华北地区和东北地区排放量相近。2000 年华北地区和东北地区的特色生活源 BC 排放量为 16.3 t 和 12.5 t,2018 年为 25.9 t 和 23.2 t。西北地区的排放量较低。2000 年西北地区特色生活源 BC 排放量仅为 5.2 t,2018 年仅为 9.0 t。

8.2.3.2 特色生活源 BC 排放的空间分布

基于人口分布数据和土地利用类型数据,结合各省份人均特色生活源 BC 排放量,计算可得特色生活源 BC 排放的空间分布(图 8.9)。特色生活源 BC 排放高值区分布广泛,京津冀、长三角、珠三角和川渝地区等均为特色生活源排放的高值区。2018 年,长三角地区(上海市、江苏省、浙江省、安徽省)特色生活源 BC 排放总量为 41.9 t,占全国总量的 15.4%;京津冀地区(北京市、天津市、河北省)特色生活源 BC 排放总量为 16.7 t,占全国总量的 6.2%;广东省的特色生活源 BC 排放总量为 33.7 t,占全国总量的 12.4%;川渝地区(四川省、重庆市)的特色生活源 BC 排放总量为 34.3 t,占全国总量的 12.6%。山东、云南、湖南等地也为特色生活源 BC 排放的高值区。2018 年,山东省的特色生活源 BC 排放总量为 15.5 t,占全国总量的 5.7%;云南省的特色生活源 BC 排放总量为 14.3 t,占全国总量的 5.3%。此外,华中地区也存在特色生活源 BC 排放的高值区,湖南省的特色生活源 BC 排放总量为 12.9 t,占全国总量的 4.8%。

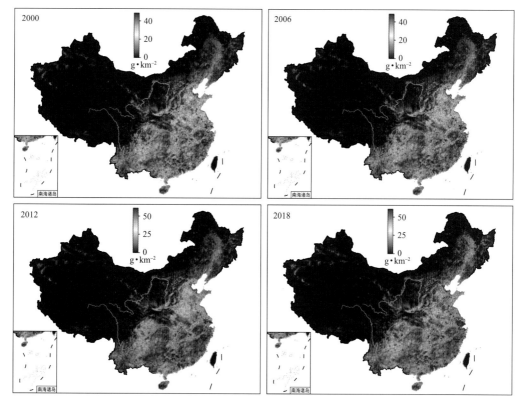

图 8.9 我国特色生活源 BC 排放空间分布

总体来说,特色生活源的 BC 排放呈现东高西低的态势,排放主要集中在漠河—腾冲线以东,排放高值区也集中在南方地区。2018 年,烧烤油烟和餐饮油烟贡献了 82.4% 的特色生活源 BC 排放,排放量为 223.6 t。重庆、四川、广东等省份人均肉类消耗量位于全国前列,年人均肉类消耗量分别为 50.7 kg、51.5 kg、58 kg;同时,重庆、四川、广东的烧烤 BC 排放量为 5.3 t、13.7 t 和 21.3 t,餐饮 BC 排放量为 2.36 t、6.45 t 和 9.80 t。特色生活源的排放高值区均为肉类消耗高值区。

将各省份的特色生活源 BC 排放总量除以各省份行政区划面积,得到各省份的特色生活源 BC 平均排放强度。上海市、天津市、北京市和广东省是特色生活源 BC 排放强度最高的省、市,其排放强度分别为 749 g·km^{-2}、205 g·km^{-2}、195 g·km^{-2} 和 187 g·km^{-2}。排放强度最低的省份分别是西藏、青海和新疆,仅分别为 0.40 g·km^{-2}、0.69 g·km^{-2} 和 1.28 g·km^{-2}。秦岭淮河以南的南方地区排放强度普遍高于北方除北京、天津外的其他地区。特色生活源的排放主要集中在南方,与南方地区的生活习俗、经济发展等因素有关。特色生活源的排放强度高值也集中在漠河—腾冲线以东。东部沿海省份的特色生活源 BC 排放强度普遍高于内陆地区。

特色生活源 BC 排放强度与各省份居民生活水平和经济发展水平存在显著相关(图 8.10)。随着人均可支配收入的增加,生活源 BC 排放强度也随之增大,呈现显著的相关($r^2>0.6$,$p<0.01$)。各省份排放强度也与人均 GDP 存在一定相关,排放强度会随着人均 GDP 的增长而加强($r^2>0.5$,$p<0.01$)。居民生活水平提高,可支配收入更高,烧烤、烟花爆竹等特色生活源的消费量更高,致使特色生活源 BC 排放强度显著提升。

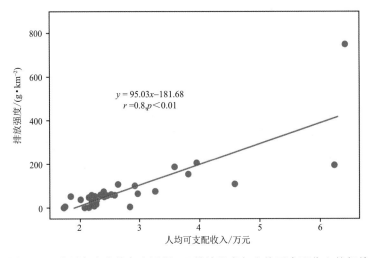

图 8.10 我国各省份特色生活源 BC 排放强度与人均可支配收入的相关

8.2.3.3 特色生活源 BC 排放的时间分布

烟花爆竹的燃放会产生严重的大气污染和噪声污染。烟花爆竹的燃放较为集中,春节、除夕、元宵节等民俗节日是烟花爆竹燃放的集中期。祭祀纸钱和祭祀焚香的燃烧也和传统习俗密切相关,除夕、春节、清明、中元等农历时节是祭祀纸钱和祭祀焚香排放的集中期。

图 8.11 给出了 2000—2018 年全国特色生活源逐月的 BC 平均排放量。1 月和 2 月的特色生活源 BC 排放均值最高,分别为 28.1 t 和 46.6 t。1 月和 2 月,烟花爆竹的燃放排放了 15.1 t 和 32.6 t 的 BC,占特色生活源 BC 排放的 53.7% 和 69.9%。1 月和 2 月是农历除夕和春节所在的月份,2000—2018 年的 19 年间,总计 12 次春节在 2 月,7 次在 1 月;11 次除夕夜在 2 月,8 次在 1 月。春节和除夕,烟花爆竹的燃放导致特色生活源大量的 BC 排放。2000—2018 年,元宵节总计有 3 次出现在 3 月。3 月烟花爆竹的贡献率下降(14.4%),3 月烟花爆竹的燃放导致了 1.76 t 的 BC 排放。

4 月是祭祀焚香和祭祀纸钱贡献率最高的月份,2000—2018 年,所有清明节均在 4 月。清明节是我国重大的春季节日,人们在清明节扫墓祭祀、缅怀祖先,祭祖活动导致了大量祭祀纸钱和祭祀焚香的燃烧。4月特色生活源黑碳的排放量为12.1 t,其中祭祀焚香和祭祀纸钱的贡献率为14.7%,排放量为1.79 t。类似的,8月和9月祭祀纸钱和祭祀焚香的贡献率也较高,分别为6.9%和1.4%,而其余月份仅为0.3%。

中元节为我国另一个重要的祭祖节日。2000—2018年有16次中元节出现在8月,3次出现在9月。其余月份(5月、6月、7月、10月、11月和12月)特色生活源的BC排放也存在微小波动,排放总量约为11.7 t。

绝大部分的BC排放均为餐饮油烟和烧烤油烟贡献(>98.5%)。5月的排放量较低,仅为10.6 t,而12月的排放量较高,为13.5 t。这一差异来源于人民的饮食习惯。统计数据显示,5月餐饮行业的销售额较低,而12月、1月和2月的销售额较高。

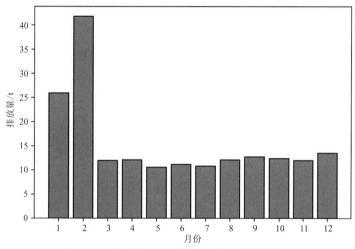

图 8.11 全国特色生活源BC排放量的月分布

8.2.3.4 不确定性分析

根据实验中得到的各类特色生活源BC排放因子及各省份统计年鉴等活动水平数据的不确定性,利用蒙特卡罗模拟定量计算排放清单的不确定性。特色生活源BC排放特征的研究较为稀缺。本研究系统实测了各类特色生活源的BC排放因子,各类特色生活源排放因子的标准偏差即可认为是排放因子的不确定性。活动水平的不确定性主要来源于统计数据。由于特色生活源统计年鉴数据质量参差不齐,在进行数据校验后假设活动水平数据不确定性符合正态分布,并设为±20%和±50%。经过100000次试验,计算得到95%置信区间下2018年BC排放清单的不确定性为−62.3%～76.7%。

8.2.4 与MEIC清单的对比

本研究构建的不同源类的黑碳基准清单与清华大学编制的MEIC民用源清单进行对比,如图8.12所示。MEIC清单中民用部门黑碳排放总量为686985 t。本研究得到的民用生物质、民用燃煤和特色生活源燃烧的BC排放量占到MEIC中民用源总排放量的27.2%。其中民用生物质和民用燃煤分别占比14.9%和12.3%。特色生活源占比较低,仅占到总排放量的0.03%。云南和西藏的民用生物质排放占比最高,分别占本省排放总量的36.7%和34.9%。新疆和河北的民用燃煤排放占比最高,分别占本省份排放总量的71.6%和47.3%。

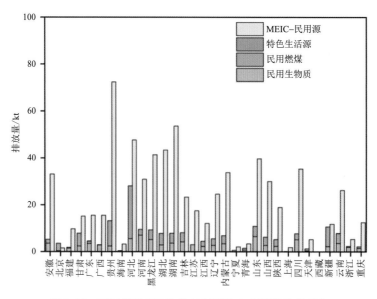

图 8.12　不同源类 BC 排放与 MEIC 农业源排放的对比

8.3　中国典型源黑碳气溶胶减排政策建议

BC 是一种短寿命的大气温室物质,其长时间尺度的排放预测存在非常高的不确定性,其减排效应的体现在短时间尺度内更加明显(王戎,2013)。本项目以 2020—2050 年为研究的时段,基于已有研究结果(王戎,2013;Meng et al.,2019),针对民用生物质、民用燃煤和特色生活源 BC 排放的未来发展趋势进行预测和减排分析。

8.3.1　黑碳减排情景

基准情景,即不考虑任何减排措施,所有源的排放因子都保持在当前水平的情景。根据 2017 年中国民用生物质、民用燃煤和特色生活源的消耗量,参考王戎(2013)考虑的地区发展速度,计算了 2020—2050 年的能源消耗量,在此基础上计算得到的排放即为本研究考虑的未来排放基准情景。

减排情景考虑不同的减排措施实施强度。本项目通过设置 3 组黑碳减排情景(高力度情形、中力度情形和低力度情形),对 2020—2050 年黑碳减排成本进行了预测分析,并对比优选出了最优减排方案。对不同减排措施涉及到的源进行总结,如表 8.3 所示。

表 8.3　主要减排措施

排放源	措施
民用燃煤	(1)清洁燃料取代居民做饭用煤 (2)型煤取代原煤
民用生物质	清洁燃料取代秸秆和居民做饭薪柴
特色生活源	(1)取缔或部分取缔农村烟花爆竹的燃放 (2)取缔或部分取缔焚香、纸钱的燃烧 (3)餐饮行业增加油污清除装置 (4)居民家庭安装油烟净化器

8.3.2 民用燃煤

民用燃煤的减排考虑以下几方面。一方面,假设在能够通过清洁燃料取代所有民用做饭用煤,取暖的燃料可以通过煤改气和煤改电所取代。使用电、天然气、沼气和生物质颗粒来代替部分民用煤,采用S型动态曲线模型来预测2020—2050年民用煤被取代的比例(Grubler et al.,1999),该动态方程如下:

$$F(t)=(F_0-F_f)\exp[-(t-t_0)^2/2s^2]+F_f \tag{8.23}$$

式中,F_0是技术转型起始时的比例,F_f是这种技术转型最终的比例,t_0是技术转型起始的年份,s是转型速率,即这里各种比例(F值)会按照一定的速率从F_0变到F_f。针对低、中、高三种减排情形,分别假设这里的技术转型,在2020—2050年内分别能够实现20%、60%和90%。考虑到燃煤当前的减排控制力度及效果,基于中力度减排情形对2020—2050年的减排结果进行分析。参考王戎(2013)研究成果,这里3个s值分别为30、15和9.3年。由于考虑减排的时间区间是2020—2050年,因此$t_0=2020$,技术转型的起始状态分别为$F_0=0$,$F_f=60\%$。民用煤被清洁燃料取代比例的S曲线参数如表8.4所示。

表8.4 民用煤被清洁燃料取代比例的S曲线参数表

未来情景	F_0	F_f	t_0	$s(a)$
S1	0	100%	2020	30
S2	0	100%	2020	15
S3	0	100%	2020	9.3

另一方面,本研究考虑在剩下的民用燃煤中,采用型煤来取代一部分原煤。2020—2050年,假设型煤的比例可以逐渐提高到80%。与上面考虑清洁燃料取代民用煤的方法相同,同样使用S型动态曲线模型来进行预测。同上,也是假设这里的技术转型在2020—2050年内分别能够实现20%、60%和90%,从而换算得到这里的3个s值分别为30、15和9.3年。根据这些技术转型的过程,可以得到型煤替代原煤时,民用煤中型煤比例$F(t)$动态方程。根据该方案,重新计算这部分民用煤的排放因子,并根据这部分替代上述的清洁燃料的消耗量和排放因子,计算其改变的黑碳排放量。民用煤中原煤被型煤替代比例的S曲线参数如表8.5所示。

表8.5 民用煤中原煤被型煤替代比例的S曲线参数表

未来情景	F_0	F_f	t_0	$s(a)$
S1	20%	80%	2020	30
S2	20%	80%	2020	15
S3	20%	80%	2020	9.3

8.3.3 民用生物质

与民用煤中通过清洁燃料替代的方案类似,考虑同样的清洁燃料(电、液化石油气、民用沼气和生物质颗粒)替代用于做饭的生物质燃料。假设最终状态下的生物质被清洁燃料替代的比例为80%。同样使用上述S曲线方程来拟合这里的技术转型速率,针对S1、S2、S3三种情形,假设技术转型在2020—2050年内分别能够实现20%、60%和90%。考虑到生物质当前的减排控制力度及效果,基于高力度减排情形对2020—2050年的减排结果进行分析。参考王戎(2013)的研究结果,对应 s 值分别为 30、15 和 9.3 年,得到的民用生物质被清洁燃料取代 S 曲线的主要参数如表 8.6 所示。

表 8.6　民用生物质被清洁燃料替代比例的 S 曲线参数表

未来情景	F_0	F_f	t_0	$s(a)$
S1	0%	80%	2010	30
S2	0%	80%	2010	15
S3	0%	80%	2010	9.3

8.3.4　特色生活源

特色生活源对黑碳气溶胶的总排放贡献较低,其技术革新对总排放的影响较小。因此,本研究农业源 BC 的减排主要来源于民用燃煤和民用生物质。考虑到特色生活源的特殊性:(1)烧烤油烟等的排放集中在城区,传统的木炭烧烤对于民众具有更强的吸引力;餐饮油烟的排放与人民生活直接相关,强制推行居民餐饮油烟控制条例是难以实现的。(2)祭祀焚香、祭祀纸钱和烟花爆竹的活动也仅能在城镇地区加以有效禁止。特色生活源的减排相较于民用煤、生物质等更加困难。特色源的减排在之前尚无研究。根据陶澍院士团队研究成果,1992 年至 2012 年我国黑碳排放的减排率约为每 5 年 4.8%,考虑到特色生活源减排更加困难,因此本研究人为设置减排率为每 5 年 3% 左右。

8.3.5　不同省份的减排情景

不同省份民用燃煤、民用生物质及特色生活源的黑碳排放量与各省份经济结构存在相关性。同时,经济发达地区往往是减排政策制定和执行的先导地区,减排潜力更大,应加大黑碳减排力度。根据不同省份的农村 GDP 水平,将各省分为高、中、低 3 个层次按 5 年为一个时段进行减排情形分析。

基于《中国统计年鉴》,我国各省份人均可支配收入划分如表 8.7 所示。依照 GDP 分级,在全国结果的基础上假定不同层级经济水平的民用生物质的削减力度依次降低 5%,削减的民用燃煤 BC 排放量设定为每 5 年 10%~25%。人均 GDP 处于中游水平,减排潜力处于中游,考虑削减的民用燃煤 BC 排放量为每 5 年 7%~10%。人均 GDP 处于下游,考虑削减的民用燃煤 BC 排放量为每 5 年 2.5%~7%。特色生活源 3 个不同层级的经济水平从高到低,削减的生活源 BC 排放量分别设置为每 5 年 3%、2.5% 和 2%。

表 8.7　各省份人均可支配收入划分

层次	人均可支配收入(元)	省份
高	$x \geqslant 22000$	北京、天津、内蒙古、辽宁、上海、江苏、浙江、福建、山东、广东、重庆
中	$22000 > x \geqslant 18830$	河北、山西、吉林、黑龙江、安徽、江西、湖北、湖南、海南、陕西
低	$x < 18830$	河南、广西、四川、贵州、云南、西藏、甘肃、青海、宁夏、新疆

8.3.6　基准情景下 2020—2050 年的黑碳排放

基准情景的政策背景是假定 2017 年后没有更严格的减排政策。图 8.13—8.14 分别给出了基准情形下 2020—2050 年全国民用生物质、民用燃煤和特色生活源的 BC 排放趋势。

相关研究表明,政策对民用生物质和民用燃煤减排均具有较大影响。农村高速的人口增

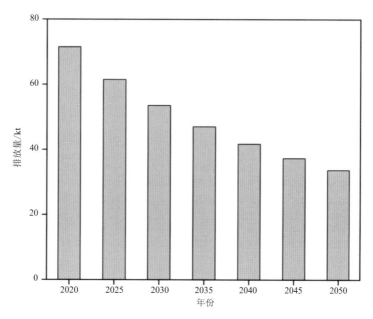

图 8.13　民用生物质 BC 排放基准情景

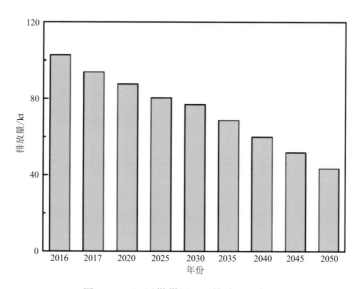

图 8.14　民用燃煤源 BC 排放基准情景

长会直接导致民用源燃料使用量的增加。农村地区,低效率、高排放的生物质燃料,如秸秆和薪柴等一直是主要能源之一,且农村地区还会使用一定量的动物粪便作为燃料。随着经济的不断发展,生物质燃料的使用一定程度上会被其他能源取代。但是如果缺乏政策调控,同时受到燃料使用习惯的影响,这种取代将十分缓慢。民用煤也是农村地区的重要能源。2009—2013 年,由于没有相关减排政策约束,同时冬季民用燃煤取暖使用量显著上升,导致 BC 排放量显著增长,2013—2017 年国家陆续颁布了大气污染防治法律法规,民用燃煤 BC 排放量显著下降,最大平均减排率约 23%。在没有提供减排措施的基准情景下,预测结果表明,在政策不变的情况下,我国民用生物质燃烧排放的黑碳在 2020—2050 年下降缓慢,至 2050 年排放量约为 33.69 kt，减排率为 39%。民用燃煤排放的黑碳至 2050 年排放量约为 43.3 kt，减排率为 57%。

特色生活源的黑碳排放一方面受政策的影响，另一方面也受人民生活水平的影响。2013 年，大气十条的出台使得我国大部分城市开始实施烟花爆竹的禁燃工作，导致烟花爆竹的燃放逐渐下降。截至 2020 年，我国绝大部分省会城市出台了烟花爆竹禁燃令。在基准情形下，不考虑未来新政策，仅考虑人民生活水平对特色生活源的影响。在基准情形下，由于人民生活水平的继续提高，肉类消耗量将继续上升，导致餐饮、烧烤的 BC 排放量逐渐上升。2020—2040 年特色生活源 BC 排放量将逐步上升。到 2040 年，特色生活源的 BC 排放量到达顶峰，约 400 t。随后，由于人民生活水平继续提高，但恩格尔系数（食品支出总额与个人消费支出总额的比）逐渐降低，肉类消耗量趋于不变，但抽油烟机等油烟净化设备逐步走入寻常百姓家中，使得特色生活源的 BC 排放量逐渐下降。2050 年，基准情形下特色生活源的 BC 排放总量为 370 t。总体来看，基准情境下（图 8.15），我国特色生活源在 2030 年、2040 年和 2050 年的 BC 排放量分别是 2016 年的 168%、162% 和 155%。可见，在未来政策不变的情况下，特色生活源的排放仍会继续上升，未来减排空间较大。

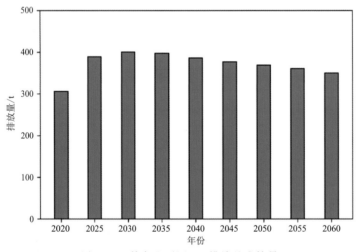

图 8.15 特色生活源 BC 排放基准情景

8.3.7 减排情景下 2020—2050 年的黑碳排放

现有的政策背景下，推进能源结构调整，大力推进清洁能源替代传统固体能源，推进煤改气和煤改电等项目，正在有力进行。国家也在大力推进型煤代替散煤的政策，部分地区设立禁煤区，禁止散煤（烟煤）的售卖。此外，多数地方也在推进烟花爆竹的禁燃政策等，上述都有利于民用煤、生物质和特色源的污染物减排。

8.3.7.1 民用生物质燃烧 BC 排放的减排情景分析

民用生物质燃烧 BC 排放的减排情景和排放量变化如图 8.16 所示。在当前减排情景下，民用生物质燃烧 BC 排放持续下降。2050 年民用生物质燃烧 BC 排放量为 10.80 t，相较于 2017 年，减排率为 86.0%。华东地区和华北地区民用生物质燃烧 BC 排放的减排率较高。华东地区 2017 年的 BC 排放量为 17.07 t，2050 年为 0.65 t，减排率为 96.2%。华北地区 2017 年的 BC 排放量为 11.10 t，2050 年为 0.75 t，减排率为 93.3%。华中地区 2017 年的民用生物质燃烧 BC 排放量为 12.10 t,2050 年为 1.24 t,减排率为 89.6%。华南地区的减排率与华中地区相近,2017 年和 2050 年,华南地区的排放量分别为 6.03 t 和 0.78 t,减排率为 87.1%。东北地区减排率相对较低,2017 年民用生物质燃烧 BC 排放量为 10.97 t,2050 年为 2.04 t,减排率为 81.4%。西南地区和西北地区减排率最低。西南地区 2017 年和 2050 年的民用生物质燃烧 BC 排放量分别为 11.77 t 和 3.38 t,减排率为 71.3%;西北地区 2017 年和 2050 年民用生物质燃烧 BC 排放量分别为 7.92 t 和 1.95 t,减排率为 75.4%。

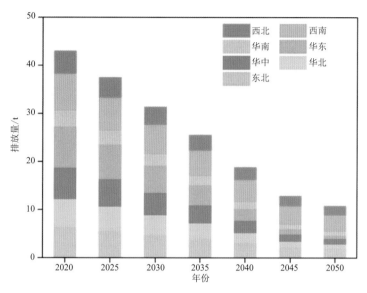

图 8.16　民用生物质燃烧 BC 排放减排情景

图 8.17 显示了 2021 年民用生物质燃烧 BC 排放的空间分布。在当前减排情境下,与 2017 年(图 8.2)相比,排放高值区进一步缩小,仅在四川盆地、东南沿海、东北平原、苏鲁豫皖

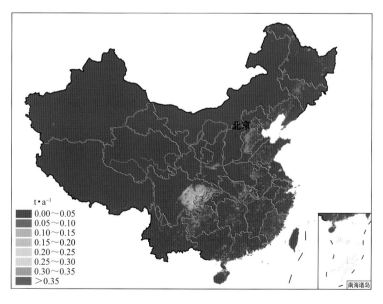

图 8.17　2021 年民用生物质燃烧 BC 排放的空间分布

交界处、两湖平原等部分农村地区呈散点状分布。

8.3.7.2 民用燃煤 BC 排放的减排情景分析

民用燃煤 BC 排放的减排情景如图 8.18 所示。在当前减排情景下，民用燃煤 BC 排放持续下降。在当前减排情景下，2050 年民用燃煤 BC 排放量为 78.9 Gg，相较于 2016 年，减排率仅为 28.7%。2016 年，华北地区的民用燃煤 BC 排放量为 34.5 Gg，2050 年为 22.1 Gg，减排率为 35.9%。2016 年，西南地区的民用燃煤 BC 排放量为 23.1 Gg，2050 年为 18.9 Gg，减排率为 18.2%。2016 年，西北地区的民用燃煤 BC 排放量为 21.9 Gg，而 2050 年为 17.4 Gg，减排率为 20.5%。2016 年，东北地区的民用燃煤 BC 排放量为 10.1 Gg，2050 年为 7.1 Gg，减排率为 29.7%。

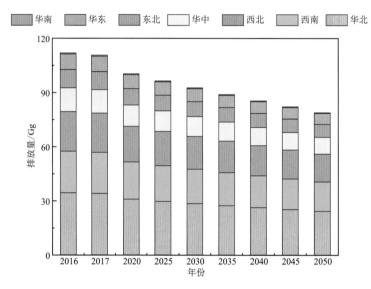

图 8.18 民用燃煤 BC 排放的减排情景分析

8.3.7.3 特色生活源 BC 排放的减排情景分析

特色生活源 BC 排放的减排情景如图 8.19 所示。在当前减排情景下，2050 年特色生活源 BC 排放量为 195.3 t，相较于 2016 年，减排率仅为 18.0%。2016 年，华北地区的特色生活源 BC 排放量为 23.0 t，2050 年为 18.6 t，减排率为 19.1%。2016 年，东北地区的特色生活源 BC 排放量为 20.3 t，2050 年为 16.5 t，减排率为 17.7%。华东地区减排率较高，2016 年的排放量为 65.1 t，2050 年为 51.9 t，减排率为 20.1%。2016 年，华中地区的特色生活源 BC 排放量为 29.3 t，而 2050 年为 24.5 t，减排率为 16.5%。华南地区的减排率与华北、东北相近，2016 年和 2050 年，华南地区的排放量分别为 39.6 t 和 32.0 t，减排率为 19.1%。西南地区和西北地区减排率最低，西南地区 2016 年和 2050 年的特色生活源 BC 排放量分别为 52.8 t 和 44.8 t，减排率为 15.0%，西北地区 2016 年和 2050 年特色生活源 BC 排放量分别为 8.09 t 和 6.56 t，减排率为 15.2%。

由于特色生活源的排放受经济条件影响较大，经济发达地区特色生活源的排放量更高，因此更应加强对特色生活源的管理。但特色生活源的活动与人民生活密切相关，其排放相对于其他源类更难以控制。未来仍需加强对特色生活源排放的控制。

第8章 中国黑碳气溶胶排放清单和减排路径

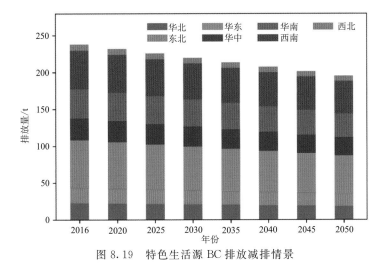

图 8.19 特色生活源 BC 排放减排情景

参考文献

王戎,2013.黑炭的全球排放和大气迁移及其暴露风险和辐射强迫评估[D].北京:北京大学.

BOND T,STREETS D,YARBER K,et al,2004. A technology-based global inventory of black and organic carbon emissions from combustion[J]. J Geophys Res:Atmos,109(D14),D14203.

BOND T,BHARDWAJ E,DONG R,et al,2007. Historical emissions of black and organic carbon aerosol from energy-related combustion,1850-2000[J]. Global Biogeochem CY,21(2),GB2018.

CAO G,ZHANG X,ZHENG F,2006. Inventory of black carbon and organic carbon emissions from China[J]. Atmos Environ,40(34),6516-6527.

CAO Q,YANG L,REN W,et al,2021. Spatial distribution of harmful trace elements in Chinese coalfields:An application of WebGIS technology[J]. Sci Total Environ,755:142527.

CHEN Y,EBENSTEIN A,GREENSTONE M,et al,2013. Evidence on the impact of sustained exposure to air pollution on life expectancy from China's Huai River policy[J]. Proc Natl Acad Sci,110(32):12936-12941.

COOKE W,LIOUSSE C,CACHIER H,et al,1999. Construction of a 1°×1°fossil fuel emission data set for carbonaceous aerosol and implementation and radiative impact in the ECHAM4 model[J]. J Geophys Res:Atmos,104(D18),22137-22162.

DRINOVEC L,MOČNIK G,ZOTTER P,et al,2015. The dual-spot aethalometer:An improved measurement of aerosol black carbon with real-time loading compensation[J]. Atmos Meas Tech,8(5):1965-1979.

JING A,ZHU B,WANG H,et al,2019. Source apportionment of black carbon in different seasons in the northern suburb of Nanjing,China[J]. Atmos Environ,201:190-200.

LIOUSSE C,PENNER J,CHUANG C,et al,1996. A global three-dimensional model study of carbonaceous aerosols[J]. J Geophys Res:Atmos,101(D14),19411-19432.

LIU X,LI J,QU Y,et al,2013. Formation and evolution mechanism of regional haze:A case study in the megacity Beijing,China[J]. Atmos Chem Phys,13(9):4501-4514.

LU Z,ZHANG Q,STREETS D,2011. Sulfur dioxide and primary carbonaceous aerosol emissions in China and India,1996-2010[J]. Atmos Chem Phys,11(18),9839-9864.

MA Q,CAI S,WANG S,et al,2017. Impacts of coal burning on ambient $PM_{2.5}$ pollution in China[J]. Atmos Chem Phys,17(7):4477-4491.

MENG W,ZHONG Q,CHEN Y,et al,2019. Energy and air pollution benefits of household fuel policies in northern China[J]. Proc Natl Acad Sci,116:16773-16780.

OHARA T,AKIMOTO H,KUROKAWA J,et al,2007. An Asian emission inventory of anthropogenic emission sources for the period 1980-2020[J]. Atmos Chem Phys,7:4419-4444.

PENNER J,EDDLEMAN H,NOVAKOV T,1993. Towards the development of a global inventory for black carbon emissions[J]. Atmos Environ,27(8):1277-1295.

SCHLEICHER N,SCHÄFER J,BLANC G,et al,2015. Atmospheric particulate mercury in the megacity Beijing:Spatio-temporal variations and source apportionment[J]. Atmos Environ,109:251-261.

SHEN G,DU W,LUO Z,et al,2020. Fugitive emissions of CO and $PM_{2.5}$ from indoor biomass burning in chimney stoves based on a newly developed carbon balance approach[J]. Environ Sci Techn Let,7(3):128-134.

STREETS D,GUPTA S,WALDHOff S,et al,2001. Black carbon emissions in China[J]. Atmos Environ,35,4281-4296.

TIAN H,WANG Y,XUE Z,et al,2010. Trend and characteristics of atmospheric emissions of Hg,As,and Se from coal combustion in China,1980-2007[J]. Atmos Chem Phys,10(23):11905-11919.

TIAN J,WANG Q,NI H,et al,2019. Emission characteristics of primary brown carbon absorption from biomass and coal burning:Development of an optical emission inventory for China[J]. J Geophys Res:Atmos,2018JD029352.

WANG L,JIN W,SUN J,et al,2021. Seasonal features of brown carbon in Northern China:Implications for BrC emission control[J]. Atmos Res,257:105610.

WANG R,TAO S,WANG W,et al,2012. Black carbon emissions in China from 1949 to 2050[J]. Environ Sci Technol,46(14):7595-7603.

WANG R,TAO S,SHEN H,et al,2014. Trend in global black carbon emissions from 1960 to 2007[J]. Environ Sci Technol,48(12),6780-6787.

XUE Y,ZHOU Z,NIE T,et al,2016. Trends of multiple air pollutants emissions from residential coal combustion in Beijing and its implication on improving air quality for control measures[J]. Atmos Environ,142:303-312.

YAN Q,KONG S,YAN Y,et al,2020. Emission and simulation of primary fine and submicron particles and water-soluble ions from domestic coal combustion in China[J]. Atmos Environ,224:117308.

ZHANG Q,STREETS D,CARMICHAEL G,et al,2009. Asian emissions in 2006 for the NASA INTEX-B mission[J]. Atmos Chem Phys,9(14):5131-5153.

ZHANG X,LU Y,WANG Q,et al,2019. A high-resolution inventory of air pollutant emissions from crop residue burning in China[J]. Atmos Environ,213,207-214.

ZHANG Z,WANG W,CHENG M,et al,2017. The contribution of residential coal combustion to $PM_{2.5}$ pollution over China's Beijing-Tianjin-Hebei region in winter[J]. Atmos Environ,159:147-161.

ZHAO S,TIE X,CAO J,et al,2015. Seasonal variation and four-year trend of black carbon in the Mid-west China:The analysis of the ambient measurement and WRF-Chem modeling[J]. Atmos Environ,123:430-439.

ZHOU Y,HUANG D,LANG J,et al,2021. Improved estimation of rural residential coal emissions considering coal-stove combinations and combustion modes[J]. Environ Pollut,272:115558.

第9章 结论与展望

9.1 小结

对于黑碳气溶胶的排放研究,其基础理论和科学技术支撑是黑碳气溶胶的定义和测量方法以及源排放监测技术。本书系统梳理了黑碳气溶胶的定义,黑碳气溶胶的气候、环境与健康效应,黑碳气溶胶的监测方法及黑碳气溶胶来源解析技术的研究进展,总结了主要固定源和移动源排放大气污染物的标准限值以及法定监测技术。针对固定源的烟气连续排放监测和烟囱口排放污染物的稀释采样方法以及移动源、开放源、特色生活源等的台架测试、走航测试、车载排放测试、遥感测试、隧道测试、烟羽原位观测、室内模拟燃烧观测等多种监测方法进行了详细的文献总结。

对于排放清单的构建,各类源 BC 排放浓度、排放因子、BC/$PM_{2.5}$ 值等是关键的基础数据之一。

本书系统总结了固定源,如电厂、钢铁行业、水泥行业、生物质和燃煤锅炉、炼焦行业、砖窑、医药制造、玻璃制造等工业过程;移动源尾气,如道路机动车、工程机械和农业机械、船舶、飞机的尾气等;民用源,如民用燃煤、生物质和液化石油气/天然气的燃烧等;生物质开放燃烧,如农作物残留、林业(森林、草地等)火灾和受控林地的燃烧等;特色生活源,如祭祀焚香和纸钱、烟花爆竹、餐饮油烟、露天烧烤、牛羊粪燃烧等,BC 排放浓度和排放因子的国内外研究进展,并给出了本书作者针对上述典型源类开展的排放测试结果;尤其是给出了固定源 BC 排放浓度的实时变化。本书作者率先开展了民用燃煤 24 小时 BC 排放实时变化研究和我国特色生活源 BC 及其他大气污染物排放因子研究,并针对典型道路环境条件下的 BC 浓度开展了大区域的走航观测,涉及到两湖平原以及跨越华中和华北两个大区的走航观测研究,揭示了典型道路环境中 BC 的大尺度时空演变规律。

本书深入总结了国内外黑碳气溶胶排放清单研究现状,给出了各类 BC 源排放清单的构建方法。针对中国生物质燃烧、民用燃煤、特色生活源等,从源活动水平调查和优化、源排放因子实测、清单时空分配、清单不确定性分析以及减排情景制定和效果预测等给出了系统的研究结果。尤其要强调的是,针对生物质燃烧的双卫星火点数据处理,针对民用煤明烧和闷烧的动态排放因子测试和小时分辨率排放清单构建,以及针对特色生活源的排放清单构建框架和方法学,均给出了创新性的研究方法和结果。

9.2 展望

经过长期的研究积累以及系统的文献总结梳理,书中提出黑碳气溶胶排放领域尚有如下问题有待进一步深入研究:

(1)黑碳气溶胶的定义及测量方法的规范和统一。黑碳是一个复杂的混合体,由于其定义不同,在测量方法上就有所侧重。在对黑碳进行分析时都或多或少地强调或忽视其中的某些组分,从而得出的结果差异显著,不同测量方法(热学法、光学法、热光法等)之间的可比性也相对较差。关于黑碳的定量标准和采用的标准物质也亟需予以统一,进而减少黑碳的测量误差。

(2)燃烧源排放大气污染物监测方法的规范和统一。黑碳作为燃烧产物,各类燃烧源的排放污染物监测方法,不管是已确定的法规方法或是处于研究阶段的稀释通道采样、烟羽采样、清洁屋子采样和碳平衡方法、台架测试、走航观测、遥感测试,亟需相关管理部门以及学术界形成共识,推动固定源、机动车尾气、生物质露天燃烧、民用燃料、特色源等排放大气污染物监测方法的统一。针对各种源排放监测方法的参数设置,如稀释比、稀释后烟气温度、燃烧释放全部含碳物种的测量、燃烧测试条件等,给出可以参考的参数选择和范围设定,方便不同研究结果的对比。

(3)黑碳排放清单优化,应从源活动水平、排放因子、时间和空间分配指标等方面开展。黑碳排放清单的编制经过40余年的发展,不管是自上而下或是自下而上,重点源类的清单编制技术框架和体系已经建立。后续研究如需优化其排放清单,需要从上述4个方面开展。对于燃烧源的活动水平,一些不在各类统计年鉴中的源类,需要建立基于替代指标反算的参数化方程;对于排放因子,应加强各类源尤其是研究相对较少的源类(如船舶、飞机、非道路机械、特色生活源、生物质露天燃烧、森林和草地火灾)等的黑碳排放因子的实地外场测试工作,丰富和完善BC排放因子数据库;针对时间分配指标,应更多体现BC排放浓度的时间演变,基于火点数量、燃料消耗量、车流量、发电量、烟气排放量等,从根本上并不能完全反映污染物排放浓度的时间变化;针对空间分配指标,基于GDP、人口、土地利用类型、路网等,其前提假设均为单位上述指标的污染物排放是均一的,显然也并不合理。后续应跳出现有的时空分配指标体系,通过系列的实测数据,如高分辨率通量观测和印痕反演、高时空分辨率网格化监测和走航监测,以及高时空分辨率卫星反演数据等,给出基于黑碳浓度的时空分配参数和依据。

(4)分粒径黑碳排放清单的构建仍为当前缺乏的研究。对于黑碳气候、环境、健康效应的研究,黑碳的粒径分布是重要的参数,决定了其物理、化学和光学性质。当前,尚未见到分粒径的黑碳排放清单报道,关键在于分粒径的黑碳排放因子缺乏,导致各类数值模式模拟时,黑碳的分粒径方案往往与各类燃烧源排放黑碳的实际情况存在偏差,导致对黑碳的气候、环境和健康效应认知存在偏差。

(5)高时间分辨率排放清单,仍较为缺乏。燃烧源排放大气污染物有明显的时间变化特征。当前的大多数已经发表的黑碳排放清单多以年、月为时间分辨率,到小时尺度的研究仍很缺乏。进一步优化排放清单构建所需参数的时间分辨率,使得构建的黑碳排放清单能真实反映各类源排放黑碳气溶胶的动态变化,为各类数值模式模拟提供更加精准和精细尺度的输入数据,成为后续研究的重点之一,也是难点之一。高时间分辨率排放清单的校验也是当前研究的一个重要科学问题。结合动态黑碳源解析和碳气溶胶源解析结果以及BC的排放通量观测,校验高时间分辨率排放清单是一种可能的选择。

(6)进一步优化重点排放源黑碳气溶胶减排路径和减排情景分析,支撑政策制定。本书作者仅针对民用煤、生物质、特色生活源的减排情景,从能源利用和社会经济发展水平等角度进行了初步的减排情景考虑和设置。后续研究应综合考虑我国不同地区的经济社会发展路径,参考IPCC设定的减排路径等进行综合分析和讨论,使得BC的减排情景分析更加合理,并能有效地支撑相关减排政策的制定。